研究生教学丛书

非线性最优化理论与方法

(第三版)

王宜举　修乃华　编著

科学出版社

北京

内 容 简 介

本书系统地介绍了非线性最优化问题的有关理论与方法，主要包括一些传统理论与经典算法，如优化问题的最优性理论，无约束优化问题的线搜索方法、共轭梯度法、拟牛顿方法，约束优化问题的可行方法、罚函数方法和 SQP 方法等，同时也吸收了新近发展成熟并得到广泛应用的成果，如信赖域方法、投影方法等.

本书在编写过程中既注重基础理论的严谨性和方法的实用性，又保持内容的新颖性. 该书内容丰富，系统性强，可作为运筹学专业的研究生和数学专业高年级本科生教材或参考书，也可作为相关专业科研人员的参考书.

图书在版编目(CIP)数据

非线性最优化理论与方法/王宜举，修乃华编著. —3 版. —北京：科学出版社，2019.1

(研究生教学丛书)

ISBN 978-7-03-059870-7

Ⅰ. ①非… Ⅱ. ①王… ②修… Ⅲ. ①非线性-最优化算法-研究生-教材 Ⅳ. ①O224

中国版本图书馆 CIP 数据核字(2018) 第 281362 号

责任编辑：李 欣／责任校对：邹慧卿

责任印制：张 伟／封面设计：陈 敬

科 学 出 版 社 出版

北京东黄城根北街 16 号

邮政编码：100717

http://www.sciencep.com

北京凌奇印刷有限责任公司 印刷

科学出版社发行 各地新华书店经销

2012 年 1 月第 一 版 开本：720 × 1000 1/16

2016 年 1 月第 二 版 印张：15 3/4

2019 年 1 月第 三 版 字数：315 000

2019 年 1 月第十二次印刷

POD定价： 58.00元

(如有印装质量问题，我社负责调换)

第三版前言

本书 2012 年在科学出版社首次出版, 2016 年出版第二版. 此次再版主要基于最优化理论与方法的最新发展和教学课时安排, 对书中内容进行了较大幅度的调整. 主要体现在: 将最优化理论分析中用到的基础知识全部调整到第 1 章, 删去了拟牛顿算法中较为繁琐的超线性收敛性分析. 调整后, 本书难度得到简化, 内容更加流畅.

感谢山东省数学"一流"学科资助. 再次恳请广大同行和读者不吝赐教, 继续给予指导和指正.

王宜举　修乃华

2019 年 1 月

第二版前言

本书 2012 年在科学出版社首次出版. 经过几年的教学实践, 我们发现了书中的一些问题和不当之处，同时也积累了一定的教学经验. 在此基础上，我们通过吸收国内外同行和广大读者的意见和建议，对本书进行了全面修订. 在修订过程中, 保留了原书的结构和风貌. 为提高教材质量，我们在选材和叙述上尽量联系理工科专业的实际，力图将概念和问题交代得通俗易懂. 与第一版相比，新版本结构更严谨，逻辑更清晰，更通俗易懂，便于自学.

本书再版之时，我们要向在本书编写过程中为我们提供指导和帮助的王长钰教授、邓乃扬教授、夏尊铨教授、祁力群教授、张国礼教授、孙文瑜教授、倪勤教授、杨新民教授、张立卫教授、汪嵚教授和李声杰教授表示衷心的感谢, 也向给我们提供建议的广大同行和读者表示诚挚的谢意! 感谢国家自然科学基金重点项目 (11431002) 和山东省高校优秀科研创新团队计划经费资助. 新版中存在的问题，恳请广大同行和读者不吝赐教, 继续给予指导和指正.

王宜举　修乃华

2016 年 1 月

第一版前言

二次世界大战期间, 运筹学伴随军事上的需要而产生. 战后, 运筹学开始转向民用工业的运用, 并不断取得进展. 20 世纪 60 年代, 最优化方法发展成为运筹学的一门新兴学科. 而后, 近代科学技术的发展, 特别是计算机技术的飞速发展促进了最优化方法的迅速发展. 很快, 这门新兴的基础学科便渗透到各个技术领域, 形成了最优化方法与技术这门应用学科, 并发展出新的更细的研究分支.

作为运筹学的一个重要研究分支, 非线性最优化问题的研究在近三十年得到快速发展, 新的理论和方法不断出现. 为及时吸收新近发展成熟并在实际中得到广泛应用的成果以应用于教学科研中, 我们参阅国内外关于最优化理论与方法的许多专著和研究文献, 并结合自己的教学实践编写了这本书.

非线性优化问题的研究内容十分丰富. 限于篇幅, 本书主要对这类问题的传统理论与经典梯度算法及其新的研究进展做了比较详尽的论述, 使读者能够掌握非线性最优化问题的基础理论和经典数值方法, 并且清楚这些方法的设计思想和性能, 从而为设计更有效的数值方法提供理论支持和帮助.

法国数学家拉格朗日说过, 一个数学家, 只有当他走出去, 对在大街上遇到的第一个人清楚地解释自己的工作时, 他才算完全理解了自己的工作. 实际上, 他定义的这种境界也是每一个数学工作者特别是数学教育工作者追求的目标. 因此, 我们在编写本书时力求把对先修课程的要求放到最低, 要求读者只需具备多元微积分和线性代数的基础知识. 同时, 为增强可读性, 我们尽可能多地介绍一些方法和技术的引入背景、思想及其发展历程, 并对有关结论给出了比较详细的证明过程.

在本书十余年的编写和修订过程中, 我们得到了曲阜师范大学王长钰教授、中国农业大学邓乃扬教授、大连理工大学夏尊铨教授和张立卫教授、香港理工大学祁力群教授、澳大利亚科廷大学张国礼和汪嵇教授、南京师范大学孙文瑜教授、南京航空航天大学倪勤教授、重庆师范大学的杨新民教授和重庆大学李声杰教授的悉心指导和鼓励, 国内的很多同行也提出了许多宝贵的指导性建议, 在此一并向他们表示诚挚的谢意!

恳请读者不吝赐教, 来信请发至:

wyijumail@163.com 或 nhxiu@bjtu.edu.cn

王宜举　修乃华

2012 年 1 月

目录

符　号　表

$\mathbb{R}^n$	n 维欧氏空间
$\langle \boldsymbol{x}, \boldsymbol{y} \rangle$	向量 $\boldsymbol{x}, \boldsymbol{y} \in \mathbb{R}^n$ 的内积
$\\|\boldsymbol{x}\\|$	向量 $\boldsymbol{x}$ 的 2-范数
$\mathbf{0}$	零向量
$\boldsymbol{e}$	分量全为 1 的向量
$\boldsymbol{e}_i$	第 i 个单位向量
$(x_1; x_2; \cdots; x_n)$	向量 $\boldsymbol{x} = (x_1, x_2, \cdots, x_n)^{\mathrm{T}}$
$\mathbb{S}^{n\times n}$	n 阶对称阵集合
$\\|\boldsymbol{A}\\|$	矩阵 $\boldsymbol{A}$ 的谱范数 (2-范数)
$\\|\boldsymbol{A}\\|_{\mathrm{F}}$	矩阵 $\boldsymbol{A}$ 的 Frobenius 范数
$\boldsymbol{I}$	单位矩阵
$\boldsymbol{A}^{\mathrm{T}}$	矩阵 $\boldsymbol{A}$ 的转置
$\mathrm{tr}(\boldsymbol{A})$	矩阵 $\boldsymbol{A}$ 的迹
$\mathrm{rank}(\boldsymbol{A})$	矩阵 $\boldsymbol{A}$ 的秩
$\det(\boldsymbol{A})$	矩阵 $\boldsymbol{A}$ 的行列式
$\boldsymbol{A}^{+}$	矩阵 $\boldsymbol{A}$ 的广义逆 (伪逆)
$\kappa(\boldsymbol{A})$	矩阵 $\boldsymbol{A}$ 的条件数
$\mathcal{R}(\boldsymbol{A})$	矩阵 $\boldsymbol{A}$ 的值空间
$\mathcal{N}(\boldsymbol{A})$	矩阵 $\boldsymbol{A}$ 的核空间
$[\boldsymbol{a}_i]_{i\in\mathcal{E}}$	以 $\boldsymbol{a}_i, i \in \mathcal{E}$ 为列构成的矩阵
$\mathrm{span}[\boldsymbol{a}_1, \boldsymbol{a}_2, \cdots, \boldsymbol{a}_s]$	向量 $\boldsymbol{a}_1, \boldsymbol{a}_2, \cdots, \boldsymbol{a}_s$ 所生成的线性子空间
$\mathrm{diag}(d_1, d_2, \cdots, d_n)$	以 $d_1, d_2, \cdots, d_n$ 为对角元的对角阵
$\nabla f(\boldsymbol{x})$	函数 $f: \mathbb{R}^n \to \mathbb{R}$ 在 $\boldsymbol{x}$ 点的梯度
$\nabla^2 f(\boldsymbol{x}), \nabla_{\boldsymbol{xx}} f(\boldsymbol{x})$	函数 $f: \mathbb{R}^n \to \mathbb{R}$ 在 $\boldsymbol{x}$ 点的 Hesse 阵
$D\boldsymbol{F}(\boldsymbol{x}), D_{\boldsymbol{x}}\boldsymbol{F}(\boldsymbol{x})$	向量值函数 $\boldsymbol{F}: \mathbb{R}^n \to \mathbb{R}^m$ 在 $\boldsymbol{x}$ 点的 Jacobi 矩阵
$\|\mathcal{E}\|$	指标集 $\mathcal{E}$ 中元素的个数
$\mathrm{bd}(\mathcal{S})$	集合 $\mathcal{S}$ 的边界集
$\mathrm{Aff}(\mathcal{S})$	集合 $\mathcal{S}$ 的仿射包
$\mathrm{int}(\mathcal{S})$	集合 $\mathcal{S}$ 的内点集
$\mathrm{cl}(\mathcal{S})$	集合 $\mathcal{S}$ 的闭包
$\mathrm{ri}(\mathcal{S})$	集合 $\mathcal{S}$ 的相对内点集
$N(\boldsymbol{x}, \delta)$	$\boldsymbol{x}$点的 δ 邻域
$\mathcal{K}^{\perp}$	子空间 $\mathcal{K}$ 的正交补空间
$\mathcal{K}^{\circ}$	锥 $\mathcal{K}$ 的极锥
$\mathcal{L}(\boldsymbol{x}_0)$	函数 $f(\boldsymbol{x})$ 的水平集 $\{\boldsymbol{x} \in \mathbb{R}^n \mid f(\boldsymbol{x}) \leqslant f(\boldsymbol{x}_0)\}$

第 1 章　引　　论

本章首先给出了非线性最优化问题的有关概念和基础知识, 然后介绍了一些常见的求解方法, 给出了最优化理论分析中一些常用的基础知识, 最后讨论了无约束优化问题的最优性条件.

1.1　最优化问题

在现实生活中, 经常会遇到这样一类实际问题, 需要在众多方案中选择一个最优方案. 例如, 在工程设计中, 如何选择参数使设计方案既满足设计要求, 又能降低成本; 资源分配时, 怎样分配现有资源才能使分配方案既满足要求, 又能获得好的经济效益; 产品设计中, 如何搭配各种原料的比例才能既降低成本, 又能提高产品的质量; 金融投资中, 如何进行投资组合才能在可接受的风险范围内获取最大的收益. 这类基于现有资源使效益极大化或为实现某目标使成本最低化的问题称为最优化问题.

上述问题可表述成如下数学问题

$$\begin{array}{ll} \min & f(\boldsymbol{x}) \\ \text{s.t.} & \boldsymbol{x} \in \Omega \end{array} \tag{1.1.1}$$

或

$$\min\{f(\boldsymbol{x}) \mid \boldsymbol{x} \in \Omega\}.$$

我们称其为最优化问题. 对极大化目标函数的情形, 可通过在目标函数前添加负号等价地转化为极小化问题. 为此, 本书只考虑极小化目标函数的情形.

在 (1.1.1) 中, s.t. 是英文 subject to 的缩写; 数值函数 $f: \mathbb{R}^n \to \mathbb{R}$ 称为目标函数, 又称费用函数或效益函数; $\Omega \subseteq \mathbb{R}^n$ 称为可行域, 又称决策集, 它是在极小化目标函数过程中对决策变量 $\boldsymbol{x}$ 取值范围的界定.

可行域有多种表述形式, 一般用等式和不等式定义, 即

$$\Omega = \{\boldsymbol{x} \in \mathbb{R}^n \,|\, c_i(\boldsymbol{x}) = 0,\ i \in \mathcal{E};\quad c_i(\boldsymbol{x}) \geqslant 0,\ i \in \mathcal{I}\}.$$

对 $i \in \mathcal{E}$, $c_i(\boldsymbol{x}) = 0$ 称为等式约束, $\mathcal{E}$ 称为等式约束指标集; 对 $i \in \mathcal{I}$, $c_i(\boldsymbol{x}) \geqslant 0$ 称为不等式约束, $\mathcal{I}$ 称为不等式约束指标集.

最优化问题形形色色, 最优化模型多种多样, 人们从不同角度对其进行分类.

(1) **根据有无约束划分**　若 $\Omega = \mathbb{R}^n$, 即决策变量 $\boldsymbol{x}$ 是自由变量, 则称 (1.1.1) 为无约束优化问题; 若 $\Omega \subsetneq \mathbb{R}^n$, 则称 (1.1.1) 为约束优化问题.

约束优化问题和无约束优化问题在某些情形可以相互转化. 如对 n 阶实对称阵 $\boldsymbol{A}$, 下述两最优化问题等价:

$$\min_{\boldsymbol{x}\in\mathbb{R}^n} \frac{\boldsymbol{x}^{\mathrm{T}}\boldsymbol{A}\boldsymbol{x}}{\boldsymbol{x}^{\mathrm{T}}\boldsymbol{x}}, \qquad \min_{\boldsymbol{x}\in\mathbb{R}^n}\{\boldsymbol{x}^{\mathrm{T}}\boldsymbol{A}\boldsymbol{x} \mid \boldsymbol{x}^{\mathrm{T}}\boldsymbol{x}=1\}.$$

同时, 无约束优化问题 $\min_{\boldsymbol{x}\in\mathbb{R}^n} f(\boldsymbol{x})$ 也可化成约束优化问题

$$\min_{\boldsymbol{x},t}\{t \mid t-f(\boldsymbol{x}) \geqslant 0\}.$$

约束优化问题和无约束优化问题在理论分析和算法设计方面有很大不同. 约束优化问题的求解算法在极小化目标函数的同时需要顾及约束条件. 所以, 约束优化问题一般比无约束优化问题难解. 将约束优化问题用无约束优化问题近似是约束优化问题的一种求解策略.

(2) **根据约束函数和目标函数的线性程度划分**　若目标函数及约束函数都是线性的, 则称 (1.1.1) 为线性规划问题; 若目标函数与约束函数中至少有一个是非线性的, 则称 (1.1.1) 为非线性最优化问题. 特别地, 若目标函数是二次的, 约束函数是线性的, 则称 (1.1.1) 为二次规划问题. 线性规划和二次规划问题是最简单的两类最优化问题. 目前, 它们已有比较完善的理论和有效的算法.

(3) **根据目标函数和可行域的凸性划分**　若目标函数为凸函数且可行域为闭凸集, 则称 (1.1.1) 为凸规划问题, 否则称之为非凸优化问题. 凸规划问题的最大特点是其局部最优值点都是全局最优值点.

(4) **根据函数的解析性质划分**　若目标函数及约束函数都是连续可微的, 则称 (1.1.1) 为光滑优化问题; 若这些函数中至少有一个是不可微的, 称 (1.1.1) 为非光滑优化问题. 对光滑优化问题, 可利用目标函数和约束函数的梯度信息来估计其邻域内点的函数值信息, 从而建立起梯度型数值方法; 而对非光滑优化问题要建立类似的求解方法, 则需要借助次梯度或光滑化等技术.

(5) **根据可行域中可行点的个数划分**　若可行域中含有无穷多个不可数的点且可行域中的点连续变化, 则称 (1.1.1) 为连续优化问题; 若可行域中含有有限个或可数个点, 即该优化问题在由有限个点或可数个点组成的可行域中寻求最优解, 则称 (1.1.1) 为离散优化问题. 在很多情况下, 离散优化问题可行域中的点是通过某些元素的排列组合产生的, 因此, 又称组合优化问题.

对离散优化问题, 根据变量的取值, 又分离出整数规划问题, 即变量只能取整数的规划问题. 在整数规划问题中, 若变量只能取 0 和 1, 则称其为 0-1 规划问题.

在一个优化问题中, 如果部分变量为整数变量, 而其余变量为连续变量, 则称这样的优化问题为混合整数规划问题. 类似地, 有 0-1 混合规划问题.

对连续优化问题, 特别是光滑的连续优化问题, 可以利用目标函数与约束函数的梯度信息建立求解方法, 而离散优化问题则不然, 原因是可行域中邻近两点的目标函数值差别可能很大. 对整数规划问题, 若通过松弛技术将离散变量连续化, 即将离散优化问题的整数变量放松为实数变量, 其他约束条件不变, 那么求解后者得到的最优解无论通过什么方式取整都不能保证它是原问题的最优解. 这就是说, 离散优化问题一般只能用离散优化问题的方法解决. 尽管如此, 这两类优化问题还是密切相关的, 因为有些离散优化问题, 如 0-1 规划, 可以通过约束条件 $x(x-1)=0$ 将其化为连续优化问题, 其次, 连续优化问题的一些方法和技术, 如对偶, 已移植到离散优化问题的研究中.

(6) *根据模型参数的确定性划分* 若优化问题 (1.1.1) 的所有参数都是确定的, 则称其为确定型规划问题; 若优化问题 (1.1.1) 的某些参数具有某种不确定性, 则称其为不确定规划问题. 对不确定规划问题, 若其中的不确定参数服从某种概率分布, 则称其为随机规划问题.

最优化问题还有其他一些分类. 从 1947 年线性规划的产生至今, 人们对最优化问题的研究先后经历了从线性到非线性、从连续到离散、从确定到动态, 再到随机和模糊的发展过程. 本书主要讨论目标函数和约束函数均连续可微的确定型规划问题, 并简单地称之为非线性最优化问题, 有时也称非线性规划问题.

下面给出非线性最优化问题解的定义.

(1) 对约束优化问题 (1.1.1), 可行域 Ω 中的点称为可行解或可行点.

(2) 设 $\boldsymbol{x}^*\in\Omega$. 若对任意的 $\boldsymbol{x}\in\Omega$, 都有 $f(\boldsymbol{x}^*)\leqslant f(\boldsymbol{x})$, 则称 $\boldsymbol{x}^*$ 为 (1.1.1) 的全局最优解或全局最优值点, 对应的目标函数值称为全局最优值或全局最小值, 并记

$$\boldsymbol{x}^*=\arg\min_{\boldsymbol{x}\in\Omega} f(\boldsymbol{x}),$$

其中, arg min 取自英文 the argument of the minimum. 若 $\boldsymbol{x}^*$ 还满足对任意的 $\boldsymbol{x}\in\Omega$, $\boldsymbol{x}\neq\boldsymbol{x}^*$ 有 $f(\boldsymbol{x}^*)<f(\boldsymbol{x})$, 则称 $\boldsymbol{x}^*$ 为 (1.1.1) 的严格全局最优解.

有些优化问题在可行域上有下界, 但没有最优解. 这时目标函数在可行域上的下确界称为该优化问题的最优值. 如二元函数 $f(\boldsymbol{x})=x_1^2+(1-x_1x_2)^2$ 在 $\mathbb{R}^2$ 上的最优值为零, 但只在 $x_1=\dfrac{1}{x_2}$ 且 $x_2\to\infty$ 时才能达到. 基于此, 有时把 (1.1.1) 写成

$$\inf\{f(\boldsymbol{x})\mid\boldsymbol{x}\in\Omega\}.$$

(3) 设 $\boldsymbol{x}^*\in\Omega$. 若存在该点的邻域 $N(\boldsymbol{x}^*,\delta)$, 使对任意的 $\boldsymbol{x}\in N(\boldsymbol{x}^*,\delta)\cap\Omega$, 都有 $f(\boldsymbol{x}^*)\leqslant f(\boldsymbol{x})$, 则称 $\boldsymbol{x}^*$ 为 (1.1.1) 的局部最优解或局部最优值点. 若 $\boldsymbol{x}^*$ 还满足

对任意的 $\boldsymbol{x} \in N(\boldsymbol{x}^*, \delta) \cap \Omega$, $\boldsymbol{x} \neq \boldsymbol{x}^*$, 都有 $f(\boldsymbol{x}^*) < f(\boldsymbol{x})$, 则称 $\boldsymbol{x}^*$ 是 (1.1.1) 的严格局部最优解.

非线性最优化问题的研究核心是最优解的存在性及其结构性质、求解算法及性能分析. 对一般的非线性最优化问题, 求解和验证其全局最优解是一件非常棘手甚至是不可能的事情. 因此, 人们寄希望于求得问题的局部最优解. 即便如此, 由于计算误差等因素, 几乎所有的数值算法只能给出近似解.

1.2 方法概述

如同一元二次方程的求根公式, 对非线性最优化问题, 一个直接的想法是借助微分学、变分法等数学工具通过逻辑推理和分析运算给出最优解的解析式, 这就是所谓的解析法. 该方法得到的解称为解析解. 解析解精确、简洁、直观, 适于问题的理论分析. 但它仅适用于特殊形式的非线性最优化问题, 而且有时不实用. 如对下述二次规划问题

$$\min_{\boldsymbol{x} \in \mathbb{R}^n} \frac{1}{2}\boldsymbol{x}^{\mathrm{T}}\boldsymbol{A}\boldsymbol{x} - \boldsymbol{b}^{\mathrm{T}}\boldsymbol{x},$$

当矩阵 $\boldsymbol{A}$ 对称正定时, 其最优解为 $\boldsymbol{x} = \boldsymbol{A}^{-1}\boldsymbol{b}$. 该解析解在实际应用时不但计算量大而且稳定性差. 所以在实际中, 人们选择 Gauss 消元法或三角分解法求解.

非线性最优化问题的第二类求解方法是图解法和实验法. 这类 "手工作坊" 式的方法操作简单、通俗易懂, 但效率较低, 仅适用于变量个数很少的情况. 尽管如此, 我国运筹学的奠基人华罗庚于二十世纪六十年代提出的 "优选法" 在我国的工农业生产中发挥了巨大作用.

非线性最优化问题的第三类求解方法是形式转化法. 该方法主要是利用非线性最优化问题的结构性质或最优性条件将其转化成有别于原问题的另一类数学问题, 然后对后者套用现有的方法求解. 不过, 形式转化法只是提供了解决问题的一种途径, 它并非完全有效, 因为转化一般是需要条件的, 而且转化后的问题也并不总存在有效算法.

非线性最优化问题的第四类求解方法是智能算法. 它是人们受自然界规律的启迪, 根据其原理来模拟某些自然现象而建立的一种随机搜索算法. 该算法终止时可得到问题的一个近似解. 智能算法在计算过程中主要利用目标函数的函数值信息, 其有效性可以借助马尔可夫链的遍历理论和随机过程的知识来给它以数学上的描述, 并在概率意义下得到问题的全局最优解. 它适用于组合优化问题和规模较小的连续优化问题. 目前应用比较广泛的主要有遗传算法、模拟退火算法、蚁群算法和神经网络方法.

非线性最优化问题的第五类求解方法是数值迭代法. 该方法主要利用问题的

函数值信息或梯度信息由当前迭代点产生一个更好的迭代点, 直到不能改进为止. 该数值方法得到的解称为数值解. 一般情况下, 它是近似解. 根据迭代过程中函数信息的利用程度, 数值迭代法分为模式搜索法和梯度法. 模式搜索法主要根据函数值的变化规律探测目标函数的下降方向并沿该方向寻求更优的点. 该方法简单、直观, 且无需计算目标函数的梯度, 适用于变量较少、约束简单、目标函数结构比较复杂且梯度不易计算的非线性最优化问题. 常见的主要有坐标轮换法、Hooke-Jeeves 法、Powell 共轭方向法和单纯形调优法等.

与模式搜索法不同, 梯度法在迭代过程中不但需要函数值信息, 而且还需要函数的梯度信息. 因此, 与模式搜索法相比, 梯度法对目标函数和约束函数的解析性质要求较高, 一般有快的收敛速度, 且有好的理论性质.

梯度法一般通过两种策略产生新的迭代点: 线搜索方法和信赖域方法. 线搜索方法是最常见也是研究最多的一类方法. 在算法的每一迭代步, 首先基于目标函数的梯度信息产生一个搜索方向, 然后沿该方向寻求一个更靠近最优值点的迭代点, 使目标函数值有某种程度的下降. 当前迭代点与新迭代点之间的 "距离" 称为步长. 由于这种过程执行一次之后并不能得到目标函数的最优解, 所以要重复执行, 直到满足某种条件为止. 具体地, 对无约束的非线性最优化问题, 线搜索方法的基本框架如下.

算法 1.2.1

步 1. 取初始点 $\boldsymbol{x}_0 \in \mathbb{R}^n$ 及有关参数, 令 $k=0$.

步 2. 验证停机准则.

步 3. 求 $\boldsymbol{x}_k$ 点的搜索方向 $\boldsymbol{d}_k \in \mathbb{R}^n$.

步 4. 计算迭代步长 $\alpha_k > 0$, 使满足 $f(\boldsymbol{x}_k + \alpha_k \boldsymbol{d}_k) < f(\boldsymbol{x}_k)$.

步 5. 产生下一迭代点, 即令 $\boldsymbol{x}_{k+1} = \boldsymbol{x}_k + \alpha_k \boldsymbol{d}_k$, $k=k+1$, 转步 2.

下面对该算法框架的有关事项做一说明.

初始点 初始点的选取不但会影响算法的效率, 而且对最终的数值结果也有重大影响. 显然, 初始点距离最优值点越近算法越有效. 习惯上, 人们取零点、分量全为 1 的点或随机点为初始点. 而一个理想的初始点取法是通过问题结构性质的挖掘在最优值点附近取初始点.

算法参数 算法参数的取值会严重影响算法的计算效率. 借助理论分析可得参数合理的取值范围, 而通过大量的数值实验可得其经验值. 如果根据算法进程和迭代状况参数能够自动调整, 无疑会有好的数值效果.

终止条件 一般情况下, 无论设置多么苛刻的条件, 数值算法都很难在有限步内得到问题的精确解. 理论上, 在迭代点充分靠近最优值点时终止算法. 但由于最优值点一般是未知的, 故在实际操作中, 一般选择在算法停滞不前时终止计算. 据此, 常见的停机准则主要有最优性条件准则、点距准则和函数下降量准则. 具体来

讲, 就是当优化问题一旦近似满足某最优性条件, 或算法产生的点列进展非常缓慢 (相邻两迭代点之间的距离很小), 或目标函数值下降非常缓慢 (相邻两迭代点的目标函数值相差很小) 时算法终止.

搜索方向　搜索方向的选取原则是要保证从当前迭代点沿该方向移动时目标函数值有所下降. 也就是说, 搜索方向是下降方向.

定义 1.2.1　设 $\boldsymbol{x}, \boldsymbol{d} \in \mathbb{R}^n$. 对函数 $f : \mathbb{R}^n \to \mathbb{R}$, 若存在 $\delta > 0$, 使对任意的 $t \in (0, \delta]$, 都有

$$f(\boldsymbol{x} + t\boldsymbol{d}) < f(\boldsymbol{x}),$$

则称 $\boldsymbol{d}$ 为函数 f 在 $\boldsymbol{x}$ 点的下降方向.

对连续可微函数 $f : \mathbb{R}^n \to \mathbb{R}$, 借助梯度可判断一个方向是否为下降方向. 具体地, 设 $\boldsymbol{x} \in \mathbb{R}^n$, 若 $\boldsymbol{d} \in \mathbb{R}^n$ 满足 $\boldsymbol{d}^{\mathrm{T}} \nabla f(\boldsymbol{x}) < 0$, 则对充分小的 $\alpha > 0$,

$$f(\boldsymbol{x} + \alpha \boldsymbol{d}) = f(\boldsymbol{x}) + \alpha \nabla f(\boldsymbol{x})^{\mathrm{T}} \boldsymbol{d} + o(\alpha) < f(\boldsymbol{x}).$$

因此, $\boldsymbol{d}$ 是目标函数 $f(\boldsymbol{x})$ 在 $\boldsymbol{x}$ 点的下降方向. 特别地, 当搜索方向取负梯度方向时, 该搜索方向为目标函数在该点函数值下降最快的方向, 因此称为最速下降方向.

迭代步长　搜索方向确定后, 需要通过线搜索, 也就是计算函数 $f(\boldsymbol{x}_k + \alpha \boldsymbol{d}_k)$ 关于 $\alpha > 0$ 的 (近似) 最小值解求得迭代步长. 一般地, 该算法产生的点列对应的目标函数值数列是单调下降的, 因此线搜索方法又称下降算法.

线搜索方法的核心是搜索方向的选取和迭代步长的计算. 但对算法的影响力而言, 搜索方向要大于迭代步长. 也就是说, 对线搜索过程, 方向比速度重要.

与线搜索方法不同, 信赖域方法利用目标函数 $f(\boldsymbol{x})$ 在 $\boldsymbol{x}_k$ 点的信息构造二次模型 $m_k(\boldsymbol{d})$ 使其在 $\boldsymbol{x}_k$ 点附近与 $f(\boldsymbol{x})$ 有好的近似, 然后根据该二次模型的最小值点来产生新的迭代点, 并视二次模型与目标函数的近似度来调整信赖域半径的大小.

具体地, 先求二次模型 $m_k(\boldsymbol{d})$ 在信赖域内的最小值点 $\boldsymbol{d}_k$, 即求解子问题

$$\min \{ m_k(\boldsymbol{d}) \mid \boldsymbol{d} \in \mathbb{R}^n,\ \|\boldsymbol{d}\| \leqslant \Delta_k \},$$

其中, $\Delta_k > 0$ 为信赖域半径. 如果试探点 $\hat{\boldsymbol{x}}_{k+1} = \boldsymbol{x}_k + \boldsymbol{d}_k$ 能使目标函数值有 "充分" 的下降, 就取 $\boldsymbol{x}_{k+1} = \hat{\boldsymbol{x}}_{k+1}$. 如果近似效果特好, 在下一步就扩大信赖域半径; 否则, 就压缩信赖域半径, 重新求解信赖域子问题.

一般地, 二次模型 $m_k(\boldsymbol{d})$ 取如下形式

$$m_k(\boldsymbol{d}) = f(\boldsymbol{x}_k) + \boldsymbol{d}^{\mathrm{T}} \nabla f(\boldsymbol{x}_k) + \frac{1}{2} \boldsymbol{d}^{\mathrm{T}} \boldsymbol{B}_k \boldsymbol{d},$$

其中, $\boldsymbol{B}_k$ 取为 $\nabla^2 f(\boldsymbol{x}_k)$ 或其近似.

无约束优化问题的信赖域方法最早由 Powell(1970) 提出, 而后得到广泛研究. 后来, Davidon(1980) 在上述二次模型的基础上提出了信赖域方法的锥模型. 信赖域方法不如线搜索那样成熟, 应用也没有线搜索那样广泛. 但由于其强的收敛性和可靠性, 信赖域方法的研究越来越受到重视. 从本质上讲, 它和线搜索方法的区别在于线搜索方法是借助搜索方向将一个多元函数的极值问题转化为一单元函数的极值问题, 而信赖域方法是在一值得 "信赖" 的区域内将复杂的目标函数用一个简单的二次函数近似.

梯度型数值方法在迭代过程中过多地依赖约束函数和目标函数的函数值信息和梯度信息, 而这些信息只能反映函数值的局部变化情况, 因此, 对非凸优化问题, 梯度型方法一般只能得到局部最优解. 而该最优解的好坏, 也就是该最优解对应的最优值与全局最优值的差距完全依赖于初始点的选取. 因此, 若希望求得问题的全局最优解, 需用多个初始点分别进行计算, 然后在求得的多个最优解中取其最优者当作全局最优解. 除此之外, 也可用隧道 (Levy et al., 1985) 和填充 (Ge, 1990) 等技术由局部最优解向全局最优解逐步靠近. 但相对于局部优化数值算法, 全局优化算法还不成熟, 因为人们至今还没有找到一个令人满意的全局最优解的有效算法和检验准则. 正因如此, 在以后的叙述中, 除非特别说明, 我们对全局最优解和局部最优解不再严格区分, 而泛泛地称之最优解.

对非线性最优化问题, 一个数值方法要被认可, 既要有理论保障, 又要有满意的数值效果. 具体地, 一个好的数值方法应在如下指标有好的特性.

(1) *全局收敛与局部收敛* 梯度型数值方法很难保证在有限步内得到问题的最优解, 因此, 人们希望算法产生的迭代点列有越来越靠近最优解的趋势, 这便引出了算法收敛性的概念.

如果从任意的初始点出发, 算法产生的迭代点列都收敛到问题的最优值点, 称该算法具有全局收敛性. 若算法只有在初始点和最优值点具有某种程度的靠近时才能保证迭代点列收敛到最优值点, 则称该算法具有局部收敛性. 若迭代点列的某一聚点为优化问题的最优值点, 则称该算法弱收敛.

需要强调的是, 无论是全局收敛还是局部收敛, 都属于理论分析, 因为在进行实际数值计算时, 算法必须在有限步内终止, 而我们也只能在计算机运行机时的许可范围内得到满足一定精度要求的近似最优解.

(2) *收敛速度与二次终止性* 大量数值实验表明, 一个算法的计算效率在很大程度上依赖于在最优值点附近迭代点靠近最优值点的速度. 也就是说, 一个数值方法高效的基本标志就是一旦迭代点进入目标函数的一个 "狭长的凹谷", 那么以后产生的迭代点应迅速移向该 "凹谷" 的最低点. 下面利用收敛速度的概念进行刻画.

算法的收敛速度主要考虑迭代点列 $\{\boldsymbol{x}_k\}$ 与最优值点 $\boldsymbol{x}^*$ 之间的距离所确定的

数列 $\{\|\boldsymbol{x}_k - \boldsymbol{x}^*\|\}$ 趋于零的速度. 所以, 讨论算法收敛速度的前提是算法产生的点列收敛到问题的最优值点. 显然, 数列 $\{\|\boldsymbol{x}_k - \boldsymbol{x}^*\|\}$ 趋于零的速度越快, 相应算法的效率就越高. 对此, 有以下两种衡量尺度: Q-收敛和 R-收敛 (Ortega, Rheinboldt, 1970).

Q-收敛是通过前后两迭代点靠近最优值点的程度进行比较定义的: 设点列 $\{\boldsymbol{x}_k\}$ 收敛到点 $\boldsymbol{x}^*$, 且存在 $q \geqslant 0$ 满足

$$\limsup_{k\to\infty} \frac{\|\boldsymbol{x}_{k+1} - \boldsymbol{x}^*\|}{\|\boldsymbol{x}_k - \boldsymbol{x}^*\|} \leqslant q.$$

若 $0 < q < 1$, 则称 $\{\boldsymbol{x}_k\}$ Q-线性收敛到 $\boldsymbol{x}^*$. 若 $q = 0$, 则称点列 $\{\boldsymbol{x}_k\}$ Q-超线性收敛到 $\boldsymbol{x}^*$.

容易证明: 如果点列 $\{\boldsymbol{x}_k\}$ Q-超线性收敛到 $\boldsymbol{x}^*$, 则

$$\lim_{k\to\infty} \frac{\|\boldsymbol{x}_{k+1} - \boldsymbol{x}_k\|}{\|\boldsymbol{x}_k - \boldsymbol{x}^*\|} = 1. \tag{1.2.1}$$

对收敛到 $\boldsymbol{x}^*$ 的点列 $\{\boldsymbol{x}_k\}$, 若存在 $0 \leqslant p < \infty$ 和 $r \geqslant 1$ 使

$$\limsup_{k\to\infty} \frac{\|\boldsymbol{x}_{k+1} - \boldsymbol{x}^*\|}{\|\boldsymbol{x}_k - \boldsymbol{x}^*\|^r} \leqslant p,$$

则称点列 $\{\boldsymbol{x}_k\}$ Q-r 阶收敛到 $\boldsymbol{x}^*$, 有时简单地称点列 $\{\boldsymbol{x}_k\}$ r-阶收敛到 $\boldsymbol{x}^*$. 其中最常见的是 2-阶收敛. 若 $r > 1$, r-阶收敛必超线性收敛.

与 Q-收敛不同, R-收敛是借助一个收敛于零的数列来度量 $\{\|\boldsymbol{x}_k - \boldsymbol{x}^*\|\}$ 趋于零的快慢程度: 设点列 $\{\boldsymbol{x}_k\}$ 收敛到最优值点 $\boldsymbol{x}^*$. 若存在 $\kappa > 0$, $q \in (0,1)$ 使

$$\|\boldsymbol{x}_k - \boldsymbol{x}^*\| \leqslant \kappa q^k,$$

则称 $\{\boldsymbol{x}_k\}$ R-线性收敛到 $\boldsymbol{x}^*$.

对上述点列, 若存在 $\kappa > 0$ 和收敛于零的正数列 $\{q_k\}$ 使

$$\|\boldsymbol{x}_k - \boldsymbol{x}^*\| \leqslant \kappa \prod_{i=0}^{k} q_i,$$

则称点列 $\{\boldsymbol{x}_k\}$ R-超线性收敛到 $\boldsymbol{x}^*$.

这里, Q 和 R 分别取自英文 "Quotient" 和 "Root". 在这些收敛速度中, 超线性收敛比线性收敛速度快. 而若一个点列 Q-(超) 线性收敛, 则它必 R-(超) 线性收敛.

收敛速度用来表征迭代点列靠近问题最优解的快慢程度. 一般地, 超线性收敛性算法是比较快的. 但由于计算误差和算法程序本身带来的影响, 收敛速度的理论结果并不能保证算法具有同样的数值效果.

另外, 二次终止性也是判断算法优劣的一个重要指标. 它是指对任意的严格凸二次函数, 从任意的初始点出发, 算法经过有限步迭代后均可到达最优值点.

由于严格凸二次函数是非线性函数中形式最简单、条件最强的函数, 所以一个好的算法理应在有限步内得到最优解. 其次, 对一般的目标函数, 它在最优值点附近可以用一个严格凸二次函数来近似. 因此, 可以猜想, 对严格凸二次函数数值效果好的算法, 对一般的目标函数应有好的数值效果. 无约束优化问题的共轭梯度法和拟牛顿方法之所以有这么强的吸引力, 主要因为它们的二次终止性.

一般地, 若一个算法是通过目标函数的某种近似建立的, 那么算法的收敛速度严重依赖于近似度的高低. 如果该近似是线性的, 则收敛速度一般是线性的; 而若该近似是二阶的, 则收敛速度往往也是二阶的.

(3) *稳定性* 算法的稳定性是指算法的可靠性. 在数值计算过程中, 初始数据的舍入误差会通过系列运算进行遗传和传播. 如果初始数据的误差对最终结果的影响较小, 即在计算过程中舍入误差增长缓慢, 则称该算法是稳定的. 若输出结果的误差随初始数据的舍入误差呈恶性增长, 则称该算法是不稳定的.

一般地, 数值稳定性是对算法而言, 但有时也与问题本身有关. 如对一些病态问题, 如果输入数据有微小扰动, 则问题的解会产生大的扰动. 这种情况是由于问题本身的性质决定的, 与算法无关. 这方面最简单的例子是线性方程组的求解. 如果系数矩阵的条件数过大, 那么在计算过程中, 数据存储的舍入误差可能会引起计算结果大的偏差. 这就是说, 对病态问题, 用任何算法直接计算都会产生不稳定性. 对此, 人们常用调比技术对问题进行某种预处理或在算法中引入正则化技术来增强算法的稳定性.

(4) *计算复杂性和存储消耗* 一个算法在理论上有快的收敛速度是保证其高效的一个因素, 而算法中每一迭代步的计算量和存储量也是影响算法效率的重要因素. 因为即便一个算法有快的收敛速度, 但若其每一迭代步的计算量或存储量偏大, 则会导致算法的迭代进程变慢, 从而影响算法的整体效率.

上述指标主要侧重算法的理论分析, 如最坏情况分析和最好情况分析. 该分析一方面使我们清楚算法对良态问题所具有的诱人性质和对病态问题可能出现的最坏结果, 从而找到算法所适用的问题类; 另一方面使我们明白为什么 “这样” 取初始点, “那样” 选取参数, 同时它还帮助我们发现算法中的缺陷, 进而改进之. 只是人们在借助数学分析等工具对算法进行理论分析时, 一般要对问题或其解点做些假设, 而这些假设往往难于验证.

(5) *数值效果* 对非线性最优化问题的数值方法进行数值实验是非常重要也是非常必要的. 首先, 算法本身就是为问题求解设计的. 因此, 一个方法最终能否被接受和认可关键在于其数值效果, 而不是设计难度或理论性质. 其次, 数值实验虽不能给算法的理论分析提供什么保证, 但有时会很可靠地显露出某些可能的理论结果. 只是在进行数值分析的时候, 需要考虑到参数和初始点的选取对数值效果的影响, 同时还要考虑到算法程序中某些微小的变动对数值效果的影响.

如同光的传播遵循最短时间传播而不是最短路传播, 一个好的数值方法其迭代行迹未必是从初始点到最优值点的最短路, 但应是从初始点到最优值点的运行机时最短的路. 这在最优化算法上体现为, 一个好的数值算法不但要有好的理论性质, 同时还要有诱人的数值效果. 遗憾的是, 如同线性规划问题的单纯形方法和椭球算法, 非线性最优化问题的有些算法的理论性质和数值效果也不一致. 这其中的原因很复杂, 既有计算过程中数据舍入误差和参数取值的影响, 也有理论分析过程中所需条件在实际问题中得不到满足的因素. 同时, 对同一算法, 其性能指标与具体的问题有关系, 对此很难找到统一的量化指标.

从 20 世纪 50 年代至今, 人们提出了求解非线性最优化问题的各式各样的数值方法, 但目前尚未找到一个理论性质和数值效果都令人满意的通用算法. 一般情况下, 人们只能宣称某个方法对某类问题比较有效. 这也是非线性最优化问题的数值方法研究中多种方法并存的主要原因, 同时也吻合了 Wolpert 和 Macready (1997) 提出的无免费午餐定理. 据此, 人们对最优化问题算法的研究焦点主要有两个: 一是以问题为导向, 即针对一个特定的实际问题, 设计专门的算法; 二是对一个既定算法, 通过理论分析给出其适用的问题类, 使其成为一个 "指示性" 算法.

1.3　凸集与凸函数

在最优化问题的理论分析中, 常用到凸集和凸函数的概念, 下面给出定义和有关性质.

定义 1.3.1　设集合 $\mathcal{S} \subset \mathbb{R}^n$. 若对任意的 $\boldsymbol{x}_1, \boldsymbol{x}_2 \in \mathcal{S}$ 和任意的 $\lambda \in [0,1]$, 都有 $\lambda \boldsymbol{x}_1 + (1-\lambda)\boldsymbol{x}_2 \in \mathcal{S}$, 则称 $\mathcal{S}$ 为凸集.

根据定义, 对凸集中的任意两点, 它们的连线都在集合中. 不但如此, 凸集中任意多个元素的凸组合也属于该集合.

定义 1.3.2　设 $\boldsymbol{x}_1, \boldsymbol{x}_2, \cdots, \boldsymbol{x}_m \in \mathbb{R}^n$, $\lambda_i \geqslant 0, i = 1, 2, \cdots, m$ 满足 $\lambda_1 + \lambda_2 + \cdots + \lambda_m = 1$, 则称 $\lambda_1 \boldsymbol{x}_1 + \lambda_2 \boldsymbol{x}_2 + \cdots + \lambda_m \boldsymbol{x}_m$ 为 $\boldsymbol{x}_1, \boldsymbol{x}_2, \cdots, \boldsymbol{x}_m$ 的一个凸组合. 点 $\boldsymbol{x}_1, \boldsymbol{x}_2, \cdots, \boldsymbol{x}_m$ 的所有凸组合所组成的集合称为由 $\boldsymbol{x}_1, \boldsymbol{x}_2, \cdots, \boldsymbol{x}_m$ 生成的凸包.

由有限个点生成的凸包称为多面胞. 设 $\mathcal{S}$ 为凸集, 若 $\boldsymbol{x} \in \mathcal{S}$ 不能表示成 $\mathcal{S}$ 中任意其他两点的凸组合, 也就是, 对任意的 $\boldsymbol{x}_1, \boldsymbol{x}_2 \in \mathcal{S}$ 和任意的 $\lambda \in (0,1)$, 都有

$$\boldsymbol{x} = \lambda \boldsymbol{x}_1 + (1-\lambda)\boldsymbol{x}_2 \Rightarrow \boldsymbol{x} = \boldsymbol{x}_1 = \boldsymbol{x}_2,$$

则称 $\boldsymbol{x}$ 为凸集 $\mathcal{S}$ 的顶点.

除去凸组合中系数的非负性限制, 便得到仿射组合的定义并由此可以建立仿射集的概念.

定义 1.3.3 设 $\boldsymbol{x}_1, \boldsymbol{x}_2, \cdots, \boldsymbol{x}_m \in \mathbb{R}^n$, 且 $\lambda_i \in \mathbb{R}, i = 1, 2, \cdots, m$ 满足 $\lambda_1 + \lambda_2 + \cdots + \lambda_m = 1$, 则称 $\lambda_1 \boldsymbol{x}_1 + \lambda_2 \boldsymbol{x}_2 + \cdots + \lambda_m \boldsymbol{x}_m$ 为 $\boldsymbol{x}_1, \boldsymbol{x}_2, \cdots, \boldsymbol{x}_m$ 的一个仿射组合.

定义 1.3.4 集合 $\mathcal{S} \subset \mathbb{R}^n$ 中任意有限个点的仿射组合所生成的集合称为 $\mathcal{S}$ 的仿射包, 记为 $\mathrm{Aff}(\mathcal{S})$. 若 $\mathcal{S} = \mathrm{Aff}(\mathcal{S})$, 则称 $\mathcal{S}$ 为仿射集.

根据定义, 仿射集中任意多个点所张成的区域都属于该集合. 因此, 仿射集是凸集. 由于仿射组合 $\lambda_1 \boldsymbol{x}_1 + \lambda_2 \boldsymbol{x}_2 + \cdots + \lambda_m \boldsymbol{x}_m$ 可写成

$$\boldsymbol{x}_1 + \lambda_2(\boldsymbol{x}_2 - \boldsymbol{x}_1) + \cdots + \lambda_m(\boldsymbol{x}_m - \boldsymbol{x}_1), \quad \lambda_2, \cdots, \lambda_m \in \mathbb{R},$$

所以, 对仿射集 $\mathcal{S}$ 中的任一点 $\boldsymbol{x}$, 集合 $\mathcal{S} - \{\boldsymbol{x}\}$ 为 $\mathbb{R}^n$ 的一个子空间. 也就是说, 仿射集是子空间的一个平移. 所以, 从外形上看, 子空间和仿射集是一样的, 只是一个通过原点, 另一个未必通过. 故有时称仿射集为仿射子空间, 而子空间 $\mathcal{S} - \{\boldsymbol{x}\}$ 的维数称为仿射集 $\mathcal{S}$ 的维数.

根据线性代数的知识, 齐次线性方程组 $\boldsymbol{Ax} = \boldsymbol{0}$ 的解集 $\mathcal{N}(\boldsymbol{A})$ 是一线性子空间, 而非齐次线性方程组 $\boldsymbol{Ax} = \boldsymbol{b}$ 的解集是一仿射空间. 设 $\boldsymbol{x}_0$ 为 $\boldsymbol{Ax} = \boldsymbol{b}$ 的一个特解, 将子空间 $\mathcal{N}(\boldsymbol{A})$ 平移至 $\boldsymbol{x}_0$ 点便得到 $\boldsymbol{Ax} = \boldsymbol{b}$ 的解集 $\boldsymbol{x}_0 + \mathcal{N}(\boldsymbol{A})$.

在欧氏空间中, 集合的内点是借助 δ-邻域定义的. 借助仿射包可将集合的内点进行推广.

定义 1.3.5 设集合 $\mathcal{S} \subset \mathbb{R}^n$. 对 $\boldsymbol{x} \in \mathcal{S}$, 若存在 $\delta > 0$, 使得 $N(\boldsymbol{x}, \delta) \cap \mathrm{Aff}(\mathcal{S}) \subset \mathcal{S}$, 即 $\boldsymbol{x}$ 在仿射子空间 $\mathrm{Aff}(\mathcal{S})$ 中是集合 $\mathcal{S}$ 的内点, 则称 $\boldsymbol{x}$ 为集合 $\mathcal{S}$ 的相对内点. 集合 $\mathcal{S}$ 的所有相对内点所组成的集合记为 $\mathrm{ri}(\mathcal{S})$.

凸集的相对内点是从一个较小的空间角度考察一个点是否属于集合的内部. 若一个凸集含有通常意义下的内点, 则集合的相对内点和内点是一致的. 下面看两类特殊的凸集.

定义 1.3.6 对集合 $\mathcal{K} \subset \mathbb{R}^n$, 若对任意的 $\boldsymbol{x} \in \mathcal{K}$ 和 $\lambda \geqslant 0$, 都有 $\lambda \boldsymbol{x} \in \mathcal{K}$, 则称 $\mathcal{K} \subset \mathbb{R}^n$ 为锥. 若锥 $\mathcal{K}$ 为凸集, 则称 $\mathcal{K}$ 为凸锥. 进一步, 若存在有限个元素, 使得锥 $\mathcal{K}$ 中的任一元素都可以表示这有限个元素的非负组合, 即

$$\mathcal{K} = \left\{ \sum_{i=1}^{m} \mu_i \boldsymbol{b}_i \mid \mu_i \geqslant 0,\ i = 1, 2, \cdots, m \right\},$$

其中, $\boldsymbol{b}_1, \cdots, \boldsymbol{b}_m \in \mathbb{R}^n$, 则称该锥为有限生成锥, 而 $\boldsymbol{b}_1, \cdots, \boldsymbol{b}_m$ 称为有限生成元.

易知, 有限生成锥是闭凸锥.

设 $\mathcal{K}$ 是闭凸锥, 则对任意的 $\boldsymbol{x}, \boldsymbol{y} \in \mathcal{K}$ 和任意的 $\lambda \geqslant 0$, $\mu \geqslant 0$,

$$\lambda \boldsymbol{x} + \mu \boldsymbol{y} \in \mathcal{K}.$$

对此, 称 $\lambda \boldsymbol{x}+\mu \boldsymbol{y}$ 为 $\boldsymbol{x}, \boldsymbol{y}$ 的锥组合, 记为 $\operatorname{cone}\{\boldsymbol{x}, \boldsymbol{y}\}$. 锥 $\mathcal{K}$ 的极锥定义为

$$\mathcal{K}^{\circ}=\{\boldsymbol{y} \in \mathbb{R}^{n} \mid\langle\boldsymbol{x}, \boldsymbol{y}\rangle \leqslant 0,\ \forall\ \boldsymbol{x} \in \mathcal{K}\}.$$

对矩阵 $\boldsymbol{A} \in \mathbb{R}^{m \times n}$, 其核空间 $\mathcal{N}=\{\boldsymbol{x} \in \mathbb{R}^{n} \mid \boldsymbol{A} \boldsymbol{x}=\mathbf{0}\}$ 是一种特殊的锥. 容易验证, 其极锥为 $\mathcal{R}(\boldsymbol{A}^{\mathrm{T}})$. 实际上, 任一子空间的极锥为其正交补空间.

定义 1.3.7　设 $\boldsymbol{A} \in \mathbb{R}^{m \times n}, \boldsymbol{b} \in \mathbb{R}^{m}$, 称集合 $\mathcal{S}=\{\boldsymbol{x} \in \mathbb{R}^{n} \mid \boldsymbol{A} \boldsymbol{x} \geqslant \boldsymbol{b}\}$ 为多面体. 特别地, 集合 $\mathcal{K}=\{\boldsymbol{x} \in \mathbb{R}^{n} \mid \boldsymbol{A} \boldsymbol{x} \geqslant \mathbf{0}\}$ 称为多面锥.

可以证明, 多面锥和有限生成锥等价, 且多面锥 $\mathcal{K}=\{\boldsymbol{x} \mid \boldsymbol{A} \boldsymbol{x} \geqslant \mathbf{0}\}$ 的极锥为

$$\mathcal{K}^{\circ}=\{-\boldsymbol{A}^{\mathrm{T}} \boldsymbol{y} \mid \boldsymbol{y} \in \mathbb{R}_{+}^{m}\}.$$

由于多面体本身是凸集, 因此也称其凸多面体. 有界的凸多面体称为多面胞, 也就是有限个点生成的凸包. 对于凸多面体 $\mathcal{S}$, 若存在 $\boldsymbol{d} \in \mathbb{R}^{n}$, 使对任意的 $\boldsymbol{x} \in \mathcal{S}$ 和 $\alpha \geqslant 0$, 都有 $\boldsymbol{x}+\alpha \boldsymbol{d} \in \mathcal{S}$, 则称 $\boldsymbol{d}$ 为集合 $\mathcal{S}$ 的回收方向. 集合 $\mathcal{S}$ 的所有回收方向所构成的锥称为 $\mathcal{S}$ 的回收锥. 基于此, 可得凸多面体的 Minkowski 分解定理.

定理 1.3.1　若多面体 $\mathcal{S}$ 无界, 则存在多面胞 P 和多面锥 $\mathcal{K}$, 使 $\mathcal{S}=P+\mathcal{K}$.

证明　设 $\mathcal{S}=\{\boldsymbol{x} \mid \boldsymbol{A} \boldsymbol{x} \geqslant \boldsymbol{b}\}$. 根据多面锥和有限生成锥的等价性, 多面锥

$$\mathcal{K}_{1}=\left\{\left(\begin{array}{c}\boldsymbol{x} \\ \lambda\end{array}\right) \in \mathbb{R}^{n+1} \,\middle|\, \boldsymbol{A} \boldsymbol{x}-\lambda \boldsymbol{b} \geqslant \mathbf{0}\right\}$$

可表示成

$$\left(\begin{array}{c}\boldsymbol{x}_{1} \\ \lambda_{1}\end{array}\right), \quad\left(\begin{array}{c}\boldsymbol{x}_{2} \\ \lambda_{2}\end{array}\right), \quad \cdots, \quad\left(\begin{array}{c}\boldsymbol{x}_{m} \\ \lambda_{m}\end{array}\right)$$

的有限生成锥. 根据锥的性质, 可设 $\lambda_{i}=0,1$. 不失一般性, 设 $\lambda_{i}=1,\ i=1,2, \cdots, m_{1};\ \lambda_{i}=0,\ i=m_{1}+1, m_{1}+2, \cdots, m$, 并记 $\mathcal{P}$ 为 $\boldsymbol{x}_{1}, \boldsymbol{x}_{2}, \cdots, \boldsymbol{x}_{m_{1}}$ 生成的多面胞, $\mathcal{K}$ 为 $\boldsymbol{x}_{m_{1}+1}, \boldsymbol{x}_{m_{1}+2}, \cdots, \boldsymbol{x}_{m}$ 生成的多面锥.

对任意的 $\boldsymbol{x} \in \mathcal{S}$, 显然有 $\left(\begin{array}{c}\boldsymbol{x} \\ 1\end{array}\right) \in \mathcal{K}_{1}$, 即

$$\left(\begin{array}{c}\boldsymbol{x} \\ 1\end{array}\right) \in \operatorname{cone}\left\{\left(\begin{array}{c}\boldsymbol{x}_{1} \\ \lambda_{1}\end{array}\right),\left(\begin{array}{c}\boldsymbol{x}_{2} \\ \lambda_{2}\end{array}\right), \cdots,\left(\begin{array}{c}\boldsymbol{x}_{m} \\ \lambda_{m}\end{array}\right)\right\}.$$

从而存在非负数组 $\mu_{1}, \mu_{2}, \cdots, \mu_{m}$ 满足

$$\boldsymbol{x}=\sum_{i=1}^{m_{1}} \mu_{i} \boldsymbol{x}_{i}+\sum_{i=m_{1}+1}^{m} \mu_{i} \boldsymbol{x}_{i}, \qquad \sum_{i=1}^{m} \mu_{i} \lambda_{i}=\sum_{i=1}^{m_{1}} \mu_{i}=1.$$

根据 $\mathcal{P}$ 和 $\mathcal{K}$ 的定义知 $\boldsymbol{x} \in \mathcal{P}+\mathcal{K}$. 证毕

下面介绍凸函数的概念和有关性质.

对一般的非线性优化问题, 很难保证其局部最优值点是全局最优值点, 主要原因在于目标函数为 “多峰” 函数, 而 “单峰” 函数, 也就是凸函数, 可以保证局部最优值点和全局最优值点的等价性.

定义 1.3.8 若函数 $f: \mathbb{R}^n \to \mathbb{R}$ 满足

$$f(\lambda \boldsymbol{x}+(1-\lambda)\boldsymbol{y}) \leqslant \lambda f(\boldsymbol{x})+(1-\lambda)f(\boldsymbol{y}), \quad \forall\, \boldsymbol{x},\boldsymbol{y} \in \mathbb{R}^n,\ \lambda \in [0,1],$$

则称其为凸函数.

若 $f(\boldsymbol{x})$ 连续可微, 则上述定义等价于下述条件之一:

$$f(\boldsymbol{y})-f(\boldsymbol{x}) \geqslant \nabla f(\boldsymbol{x})^{\mathrm{T}}(\boldsymbol{y}-\boldsymbol{x}), \quad \forall\, \boldsymbol{x},\boldsymbol{y} \in \mathbb{R}^n;$$
$$(\nabla f(\boldsymbol{y})-\nabla f(\boldsymbol{x}))^{\mathrm{T}}(\boldsymbol{y}-\boldsymbol{x}) \geqslant 0, \quad \forall\, \boldsymbol{x},\boldsymbol{y} \in \mathbb{R}^n.$$

进一步, 若 $f(\boldsymbol{x})$ 二阶连续可微, 则它为凸函数等价于

$$\boldsymbol{h}^{\mathrm{T}}\nabla^2 f(\boldsymbol{x})\boldsymbol{h} \geqslant 0, \quad \forall\, \boldsymbol{x},\boldsymbol{h} \in \mathbb{R}^n.$$

若上述不等式取严格不等号, 则称函数 $f(\boldsymbol{x})$ 是严格凸的. 将上述各条件进一步加强得到一致凸函数的定义.

定义 1.3.9 对函数 $f: \mathbb{R}^n \to \mathbb{R}$, 若存在 $\eta>0$, 使对任意的 $\boldsymbol{x},\boldsymbol{y} \in \mathbb{R}^n$ 和 $\lambda \in [0,1]$, 成立

$$f(\lambda \boldsymbol{x}+(1-\lambda)\boldsymbol{y}) \leqslant \lambda f(\boldsymbol{x})+(1-\lambda)f(\boldsymbol{y})-\lambda(1-\lambda)\eta\|\boldsymbol{x}-\boldsymbol{y}\|^2,$$

则称其为一致凸函数.

二次函数 $f(\boldsymbol{x})=\|\boldsymbol{x}\|^2$ 是最简单的一致凸函数. 实际上, 若存在 $\eta>0$ 使得 $f(\boldsymbol{x})-\eta\|\boldsymbol{x}\|^2$ 为凸函数, 则 $f(\boldsymbol{x})$ 一致凸.

若 $f(\boldsymbol{x})$ 连续可微, 则它为一致凸函数的充分必要条件是, 存在 $\rho>0$ 使得

$$f(\boldsymbol{y})-f(\boldsymbol{x}) \geqslant \nabla f(\boldsymbol{x})^{\mathrm{T}}(\boldsymbol{y}-\boldsymbol{x})+\frac{1}{2}\rho\|\boldsymbol{y}-\boldsymbol{x}\|^2, \quad \forall\, \boldsymbol{x},\ \boldsymbol{y} \in \mathbb{R}^n,$$

它又等价于

$$(\boldsymbol{y}-\boldsymbol{x})^{\mathrm{T}}(\nabla f(\boldsymbol{y})-\nabla f(\boldsymbol{x})) \geqslant \rho\|\boldsymbol{y}-\boldsymbol{x}\|^2, \quad \forall\, \boldsymbol{x},\ \boldsymbol{y} \in \mathbb{R}^n. \tag{1.3.1}$$

若函数 f 二阶连续可微, 则它为一致凸函数的充分必要条件是, 存在 $\rho>0$ 使得

$$\boldsymbol{h}^{\mathrm{T}}\nabla^2 f(\boldsymbol{x})\boldsymbol{h} \geqslant \rho\|\boldsymbol{h}\|^2, \quad \forall\, \boldsymbol{x},\ \boldsymbol{h} \in \mathbb{R}^n.$$

显然, 一致凸函数必严格凸. 对二次函数, 严格凸和一致凸等价. 利用凸函数可建立一些常见的不等式.

对凸函数 $f:\mathbb{R}^n \to \mathbb{R}$, 容易推出

$$f\left(\sum_{i=1}^{m} \alpha_i \boldsymbol{x}_i\right) \leqslant \sum_{i=1}^{m} \alpha_i f(\boldsymbol{x}_i),$$

其中, $\boldsymbol{x}_i \in \mathbb{R}^n,\ \alpha_i \geqslant 0,\ i=1,2,\cdots,m,\ \sum\limits_{i=1}^{m} \alpha_i = 1$. 该不等式称为 Jensen 不等式.

取 $f(x) = -\ln x,\ x>0$, 则由 Jensen 不等式得到加权的算术几何不等式

$$\sum_{i=1}^{m} \alpha_i x_i \geqslant \prod_{i=1}^{m} x_i^{\alpha_i},$$

其中, $x_i \geqslant 0, \alpha_i \geqslant 0,\ i=1,2,\cdots,m,\ \sum\limits_{i=1}^{m} \alpha_i = 1$. 特别地, 若取 $\alpha_i = \dfrac{1}{m}$, 则得到算术几何不等式

$$\frac{1}{m}\sum_{i=1}^{m} x_i \geqslant \left(\prod_{i=1}^{m} x_i\right)^{\frac{1}{m}}.$$

其中, 等号成立的充分必要条件是 $x_1 = x_2 = \cdots = x_m$.

在非线性最优化问题的理论分析中, 常用到上述公式和下面的 Cauchy-Schwarz 不等式

$$\sum_{i=1}^{m} x_i y_i \leqslant \left(\sum_{i=1}^{m} x_i^2\right)^{\frac{1}{2}} \left(\sum_{i=1}^{m} y_i^2\right)^{\frac{1}{2}}.$$

将其写成向量形式, 就是

$$\boldsymbol{x}^{\mathrm{T}} \boldsymbol{y} \leqslant \|\boldsymbol{x}\| \cdot \|\boldsymbol{y}\|.$$

1.4　线性系统的相容性

本节主要基于凸集分离定理建立线性不等式系统解的存在性理论. 利用它可建立约束优化问题的最优性条件.

引理 1.4.1 (凸集分离定理)　设 $\mathcal{S} \subset \mathbb{R}^n$ 是非空闭凸集, $\boldsymbol{y} \notin \mathcal{S}$. 则存在非零向量 $\boldsymbol{p}$ 和常数 α, 使 $\boldsymbol{p}^{\mathrm{T}}\boldsymbol{y} > \alpha$ 和 $\boldsymbol{p}^{\mathrm{T}}\boldsymbol{x} \leqslant \alpha,\ \forall \boldsymbol{x} \in \mathcal{S}$.

证明　首先证明: 对 $\boldsymbol{y} \notin \mathcal{S}$, 存在唯一的点 $\hat{\boldsymbol{y}} \in \mathcal{S}$ 满足

$$\|\hat{\boldsymbol{y}} - \boldsymbol{y}\| \leqslant \|\boldsymbol{x} - \boldsymbol{y}\|, \quad \forall\ \boldsymbol{x} \in \mathcal{S}. \tag{1.4.1}$$

满足上述条件的 $\hat{\boldsymbol{y}}$ 称为 $\boldsymbol{y}$ 到集合 $\mathcal{S}$ 上的投影.

事实上, 任取 $\bar{\boldsymbol{x}} \in \mathcal{S}$, 则球 $B(\boldsymbol{y}, \|\boldsymbol{y}-\bar{\boldsymbol{x}}\|)$ 与 $\mathcal{S}$ 的交包含 $\boldsymbol{y}$ 到集合 $\mathcal{S}$ 上的投影. 由维尔斯特拉斯定理, 存在 $\hat{\boldsymbol{y}} \in \mathcal{S}$ 满足 (1.4.1). 下证唯一性. 否则, 在 $\mathcal{S}$ 中存在 $\bar{\boldsymbol{y}} \neq \hat{\boldsymbol{y}}$, 同样满足 (1.4.1). 这样, 点 $\boldsymbol{y}, \bar{\boldsymbol{y}}, \hat{\boldsymbol{y}}$ 构成一个以 $\boldsymbol{y}$ 为顶点的等腰三角形. 由 $\mathcal{S}$ 为凸集知, 线段 $\bar{\boldsymbol{y}}\hat{\boldsymbol{y}}$ 的中点 $\tilde{\boldsymbol{y}} = \dfrac{1}{2}(\bar{\boldsymbol{y}}+\hat{\boldsymbol{y}}) \in \mathcal{S}$, 而由三角几何的知识知 $\|\boldsymbol{y}-\tilde{\boldsymbol{y}}\| < \|\boldsymbol{y}-\hat{\boldsymbol{y}}\|$. 这与 $\hat{\boldsymbol{y}}$ 满足 (1.4.1) 矛盾.

再证 $\boldsymbol{y}$ 到集合 $\mathcal{S}$ 上的投影 $\hat{\boldsymbol{y}}$ 满足

$$\langle \boldsymbol{x}-\hat{\boldsymbol{y}}, \hat{\boldsymbol{y}}-\boldsymbol{y} \rangle \geqslant 0, \quad \forall\, \boldsymbol{x} \in \mathcal{S}. \tag{1.4.2}$$

事实上, 由 $\mathcal{S}$ 的凸性, 对任意的 $\boldsymbol{x} \in S$ 和 $t \in (0,1)$, $\hat{\boldsymbol{y}} + t(\boldsymbol{x}-\hat{\boldsymbol{y}}) \in \mathcal{S}$. 所以,

$$\|\hat{\boldsymbol{y}}-\boldsymbol{y}\|^2 \leqslant \|\hat{\boldsymbol{y}}+t(\boldsymbol{x}-\hat{\boldsymbol{y}})-\boldsymbol{y}\|^2,$$

整理得

$$0 \leqslant 2\langle \boldsymbol{x}-\hat{\boldsymbol{y}}, \hat{\boldsymbol{y}}-\boldsymbol{y} \rangle + t\|\boldsymbol{x}-\hat{\boldsymbol{y}}\|^2.$$

令 $t \downarrow 0$ 即得 (1.4.2).

下证命题结论. 在 (1.4.2) 中, 令

$$\boldsymbol{p} = \boldsymbol{y}-\hat{\boldsymbol{y}}, \qquad \alpha = (\boldsymbol{y}-\hat{\boldsymbol{y}})^{\mathrm{T}}\hat{\boldsymbol{y}} = \boldsymbol{p}^{\mathrm{T}}\hat{\boldsymbol{y}}.$$

则对任意的 $\boldsymbol{x} \in \mathcal{S}$, $\boldsymbol{p}^{\mathrm{T}}\boldsymbol{x} \leqslant \alpha$, 且

$$\begin{aligned} \boldsymbol{p}^{\mathrm{T}}\boldsymbol{y}-\alpha &= (\boldsymbol{y}-\hat{\boldsymbol{y}})^{\mathrm{T}}\boldsymbol{y}-(\boldsymbol{y}-\hat{\boldsymbol{y}})^{\mathrm{T}}\hat{\boldsymbol{y}} \\ &= \|\boldsymbol{y}-\hat{\boldsymbol{y}}\|^2 > 0. \end{aligned}$$

证毕

上述结论告诉我们, 若点 $\boldsymbol{y}$ 不属于闭凸集 $\mathcal{S}$, 则存在超平面

$$H = \{\boldsymbol{x} \mid \boldsymbol{p}^{\mathrm{T}}\boldsymbol{x} = \alpha\},$$

它将该点与闭凸集严格分离 (图 1.4.1). 由该结论, 可得下面的 Farkas 引理 (1902).

引理 1.4.2 设 $\boldsymbol{a}_1, \boldsymbol{a}_2, \cdots, \boldsymbol{a}_m, \boldsymbol{b} \in \mathbb{R}^n$. 则 $\boldsymbol{b}$ 为 $\boldsymbol{a}_1, \boldsymbol{a}_2, \cdots, \boldsymbol{a}_m$ 的非负线性组合的充要条件是对任意满足 $\boldsymbol{a}_i^{\mathrm{T}}\boldsymbol{x} \geqslant 0$ 的 $\boldsymbol{x} \in \mathbb{R}^n$, 都有 $\boldsymbol{b}^{\mathrm{T}}\boldsymbol{x} \geqslant 0$.

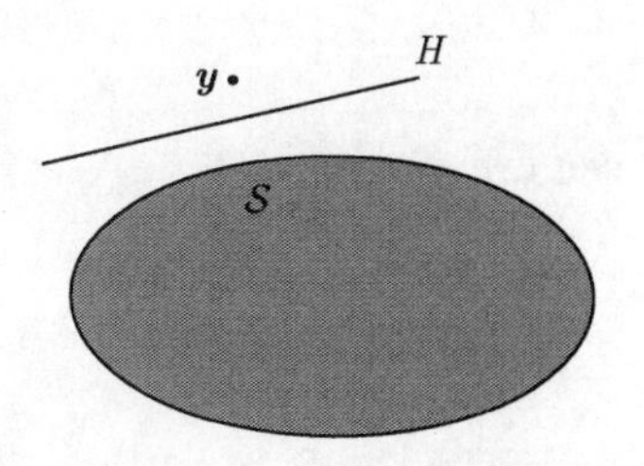

图 1.4.1 凸集分离定理

证明 记 $\boldsymbol{A} = (\boldsymbol{a}_1, \boldsymbol{a}_2, \cdots, \boldsymbol{a}_m)$. 若 $\boldsymbol{b}$ 可以表示成 $\boldsymbol{a}_1, \boldsymbol{a}_2, \cdots, \boldsymbol{a}_m$ 的非负线性组合, 则存在 $\boldsymbol{y} \geqslant \boldsymbol{0}$ 使得 $\boldsymbol{A}\boldsymbol{y} = \boldsymbol{b}$ 成立. 对任意满足 $\boldsymbol{A}^{\mathrm{T}}\boldsymbol{x} \geqslant \boldsymbol{0}$ 的向量 $\boldsymbol{x}$, 显然有 $\boldsymbol{b}^{\mathrm{T}}\boldsymbol{x} \geqslant 0$. 必要性得证.

对充分性, 下证其逆否命题: 若 $\boldsymbol{b}$ 不能表示成向量组 $\boldsymbol{a}_1, \boldsymbol{a}_2, \cdots, \boldsymbol{a}_m$ 的非负线性组合, 也就是若系统

$$\boldsymbol{A}\boldsymbol{y} = \boldsymbol{b}, \quad \boldsymbol{y} \geqslant \boldsymbol{0}$$

无解, 则下述不等式系统有解

$$\boldsymbol{A}^{\mathrm{T}}\boldsymbol{x} \geqslant \boldsymbol{0}, \quad \boldsymbol{b}^{\mathrm{T}}\boldsymbol{x} < 0.$$

事实上, $\mathcal{K} \triangleq \{\boldsymbol{x} \in \mathbb{R}^n \mid \boldsymbol{x} = \boldsymbol{A}\boldsymbol{y},\ \boldsymbol{y} \geqslant \boldsymbol{0}\}$ 为一闭凸锥, 且 $\boldsymbol{b} \notin \mathcal{K}$. 由引理 1.4.1, 存在非零向量 $\boldsymbol{p}$ 和常数 α 使得

$$\boldsymbol{p}^{\mathrm{T}}\boldsymbol{b} > \alpha, \quad \boldsymbol{p}^{\mathrm{T}}\boldsymbol{x} \leqslant \alpha, \quad \forall \boldsymbol{x} \in \mathcal{K}.$$

由于 $\mathcal{K}$ 为锥并包含零向量, 故 $\alpha \geqslant 0$ 且对任意的 $\boldsymbol{x} \in \mathcal{K}$, $\boldsymbol{p}^{\mathrm{T}}\boldsymbol{x} \leqslant 0$, 同时有 $\boldsymbol{p}^{\mathrm{T}}\boldsymbol{b} > 0$. 另一方面, 对任意向量 $\boldsymbol{y} \geqslant \boldsymbol{0}$, $\boldsymbol{A}\boldsymbol{y} \in \mathcal{K}$, 从而 $\boldsymbol{p}^{\mathrm{T}}\boldsymbol{A}\boldsymbol{y} \leqslant 0$. 取 $\boldsymbol{y} \geqslant \boldsymbol{0}$ 并使其任一分量充分大得 $\boldsymbol{A}^{\mathrm{T}}\boldsymbol{p} \leqslant \boldsymbol{0}$. 所以,

$$\boldsymbol{A}^{\mathrm{T}}(-\boldsymbol{p}) \geqslant \boldsymbol{0}, \quad \boldsymbol{b}^{\mathrm{T}}(-\boldsymbol{p}) < 0.$$

命题得证.　　证毕

Farkas 引理实质上是指两线性系统中当且仅当其中之一成立, 也就是如下结论成立. 因此, 又称 "择一" 引理.

引理 1.4.2′ (Farkas 引理)　设 $\boldsymbol{A} \in \mathbb{R}^{n\times m}$, $\boldsymbol{b} \in \mathbb{R}^n$, 则下述两系统恰有一个有解.

(1) $\boldsymbol{A}^{\mathrm{T}}\boldsymbol{x} \geqslant \boldsymbol{0}$, $\boldsymbol{b}^{\mathrm{T}}\boldsymbol{x} < 0$;

(2) $\boldsymbol{A}\boldsymbol{y} = \boldsymbol{b}$, $\boldsymbol{y} \geqslant \boldsymbol{0}$.

将系统中的 $\boldsymbol{A}^{\mathrm{T}}\boldsymbol{x} \geqslant \boldsymbol{0}$ 折成等式和不等式, 则得到如下结论.

推论 1.4.1　对 $\mathbb{R}^n$ 中的向量组 $\boldsymbol{a}_i$, $i \in \mathcal{E} \cup \mathcal{I}$ 与向量 $\boldsymbol{b}$, 集合

$$\mathcal{S}_1 \triangleq \{\boldsymbol{x} \in \mathbb{R}^n \mid \boldsymbol{a}_i^{\mathrm{T}}\boldsymbol{x} = 0,\ i \in \mathcal{E};\ \boldsymbol{a}_i^{\mathrm{T}}\boldsymbol{x} \geqslant 0,\ i \in \mathcal{I};\ \boldsymbol{b}^{\mathrm{T}}\boldsymbol{x} < 0\} = \varnothing$$

的充要条件是存在满足 $\lambda_i \geqslant 0$, $i \in \mathcal{I}$ 的数组 $\boldsymbol{\lambda} \in \mathbb{R}^{|\mathcal{E}\cup\mathcal{I}|}$ 使得

$$\boldsymbol{b} = \sum_{i\in\mathcal{E}\cup\mathcal{I}} \lambda_i \boldsymbol{a}_i.$$

证明　集合 $\mathcal{S}_1$ 可以写成

$$\mathcal{S}_1 = \{\boldsymbol{x} \in \mathbb{R}^n \mid \boldsymbol{a}_i^{\mathrm{T}}\boldsymbol{x} \geqslant 0,\ -\boldsymbol{a}_i^{\mathrm{T}}\boldsymbol{x} \geqslant 0,\ i \in \mathcal{E};\ \boldsymbol{a}_i^{\mathrm{T}}\boldsymbol{x} \geqslant 0,\ i \in \mathcal{I};\ \boldsymbol{b}^{\mathrm{T}}\boldsymbol{x} < 0\}.$$

显然, $\mathcal{S}_1=\varnothing$ 等价于对任意满足 $\boldsymbol{a}_i^{\mathrm{T}}\boldsymbol{x}=0\ (i\in\mathcal{E}), \boldsymbol{a}_i^{\mathrm{T}}\boldsymbol{x}\geqslant 0\ (i\in\mathcal{I})$ 的向量 $\boldsymbol{x}$, 均有 $\boldsymbol{b}^{\mathrm{T}}\boldsymbol{x}\geqslant 0$. 由 Farkas 引理, 这等价于 $\boldsymbol{b}$ 可以表示为 $\boldsymbol{a}_i, -\boldsymbol{a}_i, i\in\mathcal{E}$ 和 $\boldsymbol{a}_i, i\in\mathcal{I}$ 的非负线性组合, 即存在非负数组 $\boldsymbol{\lambda}^1\in\mathbb{R}^{|\mathcal{E}|}, \boldsymbol{\lambda}^2\in\mathbb{R}^{|\mathcal{E}|}, \boldsymbol{\lambda}^3\in\mathbb{R}^{|\mathcal{I}|}$, 使得

$$\boldsymbol{b}=\sum_{i\in\mathcal{E}}\lambda_i^1\boldsymbol{a}_i+\sum_{i\in\mathcal{E}}\lambda_i^2(-\boldsymbol{a}_i)+\sum_{i\in\mathcal{I}}\lambda_i^3\boldsymbol{a}_i=\sum_{i\in\mathcal{E}}(\lambda_i^1-\lambda_i^2)\boldsymbol{a}_i+\sum_{i\in\mathcal{I}}\lambda_i^3\boldsymbol{a}_i.$$

对 $i\in\mathcal{E}$, 令 $\lambda_i=\lambda_i^1-\lambda_i^2$, 对 $i\in\mathcal{I}$, 令 $\lambda_i=\lambda_i^3\geqslant 0$, 得

$$\boldsymbol{b}=\sum_{i\in\mathcal{E}}\lambda_i\boldsymbol{a}_i+\sum_{i\in\mathcal{I}}\lambda_i\boldsymbol{a}_i.$$

证毕

上述结论可以写成:

推论 1.4.1′ 设 $\boldsymbol{A}_1\in\mathbb{R}^{n\times s}$, $\boldsymbol{A}_2\in\mathbb{R}^{n\times t}$, $\boldsymbol{b}\in\mathbb{R}^n$. 则下述两系统恰有一个有解.

(1) $\boldsymbol{A}_1^{\mathrm{T}}\boldsymbol{x}=\boldsymbol{0},\ \boldsymbol{A}_2^{\mathrm{T}}\boldsymbol{x}\geqslant\boldsymbol{0},\ \boldsymbol{b}^{\mathrm{T}}\boldsymbol{x}<0$;

(2) $\boldsymbol{A}_1\boldsymbol{u}+\boldsymbol{A}_2\boldsymbol{v}=\boldsymbol{b}, \boldsymbol{v}\geqslant\boldsymbol{0}$.

将上述结论中的不等式 $\boldsymbol{A}_2^{\mathrm{T}}\boldsymbol{x}\geqslant\boldsymbol{0}$ 换成严格不等式, 则有如下结论.

推论 1.4.2 设向量组 $\boldsymbol{a}_i\in\mathbb{R}^n$, $i\in\mathcal{E}\cup\mathcal{I}$ 和 $\boldsymbol{b}\in\mathbb{R}^n$ 满足

$$\{\boldsymbol{x}\in\mathbb{R}^n \mid \boldsymbol{a}_i^{\mathrm{T}}\boldsymbol{x}=0,\ i\in\mathcal{E};\ \ \boldsymbol{a}_i^{\mathrm{T}}\boldsymbol{x}>0,\ i\in\mathcal{I}\}\neq\varnothing.$$

则集合

$$\mathcal{S}_2\triangleq\{\boldsymbol{x}\in\mathbb{R}^n \mid \boldsymbol{a}_i^{\mathrm{T}}\boldsymbol{x}=0,\ i\in\mathcal{E};\ \boldsymbol{a}_i^{\mathrm{T}}\boldsymbol{x}>0,\ i\in\mathcal{I};\ \boldsymbol{b}^{\mathrm{T}}\boldsymbol{x}<0\}=\varnothing$$

的充分必要条件是, 存在满足 $\lambda_i\geqslant 0, i\in\mathcal{I}$ 的数组 $\boldsymbol{\lambda}\in\mathbb{R}^{|\mathcal{E}\cup\mathcal{I}|}$ 使得

$$\boldsymbol{b}=\sum_{i\in\mathcal{E}\cup\mathcal{I}}\lambda_i\boldsymbol{a}_i.$$

证明 根据推论 1.4.1, 只需在题设条件下 $\mathcal{S}_1=\varnothing$ 即可, 其中 $\mathcal{S}_1$ 的定义从推论 1.4.1.

由题设, 存在 $\hat{\boldsymbol{x}}\in\mathbb{R}^n$ 满足 $\boldsymbol{a}_i^{\mathrm{T}}\hat{\boldsymbol{x}}=0,\ i\in\mathcal{E}$ 和 $\boldsymbol{a}_i^{\mathrm{T}}\hat{\boldsymbol{x}}>0,\ i\in\mathcal{I}$. 任取满足 $\boldsymbol{a}_i^{\mathrm{T}}\boldsymbol{x}=0,\ i\in\mathcal{E}$ 和 $\boldsymbol{a}_i^{\mathrm{T}}\boldsymbol{x}\geqslant 0,\ i\in\mathcal{I}$ 的 $\boldsymbol{x}\in\mathbb{R}^n$, 则对充分小的 $t>0$,

$$\boldsymbol{a}_i^{\mathrm{T}}(\boldsymbol{x}+t\hat{\boldsymbol{x}})=0,\ i\in\mathcal{E};\quad \boldsymbol{a}_i^{\mathrm{T}}(\boldsymbol{x}+t\hat{\boldsymbol{x}})>0,\ i\in\mathcal{I}.$$

又 $\mathcal{S}_2=\varnothing$, 所以 $\boldsymbol{b}^{\mathrm{T}}(\boldsymbol{x}+t\hat{\boldsymbol{x}})\geqslant 0$. 令 $t\downarrow 0$ 得, $\boldsymbol{b}^{\mathrm{T}}\boldsymbol{x}\geqslant 0$. 所以 $\mathcal{S}_1=\varnothing$. 证毕

上述结论同样可写成

推论 1.4.2′ 设 $\boldsymbol{A}_1\in\mathbb{R}^{n\times s}$, $\boldsymbol{A}_2\in\mathbb{R}^{n\times t}$, $\boldsymbol{b}\in\mathbb{R}^n$. 若集合 $\{\boldsymbol{x}\in\mathbb{R}^n \mid \boldsymbol{A}_1^{\mathrm{T}}\boldsymbol{x}=\boldsymbol{0}, \boldsymbol{A}_2^{\mathrm{T}}\boldsymbol{x}>\boldsymbol{0}\}$ 非空, 则下述两系统恰有一个有解.

(1) $\boldsymbol{A}_1^{\mathrm{T}}\boldsymbol{x} = \boldsymbol{0},\ \boldsymbol{A}_2^{\mathrm{T}}\boldsymbol{x} > \boldsymbol{0},\ \boldsymbol{b}^{\mathrm{T}}\boldsymbol{x} < 0$;

(2) $\boldsymbol{A}_1\boldsymbol{u} + \boldsymbol{A}_2\boldsymbol{v} = \boldsymbol{b}, \boldsymbol{v} \geqslant \boldsymbol{0}$.

将引理 1.4.2′ 中的 $\boldsymbol{A}^{\mathrm{T}}\boldsymbol{x} \geqslant \boldsymbol{0}$ 拆成等式和 (严格) 不等式, 则得到

推论 1.4.3　设向量组 $\boldsymbol{a}_i \in \mathbb{R}^n,\ i \in \mathcal{E} \cup \mathcal{I}_1 \cup \mathcal{I}_2$ 和向量 $\boldsymbol{b} \in \mathbb{R}^n$ 满足

$$\{\boldsymbol{x} \in \mathbb{R}^n \mid \boldsymbol{a}_i^{\mathrm{T}}\boldsymbol{x} = 0,\ i \in \mathcal{E};\ \ \boldsymbol{a}_i^{\mathrm{T}}\boldsymbol{x} \geqslant 0,\ i \in \mathcal{I}_1;\ \boldsymbol{a}_i^{\mathrm{T}}\boldsymbol{x} > 0,\ i \in \mathcal{I}_2\}$$

非空. 则集合

$$\{\boldsymbol{x} \in \mathbb{R}^n \mid \boldsymbol{a}_i^{\mathrm{T}}\boldsymbol{x} = 0,\ i \in \mathcal{E};\ \boldsymbol{a}_i^{\mathrm{T}}\boldsymbol{x} \geqslant 0, i \in \mathcal{I}_1;\ \boldsymbol{a}_i^{\mathrm{T}}\boldsymbol{x} > 0,\ i \in \mathcal{I}_2;\ \boldsymbol{b}^{\mathrm{T}}\boldsymbol{x} < 0\} = \varnothing$$

的充分必要条件是存在满足 $\lambda_i \geqslant 0, i \in \mathcal{I}_1 \cup \mathcal{I}_2$ 的数组 $\boldsymbol{\lambda}$ 使得

$$\boldsymbol{b} = \sum_{i \in \mathcal{E} \cup \mathcal{I}_1 \cup \mathcal{I}_2} \lambda_i \boldsymbol{a}_i.$$

在推论 1.4.2′ 中, 令 $\boldsymbol{A}_1 = -\boldsymbol{A},\ \boldsymbol{A}_2 = \boldsymbol{0},\ \boldsymbol{b} = \boldsymbol{0}$, 则有如下结论.

推论 1.4.4 (Gordan 定理)　设 $\boldsymbol{A} \in \mathbb{R}^{n \times m}$, 则下述两系统恰有一个有解.

(1) $\boldsymbol{A}^{\mathrm{T}}\boldsymbol{x} < \boldsymbol{0}$;

(2) $\boldsymbol{A}\boldsymbol{y} = \boldsymbol{0},\ \boldsymbol{y} \gneqq \boldsymbol{0}$.

证明　系统 (1) 有解等价于下述系统有解

$$\boldsymbol{A}^{\mathrm{T}}\boldsymbol{x} + \boldsymbol{z} \leqslant \boldsymbol{0}, \quad \boldsymbol{z} > \boldsymbol{0}.$$

也就是对任意的 $\boldsymbol{\nu} \geqslant \boldsymbol{0}$, 系统

$$(\boldsymbol{A}^{\mathrm{T}}\ \ \boldsymbol{I})\begin{pmatrix} \boldsymbol{x} \\ \boldsymbol{z} \end{pmatrix} \leqslant \boldsymbol{0}, \qquad (\boldsymbol{0}^{\mathrm{T}}\ \ \boldsymbol{\nu}^{\mathrm{T}})\begin{pmatrix} \boldsymbol{x} \\ \boldsymbol{z} \end{pmatrix} > 0$$

有解. 显然, 它等价于系统

$$(\boldsymbol{A}^{\mathrm{T}}\ \ \boldsymbol{I})\begin{pmatrix} \boldsymbol{x} \\ \boldsymbol{z} \end{pmatrix} \geqslant \boldsymbol{0}, \qquad (\boldsymbol{0}^{\mathrm{T}}\ \ \boldsymbol{\nu}^{\mathrm{T}})\begin{pmatrix} \boldsymbol{x} \\ \boldsymbol{z} \end{pmatrix} < 0$$

有解. 由 Farkas 引理, 上述系统有解的充分必要条件是下述系统无解

$$\begin{pmatrix} \boldsymbol{A} \\ \boldsymbol{I} \end{pmatrix}\boldsymbol{y} = \begin{pmatrix} \boldsymbol{0} \\ \boldsymbol{\nu} \end{pmatrix}, \quad \boldsymbol{y} \geqslant \boldsymbol{0}.$$

展开上式, 由 $\boldsymbol{\nu} \geqslant \boldsymbol{0}$ 得命题结论.　　证毕

1.5 矩阵的广义逆

对矩阵 $\boldsymbol{A} \in \mathbb{R}^{m\times n}$, 若矩阵 $\boldsymbol{G} \in \mathbb{R}^{n\times m}$ 满足

$$\boldsymbol{AGA} = \boldsymbol{A}, \quad \boldsymbol{GAG} = \boldsymbol{G}, \quad (\boldsymbol{AG})^{\mathrm{T}} = \boldsymbol{AG}, \quad (\boldsymbol{GA})^{\mathrm{T}} = \boldsymbol{GA},$$

则称其为矩阵 $\boldsymbol{A}$ 的广义逆 (Moore, 1920; Penrose,1955). 矩阵的广义逆又称伪逆, 记为 $\boldsymbol{A}^+$.

矩阵的广义逆是矩阵逆的推广. 如果 $\boldsymbol{A}$ 非奇异, 则 $\boldsymbol{A}^{-1} = \boldsymbol{A}^+$. 进一步, 若矩阵 $\boldsymbol{A}$ 行满秩, 则 $\boldsymbol{A}^+ = \boldsymbol{A}^{\mathrm{T}}(\boldsymbol{AA}^{\mathrm{T}})^{-1}$; 若 $\boldsymbol{A}$ 列满秩, 则 $\boldsymbol{A}^+ = (\boldsymbol{A}^{\mathrm{T}}\boldsymbol{A})^{-1}\boldsymbol{A}^{\mathrm{T}}$. 特别地, 若矩阵 $\boldsymbol{A}$ 行 (或列) 单位正交, 即 $\boldsymbol{AA}^{\mathrm{T}} = \boldsymbol{I}_m$(或 $\boldsymbol{A}^{\mathrm{T}}\boldsymbol{A} = \boldsymbol{I}_n$), 则 $\boldsymbol{A}^+ = \boldsymbol{A}^{\mathrm{T}}$.

下面的结论给出了矩阵广义逆的存在性和唯一性.

定理 1.5.1 对任意矩阵 $\boldsymbol{A} \in \mathbb{R}^{m\times n}$, 广义逆 A^+ 存在且唯一.

证明 设矩阵 $\boldsymbol{A} \in \mathbb{R}_r^{m\times n}$ 的秩为 r, 则它有奇异值分解 $\boldsymbol{A} = \boldsymbol{U\Sigma V}^{\mathrm{T}}$, 其中矩阵 $\boldsymbol{U} \in \mathbb{R}^{m\times r}$ 和 $\boldsymbol{V} \in \mathbb{R}^{n\times r}$ 均列满秩, $\boldsymbol{\Sigma} = \mathrm{diag}(\sigma_1, \sigma_2, \cdots, \sigma_r)$. 容易验证, $\boldsymbol{G} = \boldsymbol{V\Sigma}^{-1}\boldsymbol{U}^{\mathrm{T}}$ 为矩阵 $\boldsymbol{A}$ 的广义逆.

下证唯一性. 设 $\boldsymbol{G}_1, \boldsymbol{G}_2$ 为矩阵 $\boldsymbol{A}$ 的广义逆. 则由定义,

$$\begin{aligned}
\boldsymbol{G}_1 &= \boldsymbol{G}_1\boldsymbol{AG}_1 = \boldsymbol{G}_1\boldsymbol{AG}_2\boldsymbol{AG}_1 = \boldsymbol{G}_1(\boldsymbol{AG}_2)^{\mathrm{T}}(\boldsymbol{AG}_1)^{\mathrm{T}} \\
&= \boldsymbol{G}_1(\boldsymbol{AG}_1\boldsymbol{AG}_2)^{\mathrm{T}} = \boldsymbol{G}_1(\boldsymbol{AG}_2)^{\mathrm{T}} = \boldsymbol{G}_1\boldsymbol{AG}_2 \\
&= \boldsymbol{G}_1\boldsymbol{AG}_2\boldsymbol{AG}_2 = (\boldsymbol{G}_1\boldsymbol{AG})^{\mathrm{T}}(\boldsymbol{G}_2\boldsymbol{AG})^{\mathrm{T}}\boldsymbol{G}_2 \\
&= \boldsymbol{A}^{\mathrm{T}}\boldsymbol{G}_1^{\mathrm{T}}\boldsymbol{A}^{\mathrm{T}}\boldsymbol{G}_2^{\mathrm{T}}\boldsymbol{G}_2 = \boldsymbol{A}^{\mathrm{T}}\boldsymbol{G}_2^{\mathrm{T}}\boldsymbol{G}_2 = (\boldsymbol{G}_2\boldsymbol{A})^{\mathrm{T}}\boldsymbol{G}_2 \\
&= \boldsymbol{G}_2\boldsymbol{AG}_2 = \boldsymbol{G}_2.
\end{aligned}$$

唯一性得证. 证毕

容易证明, 矩阵的广义逆满足如下性质.

定理 1.5.2 对矩阵 $\boldsymbol{A} \in \mathbb{R}^{m\times n}$, 其广义逆满足

(1) $(\boldsymbol{A}^+)^+ = \boldsymbol{A}$;

(2) $(\boldsymbol{A}^{\mathrm{T}})^+ = (\boldsymbol{A}^+)^{\mathrm{T}}$;

(3) $(\boldsymbol{AA}^{\mathrm{T}})^+ = (\boldsymbol{A}^{\mathrm{T}})^+\boldsymbol{A}^+; (\boldsymbol{A}^{\mathrm{T}}\boldsymbol{A})^+ = \boldsymbol{A}^+(\boldsymbol{A}^{\mathrm{T}})^+$;

(4) $\boldsymbol{I} - \boldsymbol{A}^+\boldsymbol{A}, \boldsymbol{I} - \boldsymbol{AA}^+, \boldsymbol{A}^+\boldsymbol{A}, \boldsymbol{AA}^+$ 是对称幂等矩阵;

(5) $\boldsymbol{A}^+ = (\boldsymbol{A}^{\mathrm{T}}\boldsymbol{A})^+\boldsymbol{A}^{\mathrm{T}} = \boldsymbol{A}^{\mathrm{T}}(\boldsymbol{AA}^{\mathrm{T}})^+$;

(6) $\mathcal{R}(\boldsymbol{AA}^+) = \mathcal{R}(\boldsymbol{A})$;

(7) $\mathcal{R}(\boldsymbol{A}^+\boldsymbol{A}) = \mathcal{R}(\boldsymbol{A}^+) = \mathcal{R}(\boldsymbol{A}^{\mathrm{T}})$;

(8) $\mathcal{N}(\boldsymbol{A}^+\boldsymbol{A}) = \mathcal{N}(\boldsymbol{A})$;

(9) $\mathcal{N}(\boldsymbol{A}\boldsymbol{A}^+) = \mathcal{N}(\boldsymbol{A}^+) = \mathcal{N}(\boldsymbol{A}^{\mathrm{T}})$;

(10) $\mathrm{rank}(\boldsymbol{A}) = \mathrm{rank}(\boldsymbol{A}^+) = \mathrm{rank}(\boldsymbol{A}^+\boldsymbol{A}) = \mathrm{rank}(\boldsymbol{A}\boldsymbol{A}^+)$;

(11) $\mathrm{rank}(\boldsymbol{A}) = m - \mathrm{rank}(\boldsymbol{I}_m - \boldsymbol{A}\boldsymbol{A}^+) = n - \mathrm{rank}(\boldsymbol{I}_n - \boldsymbol{A}^+\boldsymbol{A})$.

利用矩阵的广义逆可建立线性方程组 $\boldsymbol{A}\boldsymbol{x} = \boldsymbol{b}$ 的通解和最小范数解.

定理 1.5.3　设 $\boldsymbol{A} \in \mathbb{R}^{m\times n}$, $\boldsymbol{b} \in \mathbb{R}^m$. 则线性方程组 $\boldsymbol{A}\boldsymbol{x} = \boldsymbol{b}$ 相容的充分必要条件是 $\boldsymbol{A}\boldsymbol{A}^+\boldsymbol{b} = \boldsymbol{b}$. 此时, 方程组的通解为 $\boldsymbol{A}^+\boldsymbol{b} + (\boldsymbol{I} - \boldsymbol{A}^+\boldsymbol{A})\boldsymbol{y}$, 其中, $\boldsymbol{y} \in \mathbb{R}^n$ 为自由变量, 而 $\boldsymbol{A}^+\boldsymbol{b}$ 是方程 $\boldsymbol{A}\boldsymbol{x} = \boldsymbol{b}$ 的最小 2-范数解.

证明　设 $\boldsymbol{x}_0$ 为方程组 $\boldsymbol{A}\boldsymbol{x} = \boldsymbol{b}$ 的一个特解, 则 $\boldsymbol{A}\boldsymbol{x}_0 = \boldsymbol{b}$. 利用广义逆的定义知, $\boldsymbol{A}\boldsymbol{A}^+\boldsymbol{A}\boldsymbol{x}_0 = \boldsymbol{b}$. 所以 $\boldsymbol{A}\boldsymbol{A}^+\boldsymbol{b} = \boldsymbol{b}$. 反过来, 若 $\boldsymbol{A}\boldsymbol{A}^+\boldsymbol{b} = \boldsymbol{b}$, 显然 $\boldsymbol{A}\boldsymbol{x} = \boldsymbol{b}$ 相容. 命题的第一个结论得证.

下求线性方程组的通解.

首先, 容易验证, 对任意的 $\boldsymbol{y} \in \mathbb{R}^m$, $\boldsymbol{A}^+\boldsymbol{b} + (\boldsymbol{I} - \boldsymbol{A}^+\boldsymbol{A})\boldsymbol{y}$ 均为线性方程组的解. 其次, 对线性方程组 $\boldsymbol{A}\boldsymbol{x} = \boldsymbol{b}$ 的任一特解 $\boldsymbol{x}_0$, 都有

$$\boldsymbol{x}_0 = \boldsymbol{A}^+\boldsymbol{b} + \boldsymbol{x}_0 - \boldsymbol{A}^+\boldsymbol{b} = \boldsymbol{A}^+\boldsymbol{b} + \boldsymbol{x}_0 - \boldsymbol{A}^+\boldsymbol{A}\boldsymbol{x}_0 = \boldsymbol{A}^+\boldsymbol{b} + (\boldsymbol{I} - \boldsymbol{A}^+\boldsymbol{A})\boldsymbol{x}_0.$$

故方程组的通解为 $\boldsymbol{A}^+\boldsymbol{b} + (\boldsymbol{I} - \boldsymbol{A}^+\boldsymbol{A})\boldsymbol{y}$, $\boldsymbol{y} \in \mathbb{R}^n$.

最后, 对任意的 $\boldsymbol{y} \in \mathbb{R}^n$, 利用广义逆的性质得

$$\begin{aligned}\|\boldsymbol{A}^+\boldsymbol{b} + (\boldsymbol{I} - \boldsymbol{A}^+\boldsymbol{A})\boldsymbol{y}\|^2 &= \|\boldsymbol{A}^+\boldsymbol{b}\|^2 + 2\boldsymbol{b}^{\mathrm{T}}(\boldsymbol{A}^+)^{\mathrm{T}}(\boldsymbol{I} - \boldsymbol{A}^+\boldsymbol{A})\boldsymbol{y} + \|(\boldsymbol{I} - \boldsymbol{A}^+\boldsymbol{A})\boldsymbol{y}\|^2 \\ &= \|\boldsymbol{A}^+\boldsymbol{b}\|^2 + \|(\boldsymbol{I} - \boldsymbol{A}^+\boldsymbol{A})\boldsymbol{y}\|^2 \geqslant \|\boldsymbol{A}^+\boldsymbol{b}\|^2.\end{aligned}$$

这说明, $\boldsymbol{A}^+\boldsymbol{b}$ 为线性方程组 $\boldsymbol{A}\boldsymbol{x} = \boldsymbol{b}$ 的最小 2-范数解. 命题结论得证.　证毕

逆矩阵的一些性质, 广义逆不具备, 如在一般情况下,

$$(\boldsymbol{A}\boldsymbol{B})^+ \neq \boldsymbol{B}^+\boldsymbol{A}^+, \quad \boldsymbol{A}\boldsymbol{A}^+ \neq \boldsymbol{A}^+\boldsymbol{A} \neq \boldsymbol{I}.$$

1.6　无约束优化最优性条件

考虑无约束优化问题

$$\min_{\boldsymbol{x}\in\mathbb{R}^n} \quad f(\boldsymbol{x}), \tag{1.6.1}$$

其中, 目标函数 $f: \mathbb{R}^n \to \mathbb{R}$ 连续可微. 根据定义, 要验证一个点是否为优化问题的局部最优值点要逐一比较该点的目标函数值和附近所有点的目标函数值, 其工作量不言而喻. 但如果利用目标函数连续可微的性质, 就得到一个实用的判断方法, 这就是无约束优化问题的最优性条件.

定理 1.6.1 (一阶必要条件)　若 $\boldsymbol{x}^*$ 是无约束优化问题 (1.6.1) 的局部最优值点, 则 $\nabla f(\boldsymbol{x}^*) = \boldsymbol{0}$.

证明 用反证法. 若 $\nabla f(\boldsymbol{x}^*)\neq \mathbf{0}$, 取 $\boldsymbol{d}=-\nabla f(\boldsymbol{x}^*)$. 则对充分小的 $\alpha>0$, 由 Taylor 展式得

$$\begin{aligned}f(\boldsymbol{x}^*+\alpha\boldsymbol{d})&=f(\boldsymbol{x}^*)+\alpha\nabla f(\boldsymbol{x}^*)^{\mathrm{T}}\boldsymbol{d}+o(\alpha)\\&=f(\boldsymbol{x}^*)-\alpha\|\nabla f(\boldsymbol{x}^*)\|^2+o(\alpha)\\&<f(\boldsymbol{x}^*).\end{aligned}$$

这与 $\boldsymbol{x}^*$ 是局部最优解矛盾. 命题结论得证. 证毕

目标函数梯度为零的点称为无约束优化问题的稳定点. 稳定点可能是目标函数的极大值点也可能是极小值点, 甚至二者都不是. 最后一种情况对应的点称为函数的鞍点, 即从该点出发的一个方向上是函数的极大值点, 而在另一个方向上是极小值点. 单元函数 $f(x)=x^3$ 的稳定点就是鞍点.

定理 1.6.1 表明, 对无约束优化问题, 目标函数在最优值点的任意方向上的导数都为零, 即目标函数在最优值点的切平面是水平的. 不过, 无约束优化问题的局部最大值点和鞍点也满足上述优性条件. 因此, 要确认一个稳定点是否为最优值点, 需考虑该点的二阶最优性条件.

定理 1.6.2 (二阶必要条件) 设 $\boldsymbol{x}^*\in\mathbb{R}^n$ 是无约束优化问题 (1.6.1) 的局部最优解, 且 $f(\boldsymbol{x})$ 在 $\boldsymbol{x}^*$ 点附近二阶连续可微. 则 $\nabla f(\boldsymbol{x}^*)=\mathbf{0}$, $\nabla^2 f(\boldsymbol{x}^*)$ 半正定.

证明 由定理 1.6.1 知 $\nabla f(\boldsymbol{x}^*)=\mathbf{0}$. 若 $\nabla^2 f(\boldsymbol{x}^*)$ 非半正定, 则存在单位向量 $\boldsymbol{d}\in\mathbb{R}^n$, 使 $\boldsymbol{d}^{\mathrm{T}}\nabla^2 f(\boldsymbol{x}^*)\boldsymbol{d}<0$. 对 $\alpha>0$ 充分小, 利用 Taylor 展式,

$$f(\boldsymbol{x}^*+\alpha\boldsymbol{d})=f(\boldsymbol{x}^*)+\alpha\nabla f(\boldsymbol{x}^*)^{\mathrm{T}}\boldsymbol{d}+\frac{1}{2}\alpha^2\boldsymbol{d}^{\mathrm{T}}\nabla^2 f(\boldsymbol{x}^*)\boldsymbol{d}+o(\alpha^2)<f(\boldsymbol{x}^*).$$

这与 $\boldsymbol{x}^*$ 是局部最优解矛盾. 结论得证. 证毕

上述结论给出的最优性条件不是充分的. 如单元函数 $f(x)=x^3$ 在 $x=0$ 点同时满足一阶和二阶最优性必要条件, 但它并不是该函数的局部最优值点.

定理 1.6.3 (二阶充分条件) 设 $\boldsymbol{x}^*\in\mathbb{R}^n$ 满足 $\nabla f(\boldsymbol{x}^*)=\mathbf{0}$ 且 $\nabla^2 f(\boldsymbol{x}^*)$ 正定, 则 $\boldsymbol{x}^*$ 是无约束优化问题 (1.6.1) 的严格局部最优解.

证明 对任意充分靠近 $\boldsymbol{x}^*$ 的 $\boldsymbol{x}\in\mathbb{R}^n$, 存在单位向量 $\boldsymbol{d}\in\mathbb{R}^n$ 及充分小的 $\alpha>0$ 使 $\boldsymbol{x}=\boldsymbol{x}^*+\alpha\boldsymbol{d}$. 由 Taylor 展式及 $\nabla^2 f(\boldsymbol{x}^*)$ 的正定性得

$$f(\boldsymbol{x})=f(\boldsymbol{x}^*)+\frac{1}{2}\alpha^2\boldsymbol{d}^{\mathrm{T}}\nabla^2 f(\boldsymbol{x}^*)\boldsymbol{d}+o(\alpha^2)>f(\boldsymbol{x}^*).$$

从而, $\boldsymbol{x}^*$ 是 (1.6.1) 的严格局部最优解. 证毕

同样, 上述结论给出的二阶充分性条件也不是必要的. 如零点是单元函数 $f(x)=x^4$ 的严格局部最优解, 但上述二阶充分性条件在该点并不成立. 由此推断, 无约束优化问题不存在充分必要的最优性条件.

无约束优化问题的二阶最优性条件是借助目标函数在局部最优值点邻域上的凸性来刻画. 一般的优化方法只能保证迭代点列的极限点满足一阶必要条件, 而不

能保证满足二阶充分条件. 换句话讲, 这些方法只能得到稳定点, 只有在特殊情况下, 才能保证问题的稳定点为其全局最优解.

定理 1.6.4　对无约束优化问题 (1.6.1), 若目标函数 f 是连续可微的凸函数, 则 $\boldsymbol{x}^*$ 为 (全局) 最优解的充分必要条件是 $\nabla f(\boldsymbol{x}^*) = \mathbf{0}$.

证明　若 $\boldsymbol{x}^*$ 是无约束优化问题 (1.6.1) 的 (全局) 最优解, 显然有 $\nabla f(\boldsymbol{x}^*) = \mathbf{0}$. 反过来, 若 $\boldsymbol{x}^*$ 是稳定点, 利用凸函数的性质, 对任意的 $\boldsymbol{x} \in \mathbb{R}^n$,

$$f(\boldsymbol{x}) - f(\boldsymbol{x}^*) \geqslant \langle \nabla f(\boldsymbol{x}^*), \boldsymbol{x} - \boldsymbol{x}^* \rangle = 0.$$

故 $\boldsymbol{x}^*$ 是 (1.6.1) 的 (全局) 最优解.　证毕

上述结论表明, 凸优化问题 (1.6.1) 的任一稳定点都是全局最优值点.

习　题

1. (1) 设 $x, y \geqslant 0$, $\alpha \in (0,1)$. 证明 $x^\alpha y^{1-\alpha} \leqslant \alpha x + (1-\alpha)y$.

(2) 设 $x_i > 0, i = 1, 2, \cdots, n$. 证明

$$\sum_{i=1}^n x_i \sum_{i=1}^n \frac{1}{x_i} \geqslant n^2,$$

且等号成立的充分必要条件是所有的 x_i 都相等.

2. 试用 Cauchy-Schwarz 不等式证明

$$\|\boldsymbol{x}\|_1 \leqslant \sqrt{n}\|\boldsymbol{x}\|, \quad \forall\, \boldsymbol{x} \in \mathbb{R}^n.$$

3. 设 $\boldsymbol{b} \in \mathbb{R}^n$, 矩阵 $\boldsymbol{Q} \in \mathbb{R}^{n\times n}$ 对称正定. 试求下述优化问题的最优解和最优值

$$\max\{\boldsymbol{b}^{\mathrm{T}}\boldsymbol{x} \mid \boldsymbol{x}^{\mathrm{T}}\boldsymbol{Q}\boldsymbol{x} \leqslant 1\},$$

并利用该结果证明对任意的 $\boldsymbol{x}, \boldsymbol{y} \in \mathbb{R}^n$ 有

$$(\boldsymbol{x}^{\mathrm{T}}\boldsymbol{y})^2 \leqslant (\boldsymbol{x}^{\mathrm{T}}\boldsymbol{Q}\boldsymbol{x})(\boldsymbol{y}^{\mathrm{T}}\boldsymbol{Q}^{-1}\boldsymbol{y}).$$

4. 用图解法求下述优化问题的最优解

$$\min\{x_1 + x_2 \mid x_1^2 + x_2^2 \leqslant 2\}.$$

5. 试利用 $\min\limits_{x>0,y\geqslant 0} f(x,y) = \min\limits_{x>0}\min\limits_{y\geqslant 0} f(x,y)$ 给出下述优化问题的最优解

$$\min_{x>0,y\geqslant 0} f(x,y) = \frac{10}{x} + \frac{(x-y)^2}{2x} + \frac{3y^2}{2x}.$$

6. 证明函数 $f: \mathbb{R}^n \to \mathbb{R}$ 为凸函数的充分必要条件是函数 f 的上图为凸集, 其中, 上图定义为

$$\mathrm{epi}f = \{(\boldsymbol{x}, y) \mid \boldsymbol{x} \in \mathbb{R}^n, y \geqslant f(\boldsymbol{x})\}.$$

7. 讨论由 $\boldsymbol{a}_1, \boldsymbol{a}_2, \cdots, \boldsymbol{a}_m \in \mathbb{R}^n$ 所生成的凸包、仿射包、子空间及这些点和原点所生成的仿射包之间的关系.

8. 设 $\boldsymbol{A} \in \mathbb{R}^{m\times n}, \boldsymbol{b} \in \mathbb{R}^n$. 证明下述两线性系统恰好一个有解.

(1) $\boldsymbol{Ax} \geqslant \boldsymbol{0},\ \boldsymbol{b}^{\mathrm{T}}\boldsymbol{x} > 0,\ \boldsymbol{x} \geqslant \boldsymbol{0}$;

(2) $\boldsymbol{A}^{\mathrm{T}}\boldsymbol{y} \geqslant \boldsymbol{b}, \boldsymbol{y} \leqslant \boldsymbol{0}$.

9. 试在 $\mathbb{R}^3$ 中确定一通过点 $(3;4;5)$ 的平面, 使其与非负象限中的三个坐标面构成的四面体的体积最小.

10. 设 $\mathcal{S}$ 为 $\mathbb{R}^n$ 的闭凸集. 若存在 $\boldsymbol{x}_0 \in \mathcal{S}$ 和 $\boldsymbol{d} \in \mathbb{R}^n$, 使对任意的 $\alpha \geqslant 0$, 均有 $\boldsymbol{x}_0 + \alpha\boldsymbol{d} \in \mathcal{S}$, 则对任意的 $\boldsymbol{x} \in \mathcal{S}$ 和 $\beta \geqslant 0$, 均有 $\boldsymbol{x} + \beta\boldsymbol{d} \in \mathcal{S}$.

11. 设函数 $f: \mathbb{R}^n \to \mathbb{R}$ 连续可微, $\boldsymbol{d} \in \mathbb{R}^n$ 为该函数在点 $\boldsymbol{x} \in \mathbb{R}^n$ 的下降方向. 试建立函数 $\phi(\alpha) = f(\boldsymbol{x} + \alpha\boldsymbol{d})$ 在 $\alpha \geqslant 0$ 上的最小值点的必要条件, 并讨论在什么条件下该条件是充分的.

12. 设 $\boldsymbol{A} \in \mathbb{R}^{m\times n},\ \boldsymbol{b} \in \mathbb{R}^m$. 试给出无约束优化问题

$$\min_{\boldsymbol{x}\in\mathbb{R}^n} \|\boldsymbol{Ax} - \boldsymbol{b}\|^2$$

的一阶最优性条件, 并验证该条件是否是充分的. 它的最优解唯一吗?

13. 设 $\boldsymbol{A} \in \mathbb{R}^{n\times n},\ \boldsymbol{b} \in \mathbb{R}^n$. 试给出下述优化问题的最优性条件

$$\min_{\boldsymbol{x}\in\mathbb{R}^n} \frac{1}{2}\boldsymbol{x}^{\mathrm{T}}\boldsymbol{Ax} + \boldsymbol{b}^{\mathrm{T}}\boldsymbol{x}.$$

14. 设 $\boldsymbol{a}_1, \boldsymbol{a}_2, \cdots, \boldsymbol{a}_m \in \mathbb{R}^n$. 求下述问题的最优解

$$\min_{\boldsymbol{x}\in\mathbb{R}^n} \sum_{i=1}^{m} \|\boldsymbol{a}_i - \boldsymbol{x}\|^2.$$

15. 设 $a \in \mathbb{R}, \lambda > 0$. 求下述优化问题的最优解

$$\min_{x\in\mathbb{R}} \frac{1}{2}(x-a)^2 + \lambda|x|.$$

第 2 章　线搜索方法与信赖域方法

线搜索方法是无约束优化问题的一种最基本的方法, 它形同 "盲人爬山", 在当前点沿下降方向寻求使目标函数值得以改进的新的迭代点, 因此具有简单、可靠等优点. 与线搜索方法相比, 信赖域方法发展较晚, 但也构成无约束优化问题的一种基本方法. 本章主要介绍线搜索方法的几种常见步长规则及收敛性质, 信赖域方法的基本框架和收敛性质.

2.1　精确线搜索方法

设目标函数 $f:\mathbb{R}^n\to\mathbb{R}$ 连续可微. 为简单起见, 记

$$\boldsymbol{g}_k=\nabla f(\boldsymbol{x}_k),\quad \boldsymbol{g}(\boldsymbol{x})=\nabla f(\boldsymbol{x}),\quad \boldsymbol{G}_k=\nabla^2 f(\boldsymbol{x}_k),\quad \boldsymbol{G}(\boldsymbol{x})=\nabla^2 f(\boldsymbol{x}).$$

设 $\boldsymbol{d}_k$ 为目标函数在 $\boldsymbol{x}_k$ 点的下降方向. 为求目标函数的最小值, 一个自然的想法是沿该方向寻求一个新点使目标函数有最大程度的下降, 也就是取步长

$$\alpha_k=\arg\min_{\alpha\geqslant 0} f(\boldsymbol{x}_k+\alpha\boldsymbol{d}_k).$$

这样的 α_k 称为精确步长, 又称最优步长. 根据最优性条件, 该步长满足如下正交性条件:

$$\boldsymbol{d}_k^{\mathrm{T}}\nabla f(\boldsymbol{x}_k+\alpha_k\boldsymbol{d}_k)=0.$$

该步长规则称为最优步长规则, 又称精确线搜索步长规则. 该步长规则下的线搜索算法模型为

算法 2.1.1

步 1. 取初始点 $\boldsymbol{x}_0\in\mathbb{R}^n$ 和参数 $\varepsilon\geqslant 0$. 令 $k=0$.

步 2. 若 $\|\boldsymbol{g}_k\|\leqslant\varepsilon$, 算法终止; 否则, 进入下一步.

步 3. 计算下降方向 $\boldsymbol{d}_k$, 使 $\boldsymbol{d}_k^{\mathrm{T}}\boldsymbol{g}_k<0$.

步 4. 计算步长 $\alpha_k=\arg\min\{f(\boldsymbol{x}_k+\alpha\boldsymbol{d}_k)\mid\alpha\geqslant 0\}$.

步 5. 令 $\boldsymbol{x}_{k+1}=\boldsymbol{x}_k+\alpha_k\boldsymbol{d}_k$, $k=k+1$, 转步 2.

尽管最优步长的计算是一单元函数的极值问题, 其全局最优解也很难求. 通常只能求得局部最优步长, 而且还是近似的. 常用的求解方法有黄金分割法、多项式插值法等.

对终止规则, 若取 $\varepsilon=0$, 则算法会产生无穷迭代点列. 因此, 在数值计算时应当避免. 但在算法的收敛性分析中, 却是允许和必要的, 因为算法的理论分析需要问题的精确解. 因此, 在以下的讨论中, $\varepsilon=0$.

定理 2.1.1 设目标函数 $f:\mathbb{R}^n\to\mathbb{R}$ 二阶连续可微有下界, $\boldsymbol{d}_k$ 与 $-\boldsymbol{g}_k$ 的夹角满足 $\theta_k\leqslant\pi/2-\theta$, 其中, $0<\theta\leqslant\pi/2$. 若算法 2.1.1 产生无穷迭代点列, 且满足

$$\|\nabla^2 f(\boldsymbol{x}_k+\alpha\boldsymbol{d}_k)\|\leqslant M,\quad \forall\,\alpha>0,$$

其中, $M>0$ 为常数, 则 $\lim\limits_{k\to\infty}\boldsymbol{g}_k=\boldsymbol{0}$.

证明 由题设,

$$\begin{aligned}-\boldsymbol{d}_k^{\mathrm{T}}\boldsymbol{g}_k&=\|\boldsymbol{d}_k\|\|\boldsymbol{g}_k\|\cos\theta_k\\&\geqslant\|\boldsymbol{d}_k\|\|\boldsymbol{g}_k\|\cos\left(\frac{\pi}{2}-\theta\right)\\&=\|\boldsymbol{d}_k\|\|\boldsymbol{g}_k\|\sin\theta.\end{aligned}\tag{2.1.1}$$

所以, 对任意的 $\alpha>0$ 和 $k\geqslant0$, 利用假设条件, 存在 $\boldsymbol{\xi}_k\in(\boldsymbol{x}_k,\boldsymbol{x}_k+\alpha\boldsymbol{d}_k)$ 使得

$$\begin{aligned}f(\boldsymbol{x}_k+\alpha\boldsymbol{d}_k)-f(\boldsymbol{x}_k)&=\alpha\boldsymbol{d}_k^{\mathrm{T}}\boldsymbol{g}_k+\frac{1}{2}\alpha^2\boldsymbol{d}_k^{\mathrm{T}}\boldsymbol{G}(\boldsymbol{\xi}_k)\boldsymbol{d}_k\\&\leqslant\alpha\boldsymbol{d}_k^{\mathrm{T}}\boldsymbol{g}_k+\frac{1}{2}\alpha^2M\|\boldsymbol{d}_k\|^2\\&=\frac{1}{2}M\|\boldsymbol{d}_k\|^2\left(\alpha+\frac{\boldsymbol{d}_k^{\mathrm{T}}\boldsymbol{g}_k}{M\|\boldsymbol{d}_k\|^2}\right)^2-\frac{1}{2}\frac{(\boldsymbol{d}_k^{\mathrm{T}}\boldsymbol{g}_k)^2}{M\|\boldsymbol{d}_k\|^2}\\&=\frac{1}{2}M\|\boldsymbol{d}_k\|^2\left(\alpha+\frac{\boldsymbol{d}_k^{\mathrm{T}}\boldsymbol{g}_k}{M\|\boldsymbol{d}_k\|^2}\right)^2-\frac{1}{2M}\|\boldsymbol{g}_k\|^2\sin^2\theta.\end{aligned}$$

显然, 当 $\alpha=\hat{\alpha}_k\triangleq-\dfrac{\boldsymbol{d}_k^{\mathrm{T}}\boldsymbol{g}_k}{M\|\boldsymbol{d}_k\|^2}$ 时, 最后一式取最小值. 利用步长规则得

$$f(\boldsymbol{x}_k+\alpha_{k+1}\boldsymbol{d}_k)-f(\boldsymbol{x}_k)\leqslant f(\boldsymbol{x}_k+\hat{\alpha}_k\boldsymbol{d}_k)-f(\boldsymbol{x}_k)\leqslant-\frac{1}{2M}\|\boldsymbol{g}_k\|^2\sin^2\theta.$$

由于数列 $\{f(\boldsymbol{x}_k)\}$ 单调下降有下界, 故它有极限. 将上式两边对 k 求和得

$$\sum_{k=1}^{\infty}\|\boldsymbol{g}_k\|^2\sin^2\theta<\infty.$$

从而

$$\lim_{k\to\infty}\boldsymbol{g}_k=\boldsymbol{0}.$$

证毕

上述证明过程给出了目标函数在每一迭代步的下降量估计. 进一步, 若目标函数 $f(\boldsymbol{x})$ 为一致凸函数, 即满足 (1.3.1), 则目标函数在每一步的下降量满足:

$$\begin{aligned} f(\boldsymbol{x}_k) - f(\boldsymbol{x}_k + \alpha_k \boldsymbol{d}_k) &= -\int_0^{\alpha_k} \boldsymbol{d}_k^{\mathrm{T}} \nabla f(\boldsymbol{x}_k + \tau \boldsymbol{d}_k) \mathrm{d}\tau \\ &= \int_0^{\alpha_k} \boldsymbol{d}_k^{\mathrm{T}} \left[\nabla f(\boldsymbol{x}_k + \alpha_k \boldsymbol{d}_k) - \nabla f(\boldsymbol{x}_k + \tau \boldsymbol{d}_k) \right] \mathrm{d}\tau \\ &\geqslant \int_0^{\alpha_k} \rho \|\boldsymbol{d}_k\|^2 (\alpha_k - \tau) \mathrm{d}\tau = \frac{1}{2} \rho \|\alpha_k \boldsymbol{d}_k\|^2. \end{aligned} \tag{2.1.2}$$

若目标函数的梯度函数一致连续, 则有如下结论.

定理 2.1.2 设目标函数 f 在 $\mathbb{R}^n$ 上连续可微有下界, 梯度函数 ∇f 在包含水平集 $\mathcal{L}(\boldsymbol{x}_0)$ 的某邻域内一致连续. 对算法 2.1.1, 设搜索方向 $\boldsymbol{d}_k$ 与 $-\boldsymbol{g}_k$ 的夹角 θ_k 满足 $\theta_k \leqslant \pi/2 - \theta$, 其中, $0 < \theta \leqslant \pi/2$. 若算法不有限步终止, 则 $\lim\limits_{k \to \infty} \boldsymbol{g}_k = \boldsymbol{0}$.

证明 若命题结论不成立, 则存在 $\varepsilon_0 > 0$ 及自然数列 $\mathcal{N}$ 的一无穷子列 $\mathcal{N}_1$, 使对任意的 $k \in \mathcal{N}_1$, 有 $\|\boldsymbol{g}_k\| > \varepsilon_0$. 从而, 由 (2.1.1) 得

$$\frac{-\boldsymbol{d}_k^{\mathrm{T}} \boldsymbol{g}_k}{\|\boldsymbol{d}_k\|} \geqslant \|\boldsymbol{g}_k\| \sin\theta \geqslant \varepsilon_0 \sin\theta, \quad \forall\, k \in \mathcal{N}_1. \tag{2.1.3}$$

对任意的 $\alpha > 0$ 和 $k \in \mathcal{N}_1$, 由微分中值定理, 存在 $\boldsymbol{\xi}_k \in (\boldsymbol{x}_k, \boldsymbol{x}_k + \alpha \boldsymbol{d}_k)$, 使得

$$\begin{aligned} f(\boldsymbol{x}_k + \alpha \boldsymbol{d}_k) - f(\boldsymbol{x}_k) &= \alpha \boldsymbol{d}_k^{\mathrm{T}} \nabla f(\boldsymbol{\xi}_k) \\ &= \alpha \boldsymbol{d}_k^{\mathrm{T}} \boldsymbol{g}_k + \alpha \boldsymbol{d}_k^{\mathrm{T}} (\nabla f(\boldsymbol{\xi}_k) - \boldsymbol{g}_k) \\ &\leqslant \alpha \boldsymbol{d}_k^{\mathrm{T}} \boldsymbol{g}_k + \alpha \|\boldsymbol{d}_k\| \|\nabla f(\boldsymbol{\xi}_k) - \boldsymbol{g}_k\| \\ &= \alpha \|\boldsymbol{d}_k\| \left(\frac{\boldsymbol{d}_k^{\mathrm{T}} \boldsymbol{g}_k}{\|\boldsymbol{d}_k\|} + \|\nabla f(\boldsymbol{\xi}_k) - \boldsymbol{g}_k\| \right). \end{aligned} \tag{2.1.4}$$

不妨设 $\nabla f(\boldsymbol{x})$ 在包含水平集 $\mathcal{L}(\boldsymbol{x}_0)$ 的 $\hat{\delta}$ 邻域上一致连续. 则对任意的 $\varepsilon > 0$, 存在 $0 < \delta(\varepsilon) \leqslant \hat{\delta}$, 使当 $0 < \alpha \|\boldsymbol{d}_k\| \leqslant \delta(\varepsilon)$ 时,

$$\|\nabla f(\boldsymbol{\xi}_k) - \boldsymbol{g}_k\| \leqslant \varepsilon. \tag{2.1.5}$$

取 $\varepsilon = \dfrac{1}{2}\varepsilon_0 \sin\theta$, 则对任意的 $k \in \mathcal{N}_1$ 和 $\alpha = \dfrac{\delta(\varepsilon)}{\|\boldsymbol{d}_k\|}$, 利用 (2.1.3)–(2.1.5) 及步长规则得

$$\begin{aligned} f_{k+1} - f(\boldsymbol{x}_k) &\leqslant f(\boldsymbol{x}_k + \alpha \boldsymbol{d}_k) - f(\boldsymbol{x}_k) \\ &\leqslant \alpha \|\boldsymbol{d}_k\| \left(-\varepsilon_0 \sin\theta + \frac{1}{2} \varepsilon_0 \sin\theta \right) \end{aligned}$$

$$= -\frac{1}{2}\delta(\varepsilon)\varepsilon_0 \sin\theta.$$

从而,

$$\begin{aligned}
\lim_{k\to\infty} f(\boldsymbol{x}_k) &= \sum_{k=0}^{\infty}(f_{k+1} - f(\boldsymbol{x}_k)) + f_0 \\
&\leqslant \sum_{k\in\mathcal{N}_1}(f_{k+1} - f(\boldsymbol{x}_k)) + f_0 \\
&\leqslant \sum_{k\in\mathcal{N}_1}\left(-\frac{1}{2}\delta(\varepsilon)\varepsilon_0\sin\theta\right) + f_0 \\
&= -\infty.
\end{aligned}$$

这与目标函数 f 在 $\mathbb{R}^n$ 上有下界矛盾. 结论得证. 证毕

上述结论是在目标函数的梯度或搜索方向满足一定条件的假设下建立的. 无此假设, 则有如下结论.

定理 2.1.3 设目标函数 f 在 $\mathbb{R}^n$ 上连续可微, 算法 2.1.1 产生无穷迭代点列. 若存在收敛子列 $\{\boldsymbol{x}_k\}_{k\in\mathcal{N}_0}$, 设极限为 $\boldsymbol{x}^*$, 使得 $\lim\limits_{\substack{k\in\mathcal{N}_0\\k\to\infty}} \boldsymbol{d}_k = \boldsymbol{d}^*$, 则 $\boldsymbol{g}(\boldsymbol{x}^*)^{\mathrm{T}}\boldsymbol{d}^* = 0$. 进一步, 若目标函数 $f(\boldsymbol{x})$ 二阶连续可微, 则 $(\boldsymbol{d}^*)^{\mathrm{T}}\nabla^2 f(\boldsymbol{x}^*)\boldsymbol{d}^* \geqslant 0$.

证明 只考虑 $\boldsymbol{d}^* \neq \boldsymbol{0}$ 的情况.

对第一个结论, 若不成立, 则存在 $\varepsilon_0 > 0$ 使 $\nabla f(\boldsymbol{x}^*)^{\mathrm{T}}\boldsymbol{d}^* < -\varepsilon_0 < 0$. 由于函数 $f(\boldsymbol{x})$ 连续可微, 故存在 $\boldsymbol{x}^*$ 点的邻域 $N(\boldsymbol{x}^*,\delta)$ 及 $\boldsymbol{d}^*$ 的邻域 $N(\boldsymbol{d}^*,\delta)$, 使对任意的 $\boldsymbol{x}\in N(\boldsymbol{x}^*,\delta)$ 及 $\boldsymbol{d}\in N(\boldsymbol{d}^*,\delta)$ 有

$$\nabla f(\boldsymbol{x})^{\mathrm{T}}\boldsymbol{d} \leqslant -\frac{\varepsilon_0}{2} < 0. \tag{2.1.6}$$

由 $\lim\limits_{\substack{k\in\mathcal{N}_0\\k\to\infty}} \boldsymbol{x}_k = \boldsymbol{x}^*$ 知, 对充分大的 $k\in\mathcal{N}_0$, $\boldsymbol{x}_k\in N(\boldsymbol{x}^*,\delta/2)$. 而由 $\lim\limits_{\substack{k\in\mathcal{N}_0\\k\to\infty}} \boldsymbol{d}_k = \boldsymbol{d}^*$ 知, 存在 $M>0$, 使对充分大的 $k\in\mathcal{N}_0$, $\boldsymbol{d}_k\in N(\boldsymbol{d}^*,\delta)$ 和 $\|\boldsymbol{d}_k\| < M$.

取 $\bar{\alpha}_k = \dfrac{\delta}{2M}$, 则存在 k_0, 当 $k\in\mathcal{N}_0, k\geqslant k_0$ 时, $\boldsymbol{x}_k + \bar{\alpha}_k\boldsymbol{d}_k \in N(\boldsymbol{x}^*,\delta)$. 从而由 (2.1.6) 知, 对任意的 $k\in\mathcal{N}_0, k\geqslant k_0$,

$$\begin{aligned}
f_{k+1} - f(\boldsymbol{x}_k) &\leqslant f(\boldsymbol{x}_k + \bar{\alpha}_k\boldsymbol{d}_k) - f(\boldsymbol{x}_k) \\
&= \bar{\alpha}_k\boldsymbol{d}_k^{\mathrm{T}}\nabla f(\boldsymbol{x}_k + \theta_k\bar{\alpha}_k\boldsymbol{d}_k) \\
&\leqslant \bar{\alpha}_k\left(-\frac{\varepsilon_0}{2}\right),
\end{aligned}$$

其中, $\theta_k\in(0,1)$.

由于数列 $\{f(\boldsymbol{x}_k)\}$ 单调不增, 将上式关于 k 求和得

$$\begin{aligned}\sum_{k=0}^{\infty}(f_{k+1}-f(\boldsymbol{x}_k)) &\leqslant \sum_{k\in\mathcal{N}_0}(f_{k+1}-f(\boldsymbol{x}_k)) \\ &\leqslant \sum_{k=0}^{\infty}\bar{\alpha}_k\left(-\frac{\varepsilon_0}{2}\right) \\ &= \sum_{k=0}^{\infty}\frac{\delta}{2M}\left(-\frac{\varepsilon_0}{2}\right) = -\infty.\end{aligned}$$

利用单调数列 $\{f(\boldsymbol{x}_k)\}$ 有极限 $f(\boldsymbol{x}^*)$, 并结合上式得

$$f(\boldsymbol{x}^*)-f_0=\lim_{k\to\infty}f(\boldsymbol{x}_k)-f_0=\sum_{k=0}^{\infty}(f_{k+1}-f(\boldsymbol{x}_k))\leqslant -\infty.$$

这与 $f(\boldsymbol{x}^*)>-\infty$ 矛盾. 第一个结论得证.

对第二个结论, 若存在 $\varepsilon_0>0$ 使 $(\boldsymbol{d}^*)^{\mathrm{T}}\nabla^2 f(\boldsymbol{x}^*)\boldsymbol{d}^*<-\varepsilon_0<0$, 则存在 $\boldsymbol{x}^*$ 点的邻域 $N(\boldsymbol{x}^*,\delta)$ 及 $\boldsymbol{d}^*$ 的邻域 $N(\boldsymbol{d}^*,\delta)$, 使对任意的 $\boldsymbol{x}\in N(\boldsymbol{x}^*,\delta)$ 及任意的 $\boldsymbol{d}\in N(\boldsymbol{d}^*,\delta)$ 有

$$\boldsymbol{d}^{\mathrm{T}}\nabla^2 f(\boldsymbol{x})\boldsymbol{d}<-\frac{\varepsilon_0}{2}.$$

取 $\bar{\alpha}=\dfrac{\delta}{2M}$. 则对充分大的 $k\in\mathcal{N}_0$, $\boldsymbol{d}_k\in N(\boldsymbol{d}^*,\delta)$ 且 $\boldsymbol{x}_k+\bar{\alpha}\boldsymbol{d}_k\in N(\boldsymbol{x}^*,\delta)$. 从而对充分大的 $k\in\mathcal{N}_0$,

$$\begin{aligned}f_{k+1}-f(\boldsymbol{x}_k) &\leqslant f(\boldsymbol{x}_k+\bar{\alpha}\boldsymbol{d}_k)-f(\boldsymbol{x}_k) \\ &= \bar{\alpha}\boldsymbol{d}_k^{\mathrm{T}}\boldsymbol{g}_k+\frac{1}{2}\bar{\alpha}^2\boldsymbol{d}_k^{\mathrm{T}}\boldsymbol{G}(\boldsymbol{\zeta}_k)\boldsymbol{d}_k \\ &\leqslant \frac{1}{2}\bar{\alpha}^2\boldsymbol{d}_k^{\mathrm{T}}\boldsymbol{G}(\boldsymbol{\zeta}_k)\boldsymbol{d}_k \\ &\leqslant \frac{\bar{\alpha}^2}{2}\left(-\frac{\varepsilon_0}{2}\right),\end{aligned}$$

其中, $\boldsymbol{\zeta}_k\in(\boldsymbol{x}_k,\boldsymbol{x}_k+\bar{\alpha}\boldsymbol{d}_k)$. 类似的讨论可得矛盾, 证得第二个结论.　　证毕

为讨论精确线搜索方法的收敛速度, 先给出几个引理.

引理 2.1.1　设函数 $\varphi(\alpha)$ 在 $[0,b]$ 上二阶连续可微, $\varphi'(0)<0$, α^* 为函数 $\varphi(\alpha)$ 在 $(0,b)$ 上的极小值点. 若存在 $M>0$ 使对任意的 $\alpha\in[0,b]$, 都有 $\varphi''(\alpha)\leqslant M$, 则 $\alpha^*\geqslant\dfrac{-\varphi'(0)}{M}$.

证明　由题设, 存在 $\xi\in(0,\alpha^*)$ 使

$$\varphi'(0)=\varphi'(\alpha^*)+(0-\alpha^*)\varphi''(\xi)=-\alpha^*\varphi''(\xi),$$

即 $\alpha^*\varphi''(\xi)=-\varphi'(0)$. 由 $\varphi''(\xi)\leqslant M$ 得 $\alpha^*\geqslant\dfrac{-\varphi'(0)}{M}$. 证毕

对于精确线搜索方法, 该引理给出了最优步长的一个下界.

为建立下降算法的收敛速度, 需要用到连续可微 (向量) 函数的中值定理. 众所周知, 对连续可微函数 $f:\mathbb{R}^n\to\mathbb{R}$ 和任意的 $\boldsymbol{x},\boldsymbol{y}\in\mathbb{R}^n$, 存在 $\boldsymbol{\xi}\in(\boldsymbol{x},\boldsymbol{y})$ 使

$$f(\boldsymbol{y})-f(\boldsymbol{x})=(\boldsymbol{y}-\boldsymbol{x})^{\mathrm{T}}\nabla f(\boldsymbol{\xi}).$$

它可写成

$$f(\boldsymbol{y})-f(\boldsymbol{x})=\int_0^1(\boldsymbol{y}-\boldsymbol{x})^{\mathrm{T}}\nabla f(\boldsymbol{x}+\tau(\boldsymbol{y}-\boldsymbol{x}))\mathrm{d}\tau.$$

对连续可微的向量值函数 $\boldsymbol{F}:\mathbb{R}^n\to\mathbb{R}^m$, 与之对应的结论是

$$\boldsymbol{F}(\boldsymbol{y})-\boldsymbol{F}(\boldsymbol{x})=\int_0^1 D\boldsymbol{F}(\boldsymbol{x}+\tau(\boldsymbol{y}-\boldsymbol{x}))(\boldsymbol{y}-\boldsymbol{x})\mathrm{d}\tau. \tag{2.1.7}$$

引理 2.1.2 设 $\boldsymbol{x}^*\in\mathbb{R}^n$ 为 $f(\boldsymbol{x})$ 的极小值点. 若存在 $\delta>0$ 和 $M>m>0$, 使 $f(\boldsymbol{x})$ 在邻域 $N(\boldsymbol{x}^*,\delta)$ 内二阶连续可微, 且

$$m\|\boldsymbol{y}\|^2\leqslant\boldsymbol{y}^{\mathrm{T}}\nabla^2 f(\boldsymbol{x})\boldsymbol{y}\leqslant M\|\boldsymbol{y}\|^2,\quad\forall\boldsymbol{x}\in N(\boldsymbol{x}^*,\delta),\boldsymbol{y}\in\mathbb{R}^n. \tag{2.1.8}$$

则对任意的 $\boldsymbol{x}\in N(\boldsymbol{x}^*,\delta)$, 成立

(1) $\dfrac{1}{2}m\|\boldsymbol{x}-\boldsymbol{x}^*\|^2\leqslant f(\boldsymbol{x})-f(\boldsymbol{x}^*)\leqslant\dfrac{1}{2}M\|\boldsymbol{x}-\boldsymbol{x}^*\|^2$,

(2) $\|\nabla f(\boldsymbol{x})\|\geqslant m\|\boldsymbol{x}-\boldsymbol{x}^*\|$.

证明 由 $\nabla f(\boldsymbol{x}^*)=\boldsymbol{0}$, 对任意的 $\boldsymbol{x}\in N(\boldsymbol{x}^*,\delta)$, 存在 $\boldsymbol{\xi}\in(\boldsymbol{x},\boldsymbol{x}^*)$ 使

$$f(\boldsymbol{x})-f(\boldsymbol{x}^*)=\frac{1}{2}(\boldsymbol{x}-\boldsymbol{x}^*)^{\mathrm{T}}\nabla^2 f(\boldsymbol{\xi})(\boldsymbol{x}-\boldsymbol{x}^*).$$

利用 (2.1.8), 证得 (1).

利用

$$\begin{aligned}\nabla f(\boldsymbol{x})&=\nabla f(\boldsymbol{x})-\nabla f(\boldsymbol{x}^*)\\&=\int_0^1\nabla^2 f(\boldsymbol{x}^*+\tau(\boldsymbol{x}-\boldsymbol{x}^*))(\boldsymbol{x}-\boldsymbol{x}^*)\mathrm{d}\tau,\end{aligned}$$

并结合 (2.1.8) 得

$$\begin{aligned}\|\boldsymbol{x}-\boldsymbol{x}^*\|\|\nabla f(\boldsymbol{x})\|&\geqslant(\boldsymbol{x}-\boldsymbol{x}^*)^{\mathrm{T}}\nabla f(\boldsymbol{x})\\&=\int_0^1(\boldsymbol{x}-\boldsymbol{x}^*)^{\mathrm{T}}\nabla^2 f(\boldsymbol{x}^*+\tau(\boldsymbol{x}-\boldsymbol{x}^*))(\boldsymbol{x}-\boldsymbol{x}^*)\mathrm{d}\tau\end{aligned}$$

$$\geqslant m\|\boldsymbol{x}-\boldsymbol{x}^*\|^2.$$

于是

$$\|\nabla f(\boldsymbol{x})\| \geqslant m\|\boldsymbol{x}-\boldsymbol{x}^*\|.$$

证毕

下面的结论说明, 若目标函数在最优值点附近一致凸, 则最优步长规则下的下降算法线性收敛.

定理 2.1.4 设搜索方向 $\boldsymbol{d}_k$ 满足 $\cos(\boldsymbol{d}_k,-\boldsymbol{g}_k)\geqslant\mu>0$. 若算法 2.1.1 产生的点列 $\{\boldsymbol{x}_k\}$ 收敛到 $f(\boldsymbol{x})$ 的极小值点 $\boldsymbol{x}^*$, $f(\boldsymbol{x})$ 在 $\boldsymbol{x}^*$ 点附近二阶连续可微, 且存在 $\delta>0$ 及 $M>m>0$, 使得当 $\boldsymbol{x}\in N(\boldsymbol{x}^*,\delta)$ 时, (2.1.8) 成立. 则 $\{\boldsymbol{x}_k\}$ R-线性收敛到 $\boldsymbol{x}^*$.

证明 由于 $\lim\limits_{k\to\infty}\boldsymbol{x}_k=\boldsymbol{x}^*$, 故对 $\delta>0$, 存在 $k_0>0$, 当 $k\geqslant k_0$ 时,

$$\boldsymbol{x}_k\in N\left(\boldsymbol{x}^*,\frac{\delta}{4}\right),\quad \boldsymbol{x}_k+\alpha_k\boldsymbol{d}_k\in N\left(\boldsymbol{x}^*,\frac{\delta}{4}\right).$$

取 $\varepsilon_k=\dfrac{\delta}{4\|\boldsymbol{d}_k\|}$. 则当 $k\geqslant k_0$ 时, 对任意的 $\alpha\in[0,\alpha_k+\varepsilon_k]$,

$$\begin{aligned}\|\boldsymbol{x}_k+\alpha\boldsymbol{d}_k-\boldsymbol{x}^*\| &\leqslant \|\boldsymbol{x}_k-\boldsymbol{x}^*\|+\|\alpha_k\boldsymbol{d}_k\|+\|\varepsilon_k\boldsymbol{d}_k\|\\ &\leqslant \frac{\delta}{4}+\|\boldsymbol{x}_k+\alpha_k\boldsymbol{d}_k-\boldsymbol{x}^*\|+\|\boldsymbol{x}_k-\boldsymbol{x}^*\|+\frac{\delta}{4}\\ &\leqslant \delta.\end{aligned}$$

故 $\boldsymbol{x}_k+\alpha\boldsymbol{d}_k\in N(\boldsymbol{x}^*,\delta)$, 且 α_k 是 $\varphi_k(\alpha)=f(\boldsymbol{x}_k+\alpha\boldsymbol{d}_k)$ 在 $(0,\alpha_k+\varepsilon_k)$ 上的极小值点. 由题设及 (2.1.8) 得, $\varphi_k''(\alpha)\leqslant M\|\boldsymbol{d}_k\|^2$. 由引理 2.1.1, 当 $k\geqslant k_0$ 时,

$$\alpha_k\geqslant\hat{\alpha}_k\triangleq-\frac{\varphi'_k(0)}{M\|\boldsymbol{d}_k\|^2}=-\frac{\boldsymbol{d}_k^{\mathrm{T}}\boldsymbol{g}_k}{M\|\boldsymbol{d}_k\|^2}.$$

从而利用步长规则得

$$\begin{aligned}f_{k+1}-f(\boldsymbol{x}_k) &\leqslant f(\boldsymbol{x}_k+\hat{\alpha}_k\boldsymbol{d}_k)-f(\boldsymbol{x}_k)\\ &=\hat{\alpha}_k\boldsymbol{g}_k^{\mathrm{T}}\boldsymbol{d}_k+\frac{1}{2}\hat{\alpha}_k^2\boldsymbol{d}_k^{\mathrm{T}}\nabla^2 f(\boldsymbol{x}_k+\theta\hat{\alpha}_k\boldsymbol{d}_k)\boldsymbol{d}_k \qquad (\theta\in(0,1))\\ &\leqslant \hat{\alpha}_k\boldsymbol{g}_k^{\mathrm{T}}\boldsymbol{d}_k+\frac{1}{2}\hat{\alpha}_k^2 M\|\boldsymbol{d}_k\|^2\\ &=-\frac{(\boldsymbol{g}_k^{\mathrm{T}}\boldsymbol{d}_k)^2}{M\|\boldsymbol{d}_k\|^2}+\frac{(\boldsymbol{g}_k^{\mathrm{T}}\boldsymbol{d}_k)^2}{2M\|\boldsymbol{d}_k\|^2}\\ &=-\frac{\|\boldsymbol{g}_k\|^2}{2M}\cos^2(\boldsymbol{d}_k,-\boldsymbol{g}_k)\\ &\leqslant -\frac{\mu^2}{2M}\|\boldsymbol{g}_k\|^2.\end{aligned}$$

再由引理 2.1.2, 当 $k \geqslant k_0$ 时,

$$f_{k+1} - f(\boldsymbol{x}_k) \leqslant \frac{-m^2\mu^2}{2M}\|\boldsymbol{x}_k - \boldsymbol{x}^*\|^2 \leqslant \frac{-m^2\mu^2}{M^2}\left(f(\boldsymbol{x}_k) - f(\boldsymbol{x}^*)\right).$$

所以

$$f_{k+1} - f(\boldsymbol{x}^*) \leqslant \left(1 - \frac{m^2\mu^2}{M^2}\right)\left(f(\boldsymbol{x}_k) - f(\boldsymbol{x}^*)\right).$$

令 $\theta = \left(1 - \dfrac{m^2\mu^2}{M^2}\right)^{\frac{1}{2}}$. 显然 $\theta \in (0,1)$, 并且

$$f(\boldsymbol{x}_k) - f(\boldsymbol{x}^*) \leqslant \theta^2\left(f_{k-1} - f(\boldsymbol{x}^*)\right) \leqslant \cdots \leqslant \theta^{2(k-k_0)}\left(f_{k_0} - f(\boldsymbol{x}^*)\right).$$

再利用引理 2.1.2,

$$\frac{1}{2}m\|\boldsymbol{x}_k - \boldsymbol{x}^*\|^2 \leqslant \theta^{2(k-k_0)}\left(f_{k_0} - f(\boldsymbol{x}^*)\right).$$

从而,

$$\|\boldsymbol{x}_k - \boldsymbol{x}^*\| \leqslant \theta^{k-k_0}\sqrt{\frac{2}{m}(f_{k_0} - f(\boldsymbol{x}^*))}.$$

命题结论得证.

证毕

最优步长规则的初衷是在每一迭代步使目标函数的下降量达到最大. 但是, 尽管最优步长的计算是一单元函数的极值问题, 其计算量却不容忽视, 因为要在有限步内得到严格意义下的最优步长几乎是不可能的, 除非目标函数具有特殊的结构. 从另一角度讲, 我们关心的是目标函数在整个可行域中的最优值点, 因此, 把主要精力集中于某个方向上的线搜索似乎没有必要. 这样, 人们放弃最优步长规则而采用下一节介绍的非精确线搜索步长规则.

总体来讲, 最优步长规则是一种理想化的搜索策略, 它主要用于算法的理论分析, 如算法的二次终止性和全局收敛性分析等, 而不是数值计算. 一般地, 如果一个算法在最优步长规则下理论性质较差, 那么在非精确步长规则下会更差.

2.2 非精确线搜索方法

对下降算法引入非精确线搜索步长规则便得到非精确线搜索方法. 非精确线搜索步长规则是沿搜索方向产生一个使目标函数有满意下降量的迭代点. 这样可将更多的精力集中到线搜索算法的宏观层面, 而不拘泥于每一迭代过程的微观层面. 下面是三种常见的非精确线搜索步长规则.

(1) **Armijo 步长规则** 既然在步长充分小时, 目标函数值沿下降方向是下降的, 于是 Armijo(1966) 就用进退试探策略来获取步长: 先试探一个较大的步长, 若目标

函数值有一个满意的下降量, 就取其为迭代步长, 否则就将其按某比例进行压缩直到满足要求为止. 具体地, 该步长规则取 $\alpha_k = \beta\gamma^{m_k}$, 其中, m_k 为满足下式的最小非负整数 m:

$$f(\boldsymbol{x}_k + \beta\gamma^{m_k}\boldsymbol{d}_k) \leqslant f(\boldsymbol{x}_k) + \sigma\beta\gamma^{m_k}\boldsymbol{g}_k^{\mathrm{T}}\boldsymbol{d}_k, \tag{2.2.1}$$

其中, $\beta > 0$, $\sigma, \gamma \in (0,1)$ 为常数.

对上述步长规则, 若 $\alpha_k < \beta$, 则下述两式同时成立.

$$f(\boldsymbol{x}_k + \beta\gamma^{m_k}\boldsymbol{d}_k) \leqslant f(\boldsymbol{x}_k) + \sigma\beta\gamma^{m_k}\boldsymbol{g}_k^{\mathrm{T}}\boldsymbol{d}_k,$$
$$f(\boldsymbol{x}_k + \beta\gamma^{m_k-1}\boldsymbol{d}_k) > f(\boldsymbol{x}_k) + \sigma\beta\gamma^{m_k-1}\boldsymbol{g}_k^{\mathrm{T}}\boldsymbol{d}_k.$$

根据目标函数 $f(\boldsymbol{x}_k + \alpha\boldsymbol{d}_k)$ 在 $\boldsymbol{x}_k$ 点的一阶 Taylor 展式知, 满足这种步长规则的 α_k 一定存在. 为寻求一较大的步长, Calamai & Moré(1987) 建议在 $\alpha_k = \beta$ 满足 (2.2.1) 式时, 将 α_k 逐步扩大 $1/\gamma$ 倍, 直至不能满足 (2.2.1) 式. 这种取法在目标函数充分下降的前提下使步长尽可能地大. 与上述方法不同, Grippo 等 (1986) 将步长规则 (2.2.1) 进行松弛以获取较大步长. 具体地, 取步长 $\alpha_k = \beta\gamma^{m_k}$ 和正整数 M, 其中, m_k 是满足下式的最小非负整数:

$$f(\boldsymbol{x}_k + \beta\gamma^{m}\boldsymbol{d}_k) \leqslant \max_{0\leqslant j\leqslant m(k)} \{f_{k-j}\} + \sigma\beta\gamma^{m}\boldsymbol{g}_k^{\mathrm{T}}\boldsymbol{d}_k,$$

这里, 函数 $m(k)$ 满足

$$m(0) = 0, \quad 0 \leqslant m(k) \leqslant \min\{m(k-1)+1, M\}.$$

该步长规则不能保证目标函数值的下降性, 但其总趋势是下降的. 也就是说, 它是一种非单调步长规则.

(2) **Goldstein 步长规则**　Goldstein(1965) 建议步长 α_k 同时满足以下条件

$$\begin{aligned} f(\boldsymbol{x}_k + \alpha\boldsymbol{d}_k) &\leqslant f(\boldsymbol{x}_k) + \sigma\alpha\boldsymbol{g}_k^{\mathrm{T}}\boldsymbol{d}_k, \\ f(\boldsymbol{x}_k + \alpha\boldsymbol{d}_k) &\geqslant f(\boldsymbol{x}_k) + (1-\sigma)\alpha\boldsymbol{g}_k^{\mathrm{T}}\boldsymbol{d}_k. \end{aligned} \tag{2.2.2}$$

其中, $\sigma \in \left(0, \dfrac{1}{2}\right)$.

由于当 $\alpha > 0$ 充分小时, (2.2.2) 不成立, 所以该规则是在保证目标函数值下降的前提下, 使下一迭代点尽可能远离当前迭代点.

定理 2.2.1　若 $\varphi_k(\alpha) = f(\boldsymbol{x}_k + \alpha\boldsymbol{d}_k)$ 关于 $\alpha > 0$ 有下界, 则满足 Goldstein 步长规则的步长 α_k 存在.

证明　由于 $\boldsymbol{g}_k^{\mathrm{T}}\boldsymbol{d}_k < 0$, 故当 $\alpha \to \infty$ 时,

$$\phi_1(\alpha) \triangleq f(\boldsymbol{x}_k) + \sigma\alpha\boldsymbol{g}_k^{\mathrm{T}}\boldsymbol{d}_k \to -\infty.$$

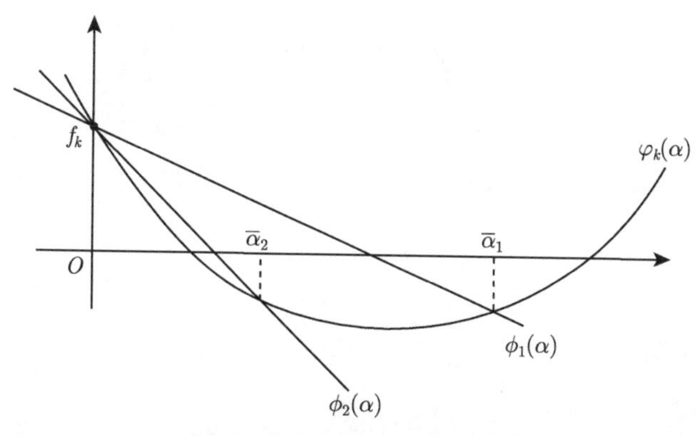

图 2.2.1 Goldstein 步长规则

当 $\alpha>0$ 充分小时, 射线 $\phi_1(\alpha)$ 在曲线 $\varphi_k(\alpha)=f(\boldsymbol{x}_k+\alpha\boldsymbol{d}_k)$ 的上方. 由于函数 $\varphi_k(\alpha)$ 在 α 的正半轴上有下界, 所以射线 $\phi_1(\alpha)$ 与曲线 $\varphi_k(\alpha)$ 在 α 的正轴上有交点 (图 2.2.1).

类似地, 射线 $\phi_2(\alpha)=f(\boldsymbol{x}_k)+(1-\sigma)\alpha\boldsymbol{g}_k^{\mathrm{T}}\boldsymbol{d}_k$ 与曲线 $\varphi_k(\alpha)$ 在 α 的正轴上也有交点. 设 $\overline{\alpha}_1,\overline{\alpha}_2$ 分别为 $\phi_1(\alpha)$ 和 $\phi_2(\alpha)$ 与 $\varphi_k(\alpha)$ 在 α 的正轴上最靠近原点的交点. 由 $\sigma\in\left(0,\dfrac{1}{2}\right)$, $\overline{\alpha}_2<\overline{\alpha}_1$. 显然, 对任意的 $\alpha\in[\overline{\alpha}_2,\overline{\alpha}_1]$, Goldstein 步长规则成立.

证毕

该步长规则是第一个非精确步长, 目前已很少使用.

(3) Wolfe **步长规则** 设 $0<\sigma_1<\sigma_2<1$. Wolfe(1968) 步长规则要求步长 α_k 同时满足

$$f(\boldsymbol{x}_k+\alpha\boldsymbol{d}_k)\leqslant f(\boldsymbol{x}_k)+\sigma_1\alpha\boldsymbol{g}_k^{\mathrm{T}}\boldsymbol{d}_k, \tag{2.2.3}$$

$$\nabla f(\boldsymbol{x}_k+\alpha\boldsymbol{d}_k)^{\mathrm{T}}\boldsymbol{d}_k\geqslant\sigma_2\boldsymbol{g}_k^{\mathrm{T}}\boldsymbol{d}_k. \tag{2.2.4}$$

(2.2.4) 式也就是

$$\boldsymbol{g}_{k+1}^{\mathrm{T}}\boldsymbol{d}_k\geqslant\sigma_2\boldsymbol{g}_k^{\mathrm{T}}\boldsymbol{d}_k.$$

引入该式主要是希望函数 $\varphi_k(\alpha)=f(\boldsymbol{x}_k+\alpha\boldsymbol{d}_k)$ 在 α_k 点的陡度比在 $\alpha=0$ 点有所减缓, 从而使下一迭代点远离当前迭代点. 考虑到 $\boldsymbol{g}_{k+1}^{\mathrm{T}}\boldsymbol{d}_k>0$ 时, 该式恒成立, 人们将该式换成

$$|\nabla f(\boldsymbol{x}_k+\alpha\boldsymbol{d}_k)^{\mathrm{T}}\boldsymbol{d}_k|\leqslant\sigma_2|\boldsymbol{g}_k^{\mathrm{T}}\boldsymbol{d}_k|,$$

从而得到强 Wolfe 步长规则. 它和 Wolfe 步长规则的区别在于前者让函数 $\varphi_k(\alpha)$ 在 α_k 点的陡度在正负方向上都变小, 从而撇去那些远离 $\varphi_k(\alpha)$ 的稳定点的区域. 在某种意义下, 令 $\sigma_2=0$, 强 Wolfe 步长规则就是最优步长规则.

定理 2.2.2　若 $\varphi_k(\alpha)=f(\boldsymbol{x}_k+\alpha\boldsymbol{d}_k)$ 关于 $\alpha>0$ 有下界, 则满足 (强)Wolfe 步长规则的 α_k 存在.

证明　由于 $\varphi_k(\alpha)=f(\boldsymbol{x}_k+\alpha\boldsymbol{d}_k)$ 关于 $\alpha>0$ 有下界和 $0<\sigma_1<1$, 故射线 $\phi(\alpha)=f(\boldsymbol{x}_k)+\sigma_1\alpha\boldsymbol{g}_k^{\mathrm{T}}\boldsymbol{d}_k$ 与曲线 $\varphi_k(\alpha)$ 在 α 的正半轴上有交点. 记最小的交点为 α_k', 则

$$f(\boldsymbol{x}_k+\alpha_k'\boldsymbol{d}_k)=f(\boldsymbol{x}_k)+\sigma_1\alpha_k'\boldsymbol{g}_k^{\mathrm{T}}\boldsymbol{d}_k. \tag{2.2.5}$$

显然, 对任意的 $\alpha\in(0,\alpha_k')$, (2.2.3) 成立. 对 (2.2.5) 利用中值定理, 存在 $\alpha_k''\in(0,\alpha_k')$, 使

$$f(\boldsymbol{x}_k+\alpha_k'\boldsymbol{d}_k)-f(\boldsymbol{x}_k)=\alpha_k'\nabla f(\boldsymbol{x}_k+\alpha_k''\boldsymbol{d}_k)^{\mathrm{T}}\boldsymbol{d}_k.$$

结合 (2.2.5), 并利用 $0<\sigma_1<\sigma_2<1$ 及 $\boldsymbol{g}_k^{\mathrm{T}}\boldsymbol{d}_k<0$ 得

$$\nabla f(\boldsymbol{x}_k+\alpha_k''\boldsymbol{d}_k)^{\mathrm{T}}\boldsymbol{d}_k=\sigma_1\boldsymbol{g}_k^{\mathrm{T}}\boldsymbol{d}_k>\sigma_2\boldsymbol{g}_k^{\mathrm{T}}\boldsymbol{d}_k. \tag{2.2.6}$$

因此, α_k'' 满足 Wolfe 步长规则. 由于 (2.2.6) 式的两边都是负项, 所以 α'' 满足强 Wolfe 步长规则.

根据 $f(\boldsymbol{x})$ 的连续可微性, 推知存在包含 α_k'' 的区间使该区间内的任意值均满足 (强)Wolfe 步长规则.　证毕

上述三种非精确步长规则的第一个不等式要求目标函数有一个满意的下降量, 第二个不等式控制步长不能太小. Goldstein 步长规则的第二式会将最优步长排除在步长的候选范围之外, Wolfe 步长规则在可接受的步长范围内包含了最优步长. 在实际计算时, 前两种步长规则可由进退试探法求得, 最后一种步长规则可借助多项式插值等方法求得. 在上述步长规则中, Armijo 步长规则最为常见, 但它不适用于共轭梯度法和拟牛顿方法, 而 Wolfe 步长规则特别适用于共轭梯度法和拟牛顿方法.

下面分别讨论 Armijo 和 Wolfe 两步长规则下下降算法的收敛性. 对于前者, 为简单起见, 我们取搜索方向 $\boldsymbol{d}_k=-\boldsymbol{g}_k$, 对应的算法称为最速下降算法.

定理 2.2.3　设目标函数 f 在 $\mathbb{R}^n$ 上连续可微, 若 Armijo 步长规则下的最速下降算法产生无穷迭代点列 $\{\boldsymbol{x}_k\}$. 则其任一聚点为目标函数的稳定点.

证明　用反证法证明. 设命题结论不成立, 则存在收敛子列 $\{\boldsymbol{x}_k\}_{\mathcal{K}}$, 其极限点 $\boldsymbol{x}^*$ 满足 $\nabla f(\boldsymbol{x}^*)\neq\boldsymbol{0}$.

对迭代点列 $\{\boldsymbol{x}_k\}$, 根据步长规则和目标函数的连续性, 函数值数列 $\{f(\boldsymbol{x}_k)\}$ 单调递减且收敛于 $f(\boldsymbol{x}^*)$, 所以

$$\lim_{k\to\infty}(f(\boldsymbol{x}_k)-f(\boldsymbol{x}_{k+1}))=0.$$

利用步长规则得

$$\lim_{k\to\infty}\alpha_k\nabla f(\boldsymbol{x}_k)^{\mathrm{T}}\boldsymbol{d}_k=\lim_{k\to\infty}-\alpha_k\|\nabla f(\boldsymbol{x}_k)\|^2=0.$$

由 $\nabla f(\boldsymbol{x}^*)\neq 0$ 和题设知

$$\lim_{\substack{k\in\mathcal{K}\\k\to\infty}}\alpha_k=0.\tag{2.2.7}$$

从而由 Armijo 步长规则知, 存在 $K>0$ 使得当 $k\in\mathcal{K},k\geqslant K$ 时,

$$f(\boldsymbol{x}_k+(\alpha_k/\gamma)\boldsymbol{d}_k)-f(\boldsymbol{x}_k)>\sigma(\alpha_k/\gamma)\nabla f(\boldsymbol{x}_k)^{\mathrm{T}}\boldsymbol{d}_k.$$

令 $\bar{\alpha}_k\triangleq\alpha_k/\gamma$. 则存在 $\hat{\alpha}_k\in[0,\bar{\alpha}_k]$ 使得

$$\nabla f(\boldsymbol{x}_k+\hat{\alpha}_k\boldsymbol{d}_k)^{\mathrm{T}}\boldsymbol{d}_k>\sigma\nabla f(\boldsymbol{x}_k)^{\mathrm{T}}\boldsymbol{d}_k,\quad\forall\,k\in\mathcal{K},\ k\geqslant K.$$

由于 $\nabla f(\boldsymbol{x})$ 连续, 故 $\|\boldsymbol{d}_k\|=\|\nabla f(\boldsymbol{x}_k)\|$ 关于 $k\in\mathcal{K}$ 一致有界. 再利用 (2.2.7), 将上式关于 $k\in\mathcal{K}$ 取极限得

$$\nabla f(\boldsymbol{x}^*)^{\mathrm{T}}\boldsymbol{d}^*\geqslant\sigma\nabla f(\boldsymbol{x}^*)^{\mathrm{T}}\boldsymbol{d}^*.$$

即

$$(\sigma-1)\|\nabla f(\boldsymbol{x}^*)\|^2\geqslant 0.$$

而 $\sigma\in(0,1)$ 和 $\|\nabla f(\boldsymbol{x}^*)\|\neq 0$, 矛盾, 命题结论得证. 证毕

定理 2.2.4 设函数 $f:\mathbb{R}^n\to\mathbb{R}$ 连续可微有下界且 $\nabla f(\boldsymbol{x})$ 在水平集 $\mathcal{L}(\boldsymbol{x}_0)$ 上 Lipschitz 连续. 则 Wolfe 步长规则下的下降算法产生的点列 $\{\boldsymbol{x}_k\}$ 满足

$$\sum_{k=1}^{\infty}\|\boldsymbol{g}_k\|^2\cos^2(\boldsymbol{d}_k,-\boldsymbol{g}_k)<\infty.$$

证明 由 (2.2.4) 及 Lipschitz 条件 (设 Lipschitz 常数为 L) 得

$$(\sigma_2-1)\boldsymbol{g}_k^{\mathrm{T}}\boldsymbol{d}_k\leqslant(\boldsymbol{g}_{k+1}-\boldsymbol{g}_k)^{\mathrm{T}}\boldsymbol{d}_k\leqslant\alpha_kL\|\boldsymbol{d}_k\|^2.$$

所以

$$\alpha_k\geqslant\frac{\sigma_2-1}{L}\frac{\boldsymbol{g}_k^{\mathrm{T}}\boldsymbol{d}_k}{\|\boldsymbol{d}_k\|^2}.$$

利用 $\boldsymbol{g}_k^{\mathrm{T}}\boldsymbol{d}_k\leqslant 0$, 由 (2.2.3) 得

$$f_{k+1}\leqslant f(\boldsymbol{x}_k)+\sigma_1\frac{\sigma_2-1}{L}\frac{(\boldsymbol{g}_k^{\mathrm{T}}\boldsymbol{d}_k)^2}{\|\boldsymbol{d}_k\|^2}$$

$$= f(\boldsymbol{x}_k) + \sigma_1 \frac{\sigma_2 - 1}{L} \|\boldsymbol{g}_k\|^2 \cos^2(\boldsymbol{d}_k, -\boldsymbol{g}_k).$$

将上式两边对 k 求级数并利用 $\{f(\boldsymbol{x}_k)\}$ 的单调有界性得

$$\sum_{k=1}^{\infty} \|\boldsymbol{g}_k\|^2 \cos^2(\boldsymbol{d}_k, -\boldsymbol{g}_k) < \infty.$$

证毕

定理 2.2.5　设函数 $f: \mathbb{R}^n \to \mathbb{R}$ 连续可微有下界, $\nabla f(\boldsymbol{x})$ 在水平集 $\mathcal{L}(\boldsymbol{x}_0)$ 上一致连续. 记 $\boldsymbol{s}_k = \alpha_k \boldsymbol{d}_k$. 则 Wolfe 步长规则下的下降算法产生的点列 $\{\boldsymbol{x}_k\}$ 满足

$$\lim_{k\to\infty} \frac{\boldsymbol{g}_k^{\mathrm{T}} \boldsymbol{s}_k}{\|\boldsymbol{s}_k\|} = 0.$$

证明　假设结论不成立, 则存在自然数列 $\mathcal{N}$ 的一无穷子列 $\mathcal{N}_0$ 及 $\varepsilon_0 > 0$, 使对任意的 $k \in \mathcal{N}_0$,

$$\frac{\boldsymbol{g}_k^{\mathrm{T}} \boldsymbol{s}_k}{\|\boldsymbol{s}_k\|} < -\varepsilon_0. \tag{2.2.8}$$

由 (2.2.3), 对任意的 $k \in \mathcal{N}_0$,

$$f_{k+1} - f(\boldsymbol{x}_k) \leqslant \sigma_1 \boldsymbol{g}_k^{\mathrm{T}} \boldsymbol{s}_k \leqslant -\sigma_1 \varepsilon_0 \|\boldsymbol{s}_k\|.$$

从而利用函数值数列 $\{f(\boldsymbol{x}_k)\}$ 单调下降有下界得

$$\lim_{\substack{k\in\mathcal{N}_0 \\ k\to\infty}} \|\boldsymbol{s}_k\| = 0.$$

因而, 结合梯度函数的一致连续性得

$$\lim_{\substack{k\in\mathcal{N}_0 \\ k\to\infty}} \|\boldsymbol{g}_{k+1} - \boldsymbol{g}_k\| = 0. \tag{2.2.9}$$

再由 (2.2.4),

$$\|\boldsymbol{g}_{k+1} - \boldsymbol{g}_k\| \|\boldsymbol{s}_k\| \geqslant (\boldsymbol{g}_{k+1} - \boldsymbol{g}_k)^{\mathrm{T}} \boldsymbol{s}_k \geqslant (\sigma_2 - 1) \boldsymbol{g}_k^{\mathrm{T}} \boldsymbol{s}_k.$$

结合 (2.2.8), 对任意的 $k \in \mathcal{N}_0$,

$$\|\boldsymbol{g}_{k+1} - \boldsymbol{g}_k\| \geqslant (1 - \sigma_2) \varepsilon_0.$$

得到与 (2.2.9) 矛盾的结论. 故结论成立.

证毕

内积 $\dfrac{\boldsymbol{g}_k^{\mathrm{T}} \boldsymbol{s}_k}{\|\boldsymbol{s}_k\|}$ 是函数 $\varphi(\alpha) = f\left(\boldsymbol{x}_k + \alpha \dfrac{\boldsymbol{d}_k}{\|\boldsymbol{d}_k\|}\right)$ 在 $\alpha = 0$ 点的斜率, 习惯上称其为目标函数 $f(\boldsymbol{x})$ 在 $\boldsymbol{x}_k$ 点的 $\boldsymbol{d}_k$ 方向上的陡度 (参见定理 2.1.3). 将其展开就是

$$\frac{\boldsymbol{g}_k^{\mathrm{T}} \boldsymbol{s}_k}{\|\boldsymbol{s}_k\|} = \|\boldsymbol{g}_k\| \cos(\boldsymbol{d}_k, -\boldsymbol{g}_k).$$

由此可看出定理 2.2.4 和定理 2.2.5 之间的关系.

2.3 信赖域方法

与线搜索方法不同, 信赖域方法首先在当前点附近建立目标函数的一个近似二次模型, 然后利用目标函数在当前点附近与该二次模型的充分近似, 基于二次模型在当前点邻域内的最优值点产生新的迭代点. 这里的邻域就是信赖域. 在迭代过程中, 依据二次模型与目标函数的近似度来调节信赖域半径的大小: 若新的迭代点不能使目标函数有充分的下降, 说明二次模型与目标函数的近似度不够高, 需要缩小信赖域半径; 否则, 就扩大信赖域半径. 上述信赖域半径的调整过程就是对该邻域进行调整的过程.

信赖域半径对算法的效率至关重要. 如果信赖域半径较小, 则二次模型与目标函数有较好的近似, 但可能失去使新的迭代点与目标函数的最优值点更靠近的机会, 进而影响算法的效率. 如果信赖域半径太大, 二次模型与目标函数的近似效果较差, 从而使二次模型的极小值点远离目标函数的极小值点, 以至于新的迭代点对目标函数值改进较小或没有改进.

先看信赖域模型的构成. 一般地, 信赖域模型的目标函数取为

$$m_k(\boldsymbol{d}) = f(\boldsymbol{x}_k) + \boldsymbol{g}_k^{\mathrm{T}}\boldsymbol{d} + \frac{1}{2}\boldsymbol{d}^{\mathrm{T}}\boldsymbol{B}_k\boldsymbol{d}.$$

其中, $\boldsymbol{B}_k$ 为 $\nabla^2 f(\boldsymbol{x}_k)$ 或其近似. 显然, $m_k(\boldsymbol{0}) = f(\boldsymbol{x}_k)$.

相应地, 信赖域方法的子问题为

$$\min\{m_k(\boldsymbol{d}) \mid \boldsymbol{d} \in \mathbb{R}^n,\ \|\boldsymbol{d}\| \leqslant \Delta_k\}, \tag{2.3.1}$$

其中, $\Delta_k > 0$ 为信赖域半径.

设子问题 (2.3.1) 的最优解为 $\boldsymbol{d}_k$, 则

$$f(\boldsymbol{x}_k + \boldsymbol{d}_k) - m_k(\boldsymbol{d}_k) = O(\|\boldsymbol{d}_k\|^2).$$

进一步, 若 $\boldsymbol{B}_k = \nabla^2 f(\boldsymbol{x}_k)$, 则

$$f(\boldsymbol{x}_k + \boldsymbol{d}_k) - m_k(\boldsymbol{d}_k) = o(\|\boldsymbol{d}_k\|^2).$$

下面根据 $m_k(\boldsymbol{d}_k)$ 与 $f(\boldsymbol{x}_k + \boldsymbol{d}_k)$ 的近似度来调整信赖域半径. 为此, 定义目标函数由 $\boldsymbol{x}_k$ 点移动到 $(\boldsymbol{x}_k + \boldsymbol{d}_k)$ 点的预下降量和实下降量:

$$\mathrm{Pred}_k = m_k(\boldsymbol{0}) - m_k(\boldsymbol{d}_k), \quad \mathrm{Ared}_k = f(\boldsymbol{x}_k) - f(\boldsymbol{x}_k + \boldsymbol{d}_k), \quad r_k = \frac{\mathrm{Ared}_k}{\mathrm{Pred}_k}.$$

一般地, $\mathrm{Pred}_k > 0$. 若 $r_k < 0$, 则 $\mathrm{Ared}_k < 0$, $\boldsymbol{x}_k + \boldsymbol{d}_k$ 不能作为新的迭代点, 需要缩小信赖域半径, 重新计算 $\boldsymbol{d}_k$; 若 $r_k > 0$ 且靠近 1, 说明二次模型与目标函数在

信赖域内有很好的近似, 再次迭代时可以扩大信赖域半径; 对其他情况, 对信赖域半径不做调整. 基于上述讨论, 可建立无约束优化问题的信赖域算法.

算法 2.3.1

步 1. 取最大信赖域半径 $\hat{\Delta} > 0$, 初始点 $\boldsymbol{x}_0 \in \mathbb{R}^n$, 参数 $\Delta_0 \in (0, \hat{\Delta}]$, $\eta \in \left[0, \dfrac{1}{4}\right)$, $\varepsilon \geqslant 0$. 令 $k = 0$.

步 2. 若 $\|\boldsymbol{g}_k\| \leqslant \varepsilon$, 算法终止; 否则, 进入下一步.

步 3. 求解 (2.3.1) 得 $\boldsymbol{d}_k$, 相应地计算 r_k. 若 $r_k < \dfrac{1}{4}$, 令 $\Delta_{k+1} = \dfrac{1}{4}\Delta_k$; 若 $r_k > \dfrac{3}{4}$ 且 $\|\boldsymbol{d}_k\| = \Delta_k$, 则令 $\Delta_{k+1} = \min\{2\Delta_k, \hat{\Delta}\}$; 否则, 令 $\Delta_{k+1} = \Delta_k$.

步 4. 若 $r_k > \eta$, 令 $\boldsymbol{x}_{k+1} = \boldsymbol{x}_k + \boldsymbol{d}_k$; 否则, $\boldsymbol{x}_{k+1} = \boldsymbol{x}_k$. 令 $k = k+1$, 转步 2.

显然, 算法 2.3.1 的效率依赖于信赖域子问题 (2.3.1) 的求解. 虽然该子问题在形式上很特殊, 但其精确解并不易求. 为此, 先考虑信赖域子问题 (2.3.1) 在最速下降方向 $\boldsymbol{d}_k^s = -\boldsymbol{g}_k$ 上的极小值点. 记

$$\tau_k = \arg\min\{m_k(\tau \boldsymbol{d}_k^s) \mid \tau \geqslant 0, \|\tau \boldsymbol{d}_k^s\| \leqslant \Delta_k\}, \tag{2.3.2}$$

然后令 $\boldsymbol{d}_k^c = \tau_k \boldsymbol{d}_k^s$, 并称 $\boldsymbol{d}_k^c$ 为子问题 (2.3.1) 的 Cauchy 点. 下面看该点的计算.

若 $\boldsymbol{g}_k^{\mathrm{T}} \boldsymbol{B}_k \boldsymbol{g}_k \leqslant 0$, 则函数

$$h(\tau) = m_k(\tau \boldsymbol{d}_k^s) = f(\boldsymbol{x}_k) - \tau\|\boldsymbol{g}_k\|^2 - \frac{1}{2}\tau^2 |\boldsymbol{g}_k^{\mathrm{T}} \boldsymbol{B}_k \boldsymbol{g}_k|$$

在集合 $\{\tau \geqslant 0 \mid \tau\|\boldsymbol{d}_k^s\| \leqslant \Delta_k\}$ 上的极小值点为 $\tau = \dfrac{\Delta_k}{\|\boldsymbol{g}_k\|}$, 此时 $\boldsymbol{d}_k^c = -\dfrac{\Delta_k}{\|\boldsymbol{g}_k\|}\boldsymbol{g}_k$.

若 $\boldsymbol{g}_k^{\mathrm{T}} \boldsymbol{B}_k \boldsymbol{g}_k > 0$, 则

$$h(\tau) = m_k(\tau \boldsymbol{d}_k^s) = f(\boldsymbol{x}_k) - \tau\|\boldsymbol{g}_k\|^2 + \frac{1}{2}\tau^2 \boldsymbol{g}_k^{\mathrm{T}} \boldsymbol{B}_k \boldsymbol{g}_k$$

关于 τ 为凸函数, 且当 $\tau = \dfrac{\|\boldsymbol{g}_k\|^2}{\boldsymbol{g}_k^{\mathrm{T}} \boldsymbol{B}_k \boldsymbol{g}_k}$ 时达到极小. 结合信赖域半径得

$$\tau_k = \min\left\{\frac{\|\boldsymbol{g}_k\|^2}{\boldsymbol{g}_k^{\mathrm{T}} \boldsymbol{B}_k \boldsymbol{g}_k}, \frac{\Delta_k}{\|\boldsymbol{g}_k\|}\right\}.$$

综合上述两种情况得 (2.3.2) 的最优解

$$\tau_k = \begin{cases} \dfrac{\Delta_k}{\|\boldsymbol{g}_k\|}, & \text{若 } \boldsymbol{g}_k^{\mathrm{T}} \boldsymbol{B}_k \boldsymbol{g}_k \leqslant 0, \\ \min\left\{\dfrac{\|\boldsymbol{g}_k\|^2}{\boldsymbol{g}_k^{\mathrm{T}} \boldsymbol{B}_k \boldsymbol{g}_k}, \dfrac{\Delta_k}{\|\boldsymbol{g}_k\|}\right\}, & \text{否则}. \end{cases}$$

相应地,

$$\boldsymbol{d}_k^{\mathrm{c}}=\begin{cases}-\dfrac{\Delta_k}{\|\boldsymbol{g}_k\|}\boldsymbol{g}_k, & \text{若 } \boldsymbol{g}_k^{\mathrm{T}}\boldsymbol{B}_k\boldsymbol{g}_k\leqslant 0,\\ -\min\left\{\dfrac{\|\boldsymbol{g}_k\|^2}{\boldsymbol{g}_k^{\mathrm{T}}\boldsymbol{B}_k\boldsymbol{g}_k},\dfrac{\Delta_k}{\|\boldsymbol{g}_k\|}\right\}\boldsymbol{g}_k, & \text{否则}.\end{cases}\tag{2.3.3}$$

Cauchy 点不是信赖域子问题的精确解, 但可使二次模型 $m_k(\boldsymbol{d})$ 有一定程度的下降, 并可建立信赖域方法的收敛性, 只是由于信赖域子问题的求解限制在负梯度方向上, 因而效率较低. 下面给出信赖域子问题 (2.3.1) 的另外三种有效方法.

(1) **折线方法** 设矩阵 $\boldsymbol{B}_k$ 对称正定. 根据无约束优化问题的一阶最优性条件, $\boldsymbol{d}_k^{\mathrm{B}}\triangleq-\boldsymbol{B}_k^{-1}\boldsymbol{g}_k$ 是 $m_k(\boldsymbol{d})$ 在 $\mathbb{R}^n$ 上的全局最优解. 所以当 $\|\boldsymbol{B}_k^{-1}\boldsymbol{g}_k\|\leqslant\Delta_k$ 时, 可取 $\boldsymbol{d}_k=\boldsymbol{d}_k^{\mathrm{B}}$. 但该条件不一定满足. 由于在 $\Delta_k>0$ 很小时线性函数 $f(\boldsymbol{x}_k)+\boldsymbol{g}_k^{\mathrm{T}}\boldsymbol{d}$ 与函数 $f(\boldsymbol{x}_k+\boldsymbol{d})$ 在信赖域内有很好的近似, 所以此时该线性函数在信赖域中的最小值点 $-\dfrac{\Delta_k}{\|\boldsymbol{g}_k\|}\boldsymbol{g}_k$ 可视为信赖域子问题的最优解, 而当 $\Delta_k>0$ 逐渐增大时, $\boldsymbol{d}_k^{\mathrm{B}}$ 为信赖域子问题的最优解.

分析发现, 对信赖域子问题 (2.3.1), 当 Δ_k 由小逐渐增大时, $\boldsymbol{d}_k$ 的端点形成由 $\boldsymbol{d}_k^{\mathrm{c}}$ 到 $\boldsymbol{d}_k^{\mathrm{B}}$ 的一条曲线. 为此, 我们在由 $\boldsymbol{d}_k^{\mathrm{c}}$ 和 $\boldsymbol{d}_k^{\mathrm{B}}$ 构成的折线上求解子问题 (2.3.1), 这便构成了信赖域子问题的折线方法, 又称 dog-leg 方法 (Powell, 1970) (图 2.3.1).

具体地, 令 $\boldsymbol{d}_k^{u}=-\dfrac{\|\boldsymbol{g}_k\|^2}{\boldsymbol{g}_k^{\mathrm{T}}\boldsymbol{B}_k\boldsymbol{g}_k}\boldsymbol{g}_k$, 并取

$$\boldsymbol{d}_k(\tau)=\begin{cases}\tau\boldsymbol{d}_k^{u}, & \text{若 } \tau\in[0,1],\\ \boldsymbol{d}_k^{u}+(\tau-1)(\boldsymbol{d}_k^{\mathrm{B}}-\boldsymbol{d}_k^{u}), & \text{若 } \tau\in[1,2].\end{cases}$$

显然, 当 $\tau=1,2$ 时, $\boldsymbol{d}_k(\tau)$ 分别为 $m_k(\boldsymbol{d})$ 在最速下降方向上的最小值点和在 $\mathbb{R}^n$ 上的全局最优值点. 折线方法就是沿折线方向 $\boldsymbol{d}_k(\tau)$ 求 (2.3.1) 的最优解.

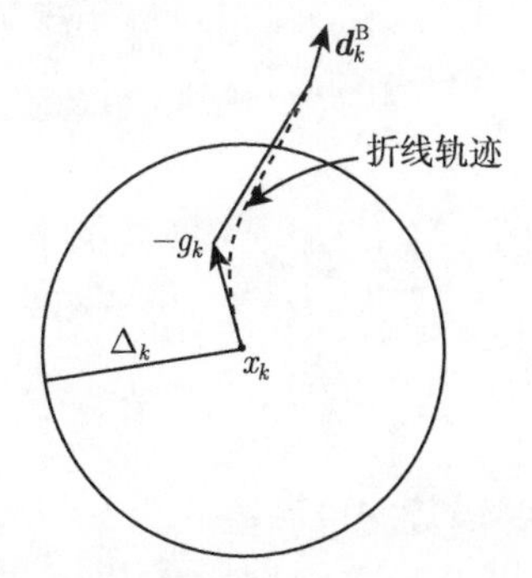

图 2.3.1 信赖域子问题的折线轨迹

引理 2.3.1 设 $\boldsymbol{B}_k$ 对称正定, 则下述结论成立.

(1) $\|\boldsymbol{d}_k(\tau)\|$ 关于 $\tau>0$ 单调递增,

(2) $m_k(\boldsymbol{d}_k(\tau))$ 关于 $\tau>0$ 单调递减.

证明 由于 $\boldsymbol{B}_k$ 对称正定, 易知当 $\tau\in[0,1]$ 时, 这两个结论同时成立. 所以只需讨论 $\tau\in[1,2]$ 的情形. 对 (1), 定义函数

$$h_1(\tau) = \frac{1}{2}\|\boldsymbol{d}_k(\tau)\|^2 = \frac{1}{2}\|\boldsymbol{d}_k^u + (\tau-1)(\boldsymbol{d}_k^{\mathrm{B}} - \boldsymbol{d}_k^u)\|^2.$$

则

$$\begin{aligned}
h_1'(\tau) &= [\boldsymbol{d}_k^u]^{\mathrm{T}}(\boldsymbol{d}_k^{\mathrm{B}} - \boldsymbol{d}_k^u) + (\tau-1)\|\boldsymbol{d}_k^{\mathrm{B}} - \boldsymbol{d}_k^u\|^2 \\
&\geqslant [\boldsymbol{d}_k^u]^{\mathrm{T}}(\boldsymbol{d}_k^{\mathrm{B}} - \boldsymbol{d}_k^u) \\
&= \frac{\|\boldsymbol{g}_k\|^2}{\boldsymbol{g}_k^{\mathrm{T}}\boldsymbol{B}_k\boldsymbol{g}_k}\boldsymbol{g}_k^{\mathrm{T}}\left(\boldsymbol{B}_k^{-1}\boldsymbol{g}_k - \frac{\|\boldsymbol{g}_k\|^2}{\boldsymbol{g}_k^{\mathrm{T}}\boldsymbol{B}_k\boldsymbol{g}_k}\boldsymbol{g}_k\right) \\
&= \frac{\|\boldsymbol{g}_k\|^2\boldsymbol{g}_k^{\mathrm{T}}\boldsymbol{B}_k^{-1}\boldsymbol{g}_k}{\boldsymbol{g}_k^{\mathrm{T}}\boldsymbol{B}_k\boldsymbol{g}_k}\left(1 - \frac{\|\boldsymbol{g}_k\|^4}{(\boldsymbol{g}_k^{\mathrm{T}}\boldsymbol{B}_k^{-1}\boldsymbol{g}_k)(\boldsymbol{g}_k^{\mathrm{T}}\boldsymbol{B}_k\boldsymbol{g}_k)}\right) \\
&\geqslant 0,
\end{aligned}$$

其中, 最后一式利用了矩阵 $\boldsymbol{B}_k$ 可以分解成 $\boldsymbol{B}_k^{\frac{1}{2}}(\boldsymbol{B}_k^{\frac{1}{2}})^{\mathrm{T}}$ 和 Cauchy-Schwarz 不等式:

$$\begin{aligned}
\|\boldsymbol{g}_k\|^4 &= \left((\boldsymbol{B}_k^{\frac{1}{2}}\boldsymbol{g}_k)^{\mathrm{T}}(\boldsymbol{B}_k^{-\frac{1}{2}}\boldsymbol{g}_k)\right)^2 \\
&\leqslant \|\boldsymbol{B}_k^{\frac{1}{2}}\boldsymbol{g}_k\|^2\|\boldsymbol{B}_k^{-\frac{1}{2}}\boldsymbol{g}_k\|^2 \\
&= (\boldsymbol{g}_k^{\mathrm{T}}\boldsymbol{B}_k\boldsymbol{g}_k)(\boldsymbol{g}_k^{\mathrm{T}}\boldsymbol{B}_k^{-1}\boldsymbol{g}_k).
\end{aligned}$$

为证 (2), 定义 $h_2(\tau) = m_k(\boldsymbol{d}_k(\tau))$, 则

$$\begin{aligned}
h_2(\tau) &= f(\boldsymbol{x}_k) + \boldsymbol{g}_k^{\mathrm{T}}\boldsymbol{d}_k(\tau) + \frac{1}{2}\boldsymbol{d}_k(\tau)^{\mathrm{T}}\boldsymbol{B}_k\boldsymbol{d}_k(\tau) \\
&= f(\boldsymbol{x}_k) + \boldsymbol{g}_k^{\mathrm{T}}\left(\boldsymbol{d}_k^u + (\tau-1)(\boldsymbol{d}_k^{\mathrm{B}} - \boldsymbol{d}_k^u)\right) \\
&\quad + \frac{1}{2}\left(\boldsymbol{d}_k^u + (\tau-1)(\boldsymbol{d}_k^{\mathrm{B}} - \boldsymbol{d}_k^u)\right)^{\mathrm{T}}\boldsymbol{B}_k\left(\boldsymbol{d}_k^u + (\tau-1)(\boldsymbol{d}_k^{\mathrm{B}} - \boldsymbol{d}_k^u)\right) \\
&= m_k(\boldsymbol{d}_k^u) + (\tau-1)\boldsymbol{g}_k^{\mathrm{T}}(\boldsymbol{d}_k^{\mathrm{B}} - \boldsymbol{d}_k^u) + (\tau-1)(\boldsymbol{d}_k^{\mathrm{B}} - \boldsymbol{d}_k^u)^{\mathrm{T}}\boldsymbol{B}_k\boldsymbol{d}_k^u \\
&\quad + \frac{1}{2}(\tau-1)^2(\boldsymbol{d}_k^{\mathrm{B}} - \boldsymbol{d}_k^u)^{\mathrm{T}}\boldsymbol{B}_k(\boldsymbol{d}_k^{\mathrm{B}} - \boldsymbol{d}_k^u).
\end{aligned}$$

进一步,

$$\begin{aligned}
h_2'(\tau) &= \boldsymbol{g}_k^{\mathrm{T}}(\boldsymbol{d}_k^{\mathrm{B}} - \boldsymbol{d}_k^u) + (\boldsymbol{d}_k^{\mathrm{B}} - \boldsymbol{d}_k^u)^{\mathrm{T}}\boldsymbol{B}_k\boldsymbol{d}_k^u + (\tau-1)(\boldsymbol{d}_k^{\mathrm{B}} - \boldsymbol{d}_k^u)^{\mathrm{T}}\boldsymbol{B}_k(\boldsymbol{d}_k^{\mathrm{B}} - \boldsymbol{d}_k^u) \\
&\leqslant \boldsymbol{g}_k^{\mathrm{T}}(\boldsymbol{d}_k^{\mathrm{B}} - \boldsymbol{d}_k^u) + (\boldsymbol{d}_k^{\mathrm{B}} - \boldsymbol{d}_k^u)^{\mathrm{T}}\boldsymbol{B}_k\boldsymbol{d}_k^u + (\boldsymbol{d}_k^{\mathrm{B}} - \boldsymbol{d}_k^u)^{\mathrm{T}}\boldsymbol{B}_k(\boldsymbol{d}_k^{\mathrm{B}} - \boldsymbol{d}_k^u) \\
&= (\boldsymbol{d}_k^{\mathrm{B}} - \boldsymbol{d}_k^u)^{\mathrm{T}}(\boldsymbol{g}_k + \boldsymbol{B}_k\boldsymbol{d}_k^{\mathrm{B}}) = 0.
\end{aligned}$$

据此得函数的单调性. 证毕

(2) **二维子空间方法**

根据上面的分析, 信赖域子问题的最优解可能在负梯度方向上达到, 可能在拟牛顿方向 $-\boldsymbol{B}_k^{-1}\boldsymbol{g}_k$ 上达到, 也可能在它们的线性组合上达到. 为此将信赖域子问

题的解限制到子空间 $\mathrm{span}[\boldsymbol{g}_k, \boldsymbol{B}_k^{-1}\boldsymbol{g}_k]$ 上, 便得到信赖域子问题的二维子空间方法, 即求 $\boldsymbol{d}_k$ 满足

$$\boldsymbol{d}_k = \arg\min\{m_k(\boldsymbol{d}) \mid \|\boldsymbol{d}\| \leqslant \Delta_k,\ \boldsymbol{d} \in \mathrm{span}[\boldsymbol{g}_k, \boldsymbol{B}_k^{-1}\boldsymbol{g}_k]\}. \tag{2.3.4}$$

这是具有简单约束的低维优化问题. 由于 $\boldsymbol{d}_k^{\mathrm{c}}$ 是 (2.3.4) 的可行解, 所以由该方法得到的信赖域子问题的最优解优于 $\boldsymbol{d}_k^{\mathrm{c}}$. 与折线方法相比, 它可以克服 $\boldsymbol{B}_k$ 非奇异但不正定的情况.

(3) *精确解方法*

前面的方法给出的都是子问题 (2.3.1) 的近似解而非精确解. 利用约束优化问题的最优性条件 (见 §7.2) 可将子问题 (2.3.1) 等价地转化成一不等式系统, 并据此建立信赖域子问题的精确解.

定理 2.3.1 $\boldsymbol{d}_k \in \mathbb{R}^n$ 是信赖域子问题 (2.3.1) 的最优解的充要条件是存在 $\mu_k \geqslant 0$ 满足

$$\begin{cases} \|\boldsymbol{d}_k\| \leqslant \Delta_k, \\ (\boldsymbol{B}_k + \mu_k \boldsymbol{I})\, \boldsymbol{d}_k = -\boldsymbol{g}_k, \\ \mu_k\, (\Delta_k - \|\boldsymbol{d}_k\|) = 0, \\ (\boldsymbol{B}_k + \mu_k \boldsymbol{I}) \text{ 半正定}. \end{cases} \tag{2.3.5}$$

证明 *充分性* 由定理 1.6.4, $\boldsymbol{d}_k$ 是凸二次函数

$$\hat{m}_k(\boldsymbol{d}) \triangleq f(\boldsymbol{x}_k) + \boldsymbol{g}_k^{\mathrm{T}}\boldsymbol{d} + \frac{1}{2}\boldsymbol{d}^{\mathrm{T}}(\boldsymbol{B}_k + \mu_k \boldsymbol{I})\,\boldsymbol{d} = m_k(\boldsymbol{d}) + \frac{\mu_k}{2}\boldsymbol{d}^{\mathrm{T}}\boldsymbol{d}$$

在 $\mathbb{R}^n$ 上的最小值点. 所以对任意满足 $\|\boldsymbol{d}\| \leqslant \Delta_k$ 的 $\boldsymbol{d}$ 成立

$$\hat{m}_k(\boldsymbol{d}) \geqslant \hat{m}_k(\boldsymbol{d}_k).$$

也就是

$$m_k(\boldsymbol{d}) \geqslant m_k(\boldsymbol{d}_k) + \frac{\mu_k}{2}\left(\|\boldsymbol{d}_k\|^2 - \|\boldsymbol{d}\|^2\right).$$

由 $\mu_k(\Delta_k - \|\boldsymbol{d}_k\|) = 0$ 知, $\mu_k(\Delta_k^2 - \|\boldsymbol{d}_k\|^2) = 0$. 结合上式得

$$m_k(\boldsymbol{d}) \geqslant m_k(\boldsymbol{d}_k) + \frac{\mu_k}{2}(\Delta_k^2 - \|\boldsymbol{d}\|^2).$$

这说明, 对任意满足 $\|\boldsymbol{d}\| \leqslant \Delta_k$ 的 $\boldsymbol{d}$, 成立 $m_k(\boldsymbol{d}) \geqslant m_k(\boldsymbol{d}_k)$. 从而 $\boldsymbol{d}_k$ 是 (2.3.1) 的最优解.

必要性　设 $\boldsymbol{d}_k$ 是 (2.3.1) 的最优解. 如果 $\|\boldsymbol{d}_k\| < \Delta_k$, 则 $\boldsymbol{d}_k$ 是二次函数 $m_k(\boldsymbol{d})$ 的局部最小值点. 由定理 1.6.1 和 1.6.2,

$$\nabla m_k(\boldsymbol{d}_k) = \boldsymbol{B}_k\boldsymbol{d}_k + \boldsymbol{g}_k = \boldsymbol{0},$$

$\nabla^2 m(\boldsymbol{d}_k) = \boldsymbol{B}_k$ 半正定. 因此, 取 $\mu_k = 0$ 即得 (2.3.5).

若 $\|\boldsymbol{d}_k\| = \Delta_k$, 则 (2.3.5) 的第三式显然成立. 此时, 由于 $\boldsymbol{d}_k$ 是下述约束优化问题

$$\min\{m_k(\boldsymbol{d}) \mid \|\boldsymbol{d}\|^2 \leqslant \Delta_k^2\} \tag{2.3.6}$$

的最优解, 由定理 7.2.2, 存在 $\mu_k \geqslant 0$ 使得

$$\boldsymbol{B}_k\boldsymbol{d}_k + \boldsymbol{g}_k + \mu_k\boldsymbol{d}_k = \boldsymbol{0}.$$

即

$$(\boldsymbol{B}_k + \mu_k\boldsymbol{I})\boldsymbol{d}_k = -\boldsymbol{g}_k.$$

得 (2.3.5) 的第二式.

由于 $\boldsymbol{d}_k$ 是 (2.3.6) 的最优解, 所以对任意满足 $\|\boldsymbol{d}\| = \Delta_k$ 的 $\boldsymbol{d}$ 有 $m_k(\boldsymbol{d}) \geqslant m_k(\boldsymbol{d}_k)$, 并且

$$m_k(\boldsymbol{d}_k) + \frac{\mu_k}{2}\|\boldsymbol{d}_k\|^2 \leqslant m_k(\boldsymbol{d}) + \frac{\mu_k}{2}\|\boldsymbol{d}\|^2. \tag{2.3.7}$$

利用 (2.3.5) 的第二式,

$$\begin{aligned} m_k(\boldsymbol{d}_k) + \frac{\mu_k}{2}\|\boldsymbol{d}_k\|^2 &= f(\boldsymbol{x}_k) - \frac{1}{2}\boldsymbol{d}_k^{\mathrm{T}}(\boldsymbol{B}_k + \mu_k\boldsymbol{I})\boldsymbol{d}_k, \\ m_k(\boldsymbol{d}) + \frac{\mu_k}{2}\|\boldsymbol{d}\|^2 &= f(\boldsymbol{x}_k) - \boldsymbol{d}_k^{\mathrm{T}}(\boldsymbol{B}_k + \mu_k\boldsymbol{I})\boldsymbol{d} + \frac{1}{2}\boldsymbol{d}^{\mathrm{T}}(\boldsymbol{B}_k + \mu_k\boldsymbol{I})\boldsymbol{d}. \end{aligned}$$

代入 (2.3.7) 并整理得

$$\frac{1}{2}(\boldsymbol{d} - \boldsymbol{d}_k)^{\mathrm{T}}(\boldsymbol{B}_k + \mu_k\boldsymbol{I})(\boldsymbol{d} - \boldsymbol{d}_k) \geqslant 0.$$

由 $\|\boldsymbol{d}_k\| = \|\boldsymbol{d}\| = \Delta_k$ 及 $\boldsymbol{d}$ 的任意性知, $(\boldsymbol{B}_k + \mu_k\boldsymbol{I})$ 半正定.　　证毕

根据上述定理, 信赖域子问题 (2.3.1) 的求解转化为求满足 $\|\boldsymbol{d}\| \leqslant \Delta_k$ 和 $\mu \geqslant 0$ 的 $\boldsymbol{d}, \mu$ 使 (2.3.5) 成立. 这里不再介绍求解过程.

下面讨论信赖域算法的收敛性. 首先分析 (2.3.1) 的 Cauchy 点 $\boldsymbol{d}_k^c$ 带来的 $m_k(\boldsymbol{d})$ 的下降量.

引理 2.3.2　信赖域子问题 (2.3.1) 的 Cauchy 点 $\boldsymbol{d}_k^c$ 满足

$$m_k(\boldsymbol{d}_k^c) - m_k(\boldsymbol{0}) \leqslant -\frac{1}{2}\|\boldsymbol{g}_k\|\min\left\{\Delta_k, \frac{\|\boldsymbol{g}_k\|}{\|\boldsymbol{B}_k\|}\right\}. \tag{2.3.8}$$

证明 根据 $\boldsymbol{g}_k^{\mathrm{T}}\boldsymbol{B}_k\boldsymbol{g}_k$ 的符号分情况证明.

若 $\boldsymbol{g}_k^{\mathrm{T}}\boldsymbol{B}_k\boldsymbol{g}_k \leqslant 0$, 则由 (2.3.3), $\boldsymbol{d}_k^c = -\dfrac{\Delta_k}{\|\boldsymbol{g}_k\|}\boldsymbol{g}_k$. 所以,

$$\begin{aligned} m_k(\boldsymbol{d}_k^c) - m_k(\boldsymbol{0}) &= m_k\left(-\frac{\Delta_k}{\|\boldsymbol{g}_k\|}\boldsymbol{g}_k\right) - f(\boldsymbol{x}_k) \\ &= -\frac{\Delta_k}{\|\boldsymbol{g}_k\|}\|\boldsymbol{g}_k\|^2 + \frac{1}{2}\frac{\Delta_k^2}{\|\boldsymbol{g}_k\|^2}\boldsymbol{g}_k^{\mathrm{T}}\boldsymbol{B}_k\boldsymbol{g}_k \\ &\leqslant -\Delta_k\|\boldsymbol{g}_k\| \\ &\leqslant -\frac{1}{2}\|\boldsymbol{g}_k\|\min\left\{\Delta_k, \frac{\|\boldsymbol{g}_k\|}{\|\boldsymbol{B}_k\|}\right\}. \end{aligned}$$

若 $\boldsymbol{g}_k^{\mathrm{T}}\boldsymbol{B}_k\boldsymbol{g}_k > 0$ 且 $\dfrac{\|\boldsymbol{g}_k\|^3}{\Delta_k\boldsymbol{g}_k^{\mathrm{T}}\boldsymbol{B}_k\boldsymbol{g}_k} \leqslant 1$, 根据 (2.3.3), 则

$$\boldsymbol{d}_k^c = -\frac{\|\boldsymbol{g}_k\|^2}{\boldsymbol{g}_k^{\mathrm{T}}\boldsymbol{B}_k\boldsymbol{g}_k}\boldsymbol{g}_k.$$

此时,

$$m_k(\boldsymbol{d}_k^c) - m_k(\boldsymbol{0}) = -\frac{1}{2}\frac{\|\boldsymbol{g}_k\|^4}{\boldsymbol{g}_k^{\mathrm{T}}\boldsymbol{B}_k\boldsymbol{g}_k} \leqslant -\frac{1}{2}\frac{\|\boldsymbol{g}_k\|^2}{\|\boldsymbol{B}_k\|} \leqslant -\frac{1}{2}\|\boldsymbol{g}_k\|\min\left\{\Delta_k, \frac{\|\boldsymbol{g}_k\|}{\|\boldsymbol{B}_k\|}\right\}.$$

若 $\boldsymbol{g}_k^{\mathrm{T}}\boldsymbol{B}_k\boldsymbol{g}_k > 0$ 且 $\dfrac{\|\boldsymbol{g}_k\|^3}{\Delta_k\boldsymbol{g}_k^{\mathrm{T}}\boldsymbol{B}_k\boldsymbol{g}_k} > 1$, 则

$$\boldsymbol{d}_k^c = -\frac{\Delta_k}{\|\boldsymbol{g}_k\|}\boldsymbol{g}_k, \qquad \|\boldsymbol{g}_k\|^3 > \Delta_k\boldsymbol{g}_k^{\mathrm{T}}\boldsymbol{B}_k\boldsymbol{g}_k.$$

从而

$$\begin{aligned} m_k(\boldsymbol{d}_k^c) - m_k(\boldsymbol{0}) &= m_k\left(-\frac{\Delta_k}{\|\boldsymbol{g}_k\|}\boldsymbol{g}_k\right) - f(\boldsymbol{x}_k) \\ &= -\frac{\Delta_k}{\|\boldsymbol{g}_k\|}\|\boldsymbol{g}_k\|^2 + \frac{1}{2}\frac{\Delta_k^2}{\|\boldsymbol{g}_k\|^2}\boldsymbol{g}_k^{\mathrm{T}}\boldsymbol{B}_k\boldsymbol{g}_k \\ &\leqslant -\frac{1}{2}\Delta_k\|\boldsymbol{g}_k\| \\ &\leqslant -\frac{1}{2}\|\boldsymbol{g}_k\|\min\left\{\Delta_k, \frac{\|\boldsymbol{g}_k\|}{\|\boldsymbol{B}_k\|}\right\}. \end{aligned}$$

证毕

容易验证, 上一节给出的 (2.3.1) 的三种求解方法得到的 $\boldsymbol{d}_k$ 均满足 (2.3.8). 下面的结论表明, 子问题 (2.3.1) 的 Cauchy 解可保证信赖域算法的收敛性.

定理 2.3.2 设函数 $f: \mathbb{R}^n \to \mathbb{R}$ 在水平集 $\mathcal{L}(\boldsymbol{x}_0)$ 上连续可微有下界, 并在算法 2.3.1 中, $\eta = 0$. 若存在 $\beta > 0$, 使对任意的 k, $\|\boldsymbol{B}_k\| \leqslant \beta$, 且 (2.3.1) 的近似解 $\boldsymbol{d}_k$ 满足 (2.3.8) 中关于 $\boldsymbol{d}_k^c$ 的结论, 则算法产生的点列满足 $\liminf\limits_{k\to\infty}\|\boldsymbol{g}_k\| = 0$.

证明　由 r_k 的定义,

$$|r_k - 1| = \left| \frac{f(\boldsymbol{x}_k + \boldsymbol{d}_k) - m_k(\boldsymbol{d}_k)}{m_k(\boldsymbol{0}) - m_k(\boldsymbol{d}_k)} \right|. \tag{2.3.9}$$

利用 Taylor 展式,

$$f(\boldsymbol{x}_k + \boldsymbol{d}_k) = f(\boldsymbol{x}_k) + \boldsymbol{g}_k^{\mathrm{T}} \boldsymbol{d}_k + o(\|\boldsymbol{d}_k\|).$$

所以, 当 $\Delta_k > 0$ 充分小时,

$$|m_k(\boldsymbol{d}_k) - f(\boldsymbol{x}_k + \boldsymbol{d}_k)| = \left| \frac{1}{2} \boldsymbol{d}_k^{\mathrm{T}} \boldsymbol{B}_k \boldsymbol{d}_k + o(\|\boldsymbol{d}_k\|) \right| \leqslant \frac{\beta}{2} \|\boldsymbol{d}_k\|^2 + o(\|\boldsymbol{d}_k\|). \tag{2.3.10}$$

假若命题结论不成立, 则存在 $\varepsilon_0 > 0$ 和 k_0 使对任意的 $k \geqslant k_0$, $\|\boldsymbol{g}_k\| \geqslant \varepsilon_0$. 由 (2.3.8), 对任意的 $k \geqslant k_0$,

$$\begin{aligned} m_k(\boldsymbol{0}) - m_k(\boldsymbol{d}_k) &\geqslant \frac{1}{2} \|\boldsymbol{g}_k\| \min\left\{ \Delta_k, \frac{\|\boldsymbol{g}_k\|}{\|\boldsymbol{B}_k\|} \right\} \\ &\geqslant \frac{1}{2} \varepsilon_0 \min\left\{ \Delta_k, \frac{\varepsilon_0}{\beta} \right\}. \end{aligned} \tag{2.3.11}$$

利用 (2.3.9)–(2.3.11),

$$|r_k - 1| \leqslant \frac{\beta \Delta_k^2 + o(\Delta_k)}{\varepsilon_0 \min\left\{ \Delta_k, \dfrac{\varepsilon_0}{\beta} \right\}}.$$

此式说明存在 $\tilde{\Delta} > 0$ 充分小, 使对任意满足 $\Delta_k \leqslant \tilde{\Delta}$ 的 k, 有 $|r_k - 1| \leqslant \frac{1}{4}$, 即 $r_k > \frac{3}{4}$. 根据算法 2.3.1, $\Delta_{k+1} \geqslant \Delta_k$. 所以, 对任意的 $k \geqslant k_0$,

$$\Delta_k \geqslant \frac{1}{4} \tilde{\Delta}. \tag{2.3.12}$$

下证对充分大的 k, $r_k < \frac{1}{4}$. 否则, 存在自然数列 $\mathcal{N}$ 的一无穷子列 $\mathcal{N}_0$, 使对任意的 $k \in \mathcal{N}_0$, $r_k \geqslant \frac{1}{4}$. 则由 (2.3.11) 和 (2.3.12), 对任意的 $k \in \mathcal{N}_0, k \geqslant k_0$,

$$\begin{aligned} f(\boldsymbol{x}_k) - f_{k+1} &\geqslant \frac{1}{4} (m_k(\boldsymbol{0}) - m_k(\boldsymbol{d}_k)) \\ &\geqslant \frac{1}{8} \varepsilon_0 \min\left\{ \Delta_k, \frac{\varepsilon_0}{\beta} \right\} \\ &\geqslant \frac{1}{8} \varepsilon_0 \min\left\{ \frac{1}{4} \tilde{\Delta}, \frac{\varepsilon_0}{\beta} \right\}. \end{aligned}$$

令 $k \to \infty$ 得 $f(\boldsymbol{x}_k) \to -\infty$. 这与目标函数在水平集上有下界矛盾. 从而对充分大

的 k, $r_k < \dfrac{1}{4}$.

根据算法, 此时 Δ_k 将以 $\dfrac{1}{4}$ 的比例压缩, 故有 $\lim\limits_{k\to\infty}\Delta_k = 0$. 这与 (2.3.12) 矛盾. 所以前面的假设不成立, 结论得证. 证毕

若目标函数满足较强的条件, 则有下面的结论.

定理 2.3.3 设函数 $f:\mathbb{R}^n \to \mathbb{R}$ 的梯度函数 Lipschitz 连续, 且 $f(\boldsymbol{x})$ 在水平集 $\mathcal{L}(\boldsymbol{x}_0)$ 上有下界. 对算法 2.3.1, 设 $\eta \in \left(0, \dfrac{1}{4}\right)$, 且存在 $\beta > 0$ 使对任意的 k, $\|\boldsymbol{B}_k\| \leqslant \beta$. 若信赖域子问题 (2.3.1) 的近似解 $\boldsymbol{d}_k$ 满足 (2.3.8) 并且算法不有限步终止, 则算法产生的点列满足 $\lim\limits_{k\to\infty}\boldsymbol{g}_k = \boldsymbol{0}$.

证明 由题设, 对任意的 k, $\boldsymbol{g}_k \neq \boldsymbol{0}$. 任取 $k_0 > 0$, 记

$$\varepsilon_0 = \frac{1}{2}\|\boldsymbol{g}_{k_0}\| > 0, \quad \delta = \frac{\|\boldsymbol{g}_{k_0}\|}{2L} = \frac{\varepsilon_0}{L},$$

其中, L 为梯度函数 $\nabla f(\boldsymbol{x})$ 的 Lipschitz 常数. 则对任意的 $x \in N(\boldsymbol{x}_{k_0}, \delta)$,

$$\|\boldsymbol{g}(\boldsymbol{x})\| \geqslant \|\boldsymbol{g}_{k_0}\| - \|\boldsymbol{g}(\boldsymbol{x}) - \boldsymbol{g}_{k_0}\| \geqslant \varepsilon_0.$$

如果点列 $\{\boldsymbol{x}_k\}_{k\geqslant k_0} \subset N(\boldsymbol{x}_{k_0}, \delta)$, 则对 $k \geqslant k_0$, 成立 $\|\boldsymbol{g}_k\| \geqslant \varepsilon_0$. 由定理 2.3.2, 这种情况不会发生. 所以, 点列 $\{\boldsymbol{x}_k\}_{k\geqslant k_0}$ 最终会离开 $N(\boldsymbol{x}_{k_0}, \delta)$.

设 $\boldsymbol{x}_{k_1}$ 是满足 $k \geqslant k_0$ 的第一个离开 $N(\boldsymbol{x}_{k_0}, \delta)$ 的迭代点. 那么对任意的 $k_0 \leqslant k \leqslant k_1 - 1$,

$$\begin{aligned}
f_{k_0} - f_{k_1} &= \sum_{k=k_0}^{k_1-1}(f(\boldsymbol{x}_k) - f_{k+1}) \\
&\geqslant \sum_{\substack{k=k_0 \\ \boldsymbol{x}_k \neq \boldsymbol{x}_{k+1}}}^{k_1-1} \eta(m_k(\boldsymbol{0}) - m_k(\boldsymbol{d}_k)) \\
&\geqslant \sum_{\substack{k=k_0 \\ \boldsymbol{x}_k \neq \boldsymbol{x}_{k+1}}}^{k_1-1} \frac{1}{2}\eta\varepsilon_0 \min\left\{\Delta_k, \frac{\varepsilon_0}{\beta}\right\}.
\end{aligned}$$

其中, 最后一式利用了引理 2.3.2.

如果对任意的 $k_0 \leqslant k \leqslant k_1 - 1$, $\Delta_k \leqslant \dfrac{\varepsilon_0}{\beta}$, 则

$$f_{k_0} - f_{k_1} \geqslant \frac{1}{2}\eta\varepsilon_0 \sum_{\substack{k=k_0 \\ \boldsymbol{x}_k \neq \boldsymbol{x}_{k+1}}}^{k_1-1} \Delta_k \geqslant \frac{1}{2}\eta\varepsilon_0\delta = \frac{1}{2}\eta\varepsilon_0^2/L, \tag{2.3.13}$$

其中, 第二个不等式利用了结论 $\boldsymbol{x}_{k_1}$ 是满足 $k \geqslant k_0$ 的第一个离开 $N(\boldsymbol{x}_{k_0}, \delta)$ 的迭代点. 否则, 存在 $k_0 \leqslant k \leqslant k_1 - 1$, 使得 $\Delta_k > \varepsilon_0/\beta$. 从而

$$f_{k_0} - f_{k_1} \geqslant \frac{1}{2\beta}\eta\varepsilon_0^2. \tag{2.3.14}$$

由于数列 $\{f(\boldsymbol{x}_k)\}$ 单调下降有下界, 故有极限, 不妨记为 f^*. 利用 (2.3.13) 和 (2.3.14),

$$\begin{aligned} f_{k_0} - f^* &\geqslant f_{k_0} - f_{k_1} \\ &\geqslant \frac{1}{2}\eta\varepsilon_0^2 \min\left\{\frac{1}{\beta}, \frac{1}{L}\right\} \\ &= \frac{1}{8}\eta \min\left\{\frac{1}{\beta}, \frac{1}{L}\right\} \|\boldsymbol{g}_{k_0}\|^2. \end{aligned}$$

这样,

$$\|\boldsymbol{g}_{k_0}\|^2 \leqslant \left(\frac{1}{8}\eta \min\left\{\frac{1}{\beta}, \frac{1}{L}\right\}\right)^{-1} (f_{k_0} - f^*).$$

令 $k_0 \to \infty$ 得

$$\lim_{k\to\infty} \boldsymbol{g}_k = \mathbf{0}.$$

证毕

上述结论表明, 信赖域方法有良好的理论性质. 尽管如此, 它在每一迭代步需要求解一带球约束的二次规划问题, 计算量较大. 实际上, 对二次函数 $m_k(\boldsymbol{d})$ 添加正则项 (又称惩罚项) $\lambda\|\boldsymbol{x} - \boldsymbol{x}_k\|^2$, 其中, 因子 $\lambda > 0$, 同样能将新迭代点限制在当前迭代点附近. 基于目标函数的线性近似的正则化形式, Beck 和 Teboulle(2009) 建立起无约束优化问题的一类新算法.

习　　题

1. 对严格凸二次函数$f(\boldsymbol{x}) = \dfrac{1}{2}\boldsymbol{x}^{\mathrm{T}}\boldsymbol{A}\boldsymbol{x} + \boldsymbol{b}^{\mathrm{T}}\boldsymbol{x}$, 试求在 $\boldsymbol{x}_k$ 点沿下降方向 $\boldsymbol{d}_k$ 的最优步长. 若取 $\boldsymbol{d}_k = -\boldsymbol{g}_k$, 试计算目标函数在每一迭代步的下降量.

2. 对上题中的凸二次函数, 试求在 $\boldsymbol{x}_k$ 点沿下降方向 $\boldsymbol{d}_k$ 的 Goldstein 步长 α_k, 并证明

$$2\sigma\overline{\alpha}_k \leqslant \alpha_k \leqslant 2(1-\sigma)\overline{\alpha}_k,$$

其中, $\overline{\alpha}_k$ 为最优步长.

3. 考虑 Armijo 步长规则下的下降算法

$$\boldsymbol{x}_{k+1} = \boldsymbol{x}_k + \alpha_k \boldsymbol{d}_k,$$

其中, 搜索方向由下式确定:

$$(\boldsymbol{d}_k)_i = \begin{cases} -\dfrac{\partial f(\boldsymbol{x}_k)}{\partial x_i}, & \text{如果} \left|\dfrac{\partial f(\boldsymbol{x}_k)}{\partial x_i}\right| \text{取最大值}, \\ 0, & \text{其他}. \end{cases}$$

试证明算法产生迭代点列的任一聚点都为原问题的稳定点.

4. 设 n 阶实矩阵 $\boldsymbol{A}$ 对称正定. 试证明对任意的 $\boldsymbol{x} \in \mathbb{R}^n$,

$$\frac{4\kappa(\boldsymbol{A})}{(1+\kappa(\boldsymbol{A}))^2}(\boldsymbol{x}^{\mathrm{T}}\boldsymbol{A}\boldsymbol{x})(\boldsymbol{x}^{\mathrm{T}}\boldsymbol{A}^{-1}\boldsymbol{x}) \leqslant \|\boldsymbol{x}\|^4 \leqslant (\boldsymbol{x}^{\mathrm{T}}\boldsymbol{A}\boldsymbol{x})(\boldsymbol{x}^{\mathrm{T}}\boldsymbol{A}^{-1}\boldsymbol{x}).$$

5. 对二维子空间子问题 (2.3.4), 设 $\boldsymbol{B}_k$ 对称正定. 试利用上题中的不等式求问题 (2.3.4) 的最优解.

第 3 章　最速下降法与牛顿方法

本章主要介绍无约束优化问题的最速下降法与牛顿方法. 最速下降法是根据目标函数的线性近似得到的. 虽然它被称作 “最速” 下降法, 但它的收敛速度并不快. 相比之下, 牛顿方法具有快的收敛速度, 它是根据目标函数的二次近似得到的, 是没有步长搜索的算法. 但只有在初始点充分靠近最优值点时收敛性才有保证.

3.1　最速下降法

目标函数的负梯度方向称为最速下降方向. 对线搜索方法, 如果用最速下降方向作为搜索方向, 便得到最速下降算法 (Cauchy, 1847).

算法 3.1.1

步 1. 取初始点 $\boldsymbol{x}_0 \in \mathbb{R}^n$ 和参数 $\varepsilon \geqslant 0$, 令 $k = 0$.

步 2. 若 $\|\boldsymbol{g}_k\| \leqslant \varepsilon$, 算法停止; 否则, 进入下一步.

步 3. 取 $\boldsymbol{d}_k = -\boldsymbol{g}_k$, 利用线搜索步长规则产生步长 α_k.

步 4. 令 $\boldsymbol{x}_{k+1} = \boldsymbol{x}_k + \alpha_k \boldsymbol{d}_k$, $k = k + 1$. 返回步 2.

在最优步长规则下, 该算法有如下性质.

性质 3.1.1　设目标函数 $f(\boldsymbol{x})$ 连续可微. 则最优步长规则下的最速下降算法在相邻两迭代点的搜索方向相互垂直, 即

$$\langle \boldsymbol{d}_k, \boldsymbol{d}_{k+1} \rangle = 0.$$

证明　记 $\varphi(\alpha) = f(\boldsymbol{x}_k + \alpha \boldsymbol{d}_k)$. 根据步长规则,

$$\begin{aligned} 0 = \varphi'(\alpha_k) &= \langle \nabla f(\boldsymbol{x}_k + \alpha_k \boldsymbol{d}_k), \boldsymbol{d}_k \rangle \\ &= \langle \nabla f(\boldsymbol{x}_{k+1}), \boldsymbol{d}_k \rangle \\ &= -\langle \boldsymbol{d}_{k+1}, \boldsymbol{d}_k \rangle. \end{aligned}$$

结论得证.　　　　证毕

在下面的收敛性分析中, $\varepsilon = 0$. 由最优步长规则下的下降算法的收敛性质可得最速下降算法的收敛性质.

定理 3.1.1　若目标函数 $f(\boldsymbol{x})$ 连续可微, 则最优步长规则下的最速下降算法产生的点列 $\{\boldsymbol{x}_k\}$ 的任一聚点 $\boldsymbol{x}^*$ 满足 $\nabla f(\boldsymbol{x}^*) = \boldsymbol{0}$.

证明 由于 $f(\boldsymbol{x})$ 连续可微, $\boldsymbol{d}_k = -\boldsymbol{g}_k$, 所以对 $\{\boldsymbol{x}_k\}$ 的任一收敛子列 $\{\boldsymbol{x}_k\}_{\mathcal{N}_0}$, 设极限点为 $\boldsymbol{x}^*$, 成立

$$\lim_{\substack{k\in\mathcal{N}_0\\k\to\infty}} \boldsymbol{d}_k = -\boldsymbol{g}(\boldsymbol{x}^*).$$

由定理 2.1.3 得 $\nabla f(\boldsymbol{x}^*) = \boldsymbol{0}$. 证毕

下面的结论说明, 对严格凸二次函数, 最速下降法的收敛速度依赖于目标函数的条件数.

定理 3.1.2 对严格凸二次函数 $f(\boldsymbol{x}) = \dfrac{1}{2}\boldsymbol{x}^{\mathrm{T}}\boldsymbol{G}\boldsymbol{x}$, 最优步长规则下的最速下降算法线性收敛. 具体地, 最速下降算法产生的迭代点列 $\{\boldsymbol{x}_k\}$ 满足

$$\frac{f_{k+1} - f(\boldsymbol{x}^*)}{f_k - f(\boldsymbol{x}^*)} \leqslant \left(\frac{\lambda_1 - \lambda_n}{\lambda_1 + \lambda_n}\right)^2, \qquad \frac{\|\boldsymbol{x}_{k+1} - \boldsymbol{x}^*\|}{\|\boldsymbol{x}_k - \boldsymbol{x}^*\|} \leqslant \frac{\lambda_1 - \lambda_n}{\lambda_1 + \lambda_n}\sqrt{\frac{\lambda_1}{\lambda_n}}.$$

其中, $\lambda_1 \geqslant \lambda_2 \geqslant \cdots \geqslant \lambda_n > 0$ 为对称正定矩阵 $\boldsymbol{G}$ 的 n 个特征根, 而 $\boldsymbol{x}^* = \boldsymbol{0}$ 为 $f(\boldsymbol{x})$ 的最小值点.

证明 若 $\lambda_1 = \lambda_n$, 则利用目标函数的结构性质易得算法的一步终止性, 即

$$\boldsymbol{x}_1 = \boldsymbol{x}_0 - \alpha_0 \nabla f(\boldsymbol{x}_0) = \boldsymbol{x}^*.$$

命题结论成立.

下面考虑 $\lambda_1 > \lambda_n$ 的情况. 则由 $\nabla f(\boldsymbol{x}) = \boldsymbol{G}\boldsymbol{x}$ 知

$$\boldsymbol{x}_{k+1} = \boldsymbol{x}_k - \alpha_k \boldsymbol{g}_k = (\boldsymbol{I} - \alpha_k \boldsymbol{G})\boldsymbol{x}_k.$$

再由步长规则, 对任意的 $\alpha \geqslant 0$,

$$f[(\boldsymbol{I} - \alpha_k \boldsymbol{G})\boldsymbol{x}_k] \leqslant f[(\boldsymbol{I} - \alpha \boldsymbol{G})\boldsymbol{x}_k]. \tag{3.1.1}$$

为建立命题, 下引入函数 $\phi(t) = \lambda - \mu t$, 其中, λ, μ 满足

$$\begin{cases} \phi(\lambda_1) = 1, \\ \phi(\lambda_n) = -1. \end{cases}$$

解之得

$$\begin{cases} \lambda = -\dfrac{\lambda_1 + \lambda_n}{\lambda_1 - \lambda_n}, \\ \mu = \dfrac{-2}{\lambda_1 - \lambda_n}. \end{cases}$$

所以

$$\phi(t) = \frac{2t - (\lambda_1 + \lambda_n)}{\lambda_1 - \lambda_n}.$$

这说明 $\phi(t)$ 关于 t 单调递增, 且对任意的 $1 \leqslant i \leqslant n$,

$$|\phi(\lambda_i)| \leqslant 1. \tag{3.1.2}$$

记对称正定矩阵 $\boldsymbol{G}$ 的特征根 λ_i 对应的单位特征向量为 $\boldsymbol{u}_i, i=1,2,\cdots,n$. 由线性代数的知识, 不妨设向量组 $\boldsymbol{u}_1, \boldsymbol{u}_2, \cdots, \boldsymbol{u}_n$ 为欧氏空间 $\mathbb{R}^n$ 的一组标准正交基, 从而存在数组 $a_i^k, i=1,2,\cdots,n$ 使

$$\boldsymbol{x}_k = \sum_{i=1}^{n} a_i^k \boldsymbol{u}_i.$$

由于 $\boldsymbol{I} - \dfrac{\mu}{\lambda}\boldsymbol{G}$ 可以写成 $\dfrac{\phi(\boldsymbol{G})}{\phi(0)}$, 从而由 (3.1.1) 和 (3.1.3) 得

$$\begin{aligned}
f_{k+1} &\leqslant f\left(\frac{\phi(\boldsymbol{G})}{\phi(0)}\boldsymbol{x}_k\right) = \frac{1}{2}\left(\frac{\phi(\boldsymbol{G})}{\phi(0)}\boldsymbol{x}_k\right)^{\mathrm{T}} \boldsymbol{G}\left(\frac{\phi(\boldsymbol{G})}{\phi(0)}\boldsymbol{x}_k\right) \\
&= \frac{1}{2}\sum_{i,j=1}^{n} \frac{a_i^k a_j^k}{\phi(0)^2} \left(\phi(\boldsymbol{G})\boldsymbol{u}_i\right)^{\mathrm{T}} \boldsymbol{G} \left(\phi(\boldsymbol{G})\boldsymbol{u}_j\right) \\
&= \frac{1}{2}\sum_{i,j=1}^{n} \frac{a_i^k a_j^k}{\phi(0)^2} \left(\frac{2\boldsymbol{G} - (\lambda_1+\lambda_n)\boldsymbol{I}}{\lambda_1 - \lambda_n}\boldsymbol{u}_i\right)^{\mathrm{T}} \boldsymbol{G} \left(\frac{2\boldsymbol{G} - (\lambda_1+\lambda_n)\boldsymbol{I}}{\lambda_1 - \lambda_n}\boldsymbol{u}_j\right) \\
&= \frac{1}{2}\sum_{i,j=1}^{n} \frac{a_i^k a_j^k}{\phi(0)^2} \left(\frac{2\lambda_i - (\lambda_1+\lambda_n)}{\lambda_1 - \lambda_n}\boldsymbol{u}_i\right)^{\mathrm{T}} \boldsymbol{G} \left(\frac{2\lambda_j - (\lambda_1+\lambda_n)}{\lambda_1 - \lambda_n}\boldsymbol{u}_j\right) \\
&= \frac{1}{2}\sum_{i,j=1}^{n} \frac{a_i^k a_j^k}{\phi(0)^2} \phi(\lambda_i)\phi(\lambda_j)\boldsymbol{u}_i^{\mathrm{T}}\boldsymbol{G}\boldsymbol{u}_j \\
&= \frac{1}{2}\sum_{i=1}^{n} \frac{(a_i^k)^2}{\phi(0)^2} \left(\phi(\lambda_i)\right)^2 \lambda_i \\
&\leqslant \frac{1}{(\phi(0))^2}\left(\frac{1}{2}\sum_{i=1}^{n}(a_i^k)^2\lambda_i\right) \\
&= \left(\frac{\lambda_1 - \lambda_n}{\lambda_1 + \lambda_n}\right)^2 f(\boldsymbol{x}_k).
\end{aligned}$$

利用 $f(\boldsymbol{x}^*) = 0$ 得

$$\frac{f_{k+1} - f(\boldsymbol{x}^*)}{f(\boldsymbol{x}_k) - f(\boldsymbol{x}^*)} \leqslant \left(\frac{\lambda_1 - \lambda_n}{\lambda_1 + \lambda_n}\right)^2.$$

由于

$$\lambda_1\|\boldsymbol{y}\|^2 \geqslant \boldsymbol{y}^{\mathrm{T}}\boldsymbol{G}\boldsymbol{y} \geqslant \lambda_n\|\boldsymbol{y}\|^2, \quad \forall\ \boldsymbol{y} \in \mathbb{R}^n,$$

利用引理 2.1.2 得

$$\frac{\lambda_1}{2}\|\boldsymbol{x}-\boldsymbol{x}^*\|^2 \geqslant f(\boldsymbol{x})-f(\boldsymbol{x}^*) \geqslant \frac{\lambda_n}{2}\|\boldsymbol{x}-\boldsymbol{x}^*\|^2.$$

从而,

$$\frac{\lambda_n\|\boldsymbol{x}_{k+1}-\boldsymbol{x}^*\|^2}{\lambda_1\|\boldsymbol{x}_k-\boldsymbol{x}^*\|^2} \leqslant \frac{f_{k+1}-f(\boldsymbol{x}^*)}{f(\boldsymbol{x}_k)-f(\boldsymbol{x}^*)} \leqslant \left(\frac{\lambda_1-\lambda_n}{\lambda_1+\lambda_n}\right)^2.$$

整理即得命题结论. 证毕

下面的例子说明, 最优步长规则下的最速下降算法至多线性收敛.

例 3.1.1 求凸二次函数 $f(x_1,x_2)=\frac{1}{3}x_1^2+\frac{1}{2}x_2^2$ 的极小值点.

显然, 目标函数的最小值点为 $\boldsymbol{x}^*=(0;0)$. 若取初始点 $\boldsymbol{x}_0=(3;2)$, 则最优步长规则下的最速下降算法产生的点列为

$$\boldsymbol{x}_k=\left(\frac{3}{5^k};(-1)^k\frac{2}{5^k}\right).$$

从而,

$$\|\boldsymbol{x}_k-\boldsymbol{x}^*\|=\sqrt{13}\left(\frac{1}{5}\right)^k.$$

由此看出, 对该凸二次函数, 最优步长规则下的最速下降算法产生的点列仅 R-线性收敛到最优值点.

取负梯度方向作为搜索方向是线搜索方法的一个很自然的策略. 它具有迭代过程简单, 计算量和存储量小等优点. 但由于最速下降方向是利用目标函数的线性逼近得到的, 也就是说, 最速下降方向 $\boldsymbol{d}_k$ 是下述问题的最优解:

$$\min\{f(\boldsymbol{x}_k)+\boldsymbol{d}^{\mathrm{T}}\nabla f(\boldsymbol{x}_k) \mid \|\boldsymbol{d}\|\leqslant 1\}$$

因此, 这里的 “最速下降” 也仅仅是目标函数的局部性质. 由于最优步长规则下的最速下降算法在相邻两次迭代过程中的前进方向是相互垂直的, 因而整个行程呈锯齿形 (图 3.1.1). 所以对许多问题, 最速下降算法并非使目标函数值下降得很快. 该算法开始时步长较大, 越接近最优值点, 收敛速度越慢. 对此做如下分析. 在最优值点附近, 目标函数可以用一凸二次函数近似, 其图像是一个陡而窄的峡谷, 等值线为一椭球, 而长轴和短轴分别位于目标函数在最优值点的 Hesse 阵的最小特征值和最大特征值的特征向量的方向上. 目标函数的条件数越大, 深谷越窄. 这时, 若初始点不在长短轴上, 迭代点列就会在下落的过程中在深谷中来回反弹, 呈现锯齿现象, 而迭代点列以难以容忍的慢速靠近最优值点. 所以从局部来看, 最速下降方向确实是目标函数值下降最快的方向, 而从全局来看, 最速下降算法是很慢的. 最速下降

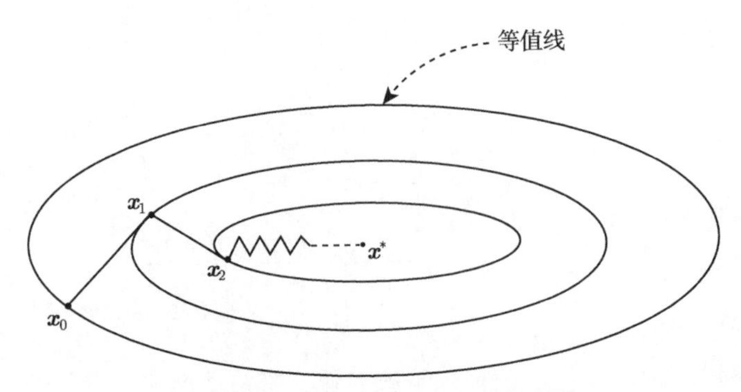

图 3.1.1　最速下降算法的迭代过程

算法的优点是迭代点可以较快地靠近最优值点所在的邻域, 所以该算法适用于算法的开局, 而不适用于算法的收局.

3.2 牛顿方法

最速下降算法收敛速度较慢, 究其原因在于它利用目标函数在当前点的线性近似产生新的迭代点. 为此, 人们考虑用目标函数的二阶展开式来近似, 并用其最小值点来产生新的迭代点, 这就得到牛顿算法.

设函数 f 二阶连续可微. $f(\boldsymbol{x}_k+\boldsymbol{s})$ 在 $\boldsymbol{x}_k$ 点的二阶近似展开式为

$$m_k(\boldsymbol{s}) \triangleq f(\boldsymbol{x}_k)+\boldsymbol{s}^{\mathrm{T}}\boldsymbol{g}_k+\frac{1}{2}\boldsymbol{s}^{\mathrm{T}}\boldsymbol{G}_k\boldsymbol{s}.$$

若 $\boldsymbol{G}_k$ 正定, 则 $m_k(\boldsymbol{s})$ 是凸函数. 利用一阶最优性条件

$$\boldsymbol{G}_k\boldsymbol{s}=-\boldsymbol{g}_k \tag{3.2.1}$$

可得二次函数 $m_k(\boldsymbol{s})$ 的最小值点 $\boldsymbol{s}_k=-\boldsymbol{G}_k^{-1}\boldsymbol{g}_k$.

根据目标函数在当前点附近与二次函数的近似性, 将 $\boldsymbol{x}_k-\boldsymbol{G}_k^{-1}\boldsymbol{g}_k$ 作为新的迭代点就得到牛顿算法, 其中, $\boldsymbol{d}_k^N=-\boldsymbol{G}_k^{-1}\boldsymbol{g}_k$ 称为牛顿方向. 由于牛顿算法恒取单位步长, 所以称该迭代过程为牛顿步. 方程 (3.2.1) 称为牛顿方程.

需要指出的是, 牛顿算法的迭代过程是一新范数意义下的最速下降算法. 设矩阵 $\boldsymbol{G}$ 对称正定. 在 $\mathbb{R}^n$ 上定义椭球范数 $\|\cdot\|_G$ 如下:

$$\|\boldsymbol{x}\|_G \triangleq \sqrt{\boldsymbol{x}^{\mathrm{T}}\boldsymbol{G}\boldsymbol{x}}, \quad \forall\ \boldsymbol{x}\in\mathbb{R}^n.$$

可以验证, 牛顿算法的搜索方向实际上是在椭球范数 $\|\cdot\|_{G_k}$ 意义下的最速下降方向, 即 $\boldsymbol{d}_k^N$ 为下述问题的最优解

$$\min\{\nabla f(\boldsymbol{x}_k)^{\mathrm{T}}\boldsymbol{d} \mid \|\boldsymbol{d}\|_{G_k}\leqslant 1\}$$

最速下降方向是 $\boldsymbol{G}_k$ 取单位阵 $\boldsymbol{I}$ 时的最优解. 因此, 牛顿方向可理解为先通过一个适当的线性变换把目标函数的扁长的椭球状的等值线 "挤" 圆, 然后再计算最速下降方向得到的.

利用凸规划问题的最优性条件 (定理 1.6.4), 对严格凸二次函数, 无论从什么初始点出发, 牛顿算法一步就能得到目标函数的全局最优值点. 而对于一般的非二次函数, 由于牛顿算法不但利用了目标函数的梯度信息, 而且还利用了其二阶信息, 考虑了梯度变化的趋势, 所以当迭代点靠近最优点时, 该算法可以很快地到达最优值点. 理论分析表明牛顿算法有快的收敛速度.

定理 3.2.1 设 $f:\mathbb{R}^n \to \mathbb{R}$ 二阶连续可微, $\boldsymbol{x}^*$ 为其局部极小值点, 并且 $\boldsymbol{G}(\boldsymbol{x}^*)$ 非奇异. 那么, 牛顿算法产生的点列 $\{\boldsymbol{x}_k\}$ 满足

(1) 若初始点 $\boldsymbol{x}_0$ 充分靠近 $\boldsymbol{x}^*$, 则 $\lim\limits_{k\to\infty} \boldsymbol{x}_k = \boldsymbol{x}^*$;

(2) 若还有 Hesse 阵 $\boldsymbol{G}(\boldsymbol{x})$ 在 $\boldsymbol{x}^*$ 附近 Lipschitz 连续, 则 $\{\boldsymbol{x}_k\}$ 二阶收敛到 $\boldsymbol{x}^*$.

证明 先证 (1). 由于 $\boldsymbol{G}(\boldsymbol{x}^*)$ 非奇异, 当 $\boldsymbol{x}_k$ 充分靠近 $\boldsymbol{x}^*$ 时, $\boldsymbol{G}_k^{-1}$ 存在. 利用 $\boldsymbol{g}(\boldsymbol{x}^*) = \boldsymbol{0}$, 由 Taylor 展式,

$$\boldsymbol{0} = \boldsymbol{g}(\boldsymbol{x}^*) = \boldsymbol{g}_k + \boldsymbol{G}_k(\boldsymbol{x}^* - \boldsymbol{x}_k) + o(\|\boldsymbol{x}_k - \boldsymbol{x}^*\|).$$

左乘 $\boldsymbol{G}_k^{-1}$ 得

$$\boldsymbol{x}_k - \boldsymbol{x}^* - \boldsymbol{G}_k^{-1}\boldsymbol{g}_k = o(\|\boldsymbol{x}_k - \boldsymbol{x}^*\|),$$

即

$$\boldsymbol{x}_{k+1} - \boldsymbol{x}^* = o(\|\boldsymbol{x}_k - \boldsymbol{x}^*\|).$$

从而在初始点 $\boldsymbol{x}_0$ 充分靠近 $\boldsymbol{x}^*$ 时, 点列 $\{\boldsymbol{x}_k\}$ 超线性收敛到 $\boldsymbol{x}^*$.

下证 (2). 当 $\boldsymbol{x}_k$ 充分靠近 $\boldsymbol{x}^*$ 时, 利用 $\boldsymbol{G}(\boldsymbol{x}^*)$ 的非奇异性和 $\boldsymbol{G}(\boldsymbol{x})$ 的连续性知存在 $M > 0$, 使对任意的 $k \geqslant 0$,

$$\|\boldsymbol{G}_k^{-1}\| \leqslant M.$$

由牛顿算法迭代公式,$\boldsymbol{G}(\boldsymbol{x})$ 的 Lipschitz 连续性 (设 Lipschitz 常数为 L) 及 (2.1.7) 得

$$\begin{aligned}
\|\boldsymbol{x}_{k+1} - \boldsymbol{x}^*\| &= \|\boldsymbol{x}_k - \boldsymbol{x}^* - \boldsymbol{G}_k^{-1}\boldsymbol{g}_k\| \\
&= \|\boldsymbol{G}_k^{-1}\left[\boldsymbol{G}_k(\boldsymbol{x}_k - \boldsymbol{x}^*) - \boldsymbol{g}_k + \boldsymbol{g}(\boldsymbol{x}^*)\right]\| \\
&\leqslant M\|\int_0^1 [\boldsymbol{G}_k - \boldsymbol{G}(\boldsymbol{x}^* + \tau(\boldsymbol{x}_k - \boldsymbol{x}^*))](\boldsymbol{x}_k - \boldsymbol{x}^*)\mathrm{d}\tau\| \\
&\leqslant LM\|\boldsymbol{x}_k - \boldsymbol{x}^*\|^2 \int_0^1 (1-\tau)\mathrm{d}\tau
\end{aligned}$$

$$= \frac{1}{2} LM \|\boldsymbol{x}_k - \boldsymbol{x}^*\|^2.$$

所以算法的收敛速度是 2 阶的. 证毕

上述结论表明, 牛顿算法具有好的收敛性质. 但若初始点远离问题的最优值点, 即使目标函数是凸函数, 算法也可能不收敛.

例 3.2.1 考虑单元函数

$$f(x) = \sqrt{1+x^2}.$$

显然, $x^* = 0$ 为该函数的全局最小值点. 下用牛顿算法求该问题的最小值点.

容易计算,

$$f'(x) = \frac{x}{\sqrt{1+x^2}}, \quad f''(x) = \frac{1}{(1+x^2)^{3/2}}.$$

所以牛顿迭代过程为

$$x_{k+1} = x_k - \frac{f'(x_k)}{f''(x_k)} = x_k - x_k(1+x_k^2) = -x_k^3.$$

显然, 当 $|x| < 1$ 时, 迭代点列快速收敛到最优值点, 而当 $|x| \geqslant 1$ 时, 算法不收敛.

另外, 牛顿算法最终得到的是目标函数的稳定点. 因而算法产生的点列的聚点可能是目标函数的局部极小值点也可能是局部极大值点, 为避免出现后种情况, 可在迭代过程中引入控制方向的步长 $\alpha_k = \mathrm{sgn}(\boldsymbol{g}_k^{\mathrm{T}} \boldsymbol{G}_k^{-1} \boldsymbol{g}_k)$, 其中,

$$\mathrm{sgn}(x) = \begin{cases} 1, & \text{如果 } x > 0, \\ 0, & \text{如果 } x = 0, \\ -1, & \text{如果 } x < 0. \end{cases}$$

对连续可微的向量值函数 $\boldsymbol{F}: \mathbb{R}^n \to \mathbb{R}^n$, 在牛顿算法中将目标函数的 Hesse 矩阵替换成映射函数 $\boldsymbol{F}(\boldsymbol{x})$ 的 Jacobi 矩阵, 目标函数的梯度换成 $\boldsymbol{F}(\boldsymbol{x})$, 则得到非线性方程组 $\boldsymbol{F}(\boldsymbol{x}) = \boldsymbol{0}$ 的牛顿算法. 与无约束优化问题的牛顿算法类似, 该算法具有局部超线性收敛性.

实际上, 牛顿算法就是借助目标函数在当前点的二阶 Taylor 展式的最小值点逐步逼近目标函数的最小值点. 它有较快的收敛速度, 这在数值实验中表现为迭代点越靠近最优值点, 迭代点列的收敛速度越快, 因而适用于算法的收局.

尽管如此, 牛顿算法仍有很多缺陷, 需要在算法设计时进行修补和调整. 首先, 正如例 3.2.1 指出的, 牛顿算法的有效性严重依赖于初始点的选取, 即要求初始点充分靠近问题的最优值点; 其次, 目标函数的 Hesse 阵在迭代过程中会出现奇异的情况, 从而导致算法不能继续执行. 实际计算时, 为保证算法的收敛性, 若在迭代过程中引入以 1 作试探步长的线搜索, 则得到阻尼牛顿算法. 第三, 为保证搜索方向

的下降性, 在牛顿方向不满足下降条件时就转向负梯度方向, 则得到"杂交"牛顿算法. 最后, 为减少计算量, 如果取牛顿方程 (3.2.1) 的近似解作为搜索方向, 就得到非精确牛顿算法, 又称截断牛顿算法.

牛顿算法虽然有快的收敛速度, 并在不可执行时有很多补救措施, 但它还有一个致命的缺陷: 在迭代过程中需要计算目标函数的 Hesse 阵, 使算法的计算量和存储量很大, 从而导致算法效率的降低. 前一节介绍的最速下降算法虽然计算量和存储量都很小, 但收敛速度慢. 为此, 对一般的无约束优化问题, 人们思考如何基于目标函数的梯度信息建立起比最速下降算法快得多的数值方法, 后来就产生了基于共轭方向的共轭梯度法和基于目标函数梯度差分的拟牛顿方法. 这两类方法是目前得到普遍认可和接受的无约束优化问题的最有效的算法.

习　题

1. 证明牛顿算法对严格凸二次函数一次迭代即得到该函数的全局最优值点.

2. 设 $f:\mathbb{R}^n\to\mathbb{R}$ 为连续可微函数, $\boldsymbol{B}_k$ 为 n 阶对称正定矩阵. 考虑由下述公式产生搜索方向

$$\boldsymbol{B}_k\boldsymbol{d}_k=-\boldsymbol{g}_k$$

的下降算法. 分析 $\boldsymbol{B}_k$ 的不同取法对算法收敛速度的影响.

3. 设用牛顿算法求函数的极小值点时产生迭代点列 $\{\boldsymbol{x}_k\}$. 现对变量 $\boldsymbol{x}$ 做一变换 $\boldsymbol{x}=\boldsymbol{Q}\boldsymbol{y}$, 其中, $\boldsymbol{Q}$ 为 n 阶非奇异矩阵, 并用牛顿算法求变换后的函数的极小值点, 设产生的点列为 $\{\boldsymbol{y}_k\}$. 则 $\boldsymbol{y}_k=\boldsymbol{Q}^{-1}\boldsymbol{x}_k$.

4. 设凸二次函数 $f(\boldsymbol{x})$ 的最小值点为 $\boldsymbol{x}^*$, 并设 $\boldsymbol{x}_0=\boldsymbol{x}^*+t\boldsymbol{s}$, 其中, $\boldsymbol{s}$ 为目标函数的 Hesse 阵某特征值的特征向量. 若以 $\boldsymbol{x}_0\neq\boldsymbol{x}^*$ 为初始点, 则最优步长规则下的最速下降算法一步就可到达最小值点.

第 4 章　共轭梯度法

共轭梯度法是 Hestenes 和 Stiefel (1952) 在求解大规模线性方程组时创立的一种迭代算法. 因此, 又称线性共轭梯度法. 后来, Fletcher 和 Reeves (1964) 将其引入到非线性最优化问题中, 创立了非线性共轭梯度法. 该方法基于前一迭代点的搜索方向对当前迭代点的负梯度方向进行修正来产生新的搜索方向, 即搜索方向为当前迭代点的负梯度方向与前一搜索方向的线性组合. 对严格凸二次函数, 该算法产生的新搜索方向与之前的搜索方向共轭, 并在迭代过程中只需计算目标函数和梯度函数, 不需要矩阵存储. 它有比最速下降算法好得多的数值效果.

4.1　线性共轭方向法

考虑线性方程组问题

$$\boldsymbol{A}\boldsymbol{x}=\boldsymbol{b},$$

其中, 矩阵 $\boldsymbol{A}\in\mathbb{R}^{n\times n}$ 对称正定, $\boldsymbol{b}\in\mathbb{R}^n$. 对该问题, 常见的数值方法有 Gauss 消元法和系数矩阵的三角分解法. 但当问题的规模较大时, 这些算法不再有效. 为此, Hestenes 和 Stiefel(1952) 将它化为如下二次规划问题

$$\min_{\boldsymbol{x}\in\mathbb{R}^n} f(\boldsymbol{x})=\frac{1}{2}\boldsymbol{x}^{\mathrm{T}}\boldsymbol{A}\boldsymbol{x}-\boldsymbol{b}^{\mathrm{T}}\boldsymbol{x}.$$

然后关于系数矩阵 $\boldsymbol{A}$ 构造共轭方向, 再进行线搜索, 这样便得到线性共轭方向法.

下面给出共轭方向的定义.

定义 4.1.1　设矩阵 $\boldsymbol{A}$ 对称正定. 若非零向量 $\boldsymbol{d}_1$, $\boldsymbol{d}_2\in\mathbb{R}^n$ 满足 $\boldsymbol{d}_1^{\mathrm{T}}\boldsymbol{A}\boldsymbol{d}_2=0$, 则称 $\boldsymbol{d}_1$, $\boldsymbol{d}_2$ 关于 $\boldsymbol{A}$ 共轭, 并称 $\boldsymbol{d}_1$, $\boldsymbol{d}_2$ 为关于 $\boldsymbol{A}$ 的共轭方向.

类似可定义多个向量的共轭. 共轭向量是正交向量的推广. 对于共轭方向, 容易证明下面的结论成立.

性质 4.1.1　设矩阵 $\boldsymbol{A}$ 对称正定. 若向量组 $\boldsymbol{d}_1,\boldsymbol{d}_2,\cdots,\boldsymbol{d}_n$ 关于矩阵 $\boldsymbol{A}$ 共轭, 则它们线性无关.

沿共轭方向进行线搜索便得到线性共轭方向法.

算法 4.1.1

步 1.　取初始点 $\boldsymbol{x}_0$ 和搜索方向 $\boldsymbol{d}_0$ 满足 $\langle\boldsymbol{d}_0,\boldsymbol{g}_0\rangle<0$, 终止参数 $\varepsilon\geqslant 0$. 令 $k=0$.

步 2. 如果 $\|\boldsymbol{g}_k\| \leqslant \varepsilon$, 算法终止; 否则进入下一步.

步 3. 计算步长 $\alpha_k = \arg\min\limits_{\alpha \geqslant 0}\{f(\boldsymbol{x}_k + \alpha \boldsymbol{d}_k)\}$.

步 4. 令 $\boldsymbol{x}_{k+1} = \boldsymbol{x}_k + \alpha_k \boldsymbol{d}_k$.

步 5. 求 $\boldsymbol{d}_{k+1}$, 使其与 $\boldsymbol{d}_0, \boldsymbol{d}_1, \cdots, \boldsymbol{d}_k$ 关于 $\boldsymbol{A}$ 共轭. 令 $k = k+1$, 返回步 2.

对凸二次函数, 无论初始点如何选取, 至多 n 次迭代后都终止于目标函数的最优值点. 而且, 该性质与搜索方向的次序无关.

定理 4.1.1 对严格凸二次函数 $f(\boldsymbol{x}) = \dfrac{1}{2}\boldsymbol{x}^{\mathrm{T}}\boldsymbol{A}\boldsymbol{x} - \boldsymbol{b}^{\mathrm{T}}\boldsymbol{x}$ 和算法 4.1.1, 设搜索方向 $\boldsymbol{d}_0,\ \boldsymbol{d}_1, \cdots, \boldsymbol{d}_{n-1}$ 关于矩阵 $\boldsymbol{A}$ 共轭, 则对任意的 $0 \leqslant k \leqslant n-1$, $\boldsymbol{x}_{k+1}$ 是 $f(\boldsymbol{x})$ 在仿射子空间 $\boldsymbol{x}_0 + \mathrm{span}[\boldsymbol{d}_0, \boldsymbol{d}_1, \cdots, \boldsymbol{d}_k]$ 上的极小值点, 从而算法 4.1.1 至多 n 步迭代后终止.

证明 由于向量组 $\boldsymbol{d}_0, \boldsymbol{d}_1, \cdots, \boldsymbol{d}_{n-1}$ 线性无关, 故它们构成 $\mathbb{R}^n$ 的一组基. 所以, 如能证明 $\boldsymbol{x}_{k+1}$ 是 $f(\boldsymbol{x})$ 在仿射子空间 $\boldsymbol{x}_0 + \mathrm{span}[\boldsymbol{d}_0, \boldsymbol{d}_1, \cdots, \boldsymbol{d}_k]$ 上的极小值点, 则算法 4.1.1 至多 n 步迭代后终止.

欲使结论成立, 只需证

$$\boldsymbol{g}_{k+1}^{\mathrm{T}}\boldsymbol{d}_i = 0, \quad i = 0, 1, \cdots, k. \tag{4.1.1}$$

因为, 如果该结论成立, 由

$$\boldsymbol{x}_{k+1} = \boldsymbol{x}_0 + \alpha_0\boldsymbol{d}_0 + \alpha_1\boldsymbol{d}_1 + \cdots + \alpha_k\boldsymbol{d}_k,$$

对任意的 $\boldsymbol{x} = \boldsymbol{x}_0 + \sum\limits_{i=0}^{k}\beta_i\boldsymbol{d}_i$, 利用二阶 Taylor 展式和 $\boldsymbol{A}$ 的正定性得

$$\begin{aligned} f(\boldsymbol{x}) - f_{k+1} &= \boldsymbol{g}_{k+1}^{\mathrm{T}}(\boldsymbol{x} - \boldsymbol{x}_{k+1}) + \frac{1}{2}(\boldsymbol{x} - \boldsymbol{x}_{k+1})^{\mathrm{T}}\boldsymbol{A}(\boldsymbol{x} - \boldsymbol{x}_{k+1}) \\ &= \boldsymbol{g}_{k+1}^{\mathrm{T}}\left(\sum_{i=0}^{k}(\beta_i - \alpha_i)\boldsymbol{d}_i\right) + \frac{1}{2}(\boldsymbol{x} - \boldsymbol{x}_{k+1})^{\mathrm{T}}\boldsymbol{A}(\boldsymbol{x} - \boldsymbol{x}_{k+1}) \\ &= \frac{1}{2}(\boldsymbol{x} - \boldsymbol{x}_{k+1})^{\mathrm{T}}\boldsymbol{A}(\boldsymbol{x} - \boldsymbol{x}_{k+1}) \geqslant 0. \end{aligned}$$

事实上, 由于

$$\boldsymbol{g}_{k+1} - \boldsymbol{g}_k = \boldsymbol{A}(\boldsymbol{x}_{k+1} - \boldsymbol{x}_k) = \alpha_k\boldsymbol{A}\boldsymbol{d}_k,$$

当 $i < k$ 时, 利用 $\boldsymbol{d}_0, \boldsymbol{d}_1, \cdots, \boldsymbol{d}_k$ 关于 $\boldsymbol{A}$ 共轭及精确线搜索的性质得

$$\boldsymbol{g}_{k+1}^{\mathrm{T}}\boldsymbol{d}_i = \boldsymbol{g}_{i+1}^{\mathrm{T}}\boldsymbol{d}_i + \sum_{j=i+1}^{k}(\boldsymbol{g}_{j+1} - \boldsymbol{g}_j)^{\mathrm{T}}\boldsymbol{d}_i = \sum_{j=i+1}^{k}\alpha_j\boldsymbol{d}_j^{\mathrm{T}}\boldsymbol{A}\boldsymbol{d}_i = 0.$$

又 $\boldsymbol{g}_{k+1}^{\mathrm{T}}\boldsymbol{d}_k = 0$, 故 (4.1.1) 成立. 证毕

对线性共轭方向法, 若矩阵 $\boldsymbol{A}$ 为正的对角阵, 则该方法相当于依次沿 $\mathbb{R}^n$ 空间中的 n 个正轴方向进行精确线搜索.

由于线性共轭方向法在有限步迭代后可得到凸二次函数的最优值点, 所以只要找到关于目标函数 Hesse 阵共轭的 n 个方向, 然后依次进行线搜索就可以了. 但这样做存储量太大. 实际计算时, 人们选择随迭代过程一步步构造共轭方向.

4.2　线性共轭梯度法

在线性共轭方向法中, 取 $\boldsymbol{d}_0 = -\boldsymbol{g}_0$ 便得到线性共轭梯度法. 为使搜索方向共轭, 下面借助线性代数中向量组正交化的 Gram-Schmidt 方法对梯度向量组 $\boldsymbol{g}_0, \boldsymbol{g}_1, \cdots, \boldsymbol{g}_k$ 共轭化, 来建立共轭方向的迭代公式.

对严格凸二次函数 $f(\boldsymbol{x}) = \dfrac{1}{2}\boldsymbol{x}^{\mathrm{T}}\boldsymbol{A}\boldsymbol{x} - \boldsymbol{b}^{\mathrm{T}}\boldsymbol{x}$, 令

$$\boldsymbol{d}_0 = -\boldsymbol{g}_0, \quad \boldsymbol{x}_1 = \boldsymbol{x}_0 + \alpha_0 \boldsymbol{d}_0,$$

其中, α_0 为最优步长. 由最优步长规则的性质,

$$\boldsymbol{g}_1^{\mathrm{T}}\boldsymbol{d}_0 = 0.$$

令

$$\boldsymbol{d}_1 = -\boldsymbol{g}_1 + \beta_0 \boldsymbol{d}_0, \tag{4.2.1}$$

其中, β_0 满足

$$\boldsymbol{d}_1^{\mathrm{T}}\boldsymbol{A}\boldsymbol{d}_0 = 0.$$

对 (4.2.1) 两边左乘 $\boldsymbol{d}_0^{\mathrm{T}}\boldsymbol{A}$ 并利用 (4.2.12) 得

$$\beta_0 = \frac{\boldsymbol{g}_1^{\mathrm{T}}\boldsymbol{A}\boldsymbol{d}_0}{\boldsymbol{d}_0^{\mathrm{T}}\boldsymbol{A}\boldsymbol{d}_0} = \frac{\boldsymbol{g}_1^{\mathrm{T}}(\boldsymbol{g}_1 - \boldsymbol{g}_0)}{\boldsymbol{d}_0^{\mathrm{T}}(\boldsymbol{g}_1 - \boldsymbol{g}_0)} = \frac{\boldsymbol{g}_1^{\mathrm{T}}\boldsymbol{g}_1}{\boldsymbol{g}_0^{\mathrm{T}}\boldsymbol{g}_0}.$$

得到 $\boldsymbol{d}_1$ 的表达式.

再令

$$\boldsymbol{d}_2 = -\boldsymbol{g}_2 + \beta_0 \boldsymbol{d}_0 + \beta_1 \boldsymbol{d}_1,$$

并求 β_0 和 β_1 使 $\boldsymbol{d}_0, \boldsymbol{d}_1, \boldsymbol{d}_2$ 关于矩阵 $\boldsymbol{A}$ 共轭. 由共轭方向法的基本性质 (4.1.1) 知

$$\boldsymbol{g}_2^{\mathrm{T}}\boldsymbol{d}_i = 0, \quad i = 0, 1.$$

由 (4.2.1) 中 $\boldsymbol{d}_1$ 的表达式和 $\boldsymbol{d}_0 = -\boldsymbol{g}_0$ 得

$$\boldsymbol{g}_2^{\mathrm{T}}\boldsymbol{g}_0 = 0, \qquad \boldsymbol{g}_2^{\mathrm{T}}\boldsymbol{g}_1 = 0.$$

从而利用共轭条件及 (4.2.12) 得

$$\beta_0=\frac{\boldsymbol{g}_2^{\mathrm{T}}\boldsymbol{A}\boldsymbol{d}_0}{\boldsymbol{d}_0^{\mathrm{T}}\boldsymbol{A}\boldsymbol{d}_0}=0,\qquad \beta_1=\frac{\boldsymbol{g}_2^{\mathrm{T}}\boldsymbol{A}\boldsymbol{d}_1}{\boldsymbol{d}_1^{\mathrm{T}}\boldsymbol{A}\boldsymbol{d}_1}=\frac{\boldsymbol{g}_2^{\mathrm{T}}(\boldsymbol{g}_2-\boldsymbol{g}_1)}{\boldsymbol{d}_1^{\mathrm{T}}(\boldsymbol{g}_2-\boldsymbol{g}_1)}=\frac{\boldsymbol{g}_2^{\mathrm{T}}\boldsymbol{g}_2}{\boldsymbol{g}_1^{\mathrm{T}}\boldsymbol{g}_1}.$$

对第 k 次迭代, 令

$$\boldsymbol{d}_k=-\boldsymbol{g}_k+\sum_{i=0}^{k-1}\beta_i\boldsymbol{d}_i, \tag{4.2.2}$$

并求 β_i 使向量组 $\boldsymbol{d}_1,\boldsymbol{d}_2,\cdots,\boldsymbol{d}_k$ 关于矩阵 $\boldsymbol{A}$ 共轭.

对 $i=0,1,\cdots,k-1$, 由 (4.1.1) 和 $\boldsymbol{d}_i$ 的结构知

$$\boldsymbol{g}_k^{\mathrm{T}}\boldsymbol{d}_i=0,\qquad \boldsymbol{g}_k^{\mathrm{T}}\boldsymbol{g}_i=0. \tag{4.2.3}$$

对 (4.2.2) 左乘 $\boldsymbol{d}_i^{\mathrm{T}}\boldsymbol{A}$ 得

$$\beta_i=\frac{\boldsymbol{g}_k^{\mathrm{T}}\boldsymbol{A}\boldsymbol{d}_i}{\boldsymbol{d}_i^{\mathrm{T}}\boldsymbol{A}\boldsymbol{d}_i}=\frac{\boldsymbol{g}_k^{\mathrm{T}}(\boldsymbol{g}_{i+1}-\boldsymbol{g}_i)}{\boldsymbol{d}_i^{\mathrm{T}}(\boldsymbol{g}_{i+1}-\boldsymbol{g}_i)},\quad i=0,1,\cdots,k-1.$$

由 (4.2.3) 得 $\beta_i=0,\ \ i=0,1,\cdots,k-2$ 和

$$\beta_{k-1}=\frac{\boldsymbol{g}_k^{\mathrm{T}}(\boldsymbol{g}_k-\boldsymbol{g}_{k-1})}{\boldsymbol{d}_{k-1}^{\mathrm{T}}(\boldsymbol{g}_k-\boldsymbol{g}_{k-1})}=\frac{\boldsymbol{g}_k^{\mathrm{T}}\boldsymbol{g}_k}{\boldsymbol{g}_{k-1}^{\mathrm{T}}\boldsymbol{g}_{k-1}}. \tag{4.2.4}$$

由此得到共轭梯度法的迭代公式

$$\boldsymbol{x}_{k+1}=\boldsymbol{x}_k+\alpha_k\boldsymbol{d}_k,\qquad \boldsymbol{d}_k=-\boldsymbol{g}_k+\beta_{k-1}\boldsymbol{d}_{k-1}. \tag{4.2.5}$$

其中, $\boldsymbol{d}_{-1}=\boldsymbol{0}$, β_{k-1} 由 (4.2.4) 确定. 利用最优性条件, 对凸二次函数, 最优步长

$$\alpha_k=-\frac{\boldsymbol{g}_k^{\mathrm{T}}\boldsymbol{d}_k}{\boldsymbol{d}_k^{\mathrm{T}}\boldsymbol{A}\boldsymbol{d}_k}=\frac{\boldsymbol{g}_k^{\mathrm{T}}\boldsymbol{g}_k}{\boldsymbol{d}_k^{\mathrm{T}}\boldsymbol{A}\boldsymbol{d}_k}. \tag{4.2.6}$$

基于上述迭代公式, 可建立完整的线性共轭梯度法.

算法 4.2.1

初始步 取 $\boldsymbol{x}_0\in\mathbb{R}^n$ 和终止参数 $\varepsilon\geqslant 0$. 计算 $\boldsymbol{g}_0=\boldsymbol{A}\boldsymbol{x}_0-\boldsymbol{b}$, $\boldsymbol{d}_0=-\boldsymbol{g}_0$. 令 $k=0$.

迭代步 如果 $\|\boldsymbol{g}_k\|\leqslant\varepsilon$, 算法终止; 否则依次计算

$$\alpha_k=-\frac{\boldsymbol{g}_k^{\mathrm{T}}\boldsymbol{d}_k}{\boldsymbol{d}_k^{\mathrm{T}}\boldsymbol{A}\boldsymbol{d}_k},\quad \boldsymbol{x}_{k+1}=\boldsymbol{x}_k+\alpha_k\boldsymbol{d}_k,\quad \boldsymbol{g}_{k+1}=\boldsymbol{A}\boldsymbol{x}_{k+1}-\boldsymbol{b},$$

$$\beta_k=\frac{\boldsymbol{g}_{k+1}\boldsymbol{A}\boldsymbol{d}_k}{\boldsymbol{d}_k^{\mathrm{T}}\boldsymbol{A}\boldsymbol{d}_k},\quad \boldsymbol{d}_{k+1}=-\boldsymbol{g}_{k+1}+\beta_k\boldsymbol{d}_k.$$

下述结论表明, 对严格凸二次函数, 由 (4.2.4) 和 (4.2.5) 确定的搜索方向 $\boldsymbol{d}_k$ 在最优步长规则下关于矩阵 $\boldsymbol{A}$ 共轭, 从而线性共轭梯度法具有二次终止性.

定理 4.2.1　对二次函数 $f(\boldsymbol{x})=\frac{1}{2}\boldsymbol{x}^{\mathrm{T}}\boldsymbol{A}\boldsymbol{x}-\boldsymbol{b}^{\mathrm{T}}\boldsymbol{x}$, 其中, $\boldsymbol{A}$ 对称正定, 最优步长规则下的共轭梯度法经 $m\leqslant n$ 步迭代后终止, 且对所有的 $0\leqslant k\leqslant m-1$,

$$\boldsymbol{d}_k^{\mathrm{T}}\boldsymbol{A}\boldsymbol{d}_j=0,\quad \boldsymbol{g}_k^{\mathrm{T}}\boldsymbol{g}_j=\boldsymbol{g}_k^{\mathrm{T}}\boldsymbol{d}_j=0,\quad j\leqslant k-1, \tag{4.2.7}$$

$$\boldsymbol{d}_k^{\mathrm{T}}\boldsymbol{g}_k=-\boldsymbol{g}_k^{\mathrm{T}}\boldsymbol{g}_k, \tag{4.2.8}$$

$$\operatorname{span}[\boldsymbol{g}_0,\boldsymbol{g}_1,\cdots,\boldsymbol{g}_k]=\operatorname{span}[\boldsymbol{g}_0,\boldsymbol{A}\boldsymbol{g}_0,\cdots,\boldsymbol{A}^k\boldsymbol{g}_0], \tag{4.2.9}$$

$$\operatorname{span}[\boldsymbol{d}_0,\boldsymbol{d}_1,\cdots,\boldsymbol{d}_k]=\operatorname{span}[\boldsymbol{g}_0,\boldsymbol{A}\boldsymbol{g}_0,\cdots,\boldsymbol{A}^k\boldsymbol{g}_0]. \tag{4.2.10}$$

证明　首先证明 (4.2.8). 对任意的 $k\geqslant 0$, 由 (4.2.5) 及精确线搜索的性质,

$$\boldsymbol{d}_k^{\mathrm{T}}\boldsymbol{g}_k=-\boldsymbol{g}_k^{\mathrm{T}}\boldsymbol{g}_k+\beta_{k-1}\boldsymbol{d}_{k-1}^{\mathrm{T}}\boldsymbol{g}_k=-\boldsymbol{g}_k^{\mathrm{T}}\boldsymbol{g}_k.$$

其次, 由共轭梯度法的迭代公式, 对任意的 $j\leqslant k-1$,

$$\boldsymbol{d}_j=-\boldsymbol{g}_j-\beta_{j-1}\boldsymbol{g}_{j-1}-\beta_{j-1}\beta_{j-2}\boldsymbol{g}_{j-2}-\cdots-\prod_{i=0}^{j-1}\beta_i\boldsymbol{g}_0.$$

故若对任意的 $j\leqslant k-1$, $\boldsymbol{g}_k^{\mathrm{T}}\boldsymbol{g}_j=0$, 则 $\boldsymbol{g}_k^{\mathrm{T}}\boldsymbol{d}_j=0$. 为此, 对 (4.2.7), 只需证明

$$\boldsymbol{d}_j^{\mathrm{T}}\boldsymbol{A}\boldsymbol{d}_k=0,\quad \boldsymbol{g}_k^{\mathrm{T}}\boldsymbol{g}_j=0,\quad j\leqslant k-1. \tag{4.2.11}$$

最后, 对于算法的二次 n 步终止性, 由定理 4.1.1, 只需证明 $\boldsymbol{d}_0,\boldsymbol{d}_1,\cdots,\boldsymbol{d}_{n-1}$ 关于矩阵 $\boldsymbol{A}$ 共轭即可, 也就是 (4.2.11) 成立. 下面用归纳法证明该式.

当 $k=1$ 时, 利用最优步长的性质和 $\boldsymbol{d}_0=-\boldsymbol{g}_0$ 得 $\boldsymbol{g}_1^{\mathrm{T}}\boldsymbol{g}_0=0$.

利用迭代公式 (4.2.4) 和 (4.2.5) 及 $\boldsymbol{d}_0=-\boldsymbol{g}_0$,

$$\boldsymbol{d}_1=-\boldsymbol{g}_1-\frac{\|\boldsymbol{g}_1\|^2}{\|\boldsymbol{g}_0\|^2}\boldsymbol{g}_0,\quad \boldsymbol{g}_1-\boldsymbol{g}_0=\alpha_0\boldsymbol{A}\boldsymbol{d}_0$$

和 $\boldsymbol{g}_1^{\mathrm{T}}\boldsymbol{g}_0=0$ 得

$$\begin{aligned}\boldsymbol{d}_1^{\mathrm{T}}\boldsymbol{A}\boldsymbol{d}_0&=-\boldsymbol{g}_1^{\mathrm{T}}\boldsymbol{A}\boldsymbol{d}_0-\frac{\|\boldsymbol{g}_1\|^2}{\|\boldsymbol{g}_0\|^2}\boldsymbol{g}_0^{\mathrm{T}}\boldsymbol{A}\boldsymbol{d}_0\\&=-\frac{1}{\alpha_0}\boldsymbol{g}_1^{\mathrm{T}}(\boldsymbol{g}_1-\boldsymbol{g}_0)-\frac{1}{\alpha_0}\frac{\|\boldsymbol{g}_1\|^2}{\|\boldsymbol{g}_0\|^2}\boldsymbol{g}_0^{\mathrm{T}}(\boldsymbol{g}_1-\boldsymbol{g}_0)\\&=-\frac{1}{\alpha_0}\|\boldsymbol{g}_1\|^2+\frac{1}{\alpha_0}\|\boldsymbol{g}_1\|^2=0.\end{aligned}$$

所以, (4.2.11) 在 $k=1$ 时成立.

设 (4.2.11) 对 $k<m$ 成立, 下证对 $k+1$ 也成立.

对二次函数 $f(\boldsymbol{x})=\dfrac{1}{2}\boldsymbol{x}^{\mathrm{T}}\boldsymbol{A}\boldsymbol{x}-\boldsymbol{b}^{\mathrm{T}}\boldsymbol{x}$, 显然有

$$\boldsymbol{g}_{k+1}=\boldsymbol{g}_k+\boldsymbol{A}(\boldsymbol{x}_{k+1}-\boldsymbol{x}_k)=\boldsymbol{g}_k+\alpha_k\boldsymbol{A}\boldsymbol{d}_k. \tag{4.2.12}$$

由 (4.2.5) 和 (4.2.12), 对 $j<k$, 利用归纳假设得

$$\begin{aligned}\boldsymbol{g}_{k+1}^{\mathrm{T}}\boldsymbol{g}_j&=\boldsymbol{g}_k^{\mathrm{T}}\boldsymbol{g}_j+\alpha_k\boldsymbol{d}_k^{\mathrm{T}}\boldsymbol{A}\boldsymbol{g}_j\\&=\boldsymbol{g}_k^{\mathrm{T}}\boldsymbol{g}_j-\alpha_k\boldsymbol{d}_k^{\mathrm{T}}\boldsymbol{A}(\boldsymbol{d}_j-\beta_{j-1}\boldsymbol{d}_{j-1})=0.\end{aligned}$$

当 $j=k$ 时, 与上式同样的推导过程并利用归纳假设及 (4.2.6) 得

$$\boldsymbol{g}_{k+1}^{\mathrm{T}}\boldsymbol{g}_k=\boldsymbol{g}_k^{\mathrm{T}}\boldsymbol{g}_k-\frac{\boldsymbol{g}_k^{\mathrm{T}}\boldsymbol{g}_k}{\boldsymbol{d}_k^{\mathrm{T}}\boldsymbol{A}\boldsymbol{d}_k}\boldsymbol{d}_k^{\mathrm{T}}\boldsymbol{A}\boldsymbol{d}_k=0.$$

(4.2.11) 的第二式得证.

另一方面, 由 (4.2.5) 和 (4.2.12) 得

$$\begin{aligned}\boldsymbol{d}_{k+1}^{\mathrm{T}}\boldsymbol{A}\boldsymbol{d}_j&=-\boldsymbol{g}_{k+1}^{\mathrm{T}}\boldsymbol{A}\boldsymbol{d}_j+\beta_k\boldsymbol{d}_k^{\mathrm{T}}\boldsymbol{A}\boldsymbol{d}_j\\&=\boldsymbol{g}_{k+1}^{\mathrm{T}}(\boldsymbol{g}_j-\boldsymbol{g}_{j+1})/\alpha_j+\beta_k\boldsymbol{d}_k^{\mathrm{T}}\boldsymbol{A}\boldsymbol{d}_j.\end{aligned}$$

当 $j=k$ 时, 由已证明的结论及 (4.2.4) 和 (4.2.12), 上式可写成

$$\boldsymbol{d}_{k+1}^{\mathrm{T}}\boldsymbol{A}\boldsymbol{d}_k=-\frac{\boldsymbol{g}_{k+1}^{\mathrm{T}}\boldsymbol{g}_{k+1}}{\boldsymbol{g}_k^{\mathrm{T}}\boldsymbol{g}_k}\boldsymbol{d}_k^{\mathrm{T}}\boldsymbol{A}\boldsymbol{d}_k+\frac{\boldsymbol{g}_{k+1}^{\mathrm{T}}\boldsymbol{g}_{k+1}}{\boldsymbol{g}_k^{\mathrm{T}}\boldsymbol{g}_k}\boldsymbol{d}_k^{\mathrm{T}}\boldsymbol{A}\boldsymbol{d}_k=0.$$

当 $j<k$ 时, 由 (4.2.11) 的第二式和归纳假设知 $\boldsymbol{d}_{k+1}^{\mathrm{T}}\boldsymbol{A}\boldsymbol{d}_j=0$. (4.2.11) 的第一式得证.

对 (4.2.9) 和 (4.2.10), 由搜索方向的迭代公式和 $\boldsymbol{d}_0=-\boldsymbol{g}_0$ 得

$$[\boldsymbol{g}_0,\boldsymbol{g}_1,\cdots\boldsymbol{g}_k]=[\boldsymbol{d}_0,\boldsymbol{d}_1,\cdots\boldsymbol{d}_k]\begin{pmatrix}-1&\beta_0&0&\cdots&0\\0&-1&\beta_1&\cdots&\vdots\\\vdots&\vdots&\ddots&\ddots&0\\0&0&\cdots&-1&\beta_{k-1}\\0&0&\cdots&0&-1\end{pmatrix}.$$

这说明向量组 $\boldsymbol{g}_0, \boldsymbol{g}_1, \cdots \boldsymbol{g}_k$ 和向量组 $\boldsymbol{d}_0, \boldsymbol{d}_1, \cdots \boldsymbol{d}_k$ 可以相互线性表出. 所以

$$\text{span}[\boldsymbol{g}_0, \boldsymbol{g}_1, \cdots, \boldsymbol{g}_k] = \text{span}[\boldsymbol{d}_0, \boldsymbol{d}_1, \cdots, \boldsymbol{d}_k].$$

为此, 只需证明 (4.2.9) 成立即可.

当 $k = 0$ 时, 结论显然成立. 今假定结论对某个 $k \geqslant 1$ 成立, 为证 (4.2.9) 对 $k+1$ 成立, 只需证明

$$\boldsymbol{g}_{k+1} \in \text{span}[\boldsymbol{g}_0, \boldsymbol{A}\boldsymbol{g}_0, \cdots, \boldsymbol{A}^{k+1}\boldsymbol{g}_0],$$

且

$$\boldsymbol{g}_{k+1} \notin \text{span}[\boldsymbol{g}_0, \boldsymbol{A}\boldsymbol{g}_0, \cdots, \boldsymbol{A}^{k}\boldsymbol{g}_0] = \text{span}[\boldsymbol{d}_0, \cdots, \boldsymbol{d}_k] \triangleq \mathcal{B}_k.$$

事实上, 由归纳假设, $\boldsymbol{g}_k$ 和 $\boldsymbol{d}_k$ 均属于子空间 $\text{span}[\boldsymbol{g}_0, \boldsymbol{A}\boldsymbol{g}_0, \cdots, \boldsymbol{A}^{k}\boldsymbol{g}_0]$. 所以, $\boldsymbol{g}_k$ 和 $\boldsymbol{A}\boldsymbol{d}_k$ 均属于子空间

$$\text{span}[\boldsymbol{g}_0, \boldsymbol{A}\boldsymbol{g}_0, \cdots, \boldsymbol{A}^{k}\boldsymbol{g}_0, \boldsymbol{A}^{k+1}\boldsymbol{g}_0].$$

由 $\boldsymbol{g}_{k+1} = \boldsymbol{g}_k + \alpha_k \boldsymbol{A}\boldsymbol{d}_k$ 推知 $\boldsymbol{g}_{k+1} \in \text{span}[\boldsymbol{g}_0, \boldsymbol{A}\boldsymbol{g}_0, \cdots, \boldsymbol{A}^{k+1}\boldsymbol{g}_0]$. 再由共轭方向法的基本性质, $\boldsymbol{g}_{k+1}$ 垂直于子空间 $\mathcal{B}_k$. 所以,

$$\boldsymbol{g}_{k+1} \notin \text{span}[\boldsymbol{g}_0, \boldsymbol{A}\boldsymbol{g}_0, \cdots, \boldsymbol{A}^{k}\boldsymbol{g}_0] = \text{span}[\boldsymbol{d}_0, \cdots, \boldsymbol{d}_k].$$

故

$$\text{span}[\boldsymbol{g}_0, \boldsymbol{g}_1, \cdots, \boldsymbol{g}_{k+1}] = \text{span}[\boldsymbol{g}_0, \boldsymbol{A}\boldsymbol{g}_0, \cdots, \boldsymbol{A}^{k+1}\boldsymbol{g}_0].$$

证毕

定理 4.2.1 表明, 对严格凸二次函数, 仅利用 $\boldsymbol{d}_{k-1}$, 而无需利用前 $k-1$ 个搜索方向 $\boldsymbol{d}_0, \boldsymbol{d}_1, \cdots, \boldsymbol{d}_{k-2}$ 就能得到与前 k 个搜索方向 $\boldsymbol{d}_0, \boldsymbol{d}_1, \cdots, \boldsymbol{d}_{k-1}$ 共轭的搜索方向 $\boldsymbol{d}_k$.

在上述结论中, (4.2.7) 表示搜索方向的共轭性和梯度的直交性, (4.2.8) 表示下降条件, (4.2.9) 和 (4.2.10) 说明线性共轭梯度法在将向量组 $\boldsymbol{g}_0, \boldsymbol{g}_1, \cdots, \boldsymbol{g}_k$ 逐步共轭化的同时, 也将向量组 $\boldsymbol{g}_0, \boldsymbol{A}\boldsymbol{g}_0, \cdots, \boldsymbol{A}^k\boldsymbol{g}_0$ 共轭化. (4.2.7) 和 (4.2.8) 构成线性共轭梯度法的基本性质. 不过, 这些性质是基于目标函数是凸二次函数和初始方向 $\boldsymbol{d}_0$ 为负梯度方向, 否则结论未必成立. 如共轭方向法就未必满足 (4.2.11) 的后一式和 (4.2.8).

由共轭梯度法的迭代公式, 容易发现其迭代过程仅比最速下降法稍微复杂一点, 但却具有二次终止性. 由于该方法源于线性方程组的求解, 而且 $\boldsymbol{d}_0$ 取负梯度方向, 因此称其线性共轭梯度法.

对严格凸二次函数, 牛顿算法具有一步终止性, 共轭梯度法具有 n 步终止性. 图 4.2.1 给出了最优步长规则下的最速下降法, 牛顿方法和共轭梯度法极小化凸二次函数时的行迹.

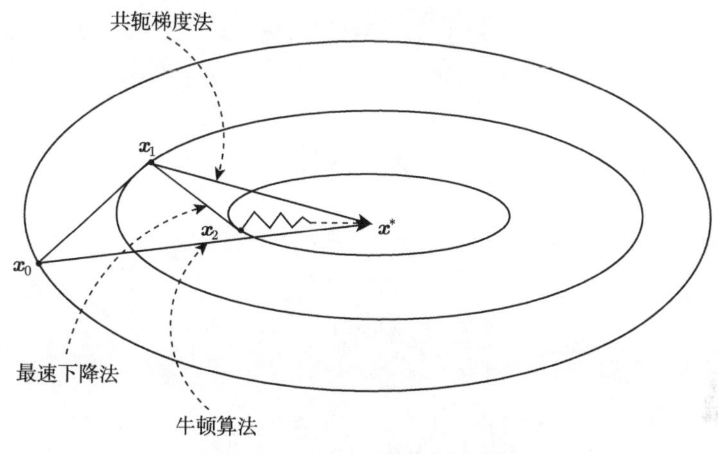

图 4.2.1　几种下降算法的迭代过程

4.3　线性共轭梯度法的收敛速度

对凸二次函数$f(\boldsymbol{x})=\dfrac{1}{2}\boldsymbol{x}^{\mathrm{T}}\boldsymbol{A}\boldsymbol{x}-\boldsymbol{b}^{\mathrm{T}}\boldsymbol{x}$, 共轭梯度法至多 n 步终止. 实际上, 若矩阵 $\boldsymbol{A}$ 有 r 个相异特征值, 则它至多 r 步迭代后终止. 下面给出证明.

由 (4.2.10), 存在数组 $\gamma_0,\gamma_1,\cdots,\gamma_k$ 使

$$\begin{aligned}\boldsymbol{x}_{k+1}&=\boldsymbol{x}_0+\alpha_0\boldsymbol{d}_0+\alpha_1\boldsymbol{d}_1+\cdots+\alpha_k\boldsymbol{d}_k\\&=\boldsymbol{x}_0+\gamma_0\boldsymbol{g}_0+\gamma_1\boldsymbol{A}\boldsymbol{g}_0+\cdots+\gamma_k\boldsymbol{A}^k\boldsymbol{g}_0.\end{aligned}\tag{4.3.1}$$

定义 k 阶多项式

$$P_k(x)=\gamma_0+\gamma_1x+\gamma_2x^2\cdots+\gamma_kx^k.$$

则

$$P_k(\boldsymbol{A})=\gamma_0\boldsymbol{I}+\gamma_1\boldsymbol{A}+\cdots+\gamma_k\boldsymbol{A}^k.$$

这样, (4.3.1) 可写成

$$\boldsymbol{x}_{k+1}=\boldsymbol{x}_0+P_k(\boldsymbol{A})\boldsymbol{g}_0.$$

设 $\boldsymbol{x}^*$ 是凸二次函数 $f(\boldsymbol{x})=\dfrac{1}{2}\boldsymbol{x}^{\mathrm{T}}\boldsymbol{A}\boldsymbol{x}-\boldsymbol{b}^{\mathrm{T}}\boldsymbol{x}$ 的最优值点, 则

$$\boldsymbol{g}_0=\boldsymbol{A}\boldsymbol{x}_0-\boldsymbol{b}=\boldsymbol{A}(\boldsymbol{x}_0-\boldsymbol{x}^*).$$

则

$$\boldsymbol{x}_{k+1}-\boldsymbol{x}^*=\boldsymbol{x}_0-\boldsymbol{x}^*+P_k(\boldsymbol{A})\boldsymbol{g}_0=[\boldsymbol{I}+P_k(\boldsymbol{A})\boldsymbol{A}](\boldsymbol{x}_0-\boldsymbol{x}^*).\tag{4.3.2}$$

设 $\lambda_1 \geqslant \lambda_2 \geqslant \cdots \geqslant \lambda_n > 0$ 为 $\boldsymbol{A}$ 的特征根, $\boldsymbol{u}_1, \boldsymbol{u}_2, \cdots, \boldsymbol{u}_n$ 为对应的单位特征向量. 由于矩阵 $\boldsymbol{A}$ 对称, 故可设这些单位特征向量正交. 故存在数组 $\eta_1, \eta_2, \cdots, \eta_n$ 使

$$\boldsymbol{x}_0 - \boldsymbol{x}^* = \sum_{i=1}^{n} \eta_i \boldsymbol{u}_i.$$

将其代入 (4.3.2) 并化简得

$$\boldsymbol{x}_{k+1} - \boldsymbol{x}^* = \sum_{i=1}^{n} [1 + \lambda_i P_k(\lambda_i)] \eta_i \boldsymbol{u}_i. \tag{4.3.3}$$

引入 $\boldsymbol{A}$-范数

$$\|\boldsymbol{x}\|_{\boldsymbol{A}} = \sqrt{\boldsymbol{x}^{\mathrm{T}} \boldsymbol{A} \boldsymbol{x}}, \quad \boldsymbol{x} \in \mathbb{R}^n.$$

则由 Taylor 展式得

$$f(\boldsymbol{x}_{k+1}) - f(\boldsymbol{x}^*) = \frac{1}{2} (\boldsymbol{x}_{k+1} - \boldsymbol{x}^*)^{\mathrm{T}} \boldsymbol{A} (\boldsymbol{x}_{k+1} - \boldsymbol{x}^*) = \frac{1}{2} \|\boldsymbol{x}_{k+1} - \boldsymbol{x}^*\|_{\boldsymbol{A}}^2.$$

由 (4.3.3) 并借助向量的正交性得

$$\|\boldsymbol{x}_{k+1} - \boldsymbol{x}^*\|_{\boldsymbol{A}}^2 = \sum_{i=1}^{n} \lambda_i [1 + \lambda_i P_k(\lambda_i)]^2 \eta_i^2.$$

由定理 4.1.1, $\boldsymbol{x}_{k+1}$ 为函数 $f(\boldsymbol{x})$ 在仿射空间 $\boldsymbol{x}_0 + \mathrm{span}\{\boldsymbol{d}_0, \boldsymbol{d}_1, \cdots, \boldsymbol{d}_k\}$ 上的极小值点. 由上述两式知, $P_k(\cdot)$ 为下述优化问题的最优解

$$\min \left\{ \sum_{i=1}^{n} \lambda_i [1 + \lambda_i Q_k(\lambda_i)]^2 \eta_i^2 \mid Q_k(\cdot) \text{为阶数小于等于 } k \text{ 的多项式} \right\}.$$

对上述优化问题的最优值进行估计,

$$\begin{aligned} \|\boldsymbol{x}_{k+1} - \boldsymbol{x}^*\|_{\boldsymbol{A}}^2 &= \min_{Q_k} \sum_{i=1}^{n} \lambda_i [1 + \lambda_i Q_k(\lambda_i)]^2 \eta_i^2 \\ &\leqslant \min_{Q_k} \max_{1 \leqslant i \leqslant n} [1 + \lambda_i Q_k(\lambda_i)]^2 \sum_{j=1}^{n} \lambda_j \eta_j^2 \\ &= \min_{Q_k} \max_{1 \leqslant i \leqslant n} [1 + \lambda_i Q_k(\lambda_i)]^2 \|\boldsymbol{x}_0 - \boldsymbol{x}^*\|_{\boldsymbol{A}}^2. \end{aligned} \tag{4.3.4}$$

据此可建立线性共轭梯度法的 r 步终止性.

定理 4.3.1　对严格凸二次函数 $f(\boldsymbol{x}) = \frac{1}{2} \boldsymbol{x}^{\mathrm{T}} \boldsymbol{A} \boldsymbol{x} - \boldsymbol{b}^{\mathrm{T}} \boldsymbol{x}$, 若矩阵 $\boldsymbol{A}$ 有 r 个相异特征值, 则最优步长规则下的线性共轭梯度法至多 r 步迭代后终止.

证明 设 $\lambda_1, \lambda_2, \cdots, \lambda_n$ 为 $\boldsymbol{A}$ 的特征值, 它们取 r 个不同的值: $\mu_1 > \mu_2 > \cdots > \mu_r > 0$. 定义 r 阶多项式

$$Q_r(\lambda) = \frac{(-1)^r}{\prod\limits_{i=1}^{r} \mu_i} \prod_{i=1}^{r} (\lambda - \mu_i).$$

显然 $Q_r(\lambda_i) = 0$, $Q_r(0) = 1$. 所以 $\lambda = 0$ 是方程 $Q_r(\lambda) - 1 = 0$ 的根, 且 $\hat{Q}_{r-1}(\lambda) = (Q_r(\lambda) - 1)/\lambda$ 仍是 λ 的 $r-1$ 次多项式. 由于

$$\begin{aligned} 0 &\leqslant \min_{Q_{r-1}} \max_{1 \leqslant i \leqslant n} [1 + \lambda_i Q_{r-1}(\lambda_i)]^2 \\ &\leqslant \max_{1 \leqslant i \leqslant n} [1 + \lambda_i \hat{Q}_{r-1}(\lambda_i)]^2 \\ &= \max_{1 \leqslant i \leqslant n} Q_r^2(\lambda_i) = 0, \end{aligned}$$

所以, 当 $k = r - 1$ 时, (4.3.4) 的值为零, 也就是 $\|\boldsymbol{x}_r - \boldsymbol{x}^*\|_{\boldsymbol{A}}^2 = 0$. 这说明 $\boldsymbol{x}_r = \boldsymbol{x}^*$, 即算法至多 r 步迭代后终止. 证毕

借助条件数 $\kappa(\boldsymbol{A}) = \|\boldsymbol{A}\| \|\boldsymbol{A}^{-1}\|$, 共轭梯度法有如下的收敛速度估计.

定理 4.3.2 设严格凸二次函数 $f(\boldsymbol{x}) = \dfrac{1}{2}\boldsymbol{x}^{\mathrm{T}}\boldsymbol{A}\boldsymbol{x} - \boldsymbol{b}^{\mathrm{T}}\boldsymbol{x}$ 的最小值点为 $\boldsymbol{x}^*$. 则最优步长规则下的共轭梯度法产生的点列 $\{\boldsymbol{x}_k\}$ 满足

$$\|\boldsymbol{x}_k - \boldsymbol{x}^*\|_{\boldsymbol{A}} \leqslant \left(\frac{\kappa(\boldsymbol{A}) - 1}{\kappa(\boldsymbol{A}) + 1} \right)^k \|\boldsymbol{x}_0 - \boldsymbol{x}^*\|_{\boldsymbol{A}}.$$

为证明该结论, 先给出如下引理.

引理 4.3.1 设 $\lambda_1 \geqslant \lambda_2 \geqslant \cdots \geqslant \lambda_n > 0$ 为 n 阶对称正定矩阵 $\boldsymbol{A}$ 的特征根, $Q(t)$ 为 t 的实系数多项式. 则对任意的 $\boldsymbol{x} \in \mathbb{R}^n$,

$$\|Q(\boldsymbol{A})\boldsymbol{x}\|_{\boldsymbol{A}} \leqslant \max_{1 \leqslant j \leqslant n} |Q(\lambda_j)| \cdot \|\boldsymbol{x}\|_{\boldsymbol{A}}.$$

证明 设 $\boldsymbol{u}_1, \boldsymbol{u}_2, \cdots, \boldsymbol{u}_n$ 为 $\boldsymbol{A}$ 的属于 $\lambda_1, \lambda_2, \cdots, \lambda_n$ 的单位特征向量. 则它们构成 $\mathbb{R}^n$ 的一组标准正交基. 从而对任意的 $\boldsymbol{x} \in \mathbb{R}^n$, 存在数组 $\eta_1, \eta_2, \cdots, \eta_n$使得 $\boldsymbol{x} = \sum\limits_{j=1}^{n} \eta_j \boldsymbol{u}_j$. 进一步,

$$\begin{aligned} \boldsymbol{x}^{\mathrm{T}} Q(\boldsymbol{A}) \boldsymbol{A} Q(\boldsymbol{A}) \boldsymbol{x} &= \left(\sum_{j=1}^{n} \eta_j Q(\lambda_j) \boldsymbol{u}_j \right)^{\mathrm{T}} \boldsymbol{A} \left(\sum_{j=1}^{n} \eta_j Q(\lambda_j) \boldsymbol{u}_j \right) \\ &= \sum_{j=1}^{n} \lambda_j \eta_j^2 Q^2(\lambda_j) \leqslant \max_{1 \leqslant j \leqslant n} Q^2(\lambda_j) \cdot \sum_{j=1}^{n} \lambda_j \eta_j^2 \end{aligned}$$

$$= \max_{1\leqslant j\leqslant n} Q^2(\lambda_j)\boldsymbol{x}^{\mathrm{T}}\boldsymbol{A}\boldsymbol{x}.$$

因此,

$$\|Q(\boldsymbol{A}\boldsymbol{x})\|_{\boldsymbol{A}} \leqslant \max_{1\leqslant j\leqslant n} |Q(\lambda_j)| \cdot \|\boldsymbol{x}\|_{\boldsymbol{A}}.$$

证毕

定理 4.3.2 的证明　由定理 4.1.1 和 (4.2.9) 及 (4.2.10), $\boldsymbol{x}_k$ 是目标函数 $f(\boldsymbol{x}) = \frac{1}{2}\boldsymbol{x}^{\mathrm{T}}\boldsymbol{A}\boldsymbol{x} - \boldsymbol{b}^{\mathrm{T}}\boldsymbol{x}$ 在仿射子空间 $\boldsymbol{x}_0 + \mathrm{span}[\boldsymbol{g}_0, \boldsymbol{g}_1, \cdots, \boldsymbol{g}_{k-1}]$ 上的最小值点. 从而对任意的 $\alpha \in \mathbb{R}$,

$$f(\boldsymbol{x}_k) \leqslant f(\boldsymbol{x}_{k-1} + \alpha \boldsymbol{g}_{k-1}).$$

将上式两端分别在 $\boldsymbol{x}^*$ 点二阶 Taylor 展开并利用 $\boldsymbol{A}\boldsymbol{x}^* = \boldsymbol{b}$ 得

$$\begin{aligned}(\boldsymbol{x}_k - \boldsymbol{x}^*)^{\mathrm{T}}\boldsymbol{A}(\boldsymbol{x}_k - \boldsymbol{x}^*) &\leqslant (\boldsymbol{x}_{k-1} + \alpha\boldsymbol{g}_{k-1} - \boldsymbol{x}^*)^{\mathrm{T}}\boldsymbol{A}(\boldsymbol{x}_{k-1} + \alpha\boldsymbol{g}_{k-1} - \boldsymbol{x}^*) \\ &= ((\boldsymbol{I} + \alpha\boldsymbol{A})(\boldsymbol{x}_{k-1} - \boldsymbol{x}^*))^{\mathrm{T}}\boldsymbol{A}\left((\boldsymbol{I} + \alpha\boldsymbol{A})(\boldsymbol{x}_{k-1} - \boldsymbol{x}^*)\right).\end{aligned}$$

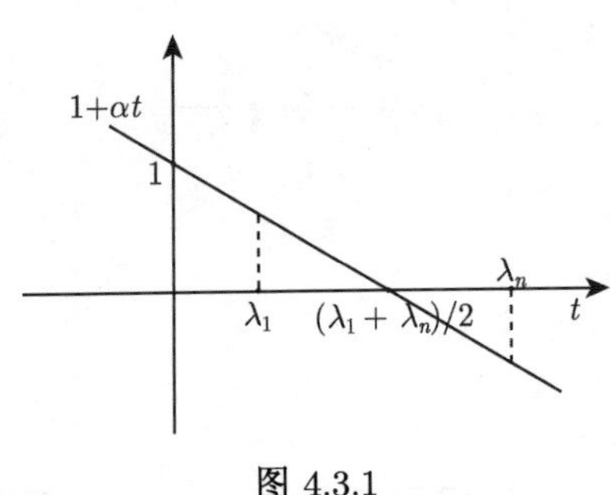

图 4.3.1

对函数 $Q(t) = 1 + \alpha t$ 应用引理 4.3.1 并结合上式得

$$\begin{aligned}\|\boldsymbol{x}_k - \boldsymbol{x}^*\|_{\boldsymbol{A}} &\leqslant \|Q(\boldsymbol{A})(\boldsymbol{x}_{k-1} - \boldsymbol{x}^*)\|_{\boldsymbol{A}} \\ &\leqslant \max_{1\leqslant j\leqslant n} |Q(\lambda_j)| \cdot \|\boldsymbol{x}_{k-1} - \boldsymbol{x}^*\|_{\boldsymbol{A}}.\end{aligned}$$

再利用 (图 4.3.1).

$$\min_{\alpha} \max_{\lambda_n\leqslant t\leqslant\lambda_1} |1 + \alpha t| = \frac{\lambda_1 - \lambda_n}{\lambda_1 + \lambda_n}$$

和条件数 $\kappa(\boldsymbol{A}) = \lambda_1/\lambda_n$ 得

$$\|\boldsymbol{x}_k - \boldsymbol{x}^*\|_{\boldsymbol{A}} \leqslant \left(\frac{\kappa(\boldsymbol{A}) - 1}{\kappa(\boldsymbol{A}) + 1}\right) \|\boldsymbol{x}_{k-1} - \boldsymbol{x}^*\|_{\boldsymbol{A}}.$$

证毕

一个更强的收敛性结论是:

定理 4.3.3　设 $\boldsymbol{x}^*$ 为严格凸二次函数 $f(\boldsymbol{x}) = \frac{1}{2}\boldsymbol{x}^{\mathrm{T}}\boldsymbol{A}\boldsymbol{x} - \boldsymbol{b}^{\mathrm{T}}\boldsymbol{x}$ 的最小值点. 则最优步长规则下的共轭梯度法产生的迭代点列满足

$$\|\boldsymbol{x}_k - \boldsymbol{x}^*\|_{\boldsymbol{A}} \leqslant 2\left(\frac{\sqrt{\kappa(\boldsymbol{A})} - 1}{\sqrt{\kappa(\boldsymbol{A})} + 1}\right)^k \|\boldsymbol{x}_0 - \boldsymbol{x}^*\|_{\boldsymbol{A}}.$$

根据上述结论, 线性共轭梯度法的收敛速度与目标函数的条件数密切相关. 因此, 要提高线性共轭梯度法的收敛速度, 就必须降低矩阵 $\boldsymbol{A}$ 的条件数. 若引入线性

变换 $\boldsymbol{y}=\boldsymbol{Q}\boldsymbol{x}$, 其中, 矩阵 $\boldsymbol{Q}$ 非奇异, 则原问题转化为

$$\min \frac{1}{2}\boldsymbol{y}^{\mathrm{T}}(\boldsymbol{Q}^{-\mathrm{T}}\boldsymbol{A}\boldsymbol{Q}^{-1})\boldsymbol{y}-(\boldsymbol{Q}^{-\mathrm{T}}\boldsymbol{b})^{\mathrm{T}}\boldsymbol{y}.$$

根据定理 4.3.2 和 4.3.3, 如果矩阵 $\boldsymbol{Q}$ 能使得 $\boldsymbol{Q}^{-\mathrm{T}}\boldsymbol{A}\boldsymbol{Q}^{-1}$ 的条件数远小于矩阵 $\boldsymbol{A}$ 的条件数, 那么线性共轭梯度法的效率可大幅度提高. 遗憾的是, 在多数情况下, 矩阵 $\boldsymbol{A}$ 的特征值分布是未知的, 所以满足上述条件的矩阵 $\boldsymbol{Q}$ 很难找到. 对此, 一个比较流行的做法是将矩阵 $\boldsymbol{A}$ 做不完全 Cholesky 分解

$$\boldsymbol{A}\approx\boldsymbol{R}^{\mathrm{T}}\boldsymbol{R},$$

其中, $\boldsymbol{R}$ 是稀疏上三角阵, 然后取 $\boldsymbol{Q}=\boldsymbol{R}$. 但该方法有两个缺陷: 一是变换后的矩阵 $\boldsymbol{Q}^{-\mathrm{T}}\boldsymbol{A}\boldsymbol{Q}^{-1}$ 未必 "充分" 正定, 从而使共轭梯度法出现不稳定的情况; 二是在对矩阵 $\boldsymbol{A}$ 做不完全 Cholesky 分解时, 分解因子 $\boldsymbol{R}$ 的稀疏性要求会导致该分解过程中断. 为避免上述缺陷, 可在矩阵 $\boldsymbol{A}$ 的不完全 Cholesky 分解过程中适当增大 $\boldsymbol{R}$ 的对角元, 并适当降低上三角矩阵 $\boldsymbol{R}$ 的稀疏性要求. 上述对原问题预先进行调比的共轭梯度法称为预条件共轭梯度法.

对大规模线性方程组问题, 由于线性共轭梯度法小的计算量和储存量及快速收敛性, 使其计算效率方面高于传统的 Gauss 消元法和系数矩阵的三角分解算法. 所以, 对于大规模线性方程组问题, 线性共轭梯度法往往成为首选. 不过, 对于小规模的线性方程组问题, Gauss 消元法更简便.

4.4 非线性共轭梯度法

线性共轭梯度法在求凸二次函数的最小值点时有良好的性质, 将其应用于非线性函数便得到非线性共轭梯度法.

对于共轭梯度法的搜索方向 $\boldsymbol{d}_k=-\boldsymbol{g}_k+\beta_{k-1}\boldsymbol{d}_{k-1}$, 参数 β_{k-1} 有多种表述形式. 下面是常见的几种.

$$\beta_{k-1}=\frac{\boldsymbol{g}_k^{\mathrm{T}}(\boldsymbol{g}_k-\boldsymbol{g}_{k-1})}{\boldsymbol{d}_{k-1}^{\mathrm{T}}(\boldsymbol{g}_k-\boldsymbol{g}_{k-1})} \qquad \text{(Crowder-Wolfe 公式)},$$

$$\beta_{k-1}=\frac{\boldsymbol{g}_k^{\mathrm{T}}\boldsymbol{g}_k}{\boldsymbol{g}_{k-1}^{\mathrm{T}}\boldsymbol{g}_{k-1}} \qquad \text{(Fletcher-Reeves 公式)},$$

$$\beta_{k-1}=\frac{\boldsymbol{g}_k^{\mathrm{T}}(\boldsymbol{g}_k-\boldsymbol{g}_{k-1})}{\boldsymbol{g}_{k-1}^{\mathrm{T}}\boldsymbol{g}_{k-1}} \qquad \text{(Polak-Ribière 公式)},$$

$$\beta_{k-1}=-\frac{\boldsymbol{g}_k^{\mathrm{T}}\boldsymbol{g}_k}{\boldsymbol{d}_{k-1}^{\mathrm{T}}\boldsymbol{g}_{k-1}} \qquad \text{(Dixon 公式)},$$

$$\beta_{k-1} = \frac{\boldsymbol{g}_k^{\mathrm{T}} \boldsymbol{g}_k}{\boldsymbol{d}_{k-1}^{\mathrm{T}} (\boldsymbol{g}_k - \boldsymbol{g}_{k-1})} \qquad \text{(Dai-Yuan 公式)}.$$

对凸二次函数, 这些表达式在最优步长规则下都是等价的. 但当目标函数为非二次函数时, 效果就不一样了, 从而导出不同的算法. 习惯上, 人们根据提出者的名字来命名这些计算公式, 如 Fletcher-Reeves 公式 (FR 公式) (1964), Polak-Ribière 公式 (PR 公式) (1969).

对上述任意一种共轭梯度法, 若采用最优步长规则, 则搜索方向为下降方向:

$$\boldsymbol{g}_k^{\mathrm{T}} \boldsymbol{d}_k = -\boldsymbol{g}_k^{\mathrm{T}} \boldsymbol{g}_k + \beta_{k-1} \boldsymbol{g}_k^{\mathrm{T}} \boldsymbol{d}_{k-1} = -\boldsymbol{g}_k^{\mathrm{T}} \boldsymbol{g}_k < 0.$$

对于非精确线搜索步长规则, 下降性质不一定成立. 若 $\boldsymbol{d}_k$ 不是下降方向, 共轭梯度法不能执行. 此时若调用 $-\boldsymbol{d}_k$, 则算法的收敛性不能保证, 而若调用负梯度方向则会降低算法的效率.

对于 FR 方法, 若采用强 Wolfe 步长规则 $\left(0 < \sigma_1 < \sigma_2 < \dfrac{1}{2}\right)$, 则 $\boldsymbol{d}_k$ 是下降方向 (见引理 4.5.1). 对于 PR 方法, 强 Wolfe 步长规则不能保证 $\boldsymbol{d}_k$ 的下降性. 对此, 若取参数 $\beta_k = \max\{0, \beta_k^{\mathrm{PR}}\}$, 则得到 PR+ 方法. 该方法在强 Wolfe 步长规则下可保证 $\boldsymbol{d}_k$ 的下降性.

对 Dixon 方法, 若采用下面的非精确线搜索条件

$$|\boldsymbol{g}_{k+1}^{\mathrm{T}} \boldsymbol{d}_k| \geqslant -\sigma \boldsymbol{g}_k^{\mathrm{T}} \boldsymbol{d}_k, \quad \sigma \in (0,1),$$

则搜索方向满足下降条件. 所以, 该公式又称共轭下降公式.

FR 方法和 PR 方法是共轭梯度法中最常见也是探讨最多的两种方法. 从数值效果上分析, PR 方法优于 FR 方法, 但其理论性质却不及 FR 方法.

线性共轭梯度法具有二次终止性. 但对于非线性共轭梯度法, 即使采用最优步长规则, 搜索方向的共轭性质也不一定成立, 从而难以在有限步内得到目标函数的最优值点. 尽管如此, 我们仍有理由相信非线性共轭梯度法优于最速下降算法, 而且其收敛速度应高于线性收敛, 但 Crowder 和 Wolfe(1972) 证明了非线性共轭梯度法线性收敛. Powell(1976) 构造的例子也印证了这一事实.

考虑定义在 $\mathbb{R}^3$ 上的非线性函数

$$f(\boldsymbol{x}) = \begin{cases} \dfrac{1}{2}\boldsymbol{x}^{\mathrm{T}}\boldsymbol{A}\boldsymbol{x}, & \text{如果 } \boldsymbol{x}^{\mathrm{T}}\boldsymbol{A}\boldsymbol{x} \leqslant 4, \\ \dfrac{1}{2}\boldsymbol{x}^{\mathrm{T}}\boldsymbol{A}\boldsymbol{x} + (\boldsymbol{b}^{\mathrm{T}}\boldsymbol{x})(\boldsymbol{x}^{\mathrm{T}}\boldsymbol{A}\boldsymbol{x} - 4)^2, & \text{其他}. \end{cases}$$

其中,

$$\boldsymbol{b} = \left(\frac{\sqrt{6}}{12}; \frac{4}{9}\sqrt{\frac{6}{5}}; \frac{-41\sqrt{5}}{90}\right), \quad \boldsymbol{A} = \mathrm{diag}\left(\frac{1}{10}, 1, 1\right).$$

容易验证$\boldsymbol{x}^* = \mathbf{0}$ 为该问题的全局最优值点. 取初始点 $\boldsymbol{x}_0 = \left(\frac{5\sqrt{6}}{2};0;\frac{\sqrt{5}}{2}\right)$, $\boldsymbol{d}_0 = -\nabla f(\boldsymbol{x}_0)$. 对于最优步长规则下的 PR 方法, 则第一次迭代后产生的所有迭代点和搜索过程都在椭球 $\{x \in \mathbb{R}^3 \mid \boldsymbol{x}^{\mathrm{T}}\boldsymbol{A}\boldsymbol{x} \leqslant 4\}$ 内, 并且满足

$$\|\boldsymbol{x}_k - \boldsymbol{x}^*\| = \sqrt{\frac{105}{6}\left(\frac{3}{5}\right)^{k-2}}.$$

这意味着迭代点列线性收敛到 $\boldsymbol{x}^*$.

不难发现, 出现上述情况的原因是在迭代点初次进入区域 $\{x \in \mathbb{R}^3 \mid \boldsymbol{x}^{\mathrm{T}}\boldsymbol{A}\boldsymbol{x} \leqslant 4\}$ 后, 尽管目标函数是凸二次函数, 但由于初始搜索方向不是负梯度方向, 从而根据 (4.2.4) 和 (4.2.5) 产生的搜索方向关于矩阵 $\boldsymbol{A}$ 不共轭, 算法自然不有限步终止. 下面考虑补救措施.

对一般的非线性函数, 在迭代点 $\boldsymbol{x}_k$ 进入目标函数的最优值点的某小邻域后, 目标函数在该邻域内可以用其在最优值点的二阶展式近似. 对于共轭梯度法, 由于 Hesse 阵 $\nabla^2 f(\boldsymbol{x}_k)$ 在迭代过程中不断变化, 无法起到线性共轭梯度法中矩阵 $\boldsymbol{A}$ 所起的作用, 所以收敛速度会受到影响. 其次, 对此二次逼近函数, 即使不在意 Hesse 阵的变化, 初始搜索方向应为负梯度方向才能保证算法具有线性共轭梯度法的收敛性质, 而在实际计算过程中, 我们无法探测迭代点何时进入该小邻域. 对此, 一个应对措施是每迭代若干次后, 就调用一次负梯度方向, 这样便产生了再开始共轭梯度法. 由于对严格凸二次函数, 共轭梯度法经过 n 次迭代后可到达最小值点, 所以 n 步迭代后重新开始较为合理. Cohen(1972) 证明了这种 n 步重新开始的共轭梯度法的收敛速度是 n 步 2 阶的, 即

$$\|\boldsymbol{x}_{k+n} - \boldsymbol{x}^*\| = O(\|\boldsymbol{x}_k - \boldsymbol{x}^*\|^2).$$

后来, Ritter(1980) 证明了共轭梯度法的 n 步 2 阶超线性收敛性. 这似乎表明带重新开始技术的共轭梯度法在收敛速度方面有了质的飞跃, 但 Fletcher (1987) 给出的数值结果表明改进效果不大.

4.5 共轭梯度法的收敛性

为建立强 Wolfe 步长规则下的 FR 共轭梯度法的全局收敛性, 首先讨论其搜索方向的下降性质.

引理 4.5.1 强 Wolfe 步长规则 $\left(0 < \sigma_1 < \sigma_2 < \frac{1}{2}\right)$ 下的 FR 共轭梯度法产生的迭代点列满足 $\boldsymbol{g}_k^{\mathrm{T}}\boldsymbol{d}_k < 0$.

证明 首先用归纳法证明不等式

$$-\sum_{i=0}^{k}\sigma_2^i \leqslant \frac{\boldsymbol{g}_k^{\mathrm{T}}\boldsymbol{d}_k}{\|\boldsymbol{g}_k\|^2} \leqslant -2+\sum_{i=0}^{k}\sigma_2^i, \quad \forall\, k=0,1,\cdots. \tag{4.5.1}$$

因为若该式成立, 由

$$\sum_{i=0}^{k}\sigma_2^i < \sum_{i=0}^{\infty}\sigma_2^i = \frac{1}{1-\sigma_2} < 2$$

可知 (4.5.1) 右端为负, 从而 $\boldsymbol{g}_k^{\mathrm{T}}\boldsymbol{d}_k < 0$.

显然, $k=0$ 时, $\boldsymbol{d}_0=-\boldsymbol{g}_0$, (4.5.1) 成立. 假设 (4.5.1) 对某个 $k \geqslant 0$ 成立, 则由 $\boldsymbol{d}_k$ 的计算公式 (4.2.5) 及 FR 公式知

$$\frac{\boldsymbol{g}_{k+1}^{\mathrm{T}}\boldsymbol{d}_{k+1}}{\|\boldsymbol{g}_{k+1}\|^2} = -1+\frac{\boldsymbol{g}_{k+1}^{\mathrm{T}}\boldsymbol{d}_k}{\|\boldsymbol{g}_k\|^2}.$$

由步长规则及 $\boldsymbol{g}_k^{\mathrm{T}}\boldsymbol{d}_k < 0$ 得

$$-1+\sigma_2\frac{\boldsymbol{g}_k^{\mathrm{T}}\boldsymbol{d}_k}{\|\boldsymbol{g}_k\|^2} \leqslant \frac{\boldsymbol{g}_{k+1}^{\mathrm{T}}\boldsymbol{d}_{k+1}}{\|\boldsymbol{g}_{k+1}\|^2} \leqslant -1-\sigma_2\frac{\boldsymbol{g}_k^{\mathrm{T}}\boldsymbol{d}_k}{\|\boldsymbol{g}_k\|^2}.$$

再利用归纳假设的左端一式得

$$-\sum_{i=0}^{k+1}\sigma_2^i = -1-\sigma_2\sum_{i=0}^{k}\sigma_2^i \leqslant \frac{\boldsymbol{g}_{k+1}^{\mathrm{T}}\boldsymbol{d}_{k+1}}{\|\boldsymbol{g}_{k+1}\|^2} \leqslant -1+\sigma_2\sum_{i=0}^{k}\sigma_2^i = -2+\sum_{i=0}^{k+1}\sigma_2^i.$$

证毕

由 (4.5.1) 容易得出

$$-\frac{1}{1-\sigma_2} \leqslant \frac{\boldsymbol{g}_k^{\mathrm{T}}\boldsymbol{d}_k}{\|\boldsymbol{g}_k\|^2} \leqslant \frac{2\sigma_2-1}{1-\sigma_2}, \quad k=0,1,2,\cdots. \tag{4.5.2}$$

下面根据该式对 FR 方法和 PR 方法进行分析.

记 θ_k 为搜索方向与负梯度方向的夹角, 则

$$\cos\theta_k = \frac{-\boldsymbol{g}_k^{\mathrm{T}}\boldsymbol{d}_k}{\|\boldsymbol{g}_k\|\,\|\boldsymbol{d}_k\|}.$$

在 (4.5.2) 两边乘以 $\dfrac{\|\boldsymbol{g}_k\|}{\|\boldsymbol{d}_k\|}$, 知存在常数 $L_1, L_2 > 0$ 使对任意的 k,

$$L_1\frac{\|\boldsymbol{g}_k\|}{\|\boldsymbol{d}_k\|} \leqslant \cos\theta_k \leqslant L_2\frac{\|\boldsymbol{g}_k\|}{\|\boldsymbol{d}_k\|}.$$

据此, $\cos\theta_k \approx 0$ 的充分必要条件是

$$\|\boldsymbol{g}_k\| \ll \|\boldsymbol{d}_k\|. \tag{4.5.3}$$

对 FR 算法, 设强 Wolfe 步长规则下的 FR 方法在第 k 步产生一个下降性质差的搜索方向 $\boldsymbol{d}_k$ 和由此产生一个较短的步长. 我们说, 下一迭代步中搜索方向的下降性质也差, 步长同样较短, 从而使算法的迭代进程变缓. 事实上, 如果 $\boldsymbol{d}_k$ 是一个下降性质差的搜索方向, 即 $\boldsymbol{d}_k$ 与 $-\boldsymbol{g}_k$ 接近正交, 则 $\boldsymbol{x}_k$ 与 $\boldsymbol{x}_{k+1}$ 非常靠近, 从而 $\boldsymbol{g}_k \approx \boldsymbol{g}_{k+1}$. 由 (4.5.3) 和 FR 公式依次得到, $\beta_k \approx 1$, $\boldsymbol{d}_{k+1} \approx \boldsymbol{d}_k$. 这说明 $\boldsymbol{d}_{k+1}$ 也是一个下降性质差的搜索方向, 进而 $\boldsymbol{x}_{k+2}$ 和 $\boldsymbol{x}_{k+1}$ 非常靠近. 这样, 算法在迭代过程中会出现停滞不前的现象. 但对于 PR 方法, 如果出现上述情况, 结果就不一样了: 设在第 k 步, $\boldsymbol{d}_k$ 与 $-\boldsymbol{g}_k$ 接近正交, 则 $\boldsymbol{x}_k$ 与 $\boldsymbol{x}_{k+1}$ 非常靠近, 从而 $\boldsymbol{g}_k \approx \boldsymbol{g}_{k+1}$, 故 $\beta_k^{\rm PR} \approx 0$. 因此, $\boldsymbol{d}_{k+1} \approx -\boldsymbol{g}_{k+1}$. 这说明 PR 方法在迭代过程中使用了一个下降性质差的搜索方向后, 下一迭代步具有自动重新开始的趋势, 有利于克服进展缓慢的缺点, 其数值效果也很好. 尽管如此, 其理论性质却不及 FR 方法.

定理 4.5.1 设目标函数 $f: \mathbb{R}^n \to \mathbb{R}$ 连续可微, 水平集 $\mathcal{L}(\boldsymbol{x}_0)$ 有界, 梯度函数 $\boldsymbol{g}(\boldsymbol{x})$ 在水平集上 Lipschitz 连续. 则强 Wolfe 步长规则下的 FR 共轭梯度法产生的点列 $\{\boldsymbol{x}_k\}$ 满足

$$\liminf_{k\to\infty} \|\boldsymbol{g}_k\| = 0.$$

证明 由强 Wolfe 步长规则及 (4.5.1),

$$|\boldsymbol{g}_k^{\rm T}\boldsymbol{d}_{k-1}| \leqslant -\sigma_2 \boldsymbol{g}_{k-1}^{\rm T}\boldsymbol{d}_{k-1} \leqslant \frac{\sigma_2}{1-\sigma_2}\|\boldsymbol{g}_{k-1}\|^2.$$

从而由共轭梯度法的计算公式及 FR 公式得

$$\begin{aligned}
\|\boldsymbol{d}_k\|^2 &= \|\boldsymbol{g}_k\|^2 - 2\beta_{k-1}\boldsymbol{g}_k^{\rm T}\boldsymbol{d}_{k-1} + \beta_{k-1}^2\|\boldsymbol{d}_{k-1}\|^2 \\
&\leqslant \|\boldsymbol{g}_k\|^2 + \frac{2\sigma_2}{1-\sigma_2}\|\boldsymbol{g}_k\|^2 + \beta_{k-1}^2\|\boldsymbol{d}_{k-1}\|^2 \\
&= \frac{1+\sigma_2}{1-\sigma_2}\|\boldsymbol{g}_k\|^2 + \beta_{k-1}^2\|\boldsymbol{d}_{k-1}\|^2.
\end{aligned}$$

依次递推得到

$$\|\boldsymbol{d}_k\|^2 \leqslant \frac{1+\sigma_2}{1-\sigma_2}\|\boldsymbol{g}_k\|^4 \sum_{i=1}^{k} \frac{1}{\|\boldsymbol{g}_i\|^2} + \frac{\|\boldsymbol{g}_k\|^4}{\|\boldsymbol{g}_0\|^2}. \tag{4.5.4}$$

假若命题结论不成立, 则存在常数 $\epsilon_0 > 0$, 使对任意的 k,

$$\|\boldsymbol{g}_k\| \geqslant \epsilon_0. \tag{4.5.5}$$

由于目标函数的梯度函数 $g(\boldsymbol{x})$ 在水平集上范数有界, 由 (4.5.4), 存在常数 $\tau_1 > 0$ 使对任意的 k,

$$\|\boldsymbol{d}_k\|^2 \leqslant \tau_1(k+1). \tag{4.5.6}$$

对搜索方向 $\boldsymbol{d}_k$ 与负梯度方向 $(-\boldsymbol{g}_k)$ 的夹角 θ_k, 由 (4.5.1),

$$\cos\theta_k = -\frac{\boldsymbol{g}_k^{\mathrm{T}}\boldsymbol{d}_k}{\|\boldsymbol{g}_k\|\,\|\boldsymbol{d}_k\|} \geqslant \left(2-\sum_{j=0}^{k}\sigma_2^j\right)\frac{\|\boldsymbol{g}_k\|}{\|\boldsymbol{d}_k\|} \geqslant \frac{1-2\sigma_2}{1-\sigma_2}\frac{\|\boldsymbol{g}_k\|}{\|\boldsymbol{d}_k\|}. \tag{4.5.7}$$

利用 $\sigma_2<\dfrac{1}{2}$ 并结合 (4.5.5)–(4.5.7) 知, 存在常数 $\tau_2>0$ 满足

$$\sum_{k=0}^{\infty}\cos^2\theta_k \geqslant \left(\frac{1-2\sigma_2}{1-\sigma_2}\right)^2\sum_{k=0}^{\infty}\frac{\|\boldsymbol{g}_k\|^2}{\|\boldsymbol{d}_k\|^2} \geqslant \tau_2\sum_{k=0}^{\infty}\frac{1}{k+1}.$$

从而级数 $\sum\limits_{k=0}^{\infty}\cos^2\theta_k$ 发散.

另一方面, 由于梯度函数 $\boldsymbol{g}(\boldsymbol{x})$ 在水平集上 Lipschitz 连续 (设常数为 L), 所以

$$\begin{aligned}\sigma_2\boldsymbol{g}_k^{\mathrm{T}}\boldsymbol{d}_k \leqslant \boldsymbol{g}_{k+1}^{\mathrm{T}}\boldsymbol{d}_k &= \boldsymbol{g}_k^{\mathrm{T}}\boldsymbol{d}_k+(\boldsymbol{g}_{k+1}-\boldsymbol{g}_k)^{\mathrm{T}}\boldsymbol{d}_k\\ &\leqslant \boldsymbol{g}_k^{\mathrm{T}}\boldsymbol{d}_k+\alpha_k L\|\boldsymbol{d}_k\|^2.\end{aligned}$$

从而

$$\alpha_k \geqslant -\frac{1-\sigma_2}{L\|\boldsymbol{d}_k\|^2}\boldsymbol{g}_k^{\mathrm{T}}\boldsymbol{d}_k.$$

结合 Wolfe 步长规则的 (2.2.3) 式,

$$\begin{aligned}f_{k+1} &\leqslant f(\boldsymbol{x}_k)-\sigma_1\frac{1-\sigma_2}{L}\left(\frac{\boldsymbol{g}_k^{\mathrm{T}}\boldsymbol{d}_k}{\|\boldsymbol{d}_k\|}\right)^2\\ &= f(\boldsymbol{x}_k)-\sigma_1\frac{1-\sigma_2}{L}\|\boldsymbol{g}_k\|^2\cos^2\theta_k.\end{aligned}$$

由于数列 $\{f(\boldsymbol{x}_k)\}$ 单调下降有下界, 故级数 $\sum\limits_{k=0}^{\infty}\|\boldsymbol{g}_k\|^2\cos^2\theta_k$ 收敛. 结合 $\|\boldsymbol{g}_k\|\geqslant\epsilon_0$ 得到级数 $\sum\limits_{k=0}^{\infty}\cos^2\theta_k$ 收敛. 这与上面得到的级数 $\sum\limits_{k=0}^{\infty}\cos^2\theta_k$ 收敛的结论矛盾, 假设不成立, 命题得证. 证毕

对 PR 方法, 很难证明定理 4.5.1 中的结论成立. 虽然 PR 方法的数值效果比 FR 方法好, 但 Powell(1984) 给出的反例说明, 即使目标函数二次连续可微, 水平集有界, 并采用精确线搜索, PR 方法会产生一个任一聚点都不是稳定点的迭代点列. 下面的结论表明, 对一致凸函数, 最优步长下的 PR 方法全局收敛.

定理 4.5.2　设目标函数 $f(\boldsymbol{x})$ 二阶连续可微, 水平集 $\mathcal{L}(\boldsymbol{x}_0)$ 有界. 又设存在常数 $m>0$, 使对任意的 $\boldsymbol{x}\in\mathcal{L}(\boldsymbol{x}_0)$,

$$m\|\boldsymbol{y}\|^2 \leqslant \boldsymbol{y}^{\mathrm{T}}\boldsymbol{G}(\boldsymbol{x})\boldsymbol{y},\quad \forall\,\boldsymbol{y}\in\mathbb{R}^n.$$

则最优步长规则下的 PR 共轭梯度法产生的点列收敛到 $f(\boldsymbol{x})$ 的唯一极小值点.

证明 由定理 2.1.2, 只需证明存在常数 $\rho > 0$ 满足

$$-\boldsymbol{g}_k^{\mathrm{T}}\boldsymbol{d}_k \geqslant \rho\|\boldsymbol{g}_k\|\,\|\boldsymbol{d}_k\|. \tag{4.5.8}$$

在最优步长规则下, $\boldsymbol{g}_k^{\mathrm{T}}\boldsymbol{d}_{k-1} = 0$. 由共轭梯度法的方向迭代公式,

$$\boldsymbol{g}_k^{\mathrm{T}}\boldsymbol{d}_k = -\|\boldsymbol{g}_k\|^2.$$

这样, (4.5.8) 等价于

$$\frac{\|\boldsymbol{g}_k\|}{\|\boldsymbol{d}_k\|} \geqslant \rho.$$

由 (2.1.7),

$$\begin{aligned}\boldsymbol{g}_k - \boldsymbol{g}_{k-1} &= \alpha_{k-1}\int_0^1 \boldsymbol{G}(\boldsymbol{x}_{k-1} + \tau\alpha_{k-1}\boldsymbol{d}_{k-1})\boldsymbol{d}_{k-1}\mathrm{d}\tau \\ &\triangleq \alpha_{k-1}\hat{\boldsymbol{G}}_{k-1}\boldsymbol{d}_{k-1}.\end{aligned}$$

两边左乘 $\boldsymbol{d}_{k-1}^{\mathrm{T}}$ 得

$$\alpha_{k-1} = \frac{-\boldsymbol{d}_{k-1}^{\mathrm{T}}\boldsymbol{g}_{k-1}}{\boldsymbol{d}_{k-1}^{\mathrm{T}}\hat{\boldsymbol{G}}_{k-1}\boldsymbol{d}_{k-1}} = \frac{\|\boldsymbol{g}_{k-1}\|^2}{\boldsymbol{d}_{k-1}^{\mathrm{T}}\hat{\boldsymbol{G}}_{k-1}\boldsymbol{d}_{k-1}}.$$

再利用 PR 共轭梯度法迭代公式得

$$\beta_{k-1} = \frac{\boldsymbol{g}_k^{\mathrm{T}}(\boldsymbol{g}_k - \boldsymbol{g}_{k-1})}{\boldsymbol{g}_{k-1}^{\mathrm{T}}\boldsymbol{g}_{k-1}} = \alpha_{k-1}\frac{\boldsymbol{g}_k^{\mathrm{T}}\hat{\boldsymbol{G}}_{k-1}\boldsymbol{d}_{k-1}}{\|\boldsymbol{g}_{k-1}\|^2} = \frac{\boldsymbol{g}_k^{\mathrm{T}}\hat{\boldsymbol{G}}_{k-1}\boldsymbol{d}_{k-1}}{\boldsymbol{d}_{k-1}^{\mathrm{T}}\hat{\boldsymbol{G}}_{k-1}\boldsymbol{d}_{k-1}}. \tag{4.5.9}$$

由于水平集有界, 故存在 $M > 0$ 满足

$$\|\boldsymbol{G}(\boldsymbol{x})\boldsymbol{y}\| \leqslant M\|\boldsymbol{y}\|, \quad \forall\, \boldsymbol{x} \in \mathcal{L}(\boldsymbol{x}_0),\ \boldsymbol{y} \in \mathbb{R}^n.$$

从而由 (4.5.9) 和题设得

$$|\beta_{k-1}| \leqslant \frac{\|\boldsymbol{g}_k\|\,\|\hat{\boldsymbol{G}}_{k-1}\boldsymbol{d}_{k-1}\|}{m\|\boldsymbol{d}_{k-1}\|^2} \leqslant \frac{M\|\boldsymbol{g}_k\|}{m\|\boldsymbol{d}_{k-1}\|}.$$

这样,

$$\|\boldsymbol{d}_k\| \leqslant \|\boldsymbol{g}_k\| + |\beta_{k-1}|\,\|\boldsymbol{d}_{k-1}\| \leqslant \|\boldsymbol{g}_k\| + \frac{M}{m}\|\boldsymbol{g}_k\|.$$

从而

$$\frac{\|\boldsymbol{g}_k\|}{\|\boldsymbol{d}_k\|} \geqslant \left(1 + \frac{M}{m}\right)^{-1}.$$

结论得证. 证毕

习 题

1. 设 $f:\mathbb{R}^n\to\mathbb{R}$ 连续可微, 向量组 $\boldsymbol{d}_1,\boldsymbol{d}_2,\cdots,\boldsymbol{d}_n\in\mathbb{R}^n$ 线性无关. 对 $\boldsymbol{x}^*\in\mathbb{R}^n$, 若对 $j=1,2,\cdots,n$, 函数 $f(\boldsymbol{x}^*+\lambda\boldsymbol{d}_j)$ 关于 $\lambda\in\mathbb{R}$ 在 $\lambda=0$ 点均取到最小值, 试证明 $\nabla f(\boldsymbol{x}^*)=\boldsymbol{0}$. 此时 $\boldsymbol{x}^*$ 是函数 $f(\boldsymbol{x})$ 的局部最小值点吗?

2. 设矩阵 $\boldsymbol{G}\in\mathbb{R}^{n\times n}$ 对称正定, 向量组 $\boldsymbol{s}_1,\boldsymbol{s}_2,\cdots,\boldsymbol{s}_n\in\mathbb{R}^n$ 线性无关. 试证明由下述式子定义的向量组关于矩阵 $\boldsymbol{G}$ 共轭.

$$\boldsymbol{d}_k=\begin{cases}\boldsymbol{s}_k, & \text{如果 } k=1,\\ \boldsymbol{s}_k-\displaystyle\sum_{i=1}^{k-1}\frac{\boldsymbol{d}_i^{\mathrm{T}}\boldsymbol{G}\boldsymbol{s}_k}{\boldsymbol{d}_i^{\mathrm{T}}\boldsymbol{G}\boldsymbol{d}_i}\boldsymbol{d}_i, & \text{如果 } k\geqslant 2.\end{cases}$$

3. 设矩阵 $\boldsymbol{A}\in\mathbb{R}^{n\times n}$ 对称正定, 向量组 $\boldsymbol{d}_1,\boldsymbol{d}_2,\cdots,\boldsymbol{d}_n$ 关于矩阵 $\boldsymbol{A}$ 共轭. 试证明:

(1) 对任意的 $\boldsymbol{x}\in\mathbb{R}^n$, $\boldsymbol{x}=\sum\limits_{i=1}^{n}\dfrac{\boldsymbol{d}_i^{\mathrm{T}}\boldsymbol{A}\boldsymbol{x}}{\boldsymbol{d}_i^{\mathrm{T}}\boldsymbol{A}\boldsymbol{d}_i}\boldsymbol{d}_i$;

(2) $\boldsymbol{A}^{-1}=\sum\limits_{i=1}^{n}\dfrac{\boldsymbol{d}_i\boldsymbol{d}_i^{\mathrm{T}}}{\boldsymbol{d}_i^{\mathrm{T}}\boldsymbol{A}\boldsymbol{d}_i}$.

4. 设矩阵 $\boldsymbol{A}\in\mathbb{R}^{n\times n}$ 对称正定, $\boldsymbol{b}\in\mathbb{R}^n$, 而 $\boldsymbol{x}^*\in\mathbb{R}^n$ 为下述优化问题的最优解

$$\min\frac{1}{2}\boldsymbol{x}^{\mathrm{T}}\boldsymbol{A}\boldsymbol{x}\qquad \text{s.t.}\ \ \boldsymbol{x}\geqslant\boldsymbol{b}$$

试证明 $\boldsymbol{x}^*$ 和向量 $(\boldsymbol{x}^*-\boldsymbol{b})$ 关于矩阵 $\boldsymbol{A}$ 共轭.

5. 在共轭梯度法的迭代格式中, 若参数 β 由 D-Y 公式确定, 则无论采用何种步长规则产生下一迭代点都有

$$\beta_k=\frac{\boldsymbol{d}_{k+1}^{\mathrm{T}}\boldsymbol{g}_{k+1}}{\boldsymbol{d}_k^{\mathrm{T}}\boldsymbol{g}_k}.$$

6. 对强 Wolfe 步长规则下的共轭梯度法 $\left(0<\sigma_1<\sigma_2<\dfrac{1}{2}\right)$, 若 $|\beta_k|\leqslant\beta_k^{FR}$, 则

$$-\frac{1}{1-\sigma_2}\leqslant\frac{\boldsymbol{g}_k^{\mathrm{T}}\boldsymbol{d}_k}{\|\boldsymbol{g}_k\|^2}\leqslant\frac{2\sigma_2-1}{1-\sigma_2}.$$

第 5 章　拟牛顿方法

20 世纪 50 年代中期, 美国物理学家 Davidon 首次提出了拟牛顿方法. 不久, 这个方法被 Fletcher 和 Powell 证明是比当时现有算法既快又稳定的算法. 在随后的 20 多年里, 拟牛顿方法成为无约束优化问题算法研究的焦点. 20 世纪 60 年代末, 由 Broyden, Fletcher, Goldfarb 和 Shanno 各自从不同角度提出的 BFGS 方法成为现今最有效的拟牛顿方法. 影响力比较大的还有对称秩-1 校正公式, Broyden 族校正公式和 Huang 族校正公式. 拟牛顿方法属于一种特殊的共轭梯度法, 它利用目标函数梯度的差分构造目标函数 Hesse 阵的某种近似, 然后基于牛顿方程产生搜索方向, 继而通过线搜索完成迭代过程. 由于 Hesse 阵的近似矩阵随迭代过程的进行不断调整, 搜索方向的范数尺度不断变化, 所以拟牛顿方法又称变尺度法. 拟牛顿方法在计算过程中不需要计算目标函数的 Hesse 阵, 却在某种意义下具有使用 Hesse 阵的功效, 因而成为无约束优化问题的一种有效方法.

5.1　方法概述与校正公式

5.1.1　拟牛顿条件

为克服牛顿算法中计算 Hesse 阵及其逆时计算量大的缺陷, 同时避免 Hesse 矩阵奇异或接近奇异的情况, 一个直观的想法是通过不太复杂的过程构造目标函数 Hesse 阵的一个近似替换之. 当然, 这里的近似不是在数值上近似, 而是在性能上近似. 这就是拟牛顿算法.

具体地, 设通过某种方式得到目标函数在 $\boldsymbol{x}_k$ 点的 Hesse 阵的近似 $\boldsymbol{B}_k$, 并沿 $\boldsymbol{d}_k=-\boldsymbol{B}_k^{-1}\boldsymbol{g}_k$ 进行线搜索产生新的迭代点 $\boldsymbol{x}_{k+1}$. 下面考虑如何产生目标函数在 $\boldsymbol{x}_{k+1}$ 点的 Hesse 阵的一个近似. 为此, 取目标函数的梯度函数 $\boldsymbol{g}(\boldsymbol{x})$ 在 $\boldsymbol{x}_{k+1}$ 点的线性近似并令 $\boldsymbol{x}=\boldsymbol{x}_k$ 得

$$\boldsymbol{g}(\boldsymbol{x}_k)\approx\boldsymbol{g}_{k+1}+\boldsymbol{G}_{k+1}(\boldsymbol{x}_k-\boldsymbol{x}_{k+1}).$$

即

$$\boldsymbol{g}_{k+1}-\boldsymbol{g}_k\approx\boldsymbol{G}_{k+1}(\boldsymbol{x}_{k+1}-\boldsymbol{x}_k).$$

记 $\boldsymbol{y}_k=\boldsymbol{g}_{k+1}-\boldsymbol{g}_k, \boldsymbol{s}_k=\boldsymbol{x}_{k+1}-\boldsymbol{x}_k$, 则

$$\boldsymbol{y}_k\approx\boldsymbol{G}_{k+1}\boldsymbol{s}_k.$$

若矩阵 $\boldsymbol{B}_{k+1}$ 为 Hesse 阵 $\boldsymbol{G}_{k+1}$ 的一个近似, 则 $\boldsymbol{B}_{k+1}$ 应满足上式. 为此, 将 $\boldsymbol{G}_{k+1}$ 用矩阵 $\boldsymbol{B}_{k+1}$ 代替, 并将约等号 "≈" 改为等号得

$$\boldsymbol{y}_k = \boldsymbol{B}_{k+1}\boldsymbol{s}_k.$$

若引入矩阵 $\boldsymbol{B}_{k+1}$ 的逆 $\boldsymbol{H}_{k+1}$, 则有

$$\boldsymbol{H}_{k+1}\boldsymbol{y}_k = \boldsymbol{s}_k.$$

这两个方程均称为拟牛顿方程, 又称拟牛顿条件. 拟牛顿方法就是在每个迭代步借助拟牛顿条件产生 $\boldsymbol{G}_k$ 的一个近似 $\boldsymbol{B}_k$, 然后沿拟牛顿方向 $\boldsymbol{d}_k = -\boldsymbol{B}_k^{-1}\boldsymbol{g}_k$ 进行线搜索. 因此, 拟牛顿方法的核心就是借助拟牛顿条件产生目标函数 Hesse 阵的一个近似.

显然, 即便要求 $\boldsymbol{B}_{k+1}$ 对称, 拟牛顿方程中变量的个数也远大于方程的个数, 因此拟牛顿方程的解不能唯一确定. 对此, 一个自然的想法就是通过对 $\boldsymbol{B}_k$ 进行某种修正得到 $\boldsymbol{B}_{k+1}$, 以求得拟牛顿方程的一个 (组) 特解, 也就是取

$$\boldsymbol{B}_{k+1} = \boldsymbol{B}_k + \Delta\boldsymbol{B}_k,$$

其中, $\Delta\boldsymbol{B}_k$ 称为修正项. 为提高 $\boldsymbol{B}_{k+1}$ 与 Hesse 阵的近似度, 我们一方面要求修正项 $\Delta\boldsymbol{B}_k$ 充分利用现有信息, 另一方面从计算量角度考虑, $\Delta\boldsymbol{B}_k$ 应有简单的形式. 这里, 要求 $\Delta\boldsymbol{B}_k$ 的秩不超过 2. 习惯上, 人们根据校正项 $\Delta\boldsymbol{B}_k$ 的秩来称呼校正公式, 如秩-1 校正公式, 秩 -2 校正公式.

5.1.2　对称秩-1 校正公式

设 $\boldsymbol{H}_k$ 为目标函数在 $\boldsymbol{x}_k$ 点的 Hesse 阵逆的一个近似. 给其一秩为 1 的对称阵的摄动后, 使其满足拟牛顿条件, 便得到对称秩-1 校正公式, 简称 SR1 校正公式.

具体地, 令

$$\boldsymbol{H}_{k+1} = \boldsymbol{H}_k + \boldsymbol{v}_k\boldsymbol{v}_k^{\mathrm{T}},$$

其中, $\boldsymbol{v}_k \in \mathbb{R}^n$. 由拟牛顿条件,

$$\boldsymbol{H}_k\boldsymbol{y}_k + \boldsymbol{v}_k\boldsymbol{v}_k^{\mathrm{T}}\boldsymbol{y}_k = \boldsymbol{s}_k.$$

设 $\boldsymbol{v}_k^{\mathrm{T}}\boldsymbol{y}_k \neq 0$, 则

$$\boldsymbol{v}_k = \frac{1}{\boldsymbol{v}_k^{\mathrm{T}}\boldsymbol{y}_k}(\boldsymbol{s}_k - \boldsymbol{H}_k\boldsymbol{y}_k), \quad (\boldsymbol{v}_k^{\mathrm{T}}\boldsymbol{y}_k)^2 = (\boldsymbol{s}_k - \boldsymbol{H}_k\boldsymbol{y}_k)^{\mathrm{T}}\boldsymbol{y}_k.$$

从而得到 $\boldsymbol{H}_k$ 的 SR1 校正公式

$$\boldsymbol{H}_{k+1} = \boldsymbol{H}_k + \frac{(\boldsymbol{s}_k - \boldsymbol{H}_k\boldsymbol{y}_k)(\boldsymbol{s}_k - \boldsymbol{H}_k\boldsymbol{y}_k)^{\mathrm{T}}}{(\boldsymbol{s}_k - \boldsymbol{H}_k\boldsymbol{y}_k)^{\mathrm{T}}\boldsymbol{y}_k}.$$

该校正公式由 Broyden(1967), Davidon(1968), Fiacco & McCormick(1968), Wolfe (1968) 及 Murtagh & Sargent(1969) 各自独立提出.

利用拟牛顿方程 $\boldsymbol{y}_k = \boldsymbol{B}_{k+1}\boldsymbol{s}_k$ 类似推导可得 $\boldsymbol{B}_k$ 的校正公式:

$$\boldsymbol{B}_{k+1} = \boldsymbol{B}_k + \frac{(\boldsymbol{y}_k - \boldsymbol{B}_k\boldsymbol{s}_k)(\boldsymbol{y}_k - \boldsymbol{B}_k\boldsymbol{s}_k)^{\mathrm{T}}}{(\boldsymbol{y}_k - \boldsymbol{B}_k\boldsymbol{s}_k)^{\mathrm{T}}\boldsymbol{s}_k}.$$

利用下面的结论可知矩阵 $\boldsymbol{H}_{k+1}$ 与 $\boldsymbol{B}_{k+1}$ 互为逆矩阵.

引理 5.1.1 (Sherman-Morrison 定理) 设矩阵 $\boldsymbol{A} \in \mathbb{R}^{n\times n}$ 非奇异, $\boldsymbol{u}, \boldsymbol{v} \in \mathbb{R}^n$ 满足 $1 + \boldsymbol{v}^{\mathrm{T}}\boldsymbol{A}^{-1}\boldsymbol{u} \neq 0$, 则 $\boldsymbol{A} + \boldsymbol{u}\boldsymbol{v}^{\mathrm{T}}$ 非奇异, 且

$$(\boldsymbol{A} + \boldsymbol{u}\boldsymbol{v}^{\mathrm{T}})^{-1} = \boldsymbol{A}^{-1} - \frac{\boldsymbol{A}^{-1}\boldsymbol{u}\boldsymbol{v}^{\mathrm{T}}\boldsymbol{A}^{-1}}{1 + \boldsymbol{v}^{\mathrm{T}}\boldsymbol{A}^{-1}\boldsymbol{u}}.$$

证明 由

$$\begin{pmatrix} 1 & \boldsymbol{v}^{\mathrm{T}}\boldsymbol{A}^{-1} \\ \boldsymbol{0} & \boldsymbol{I} \end{pmatrix}\begin{pmatrix} 1 & -\boldsymbol{v}^{\mathrm{T}} \\ \boldsymbol{u} & \boldsymbol{A} \end{pmatrix} = \begin{pmatrix} 1 + \boldsymbol{v}^{\mathrm{T}}\boldsymbol{A}^{-1}\boldsymbol{u} & \boldsymbol{0} \\ \boldsymbol{u} & \boldsymbol{A} \end{pmatrix} \triangleq \boldsymbol{W}_1,$$

$$\begin{pmatrix} 1 & \boldsymbol{0} \\ -\boldsymbol{u} & \boldsymbol{I} \end{pmatrix}\begin{pmatrix} 1 & -\boldsymbol{v}^{\mathrm{T}} \\ \boldsymbol{u} & \boldsymbol{A} \end{pmatrix} = \begin{pmatrix} 1 & -\boldsymbol{v}^{\mathrm{T}} \\ \boldsymbol{0} & \boldsymbol{A} + \boldsymbol{u}\boldsymbol{v}^{\mathrm{T}} \end{pmatrix} \triangleq \boldsymbol{W}_2$$

易得

$$\boldsymbol{W}_1^{-1} = \begin{pmatrix} \dfrac{1}{1 + \boldsymbol{v}^{\mathrm{T}}\boldsymbol{A}^{-1}\boldsymbol{u}} & \boldsymbol{0} \\ \dfrac{-\boldsymbol{A}^{-1}\boldsymbol{u}}{1 + \boldsymbol{v}^{\mathrm{T}}\boldsymbol{A}^{-1}\boldsymbol{u}} & \boldsymbol{A}^{-1} \end{pmatrix}, \qquad \boldsymbol{W}_2^{-1} = \begin{pmatrix} 1 & \boldsymbol{v}^{\mathrm{T}}(\boldsymbol{A} + \boldsymbol{u}\boldsymbol{v}^{\mathrm{T}})^{-1} \\ \boldsymbol{0} & (\boldsymbol{A} + \boldsymbol{u}\boldsymbol{v}^{\mathrm{T}})^{-1} \end{pmatrix}.$$

利用 $\boldsymbol{W}_1^{-1}$ 的表达式, $\boldsymbol{W}_2^{-1}$ 可写成

$$\boldsymbol{W}_2^{-1} = \begin{pmatrix} 1 & -\boldsymbol{v}^{\mathrm{T}} \\ \boldsymbol{u} & \boldsymbol{A} \end{pmatrix}^{-1}\begin{pmatrix} 1 & \boldsymbol{0} \\ \boldsymbol{u} & \boldsymbol{I} \end{pmatrix} = \boldsymbol{W}_1^{-1}\begin{pmatrix} 1 & \boldsymbol{v}^{\mathrm{T}}\boldsymbol{A}^{-1} \\ \boldsymbol{0} & \boldsymbol{I} \end{pmatrix}\begin{pmatrix} 1 & \boldsymbol{0} \\ \boldsymbol{u} & \boldsymbol{I} \end{pmatrix}$$

$$= \begin{pmatrix} 1 & \dfrac{\boldsymbol{v}^{\mathrm{T}}\boldsymbol{A}^{-1}}{1 + \boldsymbol{v}^{\mathrm{T}}\boldsymbol{A}^{-1}\boldsymbol{u}} \\ \boldsymbol{0} & \boldsymbol{A}^{-1} - \dfrac{\boldsymbol{A}^{-1}\boldsymbol{u}\boldsymbol{v}^{\mathrm{T}}\boldsymbol{A}^{-1}}{1 + \boldsymbol{v}^{\mathrm{T}}\boldsymbol{A}^{-1}\boldsymbol{u}} \end{pmatrix}.$$

利用两者相等得

$$(\boldsymbol{A} + \boldsymbol{u}\boldsymbol{v}^{\mathrm{T}})^{-1} = \boldsymbol{A}^{-1} - \frac{\boldsymbol{A}^{-1}\boldsymbol{u}\boldsymbol{v}^{\mathrm{T}}\boldsymbol{A}^{-1}}{1 + \boldsymbol{v}^{\mathrm{T}}\boldsymbol{A}^{-1}\boldsymbol{u}}.$$

证毕

利用 $\boldsymbol{H}_k$ 的迭代公式, 可建立相应的拟牛顿算法.

算法 5.1.1

步 1. 取 $\boldsymbol{x}_0 \in \mathbb{R}^n$, n 阶阵 $\boldsymbol{H}_0$ 和参数 $\varepsilon \geqslant 0$. 令 $k=0$.

步 2. 计算 $\boldsymbol{d}_k = -\boldsymbol{H}_k \boldsymbol{g}_k$. 令 $\boldsymbol{x}_{k+1} = \boldsymbol{x}_k + \alpha_k \boldsymbol{d}_k$, 其中, 步长 α_k 由线搜索产生. 若 $\|\boldsymbol{g}_{k+1}\| \leqslant \varepsilon$, 算法停止; 否则, 转下一步.

步 3. 令 $\boldsymbol{H}_{k+1} = \boldsymbol{H}_k + \dfrac{(\boldsymbol{s}_k - \boldsymbol{H}_k \boldsymbol{y}_k)(\boldsymbol{s}_k - \boldsymbol{H}_k \boldsymbol{y}_k)^{\mathrm{T}}}{(\boldsymbol{s}_k - \boldsymbol{H}_k \boldsymbol{y}_k)^{\mathrm{T}} \boldsymbol{y}_k}$, $k=k+1$, 转步 2.

习惯上, 取初始阵 $\boldsymbol{H}_0 = \boldsymbol{I}$.

SR1 校正公式的缺陷是 $\boldsymbol{H}_k$ 的正定性不具有遗传性, 即 $\boldsymbol{H}_k$ 的正定性不能保证 $\boldsymbol{H}_{k+1}$ 的正定性, 因为 $(\boldsymbol{s}_k - \boldsymbol{H}_k \boldsymbol{y}_k)^{\mathrm{T}} \boldsymbol{y}_k > 0$ 并不总成立, 甚至在目标函数为凸函数时也会出现 $(\boldsymbol{s}_k - \boldsymbol{H}_k \boldsymbol{y}_k)^{\mathrm{T}} \boldsymbol{y}_k \approx 0$ 的情况, 从而使算法不能继续执行. 尽管如此, 该校正公式有一个诱人的特点: $\boldsymbol{H}_{k+1}$ 对 Hesse 阵的逆 $\boldsymbol{G}_{k+1}^{-1}$ 有比后面介绍的 BFGS 校正公式还好的近似.

定理 5.1.1　设 $f(\boldsymbol{x}) = \dfrac{1}{2}\boldsymbol{x}^{\mathrm{T}} \boldsymbol{A} \boldsymbol{x} + \boldsymbol{b}^{\mathrm{T}} \boldsymbol{x}$, $\boldsymbol{A}$ 对称正定. 对任意初始点 $\boldsymbol{x}_0$ 和对称阵 $\boldsymbol{H}_0$, 若 SR1 方法产生的点列满足 $(\boldsymbol{s}_k - \boldsymbol{H}_k \boldsymbol{y}_k)^{\mathrm{T}} \boldsymbol{y}_k \neq 0$, 则当向量组 $\boldsymbol{s}_0, \boldsymbol{s}_1, \boldsymbol{s}_2, \cdots, \boldsymbol{s}_{n-1}$ 线性无关时, 有 $\boldsymbol{H}_n = \boldsymbol{A}^{-1}$. 进一步, 若采用最优步长或单位步长, 则 SR1 方法具有二次终止性.

证明　首先用数学归纳法证明

$$\boldsymbol{H}_{k+1} \boldsymbol{y}_j = \boldsymbol{s}_j, \quad j = 0, 1, \cdots, k. \tag{5.1.1}$$

当 $k=0$ 时, 由拟牛顿条件, $\boldsymbol{H}_1 \boldsymbol{y}_0 = \boldsymbol{s}_0$.

假设 (5.1.1) 对 $k-1$ 成立, 下证其对 k 也成立. 由 $\boldsymbol{H}_k$ 的 SR1 校正公式, 对任意的 $j \leqslant k-1$, 利用归纳假设,

$$\begin{aligned}
\boldsymbol{H}_{k+1} \boldsymbol{y}_j &= \boldsymbol{H}_k \boldsymbol{y}_j + \frac{(\boldsymbol{s}_k - \boldsymbol{H}_k \boldsymbol{y}_k)(\boldsymbol{s}_k - \boldsymbol{H}_k \boldsymbol{y}_k)^{\mathrm{T}} \boldsymbol{y}_j}{(\boldsymbol{s}_k - \boldsymbol{H}_k \boldsymbol{y}_k)^{\mathrm{T}} \boldsymbol{y}_k} \\
&= \boldsymbol{s}_j + \frac{(\boldsymbol{s}_k - \boldsymbol{H}_k \boldsymbol{y}_k)(\boldsymbol{s}_k^{\mathrm{T}} \boldsymbol{y}_j - \boldsymbol{y}_k^{\mathrm{T}} \boldsymbol{s}_j)}{(\boldsymbol{s}_k - \boldsymbol{H}_k \boldsymbol{y}_k)^{\mathrm{T}} \boldsymbol{y}_k}.
\end{aligned}$$

而由 $\boldsymbol{y}_k = \boldsymbol{A} \boldsymbol{s}_k$ 得 $\boldsymbol{s}_k^{\mathrm{T}} \boldsymbol{y}_j = \boldsymbol{y}_k^{\mathrm{T}} \boldsymbol{s}_j$. 代入上式得 $\boldsymbol{H}_{k+1} \boldsymbol{y}_j = \boldsymbol{s}_j$. 该式连同拟牛顿条件 $\boldsymbol{H}_{k+1} \boldsymbol{y}_k = \boldsymbol{s}_k$ 得 (5.1.1).

由于对任意的 j, 成立 $\boldsymbol{y}_j = \boldsymbol{A} \boldsymbol{s}_j$, 故利用 (5.1.1) 得

$$\boldsymbol{H}_{k+1} \boldsymbol{A} \boldsymbol{s}_j = \boldsymbol{s}_j, \quad \forall\, j \leqslant k.$$

进一步,

$$\boldsymbol{H}_n \boldsymbol{A}(\boldsymbol{s}_0, \cdots, \boldsymbol{s}_{n-1}) = (\boldsymbol{s}_0, \cdots, \boldsymbol{s}_{n-1}).$$

由于 $\boldsymbol{s}_0,\cdots,\boldsymbol{s}_{n-1}$ 线性无关, 故有 $\boldsymbol{H}_n\boldsymbol{A}=\boldsymbol{I}$, 从而 $\boldsymbol{H}_n=\boldsymbol{A}^{-1}$. 在第 n 步, 搜索方向为牛顿方向 $\boldsymbol{d}_n=-\boldsymbol{A}^{-1}\boldsymbol{g}_n$. 对严格凸二次函数, 无论采用最优步长还是单位步长, 牛顿算法一步就可以得到最优值点, 从而 $\boldsymbol{x}_{n+1}$ 是目标函数的最小值点.

证毕

拟牛顿算法的二次终止性不只对秩-1 校正公式成立, 后面介绍的秩-2 校正公式也有这种性质, 只是后者要求最优步长.

5.1.3 DFP 校正公式

DFP 校正公式是最早的拟牛顿校正公式, 它起初由 Davidon(1959) 提出, 后由 Fletcher 和 Powell(1963) 改进得到. 给矩阵 $\boldsymbol{H}_k$ 一个秩不大于 2 的对称阵的摄动使后者满足拟牛顿条件, 便得到 DFP 秩校正公式.

在对称秩-1 校正公式中, 校正项由 $\boldsymbol{H}_k\boldsymbol{y}_k$ 和 $\boldsymbol{s}_k$ 构成. 基于此, 构建如下秩-2 校正

$$\boldsymbol{H}_{k+1}=\boldsymbol{H}_k+a\boldsymbol{s}_k\boldsymbol{s}_k^{\mathrm{T}}+b\boldsymbol{H}_k\boldsymbol{y}_k\boldsymbol{y}_k^{\mathrm{T}}\boldsymbol{H}_k,$$

其中, a, b 为待定常数. 由拟牛顿条件知

$$\boldsymbol{H}_k\boldsymbol{y}_k+a(\boldsymbol{s}_k^{\mathrm{T}}\boldsymbol{y}_k)\boldsymbol{s}_k+b(\boldsymbol{y}_k^{\mathrm{T}}\boldsymbol{H}_k\boldsymbol{y}_k)\boldsymbol{H}_k\boldsymbol{y}_k=\boldsymbol{s}_k.$$

设 $\boldsymbol{s}_k,\boldsymbol{H}_k\boldsymbol{y}_k$ 线性无关, 则

$$a=\frac{1}{\boldsymbol{s}_k^{\mathrm{T}}\boldsymbol{y}_k},\qquad b=-\frac{1}{\boldsymbol{y}_k^{\mathrm{T}}\boldsymbol{H}_k\boldsymbol{y}_k}.$$

这样便得到 DFP 校正公式:

$$\boldsymbol{H}_{k+1}=\boldsymbol{H}_k+\frac{\boldsymbol{s}_k\boldsymbol{s}_k^{\mathrm{T}}}{\boldsymbol{s}_k^{\mathrm{T}}\boldsymbol{y}_k}-\frac{\boldsymbol{H}_k\boldsymbol{y}_k\boldsymbol{y}_k^{\mathrm{T}}\boldsymbol{H}_k}{\boldsymbol{y}_k^{\mathrm{T}}\boldsymbol{H}_k\boldsymbol{y}_k}.$$

当 $\boldsymbol{H}_k$ 正定时, $\boldsymbol{d}_k=-\boldsymbol{H}_k\boldsymbol{g}_k$ 是下降方向. 下面讨论 $\boldsymbol{H}_k$ 正定时, $\boldsymbol{H}_{k+1}$ 正定的条件.

定理 5.1.2 设 $\boldsymbol{H}_k$ 正定, 则 $\boldsymbol{H}_{k+1}$ 正定的充分必要条件是 $\boldsymbol{s}_k^{\mathrm{T}}\boldsymbol{y}_k>0$.

证明 设 $\boldsymbol{H}_k$ 正定, 则它有 Cholesky 分解 $\boldsymbol{H}_k=\boldsymbol{L}_k\boldsymbol{L}_k^{\mathrm{T}}$, 其中, $\boldsymbol{L}_k$ 为非奇异三角阵. 对任意非零向量 $\boldsymbol{z}\in\mathbb{R}^n$, 由 DFP 校正公式,

$$\boldsymbol{z}^{\mathrm{T}}\boldsymbol{H}_{k+1}\boldsymbol{z}=\boldsymbol{z}^{\mathrm{T}}\boldsymbol{L}_k\boldsymbol{L}_k^{\mathrm{T}}\boldsymbol{z}+\frac{\boldsymbol{z}^{\mathrm{T}}\boldsymbol{s}_k\boldsymbol{s}_k^{\mathrm{T}}\boldsymbol{z}}{\boldsymbol{s}_k^{\mathrm{T}}\boldsymbol{y}_k}-\frac{\boldsymbol{z}^{\mathrm{T}}\boldsymbol{L}_k\boldsymbol{L}_k^{\mathrm{T}}\boldsymbol{y}_k\boldsymbol{y}_k^{\mathrm{T}}\boldsymbol{L}_k\boldsymbol{L}_k^{\mathrm{T}}\boldsymbol{z}}{\boldsymbol{y}_k^{\mathrm{T}}\boldsymbol{L}_k\boldsymbol{L}_k^{\mathrm{T}}\boldsymbol{y}_k}.$$

记 $\boldsymbol{a}_k=\boldsymbol{L}_k^{\mathrm{T}}\boldsymbol{z},\boldsymbol{b}_k=\boldsymbol{L}_k^{\mathrm{T}}\boldsymbol{y}_k$. 则

$$\boldsymbol{z}^{\mathrm{T}}\boldsymbol{H}_{k+1}\boldsymbol{z}=\|\boldsymbol{a}_k\|^2-\frac{\langle\boldsymbol{a}_k,\boldsymbol{b}_k\rangle^2}{\|\boldsymbol{b}_k\|^2}+\frac{(\boldsymbol{z}^{\mathrm{T}}\boldsymbol{s}_k)^2}{\boldsymbol{s}_k^{\mathrm{T}}\boldsymbol{y}_k}.$$

充分性　设 $\boldsymbol{s}_k^{\mathrm{T}}\boldsymbol{y}_k > 0$. 若 $\boldsymbol{a}_k$ 与 $\boldsymbol{b}_k$ 线性无关, 由 Cauchy-Schwarz 不等式,

$$\boldsymbol{z}^{\mathrm{T}}\boldsymbol{H}_{k+1}\boldsymbol{z} > 0.$$

若 $\boldsymbol{a}_k$ 与 $\boldsymbol{b}_k$ 线性相关, 则存在 $t \neq 0$, 使 $\boldsymbol{a}_k = t\boldsymbol{b}_k$. 由 $\boldsymbol{L}_k$ 非奇异知 $\boldsymbol{z} = t\boldsymbol{y}_k$. 从而

$$\boldsymbol{z}^{\mathrm{T}}\boldsymbol{H}_{k+1}\boldsymbol{z} = \frac{(\boldsymbol{z}^{\mathrm{T}}\boldsymbol{s}_k)^2}{\boldsymbol{s}_k^{\mathrm{T}}\boldsymbol{y}_k} = t^2 > 0.$$

必要性　设 $\boldsymbol{H}_k, \boldsymbol{H}_{k+1}$ 均正定. 由于 $\boldsymbol{s}_k^{\mathrm{T}}\boldsymbol{y}_k = 0$ 时使 DFP 校正公式无意义, 该情形不予考虑.

反设 $\boldsymbol{s}_k^{\mathrm{T}}\boldsymbol{y}_k < 0$. 类似于充分性的讨论, 取 $\boldsymbol{z} = \boldsymbol{y}_k \in \mathbb{R}^n$. 此时 $\boldsymbol{a}_k = \boldsymbol{b}_k$, 则

$$\boldsymbol{z}^{\mathrm{T}}\boldsymbol{H}_{k+1}\boldsymbol{z} = \frac{\|\boldsymbol{a}_k\|^2\|\boldsymbol{b}_k\|^2 - \langle \boldsymbol{a}_k, \boldsymbol{b}_k\rangle^2}{\|\boldsymbol{b}_k\|^2} + \frac{(\boldsymbol{s}_k^{\mathrm{T}}\boldsymbol{y}_k)^2}{\boldsymbol{s}_k^{\mathrm{T}}\boldsymbol{y}_k} = \frac{(\boldsymbol{s}_k^{\mathrm{T}}\boldsymbol{y}_k)^2}{\boldsymbol{s}_k^{\mathrm{T}}\boldsymbol{y}_k} < 0.$$

这与 $\boldsymbol{H}_{k+1}$ 正定矛盾. 反设不成立, 命题得证.　　证毕

对一致凸函数, $\boldsymbol{s}_k^{\mathrm{T}}\boldsymbol{y}_k > 0$ 自然成立. 从而, 若 $\boldsymbol{H}_k$ 正定, 则 $\boldsymbol{H}_{k+1}$ 正定. 而对于非一致凸函数, 为保证 $\boldsymbol{s}_k^{\mathrm{T}}\boldsymbol{y}_k > 0$ 成立, 需要对步长进行限制, 如采用 (强)Wolfe 步长规则或最优步长规则. 对于前者, 由

$$\boldsymbol{g}_{k+1}^{\mathrm{T}}\boldsymbol{s}_k \geqslant \sigma_2 \boldsymbol{g}_k^{\mathrm{T}}\boldsymbol{s}_k$$

得

$$\boldsymbol{y}_k^{\mathrm{T}}\boldsymbol{s}_k \geqslant (\sigma_2 - 1)\boldsymbol{g}_k^{\mathrm{T}}\boldsymbol{s}_k.$$

再利用 $\sigma_2 < 1$ 和 $\boldsymbol{s}_k$ 的下降性得 $\boldsymbol{s}_k^{\mathrm{T}}\boldsymbol{y}_k > 0$. 对于后者, 由最优步长的性质, $\boldsymbol{g}_{k+1}^{\mathrm{T}}\boldsymbol{d}_k = 0$. 再由 $\boldsymbol{d}_k$ 的下降性得, $\boldsymbol{s}_k^{\mathrm{T}}\boldsymbol{y}_k > 0$, 从而 $\boldsymbol{H}_{k+1}$ 正定. $\boldsymbol{H}_k$ 的正定性得以遗传. 上述分析对后面的 BFGS 方法同样有效.

对于最优步长规则下的 DFP 方法, 若 $\boldsymbol{H}_0 = \boldsymbol{I}$, Myers(1968) 首先发现它实质上是一个共轭梯度法, 从而具有二次终止性.

定理 5.1.3　对严格凸二次函数 $f = \frac{1}{2}\boldsymbol{x}^{\mathrm{T}}\boldsymbol{A}\boldsymbol{x} + \boldsymbol{b}^{\mathrm{T}}\boldsymbol{x}$, 最优步长规则下的 DFP 方法满足, 对任意的 $k \geqslant 0$,

$$\boldsymbol{H}_{k+1}\boldsymbol{y}_j = \boldsymbol{s}_j, \quad \forall\, j \leqslant k; \qquad \boldsymbol{s}_k^{\mathrm{T}}\boldsymbol{A}\boldsymbol{s}_j = 0, \quad \forall\, j \leqslant k-1, \tag{5.1.2}$$

并且算法至多 n 步迭代后终止.

证明　首先给出二次函数的如下性质,

$$\boldsymbol{y}_k = \boldsymbol{A}\boldsymbol{s}_k, \quad k \geqslant 0,$$

及拟牛顿算法的迭代公式

$$\boldsymbol{s}_k = -\alpha_k \boldsymbol{H}_k \boldsymbol{g}_k, \quad k \geqslant 0.$$

由拟牛顿条件 $\boldsymbol{H}_1\boldsymbol{y}_0 = \boldsymbol{s}_0$ 及最优步长规则,

$$\boldsymbol{s}_1^{\mathrm{T}} \boldsymbol{A} \boldsymbol{s}_0 = -\alpha_1 \boldsymbol{g}_1^{\mathrm{T}} \boldsymbol{H}_1 \boldsymbol{y}_0 = -\alpha_1 \boldsymbol{g}_1^{\mathrm{T}} \boldsymbol{s}_0 = 0.$$

这说明当 $k=1$ 时, 结论 (5.1.2) 的第二式成立.

利用该结论和 $\boldsymbol{H}_1\boldsymbol{y}_0 = \boldsymbol{s}_0$ 得

$$\begin{aligned}
\boldsymbol{H}_2\boldsymbol{y}_0 &= \boldsymbol{H}_1\boldsymbol{y}_0 + \frac{\boldsymbol{s}_1\boldsymbol{s}_1^{\mathrm{T}}\boldsymbol{y}_0}{\boldsymbol{s}_1^{\mathrm{T}}\boldsymbol{y}_1} - \frac{\boldsymbol{H}_1\boldsymbol{y}_1\boldsymbol{y}_1^{\mathrm{T}}\boldsymbol{H}_1\boldsymbol{y}_0}{\boldsymbol{y}_1^{\mathrm{T}}\boldsymbol{H}_1\boldsymbol{y}_1} \\
&= \boldsymbol{s}_0 + \frac{\boldsymbol{s}_1\boldsymbol{s}_1^{\mathrm{T}}\boldsymbol{A}\boldsymbol{s}_0}{\boldsymbol{s}_1^{\mathrm{T}}\boldsymbol{y}_1} - \frac{\boldsymbol{H}_1\boldsymbol{y}_1\boldsymbol{y}_1^{\mathrm{T}}\boldsymbol{s}_0}{\boldsymbol{y}_1^{\mathrm{T}}\boldsymbol{H}_1\boldsymbol{y}_1} \\
&= \boldsymbol{s}_0 - \frac{\boldsymbol{H}_1\boldsymbol{y}_1\boldsymbol{s}_1^{\mathrm{T}}\boldsymbol{A}\boldsymbol{s}_0}{\boldsymbol{y}_1^{\mathrm{T}}\boldsymbol{H}_1\boldsymbol{y}_1} = \boldsymbol{s}_0.
\end{aligned}$$

由于 $\boldsymbol{H}_2\boldsymbol{y}_1 = \boldsymbol{s}_1$ 自然成立, 这说明当 $k=1$ 时, 结论 (5.1.2) 的第一式成立.

假设命题对某个 $k>1$ 成立. 对任意的 $j \leqslant k-1$, 由于

$$\boldsymbol{g}_{k+1} = \boldsymbol{g}_{j+1} + \sum_{i=j+1}^{k} (\boldsymbol{g}_{i+1} - \boldsymbol{g}_i),$$

利用最优步长的性质和归纳假设得

$$\begin{aligned}
\boldsymbol{g}_{k+1}^{\mathrm{T}}\boldsymbol{s}_j &= \boldsymbol{g}_{j+1}^{\mathrm{T}}\boldsymbol{s}_j + \sum_{i=j+1}^{k} (\boldsymbol{g}_{i+1} - \boldsymbol{g}_i)^{\mathrm{T}}\boldsymbol{s}_j \\
&= \sum_{i=j+1}^{k} \boldsymbol{s}_i^{\mathrm{T}}\boldsymbol{A}\boldsymbol{s}_j = 0.
\end{aligned}$$

从而对任意的 $j \leqslant k$,

$$\boldsymbol{s}_{k+1}^{\mathrm{T}}\boldsymbol{A}\boldsymbol{s}_j = -\alpha_{k+1}\boldsymbol{g}_{k+1}^{\mathrm{T}}\boldsymbol{H}_{k+1}\boldsymbol{y}_j = -\alpha_{k+1}\boldsymbol{g}_{k+1}^{\mathrm{T}}\boldsymbol{s}_j = 0.$$

搜索方向的共轭性条件得到.

由于 $\boldsymbol{H}_{k+2}\boldsymbol{y}_{k+1} = \boldsymbol{s}_{k+1}$ 自然成立, 由 DFP 校正公式和归纳假设, 为证 $\boldsymbol{H}_{k+2}\boldsymbol{y}_j = \boldsymbol{s}_j$ 对任意的 $j \leqslant k$ 成立, 只需证明

$$\boldsymbol{s}_{k+1}^{\mathrm{T}}\boldsymbol{y}_j = 0, \qquad \boldsymbol{y}_{k+1}^{\mathrm{T}}\boldsymbol{H}_{k+1}\boldsymbol{y}_j = 0$$

对任意的 $j \leqslant k$ 成立即可.

事实上, 利用已证明的共轭性条件,

$$\boldsymbol{s}_{k+1}^{\mathrm{T}}\boldsymbol{y}_j = \boldsymbol{s}_{k+1}^{\mathrm{T}}\boldsymbol{A}\boldsymbol{s}_j = 0,$$

结合归纳假设得

$$\boldsymbol{y}_{k+1}^{\mathrm{T}}\boldsymbol{H}_{k+1}\boldsymbol{y}_j = \boldsymbol{y}_{k+1}^{\mathrm{T}}\boldsymbol{s}_j = 0.$$

综上所述, (5.1.2) 成立. 从而 DFP 方法对凸二次函数归结为线性共轭方向法. 由共轭方向法的基本定理, 它在 n 步内终止. 　　证毕

由于共轭向量一定线性无关, 利用定理 5.1.1 证明的最后一部分, 同样可得 $\boldsymbol{H}_n = \boldsymbol{A}^{-1}$, 不过该结论依赖于搜索过程.

5.1.4 BFGS 校正公式

基于 $\boldsymbol{B}_k$ 的拟牛顿方程, 利用 $\boldsymbol{H}_k$ 的 DFP 校正公式同样的推导过程可得 $\boldsymbol{B}_k$ 的校正公式

$$\boldsymbol{B}_{k+1}^{\mathrm{BFGS}} = \boldsymbol{B}_k + \frac{\boldsymbol{y}_k\boldsymbol{y}_k^{\mathrm{T}}}{\boldsymbol{y}_k^{\mathrm{T}}\boldsymbol{s}_k} - \frac{\boldsymbol{B}_k\boldsymbol{s}_k\boldsymbol{s}_k^{\mathrm{T}}\boldsymbol{B}_k}{\boldsymbol{s}_k^{\mathrm{T}}\boldsymbol{B}_k\boldsymbol{s}_k}.$$

该公式称为关于 $\boldsymbol{B}_k$ 的 BFGS 校正公式.

需要指出的是, 虽然 $\boldsymbol{H}_k = \boldsymbol{B}_k^{-1}$, 但 $\boldsymbol{B}_{k+1}^{\mathrm{BFGS}}$ 与 $\boldsymbol{H}_{k+1}^{\mathrm{DFP}}$ 并不互逆. 但它们在形式上具有某种一致性: 将两公式中的 $\boldsymbol{y}_k$ 与 $\boldsymbol{s}_k$ 对调, $\boldsymbol{H}_k$ 与 $\boldsymbol{B}_k$ 对调, 就可得到对方. 所以, 它们又称对偶公式. 利用引理 5.1.1, 可得 $\boldsymbol{H}_{k+1}^{\mathrm{DFP}}$ 和 $\boldsymbol{B}_{k+1}^{\mathrm{BFGS}}$ 的逆, 从而得到 $\boldsymbol{B}_k$ 的 DFP 校正公式和 $\boldsymbol{H}_k$ 的 BFGS 校正公式. 下面给出 $\boldsymbol{B}_{k+1}^{\mathrm{BFGS}}$ 的逆 $\boldsymbol{H}_{k+1}^{\mathrm{BFGS}}$ 的推导过程.

记 $\boldsymbol{T} = \boldsymbol{B}_k + \dfrac{\boldsymbol{y}_k\boldsymbol{y}_k^{\mathrm{T}}}{\boldsymbol{s}_k^{\mathrm{T}}\boldsymbol{y}_k}$, 由引理 5.1.1, 易求

$$\boldsymbol{T}^{-1} = \boldsymbol{H}_k - \frac{\boldsymbol{H}_k\boldsymbol{y}_k\boldsymbol{y}_k^{\mathrm{T}}\boldsymbol{H}_k}{\boldsymbol{s}_k^{\mathrm{T}}\boldsymbol{y}_k + \boldsymbol{y}_k^{\mathrm{T}}\boldsymbol{H}_k\boldsymbol{y}_k} = \boldsymbol{H}_k - \frac{\boldsymbol{H}_k\boldsymbol{y}_k\boldsymbol{y}_k^{\mathrm{T}}\boldsymbol{H}_k}{\rho}.$$

其中, $\rho = \boldsymbol{s}_k^{\mathrm{T}}\boldsymbol{y}_k + \boldsymbol{y}_k^{\mathrm{T}}\boldsymbol{H}_k\boldsymbol{y}_k$. 那么,

$$\begin{aligned}
\boldsymbol{H}_{k+1}^{\mathrm{BFGS}} &= (\boldsymbol{B}_{k+1}^{\mathrm{BFGS}})^{-1} = \left(\boldsymbol{T} - \frac{\boldsymbol{B}_k\boldsymbol{s}_k\boldsymbol{s}_k^{\mathrm{T}}\boldsymbol{B}_k}{\boldsymbol{s}_k^{\mathrm{T}}\boldsymbol{B}_k\boldsymbol{s}_k}\right)^{-1} \\
&= \boldsymbol{T}^{-1} + \frac{\boldsymbol{T}^{-1}\boldsymbol{B}_k\boldsymbol{s}_k\boldsymbol{s}_k^{\mathrm{T}}\boldsymbol{B}_k\boldsymbol{T}^{-1}}{\boldsymbol{s}_k^{\mathrm{T}}\boldsymbol{B}_k\boldsymbol{s}_k - \boldsymbol{s}_k^{\mathrm{T}}\boldsymbol{B}_k\boldsymbol{T}^{-1}\boldsymbol{B}_k\boldsymbol{s}_k} \\
&= \boldsymbol{H}_k - \frac{\boldsymbol{H}_k\boldsymbol{y}_k\boldsymbol{y}_k^{\mathrm{T}}\boldsymbol{H}_k}{\rho} + \rho\frac{\boldsymbol{T}^{-1}\boldsymbol{B}_k\boldsymbol{s}_k\boldsymbol{s}_k^{\mathrm{T}}\boldsymbol{B}_k\boldsymbol{T}^{-1}}{(\boldsymbol{s}_k^{\mathrm{T}}\boldsymbol{y}_k)^2} \\
&= \boldsymbol{H}_k - \frac{\boldsymbol{H}_k\boldsymbol{y}_k\boldsymbol{y}_k^{\mathrm{T}}\boldsymbol{H}_k}{\rho} + \frac{(\rho\boldsymbol{I} - \boldsymbol{H}_k\boldsymbol{y}_k\boldsymbol{y}_k^{\mathrm{T}})\boldsymbol{s}_k\boldsymbol{s}_k^{\mathrm{T}}(\rho\boldsymbol{I} - \boldsymbol{y}_k\boldsymbol{y}_k^{\mathrm{T}}\boldsymbol{H}_k)}{\rho(\boldsymbol{s}_k^{\mathrm{T}}\boldsymbol{y}_k)^2}
\end{aligned}$$

$$
\begin{aligned}
&= \boldsymbol{H}_k - \frac{\boldsymbol{H}_k\boldsymbol{y}_k\boldsymbol{y}_k^{\mathrm{T}}\boldsymbol{H}_k}{\rho} + \frac{\rho^2\boldsymbol{s}_k\boldsymbol{s}_k^{\mathrm{T}} + \boldsymbol{H}_k\boldsymbol{y}_k\boldsymbol{y}_k^{\mathrm{T}}\boldsymbol{s}_k\boldsymbol{s}_k^{\mathrm{T}}\boldsymbol{y}_k\boldsymbol{y}_k^{\mathrm{T}}\boldsymbol{H}_k}{\rho(\boldsymbol{s}_k^{\mathrm{T}}\boldsymbol{y}_k)^2} \\
&\quad - \frac{\rho\boldsymbol{H}_k\boldsymbol{y}_k\boldsymbol{y}_k^{\mathrm{T}}\boldsymbol{s}_k\boldsymbol{s}_k^{\mathrm{T}} + \rho\boldsymbol{s}_k\boldsymbol{s}_k^{\mathrm{T}}\boldsymbol{y}_k\boldsymbol{y}_k^{\mathrm{T}}\boldsymbol{H}_k}{\rho(\boldsymbol{s}_k^{\mathrm{T}}\boldsymbol{y}_k)^2} \\
&= \boldsymbol{H}_k - \frac{\boldsymbol{H}_k\boldsymbol{y}_k\boldsymbol{y}_k^{\mathrm{T}}\boldsymbol{H}_k}{\rho} + \rho\frac{\boldsymbol{s}_k\boldsymbol{s}_k^{\mathrm{T}}}{(\boldsymbol{s}_k^{\mathrm{T}}\boldsymbol{y}_k)^2} + \frac{\boldsymbol{H}_k\boldsymbol{y}_k\boldsymbol{y}_k^{\mathrm{T}}\boldsymbol{H}_k}{\rho} - \frac{\boldsymbol{H}_k\boldsymbol{y}_k\boldsymbol{s}_k^{\mathrm{T}} + \boldsymbol{s}_k\boldsymbol{y}_k^{\mathrm{T}}\boldsymbol{H}_k}{\boldsymbol{s}_k^{\mathrm{T}}\boldsymbol{y}_k} \\
&= \boldsymbol{H}_k + \frac{(\boldsymbol{s}_k^{\mathrm{T}}\boldsymbol{y}_k + \boldsymbol{y}_k^{\mathrm{T}}\boldsymbol{H}_k\boldsymbol{y}_k)\boldsymbol{s}_k\boldsymbol{s}_k^{\mathrm{T}}}{(\boldsymbol{s}_k^{\mathrm{T}}\boldsymbol{y}_k)^2} - \frac{\boldsymbol{s}_k\boldsymbol{y}_k^{\mathrm{T}}\boldsymbol{H}_k + \boldsymbol{H}_k\boldsymbol{y}_k\boldsymbol{s}_k^{\mathrm{T}}}{\boldsymbol{s}_k^{\mathrm{T}}\boldsymbol{y}_k} \\
&= \left(\boldsymbol{I} - \frac{\boldsymbol{s}_k\boldsymbol{y}_k^{\mathrm{T}}}{\boldsymbol{s}_k^{\mathrm{T}}\boldsymbol{y}_k}\right)\boldsymbol{H}_k\left(\boldsymbol{I} - \frac{\boldsymbol{y}_k\boldsymbol{s}_k^{\mathrm{T}}}{\boldsymbol{s}_k^{\mathrm{T}}\boldsymbol{y}_k}\right) + \frac{\boldsymbol{s}_k\boldsymbol{s}_k^{\mathrm{T}}}{\boldsymbol{s}_k^{\mathrm{T}}\boldsymbol{y}_k},
\end{aligned}
$$

即

$$
\boldsymbol{H}_{k+1}^{\mathrm{BFGS}} = \left(\boldsymbol{I} - \frac{\boldsymbol{s}_k\boldsymbol{y}_k^{\mathrm{T}}}{\boldsymbol{s}_k^{\mathrm{T}}\boldsymbol{y}_k}\right)\boldsymbol{H}_k\left(\boldsymbol{I} - \frac{\boldsymbol{y}_k\boldsymbol{s}_k^{\mathrm{T}}}{\boldsymbol{s}_k^{\mathrm{T}}\boldsymbol{y}_k}\right) + \frac{\boldsymbol{s}_k\boldsymbol{s}_k^{\mathrm{T}}}{\boldsymbol{s}_k^{\mathrm{T}}\boldsymbol{y}_k}. \tag{5.1.3}
$$

类似地, 可求出 $\boldsymbol{H}_{k+1}^{\mathrm{DFP}}$ 的逆 $\boldsymbol{B}_{k+1}^{\mathrm{DFP}}$:

$$
\boldsymbol{B}_{k+1}^{\mathrm{DFP}} = \left(\boldsymbol{I} - \frac{\boldsymbol{y}_k\boldsymbol{s}_k^{\mathrm{T}}}{\boldsymbol{y}_k^{\mathrm{T}}\boldsymbol{s}_k}\right)\boldsymbol{B}_k\left(\boldsymbol{I} - \frac{\boldsymbol{s}_k\boldsymbol{y}_k^{\mathrm{T}}}{\boldsymbol{y}_k^{\mathrm{T}}\boldsymbol{s}_k}\right) + \frac{\boldsymbol{y}_k\boldsymbol{y}_k^{\mathrm{T}}}{\boldsymbol{y}_k^{\mathrm{T}}\boldsymbol{s}_k}.
$$

DFP 校正公式和 BFGS 校正公式是利用拟牛顿条件从两个不同角度构造出的校正公式. 可以证明, 若矩阵 $\boldsymbol{B}_k$ 和 $\boldsymbol{H}_k$ 对称正定, 则 $\boldsymbol{B}_{k+1}^{\mathrm{DFP}}$ 和 $\boldsymbol{H}_{k+1}^{\mathrm{BFGS}}$ 分别是下述两优化问题的最优解

$$
\begin{aligned}
\min_{\boldsymbol{B}\in\mathbb{R}^{n\times n}} \quad & \|\boldsymbol{B} - \boldsymbol{B}_k\|_{\boldsymbol{W}} \\
\text{s.t.} \quad & \boldsymbol{B} = \boldsymbol{B}^{\mathrm{T}}, \\
& \boldsymbol{B}\boldsymbol{s}_k = \boldsymbol{y}_k,
\end{aligned}
\qquad\qquad
\begin{aligned}
\min_{\boldsymbol{H}\in\mathbb{R}^{n\times n}} \quad & \|\boldsymbol{H} - \boldsymbol{H}_k\|_{\boldsymbol{M}} \\
\text{s.t.} \quad & \boldsymbol{H} = \boldsymbol{H}^{\mathrm{T}}, \\
& \boldsymbol{H}\boldsymbol{y}_k = \boldsymbol{s}_k,
\end{aligned}
$$

其中, $\|\boldsymbol{A}\|_{\boldsymbol{W}}$ 和 $\|\boldsymbol{A}\|_{\boldsymbol{M}}$ 分别表示矩阵 $\boldsymbol{A}$ 的加权的 Frobenius 范数 (定义见 §5.4.1):

$$
\|\boldsymbol{A}\|_{\boldsymbol{W}} = \|\boldsymbol{W}^{\frac{1}{2}}\boldsymbol{A}\boldsymbol{W}^{\frac{1}{2}}\|_{\mathrm{F}}, \quad \|\boldsymbol{A}\|_{\boldsymbol{M}} = \|\boldsymbol{M}^{\frac{1}{2}}\boldsymbol{A}\boldsymbol{M}^{\frac{1}{2}}\|_{\mathrm{F}},
$$

而 $\boldsymbol{W}$ 和 $\boldsymbol{M}$ 分别满足拟牛顿条件 $\boldsymbol{W}\boldsymbol{y}_k = \boldsymbol{s}_k$, $\boldsymbol{M}\boldsymbol{s}_k = \boldsymbol{y}_k$. $\boldsymbol{W}$ 和 $\boldsymbol{M}$ 的一个典型取法是 $\boldsymbol{W} = \bar{\boldsymbol{G}}_k^{-1}$, $\boldsymbol{M} = \bar{\boldsymbol{G}}_k$. 其中,

$$
\bar{\boldsymbol{G}}_k = \int_0^1 \nabla^2 f(\boldsymbol{x}_k + \tau\boldsymbol{s}_k)\mathrm{d}\tau.
$$

对于严格凸二次函数, DFP 算法和 BFGS 算法有相同的数值效果, 但对于一般的非线性函数, 这两种算法表现出较大差异. 下面对此做简单分析.

DFP 方法提出后得到广泛应用, 数值效果也远超过最速下降算法, 甚至在某些方面还超过共轭梯度法. 不过这是由于早期算法采用精确线搜索的缘故. 当非精确线搜索技术发展起来以后, 同其他拟牛顿算法相比, DFP 方法就逊色多了.

理论分析和数值结果表明, BFGS 算法有较强的自我校正能力, 即一旦出现 $\boldsymbol{H}_k$ 对目标函数的 Hesse 矩阵的逆近似效果很差的情况, 那么 BFGS 校正公式会在几步之内把它校正好, 而 DFP 校正公式的上述校正能力要差一些. 鉴于 BFGS 校正公式强的稳定性, 它成为最受欢迎的拟牛顿算法. 不过, BFGS 校正公式的这种能力也仅限于特定的步长, 如 Wolfe 步长.

5.1.5 Broyden 族校正公式

根据前两节的讨论, DFP 校正公式和 BFGS 校正公式均为对称秩-2 校正公式, 且校正项为 $\boldsymbol{H}_k\boldsymbol{y}_k$ 和 $\boldsymbol{s}_k$ 的组合. 下面考虑由 $\boldsymbol{s}_k$ 和 $\boldsymbol{H}_k\boldsymbol{y}_k$ 构成的更一般的校正公式:

$$\boldsymbol{H}_{k+1} = \boldsymbol{H}_k + a\boldsymbol{s}_k\boldsymbol{s}_k^{\mathrm{T}} + b(\boldsymbol{H}_k\boldsymbol{y}_k\boldsymbol{s}_k^{\mathrm{T}} + \boldsymbol{s}_k\boldsymbol{y}_k^{\mathrm{T}}\boldsymbol{H}_k) + c\boldsymbol{H}_k\boldsymbol{y}_k\boldsymbol{y}_k^{\mathrm{T}}\boldsymbol{H}_k, \tag{5.1.4}$$

其中, a, b, c 为待定常数. 由拟牛顿条件,

$$\boldsymbol{H}_k\boldsymbol{y}_k + a\boldsymbol{s}_k\boldsymbol{s}_k^{\mathrm{T}}\boldsymbol{y}_k + b(\boldsymbol{H}_k\boldsymbol{y}_k\boldsymbol{s}_k^{\mathrm{T}}\boldsymbol{y}_k + \boldsymbol{s}_k\boldsymbol{y}_k^{\mathrm{T}}\boldsymbol{H}_k\boldsymbol{y}_k) + c\boldsymbol{H}_k\boldsymbol{y}_k\boldsymbol{y}_k^{\mathrm{T}}\boldsymbol{H}_k\boldsymbol{y}_k = \boldsymbol{s}_k.$$

假定 $\boldsymbol{H}_k\boldsymbol{y}_k, \boldsymbol{s}_k$ 线性无关, 则

$$\begin{cases} 1 = a\boldsymbol{s}_k^{\mathrm{T}}\boldsymbol{y}_k + b\boldsymbol{y}_k^{\mathrm{T}}\boldsymbol{H}_k\boldsymbol{y}_k, \\ -1 = b\boldsymbol{s}_k^{\mathrm{T}}\boldsymbol{y}_k + c\boldsymbol{y}_k^{\mathrm{T}}\boldsymbol{H}_k\boldsymbol{y}_k. \end{cases}$$

对上述三元线性方程组, 引入自由参数 ϕ, 并令 $b = -\dfrac{\phi}{\boldsymbol{s}_k^{\mathrm{T}}\boldsymbol{y}_k}$ 得

$$\begin{cases} a = \dfrac{1}{\boldsymbol{s}_k^{\mathrm{T}}\boldsymbol{y}_k} + \phi\dfrac{\boldsymbol{y}_k^{\mathrm{T}}\boldsymbol{H}_k\boldsymbol{y}_k}{(\boldsymbol{s}_k^{\mathrm{T}}\boldsymbol{y}_k)^2}, \\ b = -\dfrac{\phi}{\boldsymbol{s}_k^{\mathrm{T}}\boldsymbol{y}_k}, \\ c = \dfrac{\phi - 1}{\boldsymbol{y}_k^{\mathrm{T}}\boldsymbol{H}_k\boldsymbol{y}_k}. \end{cases}$$

将其代入 (5.1.4), 便得到关于 $\boldsymbol{H}_k$ 的 Broyden 族校正公式

$$\boldsymbol{H}_{k+1} = \boldsymbol{H}_k + \frac{\boldsymbol{s}_k\boldsymbol{s}_k^{\mathrm{T}}}{\boldsymbol{s}_k^{\mathrm{T}}\boldsymbol{y}_k} - \frac{\boldsymbol{H}_k\boldsymbol{y}_k\boldsymbol{y}_k^{\mathrm{T}}\boldsymbol{H}_k}{\boldsymbol{y}_k^{\mathrm{T}}\boldsymbol{H}_k\boldsymbol{y}_k} + \phi\boldsymbol{v}_k\boldsymbol{v}_k^{\mathrm{T}}, \tag{5.1.5}$$

其中,

$$\boldsymbol{v}_k = (\boldsymbol{y}_k^{\mathrm{T}}\boldsymbol{H}_k\boldsymbol{y}_k)^{\frac{1}{2}}\left(\frac{\boldsymbol{s}_k}{\boldsymbol{s}_k^{\mathrm{T}}\boldsymbol{y}_k} - \frac{\boldsymbol{H}_k\boldsymbol{y}_k}{\boldsymbol{y}_k^{\mathrm{T}}\boldsymbol{H}_k\boldsymbol{y}_k}\right).$$

容易验证, Broyden 族校正公式是 DFP 校正公式和 BFGS 校正公式的一个仿射组合

$$\boldsymbol{H}_{k+1}^{\phi}=(1-\phi)\boldsymbol{H}_{k+1}^{\mathrm{DFP}}+\phi\boldsymbol{H}_{k+1}^{\mathrm{BFGS}},$$

而且它还可写成

$$\boldsymbol{H}_{k+1}^{\phi}=\boldsymbol{H}_{k+1}^{\mathrm{DFP}}+\phi\boldsymbol{v}_k\boldsymbol{v}_k^{\mathrm{T}}=\boldsymbol{H}_{k+1}^{\mathrm{BFGS}}+(\phi-1)\boldsymbol{v}_k\boldsymbol{v}_k^{\mathrm{T}}.$$

在 Broyden 族校正公式中, 若取 $\phi=0$, 得到 DFP 校正公式; 若取 $\phi=1$, 得到 BFGS 校正公式; 若取 $\phi=\dfrac{\boldsymbol{s}_k^{\mathrm{T}}\boldsymbol{y}_k}{\boldsymbol{s}_k^{\mathrm{T}}\boldsymbol{y}_k-\boldsymbol{y}_k^{\mathrm{T}}\boldsymbol{H}_k\boldsymbol{y}_k}$, 得到 SR1 校正公式.

实际上, Broyden 族校正公式也是秩-2 校正公式, 因为它可以写成

$$\boldsymbol{H}_{k+1}^{\phi}=\boldsymbol{H}_k+(\boldsymbol{s}_k\quad\boldsymbol{H}_k\boldsymbol{y}_k)\begin{pmatrix}\dfrac{1+\phi\boldsymbol{y}_k^{\mathrm{T}}\boldsymbol{H}_k\boldsymbol{y}_k/\boldsymbol{s}_k^{\mathrm{T}}\boldsymbol{y}_k}{\boldsymbol{s}_k^{\mathrm{T}}\boldsymbol{y}_k} & -\dfrac{\phi}{\boldsymbol{s}_k^{\mathrm{T}}\boldsymbol{y}_k}\\ -\dfrac{\phi}{\boldsymbol{s}_k^{\mathrm{T}}\boldsymbol{y}_k} & \dfrac{\phi-1}{\boldsymbol{y}_k^{\mathrm{T}}\boldsymbol{H}_k\boldsymbol{y}_k}\end{pmatrix}\begin{pmatrix}\boldsymbol{s}_k^{\mathrm{T}}\\ (\boldsymbol{H}_k\boldsymbol{y}_k)^{\mathrm{T}}\end{pmatrix}.$$

对其求逆便得到 $\boldsymbol{B}_k$ 的 Broyden 族校正公式,

$$\begin{aligned}\boldsymbol{B}_{k+1}^{\phi}&=\theta\boldsymbol{B}_{k+1}^{\mathrm{DFP}}+(1-\theta)\boldsymbol{B}_{k+1}^{\mathrm{BFGS}}\\&=\boldsymbol{B}_{k+1}^{\mathrm{BFGS}}+\theta\boldsymbol{w}_k\boldsymbol{w}_k^{\mathrm{T}}\\&=\boldsymbol{B}_{k+1}^{\mathrm{DFP}}+(\theta-1)\boldsymbol{w}_k\boldsymbol{w}_k^{\mathrm{T}}\\&=\boldsymbol{B}_k+\frac{\boldsymbol{y}_k\boldsymbol{y}_k^{\mathrm{T}}}{\boldsymbol{y}_k^{\mathrm{T}}\boldsymbol{s}_k}-\frac{\boldsymbol{B}_k\boldsymbol{s}_k\boldsymbol{s}_k^{\mathrm{T}}\boldsymbol{B}_k}{\boldsymbol{s}_k^{\mathrm{T}}\boldsymbol{B}_k\boldsymbol{s}_k}+\theta\boldsymbol{w}_k\boldsymbol{w}_k^{\mathrm{T}},\end{aligned}$$

其中,

$$\boldsymbol{w}_k=(\boldsymbol{s}_k^{\mathrm{T}}\boldsymbol{B}_k\boldsymbol{s}_k)^{\frac{1}{2}}\left(\frac{\boldsymbol{y}_k}{\boldsymbol{y}_k^{\mathrm{T}}\boldsymbol{s}_k}-\frac{\boldsymbol{B}_k\boldsymbol{s}_k}{\boldsymbol{s}_k^{\mathrm{T}}\boldsymbol{B}_k\boldsymbol{s}_k}\right).$$

参数 $\theta\in\mathbb{R}$ 满足

$$\theta=(\phi-1)/(\phi-1-\phi\mu),\quad \mu=\boldsymbol{y}_k^{\mathrm{T}}\boldsymbol{H}_k\boldsymbol{y}_k\boldsymbol{s}_k^{\mathrm{T}}\boldsymbol{B}_k\boldsymbol{s}_k/(\boldsymbol{s}_k^{\mathrm{T}}\boldsymbol{y}_k)^2.$$

在 Broyden 族校正公式中, 若取 $\theta=\dfrac{\boldsymbol{s}_k^{\mathrm{T}}\boldsymbol{y}_k}{\boldsymbol{s}_k^{\mathrm{T}}\boldsymbol{y}_k+\boldsymbol{s}_k^{\mathrm{T}}\boldsymbol{B}_k\boldsymbol{s}_k}$, 则 $\phi=\dfrac{\boldsymbol{s}_k^{\mathrm{T}}\boldsymbol{y}_k}{\boldsymbol{s}_k^{\mathrm{T}}\boldsymbol{y}_k+\boldsymbol{y}_k^{\mathrm{T}}\boldsymbol{H}_k\boldsymbol{y}_k}$ 并得到如下校正公式 (Hoshino, 1972):

$$\boldsymbol{H}_{k+1}=\boldsymbol{H}_k+\frac{(\boldsymbol{H}_k\boldsymbol{y}_k+\boldsymbol{s}_k)(\boldsymbol{H}_k\boldsymbol{y}_k+\boldsymbol{s}_k)^{\mathrm{T}}}{\boldsymbol{s}_k^{\mathrm{T}}\boldsymbol{y}_k+\boldsymbol{y}_k^{\mathrm{T}}\boldsymbol{H}_k\boldsymbol{y}_k}+2\frac{\boldsymbol{s}_k\boldsymbol{s}_k^{\mathrm{T}}}{\boldsymbol{s}_k^{\mathrm{T}}\boldsymbol{y}_k},$$

$$\boldsymbol{B}_{k+1}=\boldsymbol{B}_k+\frac{(\boldsymbol{B}_k\boldsymbol{s}_k+\boldsymbol{y}_k)(\boldsymbol{B}_k\boldsymbol{s}_k+\boldsymbol{y}_k)^{\mathrm{T}}}{\boldsymbol{s}_k^{\mathrm{T}}\boldsymbol{y}_k+\boldsymbol{s}_k^{\mathrm{T}}\boldsymbol{B}_k\boldsymbol{s}_k}+2\frac{\boldsymbol{y}_k\boldsymbol{y}_k^{\mathrm{T}}}{\boldsymbol{s}_k^{\mathrm{T}}\boldsymbol{y}_k}.$$

这对公式在形式上出奇地一致, 它们被称为自对偶校正公式.

若取 $\theta = \dfrac{1}{1+\sqrt{\mu}}$ 时, 则 $\phi = \theta$, 由此得到一组自对偶校正公式 (谢元富, 1989):

$$\boldsymbol{B}_{k+1} = \boldsymbol{B}_k - \frac{\boldsymbol{B}_k \boldsymbol{s}_k \boldsymbol{s}_k^{\mathrm{T}} \boldsymbol{B}_k}{\boldsymbol{s}_k^{\mathrm{T}} \boldsymbol{B}_k \boldsymbol{s}_k} + \frac{\boldsymbol{y}_k \boldsymbol{y}_k^{\mathrm{T}}}{\boldsymbol{s}_k^{\mathrm{T}} \boldsymbol{y}_k} + \frac{1}{1+\sqrt{\mu}} \boldsymbol{w}_k \boldsymbol{w}_k^{\mathrm{T}},$$

$$\boldsymbol{H}_{k+1} = \boldsymbol{H}_k - \frac{\boldsymbol{H}_k \boldsymbol{y}_k \boldsymbol{y}_k^{\mathrm{T}} \boldsymbol{H}_k}{\boldsymbol{y}_k^{\mathrm{T}} \boldsymbol{H}_k \boldsymbol{y}_k} + \frac{\boldsymbol{s}_k \boldsymbol{s}_k^{\mathrm{T}}}{\boldsymbol{s}_k^{\mathrm{T}} \boldsymbol{y}_k} + \frac{1}{1+\sqrt{\mu}} \boldsymbol{v}_k \boldsymbol{v}_k^{\mathrm{T}}.$$

这是 Broyden 族校正公式中唯一满足 $\phi = \theta$ 的校正公式.

上述关于 Broyden 族校正公式的讨论源自人们希望通过校正公式中参数的合理取值使 $\boldsymbol{B}_{k+1}$ 与目标函数的 Hesse 阵有好的近似, 并因此得到更有效的算法. 尽管 BFGS 方法是一种得到普遍认可的拟牛顿算法, 但数值分析发现, 在某些情况下, 参数 ϕ 取某些负值时 Broyden 算法的数值效果好于 BFGS 方法, 这也促使人们不断挖掘新的拟牛顿校正公式, 以求在更大范围内寻求更好的拟牛顿算法.

与定理 5.1.3 类似, 可建立 Broyden 族方法的共轭性和二次终止性.

定理 5.1.4 对严格凸二次函数 $f = \dfrac{1}{2}\boldsymbol{x}^{\mathrm{T}}\boldsymbol{A}\boldsymbol{x} + \boldsymbol{b}^{\mathrm{T}}\boldsymbol{x}$, 最优步长规则下的 Broyden 方法产生的点列满足

$$\boldsymbol{H}_{k+1}\boldsymbol{y}_j = \boldsymbol{s}_j, \quad \forall j \leqslant k; \qquad \boldsymbol{s}_k^{\mathrm{T}}\boldsymbol{A}\boldsymbol{s}_j = 0, \quad \forall j \leqslant k-1,$$

并且算法至多 n 步迭代后终止.

由定理 5.1.2, 对于 DFP 和 BFGS 校正公式, 条件 $\boldsymbol{s}_k^{\mathrm{T}}\boldsymbol{y}_k > 0$ 保证 $\boldsymbol{H}_k$ 和 $\boldsymbol{B}_k$ 的正定性可以遗传. 由 Broyden 校正公式与 DFP、BFGS 校正公式之间的关系知对于 $\phi \geqslant 0$, 该条件仍保证 Broyden 校正公式对正定性保持遗传. 下面的结论给出了 $\boldsymbol{s}_k^{\mathrm{T}}\boldsymbol{y}_k > 0$ 时 $\boldsymbol{H}_k$ 具有正定遗传性的参数 ϕ 的最小值.

定理 5.1.5 设 $\boldsymbol{H}_k$ 正定, 对 Broyden 校正公式, $\boldsymbol{H}_{k+1}$ 正定的充分必要条件是 $\boldsymbol{s}_k^{\mathrm{T}}\boldsymbol{y}_k > 0$ 且

$$\phi > \hat{\phi} \triangleq \frac{(\boldsymbol{s}_k^{\mathrm{T}}\boldsymbol{y}_k)^2}{(\boldsymbol{s}_k^{\mathrm{T}}\boldsymbol{y}_k)^2 - \boldsymbol{y}_k^{\mathrm{T}}\boldsymbol{H}_k\boldsymbol{y}_k\boldsymbol{s}_k^{\mathrm{T}}\boldsymbol{B}_k\boldsymbol{s}_k}.$$

证明 由 $\boldsymbol{H}_k$ 正定, 故存在下三角非奇异阵 $\boldsymbol{L}_k \in \mathbb{R}^{n\times n}$ 满足 $\boldsymbol{H}_k = \boldsymbol{L}_k\boldsymbol{L}_k^{\mathrm{T}}$. 对 $n\times 2$ 阶矩阵 $(\boldsymbol{L}_k^{\mathrm{T}}\boldsymbol{y}_k \ \ \boldsymbol{L}_k^{-1}\boldsymbol{s}_k)$, 存在正交阵 $\boldsymbol{Q} \in \mathbb{R}^{n\times n}$ 及 $r_1, \delta_1, \delta_2 \in \mathbb{R}$ 满足

$$\boldsymbol{Q}^{\mathrm{T}}(\boldsymbol{L}_k^{\mathrm{T}}\boldsymbol{y}_k \ \ \boldsymbol{L}_k^{-1}\boldsymbol{s}_k) = \begin{pmatrix} r_1 & \delta_1 \\ 0 & \delta_2 \\ \boldsymbol{0} & \boldsymbol{0} \end{pmatrix}.$$

从而

$$\begin{cases} \boldsymbol{s}_k^{\mathrm{T}}\boldsymbol{y}_k = (\boldsymbol{Q}^{\mathrm{T}}\boldsymbol{L}_k^{-1}\boldsymbol{s}_k)^{\mathrm{T}}\boldsymbol{Q}^{\mathrm{T}}\boldsymbol{L}_k^{\mathrm{T}}\boldsymbol{y}_k = \delta_1 r_1, \\ \boldsymbol{y}_k^{\mathrm{T}}\boldsymbol{H}_k\boldsymbol{y}_k = (\boldsymbol{Q}^{\mathrm{T}}\boldsymbol{L}_k^{\mathrm{T}}\boldsymbol{y}_k)^{\mathrm{T}}\boldsymbol{Q}^{\mathrm{T}}\boldsymbol{L}_k^{\mathrm{T}}\boldsymbol{y}_k = r_1^2, \\ \boldsymbol{s}_k^{\mathrm{T}}\boldsymbol{B}_k\boldsymbol{s}_k = (\boldsymbol{Q}^{\mathrm{T}}\boldsymbol{L}_k^{-1}\boldsymbol{s}_k)^{\mathrm{T}}(\boldsymbol{Q}^{\mathrm{T}}\boldsymbol{L}_k^{-1}\boldsymbol{s}_k) = \delta_1^2 + \delta_2^2. \end{cases}$$

由 (5.1.5),

$$\begin{aligned} &\boldsymbol{Q}^{\mathrm{T}}\boldsymbol{L}_k^{-1}\boldsymbol{H}_{k+1}\boldsymbol{L}_k^{-\mathrm{T}}\boldsymbol{Q} \\ &= \boldsymbol{Q}^{\mathrm{T}}\boldsymbol{L}_k^{-1}\boldsymbol{H}_k\boldsymbol{L}_k^{-\mathrm{T}}\boldsymbol{Q} + \left(1+\phi\frac{\boldsymbol{y}_k^{\mathrm{T}}\boldsymbol{H}_k\boldsymbol{y}_k}{\boldsymbol{s}_k^{\mathrm{T}}\boldsymbol{y}_k}\right)\frac{\boldsymbol{Q}^{\mathrm{T}}\boldsymbol{L}_k^{-1}\boldsymbol{s}_k\boldsymbol{s}_k^{\mathrm{T}}\boldsymbol{L}_k^{-\mathrm{T}}\boldsymbol{Q}}{\boldsymbol{s}_k^{\mathrm{T}}\boldsymbol{y}_k} \\ &\quad - (1-\phi)\frac{\boldsymbol{Q}^{\mathrm{T}}\boldsymbol{L}_k^{-1}\boldsymbol{H}_k\boldsymbol{y}_k\boldsymbol{y}_k^{\mathrm{T}}\boldsymbol{H}_k\boldsymbol{L}_k^{-\mathrm{T}}\boldsymbol{Q}}{\boldsymbol{y}_k^{\mathrm{T}}\boldsymbol{H}_k\boldsymbol{y}_k} \\ &\quad - \phi\frac{\boldsymbol{Q}^{\mathrm{T}}\boldsymbol{L}_k^{-1}\boldsymbol{s}_k\boldsymbol{y}_k^{\mathrm{T}}\boldsymbol{H}_k\boldsymbol{L}_k^{-\mathrm{T}}\boldsymbol{Q} + \boldsymbol{Q}^{\mathrm{T}}\boldsymbol{L}_k^{-1}\boldsymbol{H}_k\boldsymbol{y}_k\boldsymbol{s}_k^{\mathrm{T}}\boldsymbol{L}_k^{-\mathrm{T}}\boldsymbol{Q}}{\boldsymbol{s}_k^{\mathrm{T}}\boldsymbol{y}_k} \\ &= \boldsymbol{I} + \left(1+\phi\frac{r_1}{\delta_1}\right)\begin{pmatrix} \delta_1^2 & \delta_1\delta_2 & 0 \\ \delta_1\delta_2 & \delta_2^2 & 0 \\ \mathbf{0} & \mathbf{0} & \mathbf{0} \end{pmatrix}\frac{1}{\delta_1 r_1} - (1-\phi)\frac{\boldsymbol{Q}^{\mathrm{T}}\boldsymbol{L}_k^{\mathrm{T}}\boldsymbol{y}_k\boldsymbol{y}_k^{\mathrm{T}}\boldsymbol{L}_k\boldsymbol{Q}}{r_1^2} \\ &\quad - \frac{\phi}{\delta_1 r_1}\left(\boldsymbol{Q}^{\mathrm{T}}\boldsymbol{L}_k^{-1}\boldsymbol{s}_k\boldsymbol{y}_k^{\mathrm{T}}\boldsymbol{L}_k\boldsymbol{Q} + \boldsymbol{Q}^{\mathrm{T}}\boldsymbol{L}_k^{\mathrm{T}}\boldsymbol{y}_k\boldsymbol{s}_k^{\mathrm{T}}\boldsymbol{L}_k^{-\mathrm{T}}\boldsymbol{Q}\right) \\ &= \boldsymbol{I} + (1+\phi\frac{r_1}{\delta_1})\begin{pmatrix} \dfrac{\delta_1}{r_1} & \dfrac{\delta_2}{r_1} & \mathbf{0} \\ \dfrac{\delta_2}{r_1} & \dfrac{\delta_2^2}{r_1\delta_1} & \mathbf{0} \\ \mathbf{0} & \mathbf{0} & \mathbf{0} \end{pmatrix} - (1-\phi)\begin{pmatrix} 1 & 0 & \mathbf{0} \\ 0 & 0 & \mathbf{0} \\ \mathbf{0} & \mathbf{0} & \mathbf{0} \end{pmatrix} \\ &\quad - \frac{\phi}{\delta_1 r_1}\begin{pmatrix} r_1\delta_1 & 0 & \mathbf{0} \\ r_1\delta_2 & 0 & \mathbf{0} \\ \mathbf{0} & \mathbf{0} & \mathbf{0} \end{pmatrix} - \frac{\phi}{\delta_1 r_1}\begin{pmatrix} r_1\delta_1 & r_1\delta_2 & \mathbf{0} \\ 0 & 0 & \mathbf{0} \\ \mathbf{0} & \mathbf{0} & \mathbf{0} \end{pmatrix} \\ &= \begin{pmatrix} \dfrac{\delta_1}{r_1} & \dfrac{\delta_2}{r_1} & \mathbf{0} \\ \dfrac{\delta_2}{r_1} & 1+\dfrac{\delta_2^2}{\delta_1 r_1}+\phi\dfrac{\delta_2^2}{\delta_1^2} & \mathbf{0} \\ \mathbf{0} & \mathbf{0} & \boldsymbol{I}_{n-2} \end{pmatrix}. \end{aligned}$$

这样,

$$\boldsymbol{H}_{k+1}\text{正定} \Leftrightarrow \begin{pmatrix} \dfrac{\delta_1}{r_1} & \dfrac{\delta_2}{r_1} \\ \dfrac{\delta_2}{r_1} & 1+\dfrac{\delta_2^2}{\delta_1 r_1}+\phi\dfrac{\delta_2^2}{\delta_1^2} \end{pmatrix}\text{正定}$$

$$\Leftrightarrow \frac{\delta_1}{r_1} > 0 \text{ 且 } \frac{\delta_1}{r_1} + \phi\frac{\delta_2^2}{\delta_1 r_1} > 0$$

$$\Leftrightarrow \boldsymbol{s}_k^{\mathrm{T}}\boldsymbol{y}_k > 0 \text{ 且}$$

$$\phi > -\frac{\delta_1^2}{\delta_2^2} = -\frac{r_1^2\delta_1^2}{r_1^2\delta_2^2} = -\frac{(\boldsymbol{s}_k^{\mathrm{T}}\boldsymbol{y}_k)^2}{(\delta_1^2+\delta_2^2)r_1^2 - r_1^2\delta_1^2} = -\frac{(\boldsymbol{s}_k^{\mathrm{T}}\boldsymbol{y}_k)^2}{\boldsymbol{y}_k^{\mathrm{T}}\boldsymbol{H}_k\boldsymbol{y}_k\boldsymbol{s}_k^{\mathrm{T}}\boldsymbol{B}_k\boldsymbol{s}_k - (\boldsymbol{s}_k^{\mathrm{T}}\boldsymbol{y}_k)^2}.$$ 证毕

利用 Cauchy-Schwarz 不等式容易推出上述结论给出的 $\hat{\phi}$ 值是负的. 需要指出的是, 对所有的 $\phi > \hat{\phi}$, 在最优步长规则下, Broyden 方法对连续可微函数产生的点列与参数 ϕ 的取值无关 (Dixon,1972). 也就是说, Broyden 方法的差异只有在非精确线搜索步长规则下才能体现出来.

事实上, 由于

$$\boldsymbol{g}_{k+1}^{\mathrm{T}}\boldsymbol{d}_k = \boldsymbol{g}_{k+1}^{\mathrm{T}}\boldsymbol{s}_k = 0,\ \boldsymbol{v}_k^{\mathrm{T}}\boldsymbol{y}_k = 0,$$

所以

$$\begin{aligned}
\boldsymbol{d}_{k+1} &= -\boldsymbol{H}_{k+1}^{\phi}\boldsymbol{g}_{k+1} \\
&= -\left(\boldsymbol{H}_k + \frac{\boldsymbol{s}_k\boldsymbol{s}_k^{\mathrm{T}}}{\boldsymbol{s}_k^{\mathrm{T}}\boldsymbol{y}_k} - \frac{\boldsymbol{H}_k\boldsymbol{y}_k\boldsymbol{y}_k^{\mathrm{T}}\boldsymbol{H}_k}{\boldsymbol{y}_k^{\mathrm{T}}\boldsymbol{H}_k\boldsymbol{y}_k} + \phi\boldsymbol{v}_k\boldsymbol{v}_k^{\mathrm{T}}\right)\boldsymbol{g}_{k+1} \\
&= -\boldsymbol{H}_k(\boldsymbol{g}_k+\boldsymbol{y}_k) + \frac{\boldsymbol{y}_k^{\mathrm{T}}\boldsymbol{H}_k(\boldsymbol{g}_k+\boldsymbol{y}_k)}{\boldsymbol{y}_k^{\mathrm{T}}\boldsymbol{H}_k\boldsymbol{y}_k}\boldsymbol{H}_k\boldsymbol{y}_k - \phi\boldsymbol{v}_k^{\mathrm{T}}\boldsymbol{g}_k\boldsymbol{v}_k \\
&= -\boldsymbol{H}_k\boldsymbol{g}_k + \frac{\boldsymbol{y}_k^{\mathrm{T}}\boldsymbol{H}_k\boldsymbol{g}_k}{\boldsymbol{y}_k^{\mathrm{T}}\boldsymbol{H}_k\boldsymbol{y}_k}\boldsymbol{H}_k\boldsymbol{y}_k - \phi\boldsymbol{v}_k^{\mathrm{T}}\boldsymbol{g}_k\boldsymbol{v}_k \\
&= \boldsymbol{d}_k - \frac{\boldsymbol{y}_k^{\mathrm{T}}\boldsymbol{d}_k}{\boldsymbol{y}_k^{\mathrm{T}}\boldsymbol{H}_k\boldsymbol{y}_k}\boldsymbol{H}_k\boldsymbol{y}_k - \phi\boldsymbol{v}_k^{\mathrm{T}}\boldsymbol{g}_k\boldsymbol{v}_k \\
&= \frac{\boldsymbol{y}_k^{\mathrm{T}}\boldsymbol{d}_k}{(\boldsymbol{y}_k^{\mathrm{T}}\boldsymbol{H}_k\boldsymbol{y}_k)^{\frac{1}{2}}}(\boldsymbol{y}_k^{\mathrm{T}}\boldsymbol{H}_k\boldsymbol{y}_k)^{\frac{1}{2}}\left(\frac{\boldsymbol{s}_k}{\boldsymbol{s}_k^{\mathrm{T}}\boldsymbol{y}_k} - \frac{\boldsymbol{H}_k\boldsymbol{y}_k}{\boldsymbol{y}_k^{\mathrm{T}}\boldsymbol{H}_k\boldsymbol{y}_k}\right) - \phi\boldsymbol{v}_k^{\mathrm{T}}\boldsymbol{g}_k\boldsymbol{v}_k \\
&= \left(\frac{\boldsymbol{d}_k^{\mathrm{T}}\boldsymbol{y}_k}{(\boldsymbol{y}_k^{\mathrm{T}}\boldsymbol{H}_k\boldsymbol{y}_k)^{\frac{1}{2}}} - \phi\boldsymbol{v}_k^{\mathrm{T}}\boldsymbol{g}_k\right)\boldsymbol{v}_k.
\end{aligned}$$

由于最优步长规则下的 Broyden 族校正算法在目标函数为严格凸二次函数时归结为共轭梯度法, 于是 Huang(1970) 抛开 $\boldsymbol{H}_k$ 的对称性和拟牛顿条件, 对严格凸二次函数借助共轭条件由 $\boldsymbol{H}_k$ 直接构造 $\boldsymbol{H}_{k+1}$, 创建了 Huang 族校正公式. 该校正公式包含 Broyden 族校正公式, 但对 $\boldsymbol{H}_k$ 的对称性不遗传.

行文至此, 下对拟牛顿校正公式做一小结.

拟牛顿校正公式是基于拟牛顿条件利用目标函数的梯度构造目标函数 Hesse 矩阵的近似, 以期望算法只利用目标函数的梯度信息就能达到牛顿算法的数值效果. 对严格凸二次函数, 该方法在 $\boldsymbol{H}_0 = \boldsymbol{I}$ 时归结为线性共轭梯度法. 但由于拟牛顿方法产生的 $\boldsymbol{B}_k$ 随迭代过程的进行对目标函数 Hesse 阵的近似度越来越高, 所以对于一般的连续可微函数, 该方法不需要重新开始技术. 数值结果表明, 拟牛顿方法确实是无约束优化问题的一类有效方法. 尽管如此, 它仍有以下缺陷: 一是该算法不能利用目标函数的稀疏性质, 二是在计算过程中需要矩阵存储. 对于后一点, Byrd、Nocedal 和 Schnabel(1994) 基于关于 $\boldsymbol{H}_k$ 的 BFGS 校正公式 (5.1.3) 建立了可进行大规模计算的有限储存拟牛顿方法.

5.2 拟牛顿方法的全局收敛性

尽管拟牛顿方法有比最速下降法和牛顿方法好的数值效果, 但它的收敛性分析却由于校正公式的引入而变得极其复杂. 对于一般的非线性函数, 人们还不能建立拟牛顿方法的全局收敛性. 在本节给出的全局收敛性分析中, 要求目标函数为二阶连续可微的凸函数, 而且 DFP 方法要求采用最优步长, BFGS 方法要求采用 Wolfe 步长. 人们至今尚未建立非精确线搜索步长规则下 DFP 方法的全局收敛性.

对于 DFP 方法和 BFGS 方法, 由于在最优步长和 Wolfe 步长规则下 $\boldsymbol{H}_k$ 的正定性得以遗传, 所以在以后的收敛性分析中, 假定 $\boldsymbol{B}_k, \boldsymbol{H}_k$ 都是正定的.

下面是拟牛顿算法的全局收敛性分析所需要的假设条件.

假设 5.2.1

(1) $f:\mathbb{R}^n \to \mathbb{R}$ 在 $\mathbb{R}^n$ 上二阶连续可微.

(2) 存在 $M > m > 0$, 使对任意的 $\boldsymbol{x} \in \mathcal{L}(\boldsymbol{x}_0)$,

$$m\|\boldsymbol{y}\|^2 \leqslant \boldsymbol{y}^{\mathrm{T}}\boldsymbol{G}(\boldsymbol{x})\boldsymbol{y} \leqslant M\|\boldsymbol{y}\|^2, \quad \forall\ \boldsymbol{y} \in \mathbb{R}^n.$$

第二个假设要求目标函数在水平集内是一致凸函数, 所以目标函数在该集合内有唯一极小值点.

引理 5.2.1 设 $f:\mathbb{R}^n \to \mathbb{R}$ 满足假设 5.2.1, 则任意线搜索步长规则下的下降算法产生的下述数列有界

$$\frac{\|\boldsymbol{s}_k\|}{\|\boldsymbol{y}_k\|}, \quad \frac{\|\boldsymbol{y}_k\|}{\|\boldsymbol{s}_k\|}, \quad \frac{\boldsymbol{s}_k^{\mathrm{T}}\boldsymbol{y}_k}{\|\boldsymbol{s}_k\|^2}, \quad \frac{\boldsymbol{s}_k^{\mathrm{T}}\boldsymbol{y}_k}{\|\boldsymbol{y}_k\|^2}, \quad \frac{\|\boldsymbol{y}_k\|^2}{\boldsymbol{s}_k^{\mathrm{T}}\boldsymbol{y}_k}, \quad \frac{\|\boldsymbol{s}_k\|^2}{\boldsymbol{s}_k^{\mathrm{T}}\boldsymbol{y}_k}.$$

证明 由 Cauchy-Schwarz 不等式, $\boldsymbol{s}_k^{\mathrm{T}}\boldsymbol{y}_k \leqslant \|\boldsymbol{s}_k\|\|\boldsymbol{y}_k\|$. 故只需证明 $\|\boldsymbol{y}_k\|/\|\boldsymbol{s}_k\|$ 和 $\|\boldsymbol{s}_k\|^2/\boldsymbol{s}_k^{\mathrm{T}}\boldsymbol{y}_k$ 均有界即可.

事实上, 由于

$$\boldsymbol{y}_k = \int_0^1 \boldsymbol{G}(\boldsymbol{x}_k + \tau\boldsymbol{s}_k)\boldsymbol{s}_k \mathrm{d}\tau, \tag{5.2.1}$$

所以

$$\|\boldsymbol{y}_k\| \leqslant \|\boldsymbol{s}_k\| \int_0^1 \|\boldsymbol{G}(\boldsymbol{x}_k + \tau\boldsymbol{s}_k)\|\mathrm{d}\tau.$$

由假设条件 5.2.1 中的 (2),

$$\max_{\boldsymbol{x}\in\mathcal{L}(\boldsymbol{x}_0)}\|\boldsymbol{G}(\boldsymbol{x})\|\leqslant M.$$

因而, $\|\boldsymbol{y}_k\|\leqslant M\|\boldsymbol{s}_k\|$, 即 $\|\boldsymbol{y}_k\|/\|\boldsymbol{s}_k\|\leqslant M$.

下面对 $\|\boldsymbol{s}_k\|^2/\boldsymbol{s}_k^{\mathrm{T}}\boldsymbol{y}_k$ 进行估计. 由 (5.2.1) 及假设 5.2.1 中的 (2) 得

$$\boldsymbol{s}_k^{\mathrm{T}}\boldsymbol{y}_k=\int_0^1\boldsymbol{s}_k^{\mathrm{T}}\boldsymbol{G}(\boldsymbol{x}_k+\tau\boldsymbol{s}_k)\boldsymbol{s}_k\mathrm{d}\tau\geqslant m\|\boldsymbol{s}_k\|^2.$$

故

$$\frac{\|\boldsymbol{s}_k\|^2}{\boldsymbol{s}_k^{\mathrm{T}}\boldsymbol{y}_k}\leqslant\frac{1}{m}.$$

证毕

引理 5.2.2　设 $f:\mathbb{R}^n\to\mathbb{R}$ 满足假设 5.2.1, 则最优步长规则下的下降算法产生的点列 $\{\boldsymbol{x}_k\}$ 对应的级数 $\sum\|\boldsymbol{s}_k\|^2$ 和 $\sum\|\boldsymbol{y}_k\|^2$ 收敛.

证明　在区间 $[0,1]$ 上定义函数 $\psi(\tau)=f(\boldsymbol{x}_{k+1}-\tau\boldsymbol{s}_k)$.

由假设 5.2.1, 对任意的 $\tau\in[0,1]$, $\psi''(\tau)\geqslant m\|\boldsymbol{s}_k\|^2$, 而精确线搜索意味着 $\psi'(0)=0$. 进而由假设 5.2.1 得

$$\psi(\tau)=\psi(0)+\tau\psi'(0)+\frac{\tau^2}{2}\psi''(\overline{\tau})\geqslant\psi(0)+\frac{1}{2}m\|\boldsymbol{s}_k\|^2\tau^2,$$

其中, $\overline{\tau}\in(0,\tau)$. 取 $\tau=1$ 得

$$f(\boldsymbol{x}_k)-f_{k+1}\geqslant\frac{1}{2}m\|\boldsymbol{s}_k\|^2.$$

上式两边关于 k 求和得

$$\sum_{k=0}^{\infty}\|\boldsymbol{s}_k\|^2\leqslant2\left(f(\boldsymbol{x}_0)-f(\boldsymbol{x}^*)\right)/m,$$

其中, $f(\boldsymbol{x}^*)$ 是 $f(\boldsymbol{x})$ 的极小值. 于是, $\sum\|\boldsymbol{s}_k\|^2$ 收敛.

利用引理 5.2.1, 可得级数 $\sum\|\boldsymbol{y}_k\|^2$ 收敛.

证毕

引理 5.2.3　在假设 5.2.1 之下, 设 $f(\boldsymbol{x}^*)$ 是 $f(\boldsymbol{x})$ 的极小值, 则对任意的 $\boldsymbol{x}\in\mathbb{R}^n$,

$$\|\boldsymbol{g}(x)\|^2\geqslant m[f(\boldsymbol{x})-f(\boldsymbol{x}^*)].$$

证明　由于函数 $f(\boldsymbol{x})$ 在水平集内是凸函数, 故

$$f(\boldsymbol{x}+\tau(\boldsymbol{x}^*-\boldsymbol{x}))\geqslant f(\boldsymbol{x})+\tau(\boldsymbol{x}^*-\boldsymbol{x})^{\mathrm{T}}g(\boldsymbol{x}).$$

令 $\tau=1$ 并利用引理 2.1.2 得

$$f(\boldsymbol{x})-f(\boldsymbol{x}^*)\leqslant-(\boldsymbol{x}^*-\boldsymbol{x})^{\mathrm{T}}\boldsymbol{g}(\boldsymbol{x})\leqslant\|\boldsymbol{g}(\boldsymbol{x})\|\|\boldsymbol{x}^*-\boldsymbol{x}\|\leqslant\frac{1}{m}\|\boldsymbol{g}(\boldsymbol{x})\|^2.$$

证毕

借助以上引理, 可建立最优步长规则下的 DFP 方法的全局收敛性.

定理 5.2.1 设 $f(\boldsymbol{x})$ 满足假设 5.2.1, 则最优步长规则下的 DFP 方法产生的点列收敛到其最优值点.

证明 为便于说明, 先给出 $\boldsymbol{H}_k$ 和 $\boldsymbol{B}_k$ 的 DFP 校正公式

$$\begin{aligned}\boldsymbol{H}_{k+1}= &\quad \boldsymbol{H}_k-\frac{\boldsymbol{H}_k\boldsymbol{y}_k\boldsymbol{y}_k^{\mathrm{T}}\boldsymbol{H}_k}{\boldsymbol{y}_k^{\mathrm{T}}\boldsymbol{H}_k\boldsymbol{y}_k}+\frac{\boldsymbol{s}_k\boldsymbol{s}_k^{\mathrm{T}}}{\boldsymbol{s}_k^{\mathrm{T}}\boldsymbol{y}_k},\\ \boldsymbol{B}_{k+1}= &\quad \left(\boldsymbol{I}-\frac{\boldsymbol{y}_k\boldsymbol{s}_k^{\mathrm{T}}}{\boldsymbol{s}_k^{\mathrm{T}}\boldsymbol{y}_k}\right)\boldsymbol{B}_k\left(\boldsymbol{I}-\frac{\boldsymbol{s}_k\boldsymbol{y}_k^{\mathrm{T}}}{\boldsymbol{s}_k^{\mathrm{T}}\boldsymbol{y}_k}\right)+\frac{\boldsymbol{y}_k\boldsymbol{y}_k^{\mathrm{T}}}{\boldsymbol{s}_k^{\mathrm{T}}\boldsymbol{y}_k}.\end{aligned}$$

对 $\boldsymbol{B}_{k+1}$ 的表达式两边求迹得

$$\operatorname{tr}(\boldsymbol{B}_{k+1})=\operatorname{tr}(\boldsymbol{B}_k)-2\frac{\boldsymbol{s}_k^{\mathrm{T}}\boldsymbol{B}_k\boldsymbol{y}_k}{\boldsymbol{s}_k^{\mathrm{T}}\boldsymbol{y}_k}+\frac{(\boldsymbol{s}_k^{\mathrm{T}}\boldsymbol{B}_k\boldsymbol{s}_k)(\boldsymbol{y}_k^{\mathrm{T}}\boldsymbol{y}_k)}{(\boldsymbol{s}_k^{\mathrm{T}}\boldsymbol{y}_k)^2}+\frac{\boldsymbol{y}_k^{\mathrm{T}}\boldsymbol{y}_k}{\boldsymbol{s}_k^{\mathrm{T}}\boldsymbol{y}_k}. \tag{5.2.2}$$

由于 $\boldsymbol{B}_k\boldsymbol{s}_k=-\alpha_k\boldsymbol{g}_k$, $\boldsymbol{g}_{k+1}^{\mathrm{T}}\boldsymbol{s}_k=0$ 及 $\boldsymbol{y}_k=\boldsymbol{g}_{k+1}-\boldsymbol{g}_k$, 上式右端的中间两项可写成

$$\begin{aligned}&-2\frac{\boldsymbol{s}_k^{\mathrm{T}}\boldsymbol{B}_k\boldsymbol{y}_k}{\boldsymbol{s}_k^{\mathrm{T}}\boldsymbol{y}_k}+\frac{(\boldsymbol{s}_k^{\mathrm{T}}\boldsymbol{B}_k\boldsymbol{s}_k)(\boldsymbol{y}_k^{\mathrm{T}}\boldsymbol{y}_k)}{(\boldsymbol{s}_k^{\mathrm{T}}\boldsymbol{y}_k)^2}\\ =&\ \alpha_k\left(\frac{2\boldsymbol{g}_k^{\mathrm{T}}\boldsymbol{y}_k}{\boldsymbol{s}_k^{\mathrm{T}}\boldsymbol{y}_k}+\frac{(\boldsymbol{g}_{k+1}^{\mathrm{T}}\boldsymbol{s}_k-\boldsymbol{g}_k^{\mathrm{T}}\boldsymbol{s}_k)(\boldsymbol{y}_k^{\mathrm{T}}\boldsymbol{y}_k)}{(\boldsymbol{s}_k^{\mathrm{T}}\boldsymbol{y}_k)^2}\right)\\ =&\ \alpha_k\frac{2\boldsymbol{g}_k^{\mathrm{T}}\boldsymbol{y}_k+\boldsymbol{y}_k^{\mathrm{T}}\boldsymbol{y}_k}{\boldsymbol{s}_k^{\mathrm{T}}\boldsymbol{y}_k}=\frac{\|\boldsymbol{g}_{k+1}\|^2-\|\boldsymbol{g}_k\|^2}{\boldsymbol{g}_k^{\mathrm{T}}\boldsymbol{H}_k\boldsymbol{g}_k}.\end{aligned} \tag{5.2.3}$$

考察最后一项的分母, 也就是 $\boldsymbol{g}_k^{\mathrm{T}}\boldsymbol{H}_k\boldsymbol{g}_k$. 利用 $\boldsymbol{H}_{k+1}^{\mathrm{DFP}}$ 校正公式和 $\boldsymbol{g}_{k+1}^{\mathrm{T}}\boldsymbol{s}_k=0$ 得

$$\begin{aligned}\boldsymbol{g}_{k+1}^{\mathrm{T}}\boldsymbol{H}_{k+1}\boldsymbol{g}_{k+1}&=\boldsymbol{g}_{k+1}^{\mathrm{T}}\left(\boldsymbol{H}_k-\frac{\boldsymbol{H}_k\boldsymbol{y}_k\boldsymbol{y}_k^{\mathrm{T}}\boldsymbol{H}_k}{\boldsymbol{y}_k^{\mathrm{T}}\boldsymbol{H}_k\boldsymbol{y}_k}\right)\boldsymbol{g}_{k+1}\\ &=(\boldsymbol{y}_k+\boldsymbol{g}_k)^{\mathrm{T}}\left(\boldsymbol{H}_k-\frac{\boldsymbol{H}_k\boldsymbol{y}_k\boldsymbol{y}_k^{\mathrm{T}}\boldsymbol{H}_k}{\boldsymbol{y}_k^{\mathrm{T}}\boldsymbol{H}_k\boldsymbol{y}_k}\right)(\boldsymbol{y}_k+\boldsymbol{g}_k)\\ &=\boldsymbol{g}_k^{\mathrm{T}}\left(\boldsymbol{H}_k-\frac{\boldsymbol{H}_k\boldsymbol{y}_k\boldsymbol{y}_k^{\mathrm{T}}\boldsymbol{H}_k}{\boldsymbol{y}_k^{\mathrm{T}}\boldsymbol{H}_k\boldsymbol{y}_k}\right)\boldsymbol{g}_k\\ &=\boldsymbol{g}_k^{\mathrm{T}}\left(\boldsymbol{H}_k-\frac{\boldsymbol{H}_k\boldsymbol{g}_k\boldsymbol{g}_k^{\mathrm{T}}\boldsymbol{H}_k}{\boldsymbol{y}_k^{\mathrm{T}}\boldsymbol{H}_k\boldsymbol{y}_k}\right)\boldsymbol{g}_k\\ &=\frac{(\boldsymbol{g}_k^{\mathrm{T}}\boldsymbol{H}_k\boldsymbol{g}_k)(\boldsymbol{g}_{k+1}^{\mathrm{T}}\boldsymbol{H}_k\boldsymbol{g}_{k+1})}{\boldsymbol{g}_k^{\mathrm{T}}\boldsymbol{H}_k\boldsymbol{g}_k+\boldsymbol{g}_{k+1}^{\mathrm{T}}\boldsymbol{H}_k\boldsymbol{g}_{k+1}}.\end{aligned}$$

其中, 第三、四个等式利用了 $\boldsymbol{g}_{k+1}^{\mathrm{T}}\boldsymbol{H}_k\boldsymbol{g}_k=0$.

对上式求倒数得

$$\frac{1}{\boldsymbol{g}_k^{\mathrm{T}}\boldsymbol{H}_k\boldsymbol{g}_k}=\frac{1}{\boldsymbol{g}_{k+1}^{\mathrm{T}}\boldsymbol{H}_{k+1}\boldsymbol{g}_{k+1}}-\frac{1}{\boldsymbol{g}_{k+1}^{\mathrm{T}}\boldsymbol{H}_k\boldsymbol{g}_{k+1}}. \tag{5.2.4}$$

利用 (5.2.3),(5.2.4), 可将 (5.2.2) 写成关于 $\boldsymbol{B}_k$ 的迹的一个递推关系式:

$$\mathrm{tr}(\boldsymbol{B}_{k+1})=\mathrm{tr}(\boldsymbol{B}_k)+\frac{\|\boldsymbol{g}_{k+1}\|^2}{\boldsymbol{g}_{k+1}^{\mathrm{T}}\boldsymbol{H}_{k+1}\boldsymbol{g}_{k+1}}-\frac{\|\boldsymbol{g}_k\|^2}{\boldsymbol{g}_k^{\mathrm{T}}\boldsymbol{H}_k\boldsymbol{g}_k}-\frac{\|\boldsymbol{g}_{k+1}\|^2}{\boldsymbol{g}_{k+1}^{\mathrm{T}}\boldsymbol{H}_k\boldsymbol{g}_{k+1}}+\frac{\|\boldsymbol{y}_k\|^2}{\boldsymbol{s}_k^{\mathrm{T}}\boldsymbol{y}_k}.$$

从而

$$\mathrm{tr}(\boldsymbol{B}_{k+1})=\mathrm{tr}(\boldsymbol{B}_0)+\frac{\|\boldsymbol{g}_{k+1}\|^2}{\boldsymbol{g}_{k+1}^{\mathrm{T}}\boldsymbol{H}_{k+1}\boldsymbol{g}_{k+1}}-\frac{\|\boldsymbol{g}_0\|^2}{\boldsymbol{g}_0^{\mathrm{T}}\boldsymbol{H}_0\boldsymbol{g}_0}-\sum_{j=0}^{k}\frac{\|\boldsymbol{g}_{j+1}\|^2}{\boldsymbol{g}_{j+1}^{\mathrm{T}}\boldsymbol{H}_j\boldsymbol{g}_{j+1}}+\sum_{j=0}^{k}\frac{\|\boldsymbol{y}_j\|^2}{\boldsymbol{s}_j^{\mathrm{T}}\boldsymbol{y}_j}.$$

根据引理 5.2.1, 存在正常数 M_1 使

$$\mathrm{tr}(\boldsymbol{B}_{k+1})\leqslant\frac{\|\boldsymbol{g}_{k+1}\|^2}{\boldsymbol{g}_{k+1}^{\mathrm{T}}\boldsymbol{H}_{k+1}\boldsymbol{g}_{k+1}}-\sum_{j=0}^{k}\frac{\|\boldsymbol{g}_{j+1}\|^2}{\boldsymbol{g}_{j+1}^{\mathrm{T}}\boldsymbol{H}_j\boldsymbol{g}_{j+1}}+M_1(k+1). \tag{5.2.5}$$

下面对上式右端的中间项进行估计.

由 DFP 校正公式知

$$\mathrm{tr}(\boldsymbol{H}_{k+1})=\mathrm{tr}(\boldsymbol{H}_0)-\sum_{j=0}^{k}\frac{\|\boldsymbol{H}_j\boldsymbol{y}_j\|^2}{\boldsymbol{y}_j^{\mathrm{T}}\boldsymbol{H}_j\boldsymbol{y}_j}+\sum_{j=0}^{k}\frac{\|\boldsymbol{s}_j\|^2}{\boldsymbol{s}_j^{\mathrm{T}}\boldsymbol{y}_j}.$$

由于 $\boldsymbol{H}_{k+1}$ 正定, 故上式右端为正. 从而由引理 5.2.1 知存在与 k 无关的数 M_2, 使

$$\sum_{j=0}^{k}\frac{\|\boldsymbol{H}_j\boldsymbol{y}_j\|^2}{\boldsymbol{y}_j^{\mathrm{T}}\boldsymbol{H}_j\boldsymbol{y}_j}<M_2(k+1). \tag{5.2.6}$$

不妨设 $M_1=M_2=\hat{M}$. 由

$$(\boldsymbol{y}_j^{\mathrm{T}}\boldsymbol{H}_j\boldsymbol{y}_j)^2\leqslant\|\boldsymbol{H}_j\boldsymbol{y}_j\|^2\|\boldsymbol{y}_j\|^2 \tag{5.2.7}$$

及

$$\begin{aligned}\boldsymbol{y}_j^{\mathrm{T}}\boldsymbol{H}_j\boldsymbol{y}_j&=\boldsymbol{g}_{j+1}^{\mathrm{T}}\boldsymbol{H}_j\boldsymbol{g}_{j+1}+\boldsymbol{g}_j^{\mathrm{T}}\boldsymbol{H}_j\boldsymbol{g}_j+2\boldsymbol{g}_{j+1}^{\mathrm{T}}\boldsymbol{d}_j\\&=\boldsymbol{g}_{j+1}^{\mathrm{T}}\boldsymbol{H}_j\boldsymbol{g}_{j+1}+\boldsymbol{g}_j^{\mathrm{T}}\boldsymbol{H}_j\boldsymbol{g}_j\\&>\boldsymbol{g}_{j+1}^{\mathrm{T}}\boldsymbol{H}_j\boldsymbol{g}_{j+1},\end{aligned} \tag{5.2.8}$$

结合 (5.2.6),(5.2.7) 得

$$\sum_{j=0}^{k}\frac{\boldsymbol{g}_{j+1}^{\mathrm{T}}\boldsymbol{H}_j\boldsymbol{g}_{j+1}}{\|\boldsymbol{y}_j\|^2}<\sum_{j=0}^{k}\frac{\boldsymbol{y}_j^{\mathrm{T}}\boldsymbol{H}_j\boldsymbol{y}_j}{\|\boldsymbol{y}_j\|^2}\leqslant\sum_{j=0}^{k}\frac{\|\boldsymbol{H}_j\boldsymbol{y}_j\|^2}{\boldsymbol{y}_j^{\mathrm{T}}\boldsymbol{H}_j\boldsymbol{y}_j}<\hat{M}(k+1). \tag{5.2.9}$$

再利用 Cauchy-Schwarz 不等式得

$$\left(\sum_{j=0}^{k}\frac{\|\boldsymbol{g}_{j+1}\|}{(\boldsymbol{g}_{j+1}^{\mathrm{T}}\boldsymbol{H}_j\boldsymbol{g}_{j+1})^{\frac{1}{2}}}\frac{(\boldsymbol{g}_{j+1}^{\mathrm{T}}\boldsymbol{H}_j\boldsymbol{g}_{j+1})^{\frac{1}{2}}}{\|\boldsymbol{y}_j\|}\right)^2\leqslant\sum_{j=0}^{k}\frac{\|\boldsymbol{g}_{j+1}\|^2}{\boldsymbol{g}_{j+1}^{\mathrm{T}}\boldsymbol{H}_j\boldsymbol{g}_{j+1}}\sum_{j=0}^{k}\frac{\boldsymbol{g}_{j+1}^{\mathrm{T}}\boldsymbol{H}_j\boldsymbol{g}_{j+1}}{\|\boldsymbol{y}_j\|^2}.$$

进而由 (5.2.9) 得

$$\begin{aligned}\sum_{j=0}^{k}\frac{\|\boldsymbol{g}_{j+1}\|^2}{\boldsymbol{g}_{j+1}^{\mathrm{T}}\boldsymbol{H}_j\boldsymbol{g}_{j+1}}&\geqslant\left(\sum_{j=0}^{k}\frac{\|\boldsymbol{g}_{j+1}\|}{\|\boldsymbol{y}_j\|}\right)^2\Big/\sum_{j=0}^{k}\frac{\boldsymbol{g}_{j+1}^{\mathrm{T}}\boldsymbol{H}_j\boldsymbol{g}_{j+1}}{\|\boldsymbol{y}_j\|^2}\\&>\frac{1}{\hat{M}(k+1)}\left(\sum_{j=0}^{k}\frac{\|\boldsymbol{g}_{j+1}\|}{\|\boldsymbol{y}_j\|}\right)^2.\end{aligned}\tag{5.2.10}$$

基于以上分析, 下用反证法证明命题结论. 反设算法产生的点列 $\{\boldsymbol{x}_k\}$ 不收敛于 $f(\boldsymbol{x})$ 的唯一最小值点 $\boldsymbol{x}^*$, 则存在 $\varepsilon_0>0$, 使对所有的 k,

$$\|\boldsymbol{g}_k\|\geqslant\varepsilon_0.\tag{5.2.11}$$

由于目标函数一致凸, 由 (2.1.2) 式,

$$f(\boldsymbol{x}_k)-f_{k+1}\geqslant\frac{1}{2}m\|\boldsymbol{s}_k\|^2.$$

利用目标函数在水平集上有下界知数列 $\{f(\boldsymbol{x}_k)\}$ 单调有界. 从而在 $k\to\infty$ 时, $\|\boldsymbol{s}_k\|\to 0$, 进而 $\|\boldsymbol{y}_k\|\to 0$. 故由 (5.2.10) 和 (5.2.11) 知, 对充分大的 k,

$$\sum_{j=0}^{k}\frac{\|\boldsymbol{g}_{j+1}\|^2}{\boldsymbol{g}_{j+1}^{\mathrm{T}}\boldsymbol{H}_j\boldsymbol{g}_{j+1}}>\hat{M}(k+1).$$

再结合 (5.2.5), 对于充分大的 k 成立

$$\mathrm{tr}(\boldsymbol{B}_{k+1})<\frac{\|\boldsymbol{g}_{k+1}\|^2}{\boldsymbol{g}_{k+1}^{\mathrm{T}}\boldsymbol{H}_{k+1}\boldsymbol{g}_{k+1}}.\tag{5.2.12}$$

设 $\lambda_1\geqslant\lambda_2\geqslant\cdots\geqslant\lambda_n>0$ 为矩阵 $\boldsymbol{B}_{k+1}$ 的 n 个特征根, 则 $1/\lambda_1$, $1/\lambda_2,\cdots,1/\lambda_n$ 为矩阵 $\boldsymbol{H}_{k+1}$ 的特征根. 由矩阵论的知识,

$$\boldsymbol{g}_{k+1}^{\mathrm{T}}\boldsymbol{H}_{k+1}\boldsymbol{g}_{k+1}\geqslant\frac{1}{\lambda_1\|\boldsymbol{g}_{k+1}\|^2}.$$

利用 (5.2.12) 得 $\sum\limits_{i=1}^{n}\lambda_i<\lambda_1$. 这是不可能的. 该矛盾说明 $\{\boldsymbol{x}_k\}$ 收敛于 $\boldsymbol{x}^*$. 证毕

定理 5.2.2 设函数 $f(\boldsymbol{x})$ 满足假设 5.2.1, 则最优步长规则下的 DFP 方法产生的点列 R-线性收敛.

证明 由定理 5.2.1, 迭代点列 $\{\boldsymbol{x}_k\}$ 收敛到 $f(\boldsymbol{x})$ 的唯一极小值点 $\boldsymbol{x}^*$. 由定理 5.2.1 的证明过程, 对任意的 $k>0$, (5.2.12) 不能成立. 根据 (5.2.5) 式,

$$\sum_{j=0}^{k} \frac{\|\boldsymbol{g}_{j+1}\|^2}{\boldsymbol{g}_{j+1}^{\mathrm{T}} \boldsymbol{H}_j \boldsymbol{g}_{j+1}} \leqslant \hat{M}(k+1).$$

记指标集 $J_k=\{0,1,2,\cdots,k\}$, J_k' 为 J_k 中满足

$$\|\boldsymbol{g}_{j+1}\|^2 < 3\hat{M} \boldsymbol{g}_{j+1}^{\mathrm{T}} \boldsymbol{H}_j \boldsymbol{g}_{j+1}$$

的指标集. 易知 $|J_k'| \geqslant 2(k+1)/3$.

记 J_k'' 为 J_k 中满足

$$\boldsymbol{g}_{j+1}^{\mathrm{T}} \boldsymbol{H}_j \boldsymbol{g}_{j+1} < 3\hat{M}\|\boldsymbol{y}_j\|^2$$

的指标集. 由 (5.2.9) 知, $|J_k''| \geqslant 2(k+1)/3$.

当 $j \in J_k' \cap J_k''$ 时, 易知

$$\|\boldsymbol{g}_{j+1}\|^2 < 9\hat{M}^2\|\boldsymbol{y}_j\|^2,$$

且 $|J_k' \cap J_k''| \geqslant (k+1)/3$.

结合引理 5.2.3, 对 $j \in J_k' \cap J_k''$,

$$f_{j+1} - f(\boldsymbol{x}^*) < 9\hat{M}^2\|\boldsymbol{y}_j\|^2/m.$$

而由 (2.1.2) 式,

$$f_j - f_{j+1} \geqslant \frac{1}{2} m\|\boldsymbol{s}_j\|^2.$$

再由引理 5.2.1, 数列 $\left\{\dfrac{\|\boldsymbol{y}_j\|}{\|\boldsymbol{s}_j\|}\right\}$ 有界. 从而存在常数 $q'>0$ 使当 $j \in J_k' \cap J_k''$ 时,

$$f_{j+1} - f(\boldsymbol{x}^*) \quad < \quad q'\left(f_j - f_{j+1}\right) = q'\left(f_j - f(\boldsymbol{x}^*)\right) - q'\left(f_{j+1} - f(\boldsymbol{x}^*)\right),$$

即对 $j \in J_k' \cap J_k''$,

$$f_{j+1} - f(\boldsymbol{x}^*) < \frac{q'}{1+q'}\left(f_j - f(\boldsymbol{x}^*)\right).$$

而对 $j \notin J_k' \cap J_k''$, 显然有

$$f_{j+1} - f(\boldsymbol{x}^*) \leqslant f_j - f(\boldsymbol{x}^*).$$

取 $q = \left(\dfrac{q'}{1+q'}\right)^{\frac{1}{3}} \in (0,1)$, 则对任意的 k,

$$f(\boldsymbol{x}_k) - f(\boldsymbol{x}^*) \leqslant q^k\left(f_0 - f(\boldsymbol{x}^*)\right).$$

根据引理 2.1.2,

$$\|\boldsymbol{x}_k-\boldsymbol{x}^*\|\leqslant\sqrt{\frac{2}{m}\left(f(\boldsymbol{x}_k)-f(\boldsymbol{x}^*)\right)}\leqslant q^{k/2}\sqrt{\frac{2}{m}\left(f_0-f(\boldsymbol{x}^*)\right)}.$$

DFP 方法的 R-线性收敛性得证. 证毕

下面讨论 BFGS 方法的全局收敛性.

定理 5.2.3 设 $\{\boldsymbol{B}_k\}$ 是 BFGS 校正公式产生的非奇异矩阵序列. 在假设 5.2.1 之下, Wolfe 步长规则下的 BFGS 方法产生的点列收敛到目标函数的极小值点.

证明 记

$$m_k=\frac{\boldsymbol{y}_k^{\mathrm{T}}\boldsymbol{s}_k}{\boldsymbol{s}_k^{\mathrm{T}}\boldsymbol{s}_k},\qquad M_k=\frac{\boldsymbol{y}_k^{\mathrm{T}}\boldsymbol{y}_k}{\boldsymbol{y}_k^{\mathrm{T}}\boldsymbol{s}_k}.$$

由引理 5.2.1, 存在正常数 $\hat{m},\hat{M}$, 使对任意的 k, 成立

$$m_k\geqslant\hat{m},\ M_k\leqslant\hat{M}.$$

对 BFGS 公式 $\boldsymbol{B}_{k+1}=\boldsymbol{B}_k+\dfrac{\boldsymbol{y}_k\boldsymbol{y}_k^{\mathrm{T}}}{\boldsymbol{y}_k^{\mathrm{T}}\boldsymbol{s}_k}-\dfrac{\boldsymbol{B}_k\boldsymbol{s}_k\boldsymbol{s}_k^{\mathrm{T}}\boldsymbol{B}_k}{\boldsymbol{s}_k^{\mathrm{T}}\boldsymbol{B}_k\boldsymbol{s}_k}$ 两边求迹得,

$$\operatorname{tr}(\boldsymbol{B}_{k+1})=\operatorname{tr}(\boldsymbol{B}_k)-\frac{\|\boldsymbol{B}_k\boldsymbol{s}_k\|^2}{\boldsymbol{s}_k^{\mathrm{T}}\boldsymbol{B}_k\boldsymbol{s}_k}+\frac{\|\boldsymbol{y}_k\|^2}{\boldsymbol{y}_k^{\mathrm{T}}\boldsymbol{s}_k}.\tag{5.2.13}$$

为求 $\boldsymbol{B}_{k+1}$ 的行列式, 先给出秩-2 校正矩阵行列式的计算式:

$$\det\left(\boldsymbol{I}+\boldsymbol{u}_1\boldsymbol{u}_2^{\mathrm{T}}+\boldsymbol{u}_3\boldsymbol{u}_4^{\mathrm{T}}\right)=(1+\boldsymbol{u}_1^{\mathrm{T}}\boldsymbol{u}_2)(1+\boldsymbol{u}_3^{\mathrm{T}}\boldsymbol{u}_4)-(\boldsymbol{u}_1^{\mathrm{T}}\boldsymbol{u}_4)(\boldsymbol{u}_2^{\mathrm{T}}\boldsymbol{u}_3).\tag{5.2.14}$$

其中, $\boldsymbol{u}_i\in\mathbb{R}^n,\ i=1,2,3,4$. 该式的推导过程如下.

借助引理 5.1.1 的证明过程易得

$$\det\left(\boldsymbol{I}+\boldsymbol{u}\boldsymbol{v}^{\mathrm{T}}\right)=1+\boldsymbol{u}^{\mathrm{T}}\boldsymbol{v}.$$

从而由引理 5.1.1 得

$$\begin{aligned}\det\left(\boldsymbol{I}+\boldsymbol{u}_1\boldsymbol{u}_2^{\mathrm{T}}+\boldsymbol{u}_3\boldsymbol{u}_4^{\mathrm{T}}\right)&=\det\left[\left(\boldsymbol{I}+\boldsymbol{u}_1\boldsymbol{u}_2^{\mathrm{T}}\right)\left(\boldsymbol{I}+(\boldsymbol{I}+\boldsymbol{u}_1\boldsymbol{u}_2^{\mathrm{T}})^{-1}\boldsymbol{u}_3\boldsymbol{u}_4^{\mathrm{T}}\right)\right]\\&=(1+\boldsymbol{u}_1^{\mathrm{T}}\boldsymbol{u}_2)\left[1+\boldsymbol{u}_4^{\mathrm{T}}(\boldsymbol{I}+\boldsymbol{u}_1\boldsymbol{u}_2^{\mathrm{T}})^{-1}\boldsymbol{u}_3\right]\\&=(1+\boldsymbol{u}_1^{\mathrm{T}}\boldsymbol{u}_2)\left[1+\boldsymbol{u}_4^{\mathrm{T}}\left(\boldsymbol{I}-\frac{\boldsymbol{u}_1\boldsymbol{u}_2^{\mathrm{T}}}{1+\boldsymbol{u}_1^{\mathrm{T}}\boldsymbol{u}_2}\right)\boldsymbol{u}_3\right]\\&=(1+\boldsymbol{u}_1^{\mathrm{T}}\boldsymbol{u}_2)(1+\boldsymbol{u}_3^{\mathrm{T}}\boldsymbol{u}_4)-\boldsymbol{u}_1^{\mathrm{T}}\boldsymbol{u}_4\boldsymbol{u}_2^{\mathrm{T}}\boldsymbol{u}_3.\end{aligned}$$

将 BFGS 校正公式化成上述形式,

$$\boldsymbol{B}_{k+1}=\boldsymbol{B}_k\left(\boldsymbol{I}-\overbrace{\frac{1}{\boldsymbol{s}_k^{\mathrm{T}}\boldsymbol{B}_k\boldsymbol{s}_k}\boldsymbol{s}_k}^{\boldsymbol{u}_1}\underbrace{\boldsymbol{s}_k^{\mathrm{T}}\boldsymbol{B}_k}_{\boldsymbol{u}_2^{\mathrm{T}}}+\overbrace{\frac{1}{\boldsymbol{s}_k^{\mathrm{T}}\boldsymbol{y}_k}\boldsymbol{B}_k^{-1}\boldsymbol{y}_k}^{\boldsymbol{u}_3}\underbrace{\boldsymbol{y}_k^{\mathrm{T}}}_{\boldsymbol{u}_4^{\mathrm{T}}}\right)$$

$$\triangleq \boldsymbol{B}_k\left(\boldsymbol{I}+\boldsymbol{u}_1\boldsymbol{u}_2^{\mathrm{T}}+\boldsymbol{u}_3\boldsymbol{u}_4^{\mathrm{T}}\right).$$

容易计算,$\boldsymbol{u}_1^{\mathrm{T}}\boldsymbol{u}_2=-1, \boldsymbol{u}_2^{\mathrm{T}}\boldsymbol{u}_3=1$. 故

$$\det(\boldsymbol{B}_{k+1})=\det(\boldsymbol{B}_k)\frac{\boldsymbol{s}_k^{\mathrm{T}}\boldsymbol{y}_k}{\boldsymbol{s}_k^{\mathrm{T}}\boldsymbol{B}_k\boldsymbol{s}_k}. \tag{5.2.15}$$

记

$$\cos\theta_k=\frac{\boldsymbol{s}_k^{\mathrm{T}}\boldsymbol{B}_k\boldsymbol{s}_k}{\|\boldsymbol{s}_k\|\|\boldsymbol{B}_k\boldsymbol{s}_k\|},\quad q_k=\frac{\boldsymbol{s}_k^{\mathrm{T}}\boldsymbol{B}_k\boldsymbol{s}_k}{\boldsymbol{s}_k^{\mathrm{T}}\boldsymbol{s}_k}.$$

容易看出, θ_k 就是搜索方向与负梯度方向的夹角. 下证存在 $\{\boldsymbol{x}_k\}$ 的子列 $\{\boldsymbol{x}_k\}_{\mathcal{N}_0}$ 和 $\delta>0$, 使对任意的 $k\in\mathcal{N}_0$,

$$\cos\theta_k\geqslant\delta.$$

事实上, 由于

$$\frac{\|\boldsymbol{B}_k\boldsymbol{s}_k\|^2}{\boldsymbol{s}_k^{\mathrm{T}}\boldsymbol{B}_k\boldsymbol{s}_k}=\frac{\|\boldsymbol{s}_k\|^2\|\boldsymbol{B}_k\boldsymbol{s}_k\|^2}{(\boldsymbol{s}_k^{\mathrm{T}}\boldsymbol{B}_k\boldsymbol{s}_k)^2}\frac{\boldsymbol{s}_k^{\mathrm{T}}\boldsymbol{B}_k\boldsymbol{s}_k}{\|\boldsymbol{s}_k\|^2}=\frac{q_k}{\cos^2\theta_k}, \tag{5.2.16}$$

(5.2.15) 可写成

$$\det(\boldsymbol{B}_{k+1})=\det(\boldsymbol{B}_k)\frac{\boldsymbol{s}_k^{\mathrm{T}}\boldsymbol{y}_k}{\boldsymbol{s}_k^{\mathrm{T}}\boldsymbol{s}_k}\frac{\boldsymbol{s}_k^{\mathrm{T}}\boldsymbol{s}_k}{\boldsymbol{s}_k^{\mathrm{T}}\boldsymbol{B}_k\boldsymbol{s}_k}=\det(\boldsymbol{B}_k)\frac{m_k}{q_k}. \tag{5.2.17}$$

此时, (5.2.13) 可写成

$$\mathrm{tr}(\boldsymbol{B}_{k+1})=\mathrm{tr}(\boldsymbol{B}_k)-\frac{q_k}{\cos^2\theta_k}+M_k. \tag{5.2.18}$$

设 $\boldsymbol{B}$ 为对称正定矩阵. 定义函数

$$\psi(\boldsymbol{B})=\mathrm{tr}(\boldsymbol{B})-\ln(\det(\boldsymbol{B})),$$

则 $\psi(\boldsymbol{B})>0$. 事实上, 设 $\lambda_1\geqslant\lambda_2\geqslant\cdots\geqslant\lambda_n>0$ 为 $\boldsymbol{B}$ 的 n 个特征根, 则

$$\psi(\boldsymbol{B})=\mathrm{tr}(\boldsymbol{B})-\ln(\det(\boldsymbol{B}))=\sum_{i=1}^n(\lambda_i-\ln\lambda_i)>0.$$

由 (5.2.16)-(5.2.18) 知

$$\begin{aligned}\psi(\boldsymbol{B}_{k+1})&=\psi(\boldsymbol{B}_k)+M_k-\frac{q_k}{\cos^2\theta_k}-\ln m_k+\ln q_k\\&=\psi(\boldsymbol{B}_k)+(M_k-\ln m_k-1)+\left(1-\frac{q_k}{\cos^2\theta_k}+\ln\frac{q_k}{\cos^2\theta_k}\right)+\ln\cos^2\theta_k.\end{aligned}$$

由于对任意的 $t>0$, 函数 $h(t)=1-t+\ln t\leqslant 0$, 将上述不等式依次递推并利用 $m_k\geqslant\hat{m}$ 和 $M_k\leqslant\hat{M}$ 知, 存在正的常数 c 使对任意的 $k>0$,

$$0<\psi(\boldsymbol{B}_{k+1})\leqslant\psi(\boldsymbol{B}_0)+c(k+1)+\sum_{i=0}^{k}\ln\cos^2\theta_i. \tag{5.2.19}$$

下面利用上式证明数列 $\{\cos\theta_k\}$ 在 $k\to\infty$ 时不趋于 0. 否则, 对上面定义的 $c>0$, 存在 $k_0>0$ 使对任意的 $k\geqslant k_0$,

$$\ln\cos^2\theta_k<-2c.$$

从而由 (5.2.19) 知, 当 k 充分大时,

$$\begin{aligned}
0&<\psi(\boldsymbol{B}_{k+1})\\
&\leqslant\psi(\boldsymbol{B}_0)+c(k+1)+\sum_{i=0}^{k_0}\ln\cos^2\theta_i+\sum_{i=k_0+1}^{k}\ln\cos^2\theta_i\\
&\leqslant\psi(\boldsymbol{B}_0)+c(k+1)+\sum_{i=0}^{k_0-1}\ln\cos^2\theta_i+\sum_{i=k_0}^{k}(-2c)\\
&=\psi(\boldsymbol{B}_0)+\sum_{i=0}^{k_0-1}\ln\cos^2\theta_i+2ck_0-c(k+1)<0.
\end{aligned}$$

得到矛盾. 这样, 存在 $\{\boldsymbol{x}_k\}$ 的无穷子列 $\{\boldsymbol{x}_k\}_{\mathcal{N}_0}$ 和 $\delta>0$, 使对任意的 $k\in\mathcal{N}_0$, $\cos\theta_k\geqslant\delta$. 由定理 2.2.4 知 $\{\|\boldsymbol{g}_k\|\}_{\mathcal{N}_0}\to 0$. 由于 $f(\boldsymbol{x})$ 在水平集上为一致凸函数, 稳定点就是唯一的最小值点. 从而点列 $\{\boldsymbol{x}_k\}$ 收敛到目标函数的唯一极小值点. 证毕

5.3 拟牛顿方法的超线性收敛性

对于严格凸二次函数, 最优步长规则下的拟牛顿方法 n 次迭代后校正矩阵 $\boldsymbol{B}_k$ 就是目标函数的 Hesse 阵. 因此, 对于一般的非线性函数, 要建立拟牛顿方法的局部超线性收敛性, 一个自然的想法就是证明拟牛顿校正公式产生的校正矩阵序列 $\{\boldsymbol{B}_k\}$ 收敛到极限点的 Hesse 阵 $\boldsymbol{G}(\boldsymbol{x}^*)$. 这的确是算法超线性收敛的充分条件, 甚至人们一度觉得它也是必要的, 但 DFP 方法和 BFGS 方法并不具备这一性质. 下面从另一个角度刻画拟牛顿方法超线性收敛的特征, 从而建立拟牛顿算法的超线性收敛性. 先给出有关假设.

假设 5.3.1

(1) $f:\mathbb{R}^n\to\mathbb{R}$ 为二阶连续可微函数;

(2) $f(\boldsymbol{x})$ 在局部极小值点 $\boldsymbol{x}^*$ 的 Hesse 矩阵 $\boldsymbol{G}(\boldsymbol{x}^*)$ 正定;

(3) 存在 $\boldsymbol{x}^*$ 点的邻域 $N(\boldsymbol{x}^*,\delta)$, 使 $\boldsymbol{G}(\boldsymbol{x})$ 在该邻域内 Lipschitz 连续.

引理 5.3.1　设 $f(\boldsymbol{x})$ 二阶连续可微, Hesse 阵 $\boldsymbol{G}(\boldsymbol{x})$ Lipschitz 连续 (常数为 L). 则对任意的 $\boldsymbol{u},\boldsymbol{v},\boldsymbol{x}\in\mathbb{R}^n$,

$$\|\nabla f(\boldsymbol{u})-\nabla f(\boldsymbol{v})-\boldsymbol{G}(\boldsymbol{x})(\boldsymbol{u}-\boldsymbol{v})\|\leqslant L\frac{\|\boldsymbol{u}-\boldsymbol{x}\|+\|\boldsymbol{v}-\boldsymbol{x}\|}{2}\|\boldsymbol{u}-\boldsymbol{v}\|. \tag{5.3.1}$$

令$\sigma(\boldsymbol{u},\boldsymbol{v},\boldsymbol{x})=\max\{\|\boldsymbol{u}-\boldsymbol{x}\|,\|\boldsymbol{x}-\boldsymbol{v}\|\}$. 若 $\boldsymbol{G}(\boldsymbol{x})$ 非奇异, 则对任意的 $\varepsilon\in\left(0,\dfrac{1}{L\|[\boldsymbol{G}(\boldsymbol{x})]^{-1}\|}\right)$, 存在与 $\boldsymbol{x}$ 有关的常数 $\beta>\alpha>0$, 使当 $\sigma(\boldsymbol{u},\boldsymbol{v},\boldsymbol{x})\leqslant\varepsilon$ 时, 有

$$\alpha\|\boldsymbol{u}-\boldsymbol{v}\|\leqslant\|\nabla f(\boldsymbol{u})-\nabla f(\boldsymbol{v})\|\leqslant\beta\|\boldsymbol{u}-\boldsymbol{v}\|. \tag{5.3.2}$$

证明　对任意的 $\boldsymbol{u},\boldsymbol{v},\boldsymbol{x}\in\mathbb{R}^n$, 由积分的性质及 Cauchy-Schwarz 不等式,

$$\begin{aligned}
&\|\nabla f(\boldsymbol{u})-\nabla f(\boldsymbol{v})-\boldsymbol{G}(\boldsymbol{x})(\boldsymbol{u}-\boldsymbol{v})\|\\
=&\left\|\int_0^1[\boldsymbol{G}(\boldsymbol{v}+\tau(\boldsymbol{u}-\boldsymbol{v}))-\boldsymbol{G}(\boldsymbol{x})](\boldsymbol{u}-\boldsymbol{v})\mathrm{d}\tau\right\|\\
\leqslant&\|\boldsymbol{u}-\boldsymbol{v}\|\int_0^1 L\|\boldsymbol{v}+\tau(\boldsymbol{u}-\boldsymbol{v})-\boldsymbol{x}\|\mathrm{d}\tau\\
\leqslant&L\|\boldsymbol{u}-\boldsymbol{v}\|\int_0^1(\tau\|\boldsymbol{u}-\boldsymbol{x}\|+(1-\tau)\|\boldsymbol{v}-\boldsymbol{x}\|)\,\mathrm{d}\tau\\
=&L\|\boldsymbol{u}-\boldsymbol{v}\|\frac{\|\boldsymbol{u}-\boldsymbol{x}\|+\|\boldsymbol{x}-\boldsymbol{v}\|}{2}.
\end{aligned}$$

(5.3.1) 得证.

对任意的 $\varepsilon\in\left(0,\dfrac{1}{L\|[\boldsymbol{G}(\boldsymbol{x})]^{-1}\|}\right)$ 及满足 $\sigma(\boldsymbol{u},\boldsymbol{v},\boldsymbol{x})\leqslant\varepsilon$ 的 $\boldsymbol{u},\boldsymbol{v}$, 利用 (5.3.1),

$$\begin{aligned}
\|\nabla f(\boldsymbol{u})-\nabla f(\boldsymbol{v})\|&\leqslant\|\boldsymbol{G}(\boldsymbol{x})(\boldsymbol{u}-\boldsymbol{v})\|+\|\nabla f(\boldsymbol{u})-\nabla f(\boldsymbol{v})-\boldsymbol{G}(\boldsymbol{x})(\boldsymbol{u}-\boldsymbol{v})\|\\
&\leqslant\left(\|\boldsymbol{G}(\boldsymbol{x})\|+\frac{L(\|\boldsymbol{u}-\boldsymbol{x}\|+\|\boldsymbol{v}-\boldsymbol{x}\|)}{2}\right)\|\boldsymbol{u}-\boldsymbol{v}\|\\
&\leqslant(\|\boldsymbol{G}(\boldsymbol{x})\|+L\varepsilon)\,\|\boldsymbol{u}-\boldsymbol{v}\|.
\end{aligned}$$

取 $\beta=\|\boldsymbol{G}(\boldsymbol{x})\|+L\varepsilon>0$ 即得 (5.3.2) 的右端不等式.

另一方面, 利用范数的性质及 (5.3.1),

$$\begin{aligned}
\|\nabla f(\boldsymbol{u})-\nabla f(\boldsymbol{v})\|&\geqslant\|\boldsymbol{G}(\boldsymbol{x})(\boldsymbol{u}-\boldsymbol{v})\|-\|\nabla f(\boldsymbol{u})-\nabla f(\boldsymbol{v})-\boldsymbol{G}(\boldsymbol{x})(\boldsymbol{u}-\boldsymbol{v})\|\\
&\geqslant\left(1/\|[\boldsymbol{G}(\boldsymbol{x})]^{-1}\|-\frac{L(\|\boldsymbol{u}-\boldsymbol{x}\|+\|\boldsymbol{v}-\boldsymbol{x}\|)}{2}\right)\|\boldsymbol{u}-\boldsymbol{v}\|\\
&\geqslant\left(1/\|\,[\boldsymbol{G}(\boldsymbol{x})]^{-1}\,\|-L\varepsilon\right)\|\boldsymbol{u}-\boldsymbol{v}\|.
\end{aligned}$$

取 $\alpha=1/\|[\boldsymbol{G}(\boldsymbol{x})]^{-1}\|-L\varepsilon$ 得 (5.3.2) 的左端不等式.　　　　证毕

基于此引理, 可建立取单位步长的拟牛顿算法的局部超线性收敛性.

定理 5.3.1 设目标函数 $f(\boldsymbol{x})$ 满足假设 5.3.1, $\{\boldsymbol{B}_k\}$ 为一非奇异矩阵序列. 若迭代过程

$$\boldsymbol{x}_{k+1}=\boldsymbol{x}_k-\boldsymbol{B}_k^{-1}\boldsymbol{g}_k=\boldsymbol{x}_k+\boldsymbol{s}_k,\quad \boldsymbol{x}_0\in\mathbb{R}^n \tag{5.3.3}$$

产生的无穷点列 $\{\boldsymbol{x}_k\}$ 收敛于 $f(\boldsymbol{x})$ 的局部最小值点 $\boldsymbol{x}^*$, 则点列 $\{\boldsymbol{x}_k\}$ 超线性收敛到 $\boldsymbol{x}^*$ 的充分必要条件是

$$\lim_{k\to\infty}\frac{\|(\boldsymbol{B}_k-\boldsymbol{G}(\boldsymbol{x}^*))(\boldsymbol{x}_{k+1}-\boldsymbol{x}_k)\|}{\|\boldsymbol{x}_{k+1}-\boldsymbol{x}_k\|}=0. \tag{5.3.4}$$

证明 由 (5.3.3) 知

$$\begin{aligned}(\boldsymbol{B}_k-\boldsymbol{G}(\boldsymbol{x}^*))(\boldsymbol{x}_{k+1}-\boldsymbol{x}_k)&=-\boldsymbol{g}_k-\boldsymbol{G}(\boldsymbol{x}^*)(\boldsymbol{x}_{k+1}-\boldsymbol{x}_k)\\&=\boldsymbol{g}_{k+1}-\boldsymbol{g}_k-\boldsymbol{G}(\boldsymbol{x}^*)(\boldsymbol{x}_{k+1}-\boldsymbol{x}_k)-\boldsymbol{g}_{k+1}.\end{aligned}$$

结合 (5.3.1) 式知, 对任意的 $k\geqslant 0$,

$$\begin{aligned}\frac{\|\boldsymbol{g}_{k+1}\|}{\|\boldsymbol{s}_k\|}&\leqslant\frac{\|(\boldsymbol{B}_k-\boldsymbol{G}(\boldsymbol{x}^*))\boldsymbol{s}_k\|}{\|\boldsymbol{s}_k\|}+\frac{\|\boldsymbol{g}_{k+1}-\boldsymbol{g}_k-\boldsymbol{G}(\boldsymbol{x}^*)\boldsymbol{s}_k\|}{\|\boldsymbol{s}_k\|}\\&\leqslant\frac{\|(\boldsymbol{B}_k-\boldsymbol{G}(\boldsymbol{x}^*))\boldsymbol{s}_k\|}{\|\boldsymbol{s}_k\|}+\frac{L}{2}\left(\|\boldsymbol{x}_k-\boldsymbol{x}^*\|+\|\boldsymbol{x}_{k+1}-\boldsymbol{x}^*\|\right),\end{aligned} \tag{5.3.5}$$

$$\begin{aligned}\frac{\|\boldsymbol{g}_{k+1}\|}{\|\boldsymbol{s}_k\|}&\geqslant\frac{\|(\boldsymbol{B}_k-\boldsymbol{G}(\boldsymbol{x}^*))\boldsymbol{s}_k\|}{\|\boldsymbol{s}_k\|}-\frac{\|\boldsymbol{g}_{k+1}-\boldsymbol{g}_k-\boldsymbol{G}(\boldsymbol{x}^*)\boldsymbol{s}_k\|}{\|\boldsymbol{s}_k\|}\\&\geqslant\frac{\|(\boldsymbol{B}_k-\boldsymbol{G}(\boldsymbol{x}^*))\boldsymbol{s}_k\|}{\|\boldsymbol{s}_k\|}-\frac{L}{2}\left(\|\boldsymbol{x}_k-\boldsymbol{x}^*\|+\|\boldsymbol{x}_{k+1}-\boldsymbol{x}^*\|\right).\end{aligned} \tag{5.3.6}$$

充分性 若 (5.3.4) 成立, 由 $\lim\limits_{k\to\infty}\boldsymbol{x}_k=\boldsymbol{x}^*$, 利用 (5.3.5),(5.3.6) 得

$$\lim_{k\to\infty}\frac{\|\boldsymbol{g}_{k+1}\|}{\|\boldsymbol{s}_k\|}=0. \tag{5.3.7}$$

由于 $\boldsymbol{G}(\boldsymbol{x}^*)$ 非奇异和 $\boldsymbol{x}_k\to\boldsymbol{x}^*$, 由引理 5.3.1 知, 存在 $\alpha>0$ 及 $k_0>0$, 使对任意的 $k\geqslant k_0$ 有

$$\|\boldsymbol{g}_{k+1}\|=\|\boldsymbol{g}_{k+1}-g(\boldsymbol{x}^*)\|\geqslant\alpha\|\boldsymbol{x}_{k+1}-\boldsymbol{x}^*\|.$$

从而,

$$\frac{\|\boldsymbol{g}_{k+1}\|}{\|\boldsymbol{x}_{k+1}-\boldsymbol{x}_k\|}\geqslant\frac{\alpha\|\boldsymbol{x}_{k+1}-\boldsymbol{x}^*\|}{\|\boldsymbol{x}_{k+1}-\boldsymbol{x}^*\|+\|\boldsymbol{x}_k-\boldsymbol{x}^*\|}=\alpha\frac{r_k}{1+\gamma_k},$$

其中, $r_k = \dfrac{\|\boldsymbol{x}_{k+1} - \boldsymbol{x}^*\|}{\|\boldsymbol{x}_k - \boldsymbol{x}^*\|}$. 这样, (5.3.7) 意味着

$$\lim_{k\to\infty} \frac{r_k}{1+r_k} = 0,$$

从而

$$\lim_{k\to\infty} r_k = 0.$$

所以点列 $\{\boldsymbol{x}_k\}$ 超线性收敛到 $\boldsymbol{x}^*$.

必要性 设 $\{\boldsymbol{x}_k\}$ 超线性收敛到 $\boldsymbol{x}^*$. 由引理 5.3.1 知存在 $\beta > 0$ 及 $k_0 \geqslant 0$, 使对任意的 $k \geqslant k_0$ 有

$$\|\boldsymbol{g}_{k+1} - \nabla f(\boldsymbol{x}^*)\| = \|\boldsymbol{g}_{k+1}\| \leqslant \beta \|\boldsymbol{x}_{k+1} - \boldsymbol{x}^*\|.$$

由于 $\{\boldsymbol{x}_k\}$ 超线性收敛, 故由上式得

$$\begin{aligned} 0 &= \lim_{k\to\infty} \frac{\|\boldsymbol{x}_{k+1} - \boldsymbol{x}^*\|}{\|\boldsymbol{x}_k - \boldsymbol{x}^*\|} \\ &\geqslant \lim_{k\to\infty} \frac{\|\boldsymbol{g}_{k+1}\|}{\beta\|\boldsymbol{x}_k - \boldsymbol{x}^*\|} \\ &= \lim_{k\to\infty} \frac{1}{\beta} \frac{\|\boldsymbol{g}_{k+1}\|}{\|\boldsymbol{x}_{k+1} - \boldsymbol{x}_k\|} \frac{\|\boldsymbol{x}_{k+1} - \boldsymbol{x}_k\|}{\|\boldsymbol{x}_k - \boldsymbol{x}^*\|}. \end{aligned}$$

再利用 (1.2.1) 式得

$$\lim_{k\to\infty} \frac{\|\boldsymbol{g}_{k+1}\|}{\|\boldsymbol{x}_{k+1} - \boldsymbol{x}_k\|} = 0.$$

结合 (5.3.6) 知 (5.3.4) 成立.　　证毕

下面讨论上述结论中拟牛顿算法超线性收敛性条件 (5.3.4) 的几何意义.

记 $\boldsymbol{s}_k = \boldsymbol{x}_{k+1} - \boldsymbol{x}_k$, $\boldsymbol{x}_k$ 点的牛顿步为 $\boldsymbol{s}_k^N = -\boldsymbol{G}_k^{-1}\boldsymbol{g}_k$. 由于 $\boldsymbol{g}_k = -\boldsymbol{B}_k\boldsymbol{s}_k$, 则

$$\begin{aligned} \boldsymbol{s}_k - \boldsymbol{s}_k^N &= \boldsymbol{s}_k + \boldsymbol{G}_k^{-1}\boldsymbol{g}_k = \boldsymbol{G}_k^{-1}(\boldsymbol{G}_k - \boldsymbol{B}_k)\boldsymbol{s}_k \\ &= \boldsymbol{G}_k^{-1}(\boldsymbol{G}(\boldsymbol{x}^*) - \boldsymbol{B}_k)\boldsymbol{s}_k + \boldsymbol{G}_k^{-1}(\boldsymbol{G}_k - \boldsymbol{G}(\boldsymbol{x}^*))\boldsymbol{s}_k. \end{aligned}$$

由 $\boldsymbol{x}_k \to \boldsymbol{x}^*$ 知 $\boldsymbol{G}_k \to \boldsymbol{G}(\boldsymbol{x}^*)$. 所以 (5.3.4) 等价于

$$\lim_{k\to\infty} \frac{\|\boldsymbol{s}_k - \boldsymbol{s}_k^N\|}{\|\boldsymbol{s}_k\|} = 0. \tag{5.3.8}$$

上式表明当 $\{\boldsymbol{x}_k\}$ 超线性收敛时, $\boldsymbol{s}_k$ 作为 $\boldsymbol{s}_k^N$ 的近似, 其相对误差应趋于零. 根据下面的结论, 可以证明这等价于要求 $\boldsymbol{s}_k$ 无论在长度上还是在方向上都靠近 $\boldsymbol{s}_k^N$.

引理 5.3.2　设非零向量 $\boldsymbol{u}, \boldsymbol{v} \in \mathbb{R}^n$, $\alpha \in (0,1)$. 如果 $\|\boldsymbol{u} - \boldsymbol{v}\| \leqslant \alpha\|\boldsymbol{u}\|$, 则

$$\langle \boldsymbol{u}, \boldsymbol{v}\rangle > 0, \quad \left|1 - \frac{\|\boldsymbol{v}\|}{\|\boldsymbol{u}\|}\right| \leqslant \alpha, \quad 1 - \left(\frac{\langle \boldsymbol{u}, \boldsymbol{v}\rangle}{\|\boldsymbol{u}\|\|\boldsymbol{v}\|}\right)^2 \leqslant \alpha^2. \tag{5.3.9}$$

证明 由题设

$$\left|\frac{\|\boldsymbol{u}\|-\|\boldsymbol{v}\|}{\|\boldsymbol{u}\|}\right| \leqslant \frac{\|\boldsymbol{u}-\boldsymbol{v}\|}{\|\boldsymbol{u}\|} \leqslant \alpha$$

得 (5.3.9) 中的第二个不等式.

记 $\omega=\dfrac{\langle\boldsymbol{u},\boldsymbol{v}\rangle}{\|\boldsymbol{u}\|\|\boldsymbol{v}\|}$. 则由

$$\begin{aligned}\|\boldsymbol{u}-\boldsymbol{v}\|^2&=\|\boldsymbol{u}\|^2-2\|\boldsymbol{u}\|\|\boldsymbol{v}\|\omega+\|\boldsymbol{v}\|^2\\&=\|\boldsymbol{u}\|^2(1-\omega^2)+(\|\boldsymbol{v}\|-\omega\|\boldsymbol{u}\|)^2\\&\geqslant\|\boldsymbol{u}\|^2(1-\omega^2)\end{aligned}$$

可得 (5.3.9) 中的第三个不等式.

最后, 若 $\omega\leqslant 0$, 则由上式中的第一个等式知 $\|\boldsymbol{u}-\boldsymbol{v}\|\geqslant\|\boldsymbol{u}\|$, 从而 $\alpha\geqslant 1$. 这与 $\alpha\in(0,1)$ 矛盾. 由此得 $\langle\boldsymbol{u},\boldsymbol{v}\rangle>0$. 证毕

由上述引理, 若 (5.3.8) 成立, 则对任意的 $\epsilon\in(0,1)$, 存在 $k_0>0$, 当 $k\geqslant k_0$ 时,

$$\|\boldsymbol{s}_k-\boldsymbol{s}_k^N\|\leqslant\epsilon\|\boldsymbol{s}_k\|.$$

根据引理 5.3.2, 应有 $\langle\boldsymbol{s}_k,\boldsymbol{s}_k^N\rangle>0$ 且

$$\left|1-\frac{\|\boldsymbol{s}_k^N\|}{\|\boldsymbol{s}_k\|}\right|\leqslant\epsilon,\quad 1-\left(\frac{\langle\boldsymbol{s}_k,\boldsymbol{s}_k^N\rangle}{\|\boldsymbol{s}_k\|\|\boldsymbol{s}_k^N\|}\right)^2\leqslant\epsilon^2.$$

这表明 (5.3.8) 等价于

$$\lim_{k\to\infty}\frac{\|\boldsymbol{s}_k^N\|}{\|\boldsymbol{s}_k\|}=\lim_{k\to\infty}\left\langle\frac{\boldsymbol{s}_k}{\|\boldsymbol{s}_k\|},\frac{\boldsymbol{s}_k^N}{\|\boldsymbol{s}_k^N\|}\right\rangle=1.$$

从而单位步长规则下的拟牛顿方法超线性收敛的充分必要条件是 $\boldsymbol{s}_k$ 在长度和方向上都趋于牛顿步 $\boldsymbol{s}_k^N$.

显然, 定理 5.3.1 给出的超线性收敛性条件 (5.3.4) 比矩阵序列 $\{\boldsymbol{B}_k\}$ 收敛到 $\boldsymbol{G}(\boldsymbol{x}^*)$ 的条件弱. 所以, 后面拟牛顿方法的超线性收敛性讨论将以条件 (5.3.4) 为核心展开. 为此, 给出带线搜索的拟牛顿方法的迭代过程

$$\boldsymbol{x}_{k+1}=\boldsymbol{x}_k-\alpha_k\boldsymbol{B}_k^{-1}\boldsymbol{g}_k,\tag{5.3.10}$$

其中, α_k 为步长, 校正矩阵 $\boldsymbol{B}_k$ 由某种校正公式产生.

定理 5.3.2 设 $f:\mathbb{R}^n\to\mathbb{R}$ 满足定理 5.3.1 中的假设, $\{\boldsymbol{B}_k\}$ 是非奇异矩阵序列. 假定由迭代过程 (5.3.10) 产生的点列 $\{\boldsymbol{x}_k\}$ 收敛到 $f(\boldsymbol{x})$ 的局部最小值点 $\boldsymbol{x}^*$. 如果 (5.3.4) 成立, 则 $\{\boldsymbol{x}_k\}$ 超线性收敛到 $\boldsymbol{x}^*$ 的充要条件是 $\{\alpha_k\}$ 收敛到 1.

证明　*必要性*　设 $\{\boldsymbol{x}_k\}$ 超线性收敛到 $\boldsymbol{x}^*$. 由定理 5.3.1,

$$\lim_{k\to\infty}\frac{\|\left(\alpha_k^{-1}\boldsymbol{B}_k-\boldsymbol{G}(\boldsymbol{x}^*)\right)(\boldsymbol{x}_{k+1}-\boldsymbol{x}_k)\|}{\|\boldsymbol{x}_{k+1}-\boldsymbol{x}_k\|}=0. \tag{5.3.11}$$

再由 (5.3.4) 得

$$\begin{aligned}&\lim_{k\to\infty}\frac{\|(\alpha_k^{-1}-1)\boldsymbol{B}_k(\boldsymbol{x}_{k+1}-\boldsymbol{x}_k)\|}{\|\boldsymbol{x}_{k+1}-\boldsymbol{x}_k\|}\\ \leqslant&\lim_{k\to\infty}\frac{\|(\alpha_k^{-1}\boldsymbol{B}_k-\boldsymbol{G}(\boldsymbol{x}^*))(\boldsymbol{x}_{k+1}-\boldsymbol{x}_k)\|+\|(\boldsymbol{B}_k-\boldsymbol{G}(\boldsymbol{x}^*))(\boldsymbol{x}_{k+1}-\boldsymbol{x}_k)\|}{\|\boldsymbol{x}_{k+1}-\boldsymbol{x}_k\|}=0.\end{aligned}$$

由于 $\boldsymbol{B}_k(\boldsymbol{x}_{k+1}-\boldsymbol{x}_k)=-\alpha_k\boldsymbol{g}_k$, 故上式可写成

$$\lim_{k\to\infty}\frac{\|(\alpha_k-1)\boldsymbol{g}_k\|}{\|\boldsymbol{x}_{k+1}-\boldsymbol{x}_k\|}=0. \tag{5.3.12}$$

而由 $\boldsymbol{G}(\boldsymbol{x}^*)$ 非奇异和引理 5.3.1 知, 存在 $\alpha>0$ 及 $k_0>0$, 使对任意的 $k\geqslant k_0$,

$$\|\boldsymbol{g}_k\|\geqslant\alpha\|\boldsymbol{x}_k-\boldsymbol{x}^*\|. \tag{5.3.13}$$

又因 $\{\boldsymbol{x}_k\}$ 超线性收敛, 由 (1.2.1) 和 (5.3.12),(5.3.13) 得 $\alpha_k\to 1$.

充分性　设 $\{\alpha_k\}$ 收敛到 1. 由 (5.3.4) 知 (5.3.11) 成立. 从而由定理 5.3.1 知 $\{\boldsymbol{x}_k\}$ 超线性收敛到 $\boldsymbol{x}^*$.　　证毕

下面在假设 (5.3.4) 下讨论最优步长规则下的拟牛顿算法和以 1 做试探步长的 Wolfe 步长规则下的拟牛顿方法的超线性收敛性.

定理 5.3.3　设 $f:\mathbb{R}^n\to\mathbb{R}$ 满足假设 5.3.1, $\{\boldsymbol{B}_k\}$ 为一非奇异矩阵序列. 假定最优步长规则下的迭代过程 (5.3.10) 产生的点列 $\{\boldsymbol{x}_k\}$ 收敛于 $f(\boldsymbol{x})$ 的局部最小值点 $\boldsymbol{x}^*$. 则当步长 α_k 有界且 (5.3.4) 成立时, $\alpha_k\to 1$, 从而 $\{\boldsymbol{x}_k\}$ 超线性收敛到 $\boldsymbol{x}^*$.

证明　根据定理 5.3.2, 只需证明 $\alpha_k\to 1$ 即可. 由 (5.2.1),

$$\|\boldsymbol{g}_{k+1}-\boldsymbol{g}_k-\boldsymbol{G}(\boldsymbol{x}^*)\boldsymbol{s}_k\|\leqslant\max_{0\leqslant\tau\leqslant 1}\|\boldsymbol{G}(\boldsymbol{x}_k+\tau\boldsymbol{s}_k)-\boldsymbol{G}(\boldsymbol{x}^*)\|\|\boldsymbol{s}_k\|.$$

利用 $\boldsymbol{x}_k\to\boldsymbol{x}^*$ 和 $\boldsymbol{G}(\boldsymbol{x})$ 的连续性,

$$\|\boldsymbol{g}_{k+1}-\boldsymbol{g}_k-\boldsymbol{G}(\boldsymbol{x}^*)\boldsymbol{s}_k\|=o(\|\boldsymbol{s}_k\|).$$

于是

$$\boldsymbol{g}_{k+1}^{\mathrm T}\boldsymbol{s}_k-\boldsymbol{g}_k^{\mathrm T}\boldsymbol{s}_k-\boldsymbol{s}_k^{\mathrm T}\boldsymbol{G}(\boldsymbol{x}^*)\boldsymbol{s}_k=o(\|\boldsymbol{s}_k\|^2).$$

利用最优步长规则的性质和 $\boldsymbol{B}_k\boldsymbol{s}_k=-\alpha_k\boldsymbol{g}_k$ 及步长 α_k 有界, 上式可写成

$$\alpha_k\boldsymbol{s}_k^{\mathrm T}\boldsymbol{G}(\boldsymbol{x}^*)\boldsymbol{s}_k=-\alpha_k\boldsymbol{g}_k^{\mathrm T}\boldsymbol{s}_k+o(\|\boldsymbol{s}_k\|^2)=\boldsymbol{s}_k^{\mathrm T}\boldsymbol{B}_k\boldsymbol{s}_k+o(\|\boldsymbol{s}_k\|^2).$$

而由 (5.3.4) 知

$$\boldsymbol{s}_k^{\mathrm{T}}\boldsymbol{G}(\boldsymbol{x}^*)\boldsymbol{s}_k=\boldsymbol{s}_k^{\mathrm{T}}\boldsymbol{B}_k\boldsymbol{s}_k+o(\|\boldsymbol{s}_k\|^2).$$

两式相减得

$$(\alpha_k-1)\boldsymbol{s}_k^{\mathrm{T}}\boldsymbol{G}(\boldsymbol{x}^*)\boldsymbol{s}_k=o(\|\boldsymbol{s}_k\|^2).$$

利用假设 5.3.1(2) 推知 $\{\alpha_k\}$ 收敛到 1. 证毕

定理 5.3.4 设 $f:\mathbb{R}^n\to\mathbb{R}$ 满足假设 5.3.1, $\{\boldsymbol{B}_k\}$ 为一非奇异矩阵序列. 设对某个 $\boldsymbol{x}_0\in\mathbb{R}^n$, 以 1 做试探步长的 Wolfe 步长准则下 $\left(\sigma_1<\dfrac{1}{2}\right)$ 的迭代过程 (5.3.10) 产生的点列 $\{\boldsymbol{x}_k\}$ 收敛到 $f(\boldsymbol{x})$ 的最小值点 $\boldsymbol{x}^*$. 若 (5.3.4) 成立, 则当 k 充分大时, $\alpha_k=1$, 从而 $\{\boldsymbol{x}_k\}$ 超线性收敛到 $\boldsymbol{x}^*$.

证明 根据定理 5.3.2, 只需证明对充分大的 k, 步长 $\alpha_k=1$ 即可.

由于 $\boldsymbol{B}_k\boldsymbol{s}_k=-\alpha_k\boldsymbol{g}_k$, 故由 (5.3.4) 知

$$\lim_{k\to\infty}\frac{\|(\boldsymbol{B}_k-\boldsymbol{G}(\boldsymbol{x}^*))\,\boldsymbol{s}_k\|}{\|\boldsymbol{s}_k\|}=\lim_{k\to\infty}\frac{\|\boldsymbol{g}_k-\boldsymbol{G}(\boldsymbol{x}^*)\boldsymbol{B}_k^{-1}\boldsymbol{g}_k\|}{\|\boldsymbol{B}_k^{-1}\boldsymbol{g}_k\|}=0.$$

所以

$$\boldsymbol{g}_k^{\mathrm{T}}\boldsymbol{B}_k^{-1}\boldsymbol{g}_k-(\boldsymbol{B}_k^{-1}\boldsymbol{g}_k)^{\mathrm{T}}\boldsymbol{G}(\boldsymbol{x}^*)(\boldsymbol{B}_k^{-1}\boldsymbol{g}_k)=o(\|\boldsymbol{B}_k^{-1}\boldsymbol{g}_k\|^2),$$

即

$$\boldsymbol{g}_k^{\mathrm{T}}\boldsymbol{B}_k^{-1}\boldsymbol{g}_k=\left(\boldsymbol{B}_k^{-1}\boldsymbol{g}_k\right)^{\mathrm{T}}\boldsymbol{G}(\boldsymbol{x}^*)\left(\boldsymbol{B}_k^{-1}\boldsymbol{g}_k\right)+o(\|\boldsymbol{B}_k^{-1}\boldsymbol{g}_k\|^2). \tag{5.3.14}$$

从而由 $\boldsymbol{G}(\boldsymbol{x}^*)$ 正定知, 存在 $\eta>0$ 使对充分大的 k,

$$\boldsymbol{g}_k^{\mathrm{T}}\boldsymbol{B}_k^{-1}\boldsymbol{g}_k\geqslant\eta\|\boldsymbol{B}_k^{-1}\boldsymbol{g}_k\|^2. \tag{5.3.15}$$

下面验证当 k 充分大时, $\alpha_k=1$.

利用 Taylor 展式和 (5.3.14) 得

$$\begin{aligned}
&f(\boldsymbol{x}_k-\boldsymbol{B}_k^{-1}\boldsymbol{g}_k)-f(\boldsymbol{x}_k)\\
=&-\boldsymbol{g}_k^{\mathrm{T}}\boldsymbol{B}_k^{-1}\boldsymbol{g}_k+\frac{1}{2}\left(\boldsymbol{B}_k^{-1}\boldsymbol{g}_k\right)^{\mathrm{T}}\boldsymbol{G}(\boldsymbol{x}^*)\left(\boldsymbol{B}_k^{-1}\boldsymbol{g}_k\right)+o(\|\boldsymbol{B}_k^{-1}\boldsymbol{g}_k\|^2)\\
=&-\frac{1}{2}\boldsymbol{g}_k^{\mathrm{T}}\boldsymbol{B}_k^{-1}\boldsymbol{g}_k+o(\|\boldsymbol{B}_k^{-1}\boldsymbol{g}_k\|^2)\\
\leqslant&-\sigma_1\boldsymbol{g}_k^{\mathrm{T}}\boldsymbol{B}_k^{-1}\boldsymbol{g}_k.
\end{aligned} \tag{5.3.16}$$

其中, 不等式由 (5.3.15) 和 $\sigma_1<\dfrac{1}{2}$ 得到. 这说明, $\alpha_k=1$ 时, Wolfe 步长规则的第一式成立.

利用梯度函数的 Taylor 展式和目标函数的二阶连续可微性得

$$\boldsymbol{g}(\boldsymbol{x}_k - \boldsymbol{B}_k^{-1}\boldsymbol{g}_k)^{\mathrm{T}}\boldsymbol{B}_k^{-1}\boldsymbol{g}_k = \boldsymbol{g}_k^{\mathrm{T}}\boldsymbol{B}_k^{-1}\boldsymbol{g}_k - (\boldsymbol{B}_k^{-1}\boldsymbol{g}_k)^{\mathrm{T}}\boldsymbol{G}(\boldsymbol{x}^*)(\boldsymbol{B}_k^{-1}\boldsymbol{g}_k) + o(\|\boldsymbol{B}_k^{-1}\boldsymbol{g}_k\|^2).$$

结合 (5.3.14),(5.3.15) 得

$$\boldsymbol{g}(\boldsymbol{x}_k - \boldsymbol{B}_k^{-1}\boldsymbol{g}_k)^{\mathrm{T}}\boldsymbol{B}_k^{-1}\boldsymbol{g}_k = o(\|\boldsymbol{B}_k^{-1}\boldsymbol{g}_k\|^2) \leqslant \sigma_2\boldsymbol{g}_k^{\mathrm{T}}\boldsymbol{B}_k^{-1}\boldsymbol{g}_k.$$

这样, $\alpha_k = 1$ 时, Wolfe 步长准则的第二式成立. 结论得证.　　证毕

根据上述结论, 要建立最优步长规则下的 DFP 方法和以 1 做试探步长的 Wolfe 步长规则下的 BFGS 方法的超线性收敛性, 只需证明 (5.3.4) 成立即可, 也就是证明 DFP, BFGS 方法产生的拟牛顿方向 $-\boldsymbol{B}_k^{-1}\boldsymbol{g}_k$ 趋于牛顿方向. 基于此, 我们有如下结论 (证明参见 (Nocedal & Wright, 1999)).

定理 5.3.5　在假设 5.3.1 下, 若最优步长规则下的 DFP 方法产生的点列 $\{\boldsymbol{x}_k\}$ 收敛到最优解 $\boldsymbol{x}^*$, 步长 α_k 有界且 $\{\boldsymbol{x}_k\}$ 满足

$$\sum_{k=1}^{\infty}\|\boldsymbol{x}_k - \boldsymbol{x}^*\| < \infty, \tag{5.3.17}$$

则 $\{\boldsymbol{x}_k\}$ 超线性收敛到 $\boldsymbol{x}^*$.

定理 5.3.6　在假设 5.3.1 下, 若以 1 作为试探步长的 Wolfe 步长规则下的 BFGS 方法产生的点列 $\{\boldsymbol{x}_k\}$ 收敛到最优解 $\boldsymbol{x}^*$ 且满足 (5.3.17), 则 $\{\boldsymbol{x}_k\}$ 超线性收敛到 $\boldsymbol{x}^*$.

习　　题

1. 设对称阵 $\boldsymbol{A}$ 满足 $\|\boldsymbol{A}\|_{\mathrm{F}} \leqslant 1$, 试证明 $(\boldsymbol{I} - \boldsymbol{A})$ 为半正定矩阵.

2. 设矩阵 $\boldsymbol{P} \in \mathbb{R}^{n\times n}$ 非奇异, $\boldsymbol{A} \in \mathbb{R}^{n\times n}$ 对称. 则

$$\|\boldsymbol{A}\|_{\mathrm{F}} \leqslant \|\boldsymbol{P}\boldsymbol{A}\boldsymbol{P}^{-1} + (\boldsymbol{P}\boldsymbol{A}\boldsymbol{P}^{-1})^{\mathrm{T}}\|_{\mathrm{F}}.$$

3. 设 $\boldsymbol{H}_k \in \mathbb{R}^{n\times n}$ 为奇异的对称半正定矩阵. 试证明矩阵 $\boldsymbol{H}_{k+1}^{\mathrm{DFP}}$ 奇异.

4. 设 $\boldsymbol{H}_k$ 为对称正定矩阵, 且 $\boldsymbol{s}_k^{\mathrm{T}}\boldsymbol{y}_k > 0$. 试证明使 $\boldsymbol{H}_{k+1}^{\mathrm{Broyden}}$ 为秩-1 校正公式的参数 ϕ 不在 $[0,1]$ 区间内.

5. 试证明 BFGS 校正公式可以写成

$$\boldsymbol{H}_{k+1} = \boldsymbol{H}_k + \left(1 + \frac{\boldsymbol{y}_k^{\mathrm{T}}\boldsymbol{H}_k\boldsymbol{y}_k}{\boldsymbol{y}_k^{\mathrm{T}}\boldsymbol{s}_k}\right)\frac{\boldsymbol{s}_k\boldsymbol{s}_k^{\mathrm{T}}}{\boldsymbol{s}_k^{\mathrm{T}}\boldsymbol{y}_k} - \frac{\boldsymbol{H}_k\boldsymbol{y}_k\boldsymbol{s}_k^{\mathrm{T}} + \boldsymbol{s}_k\boldsymbol{y}_k^{\mathrm{T}}\boldsymbol{H}_k}{\boldsymbol{s}_k^{\mathrm{T}}\boldsymbol{y}_k}$$

并进一步可以写成

$$\boldsymbol{H}_{k+1} = \boldsymbol{V}_k^{\mathrm{T}}\boldsymbol{H}_k\boldsymbol{V}_k + \frac{1}{\boldsymbol{s}_k^{\mathrm{T}}\boldsymbol{y}_k}\boldsymbol{s}_k\boldsymbol{s}_k^{\mathrm{T}},$$

其中, $\boldsymbol{V}_k = \boldsymbol{I} - \rho_k \boldsymbol{y}_k \boldsymbol{s}_k^{\mathrm{T}}$.

6. 在 DFP 校正公式

$$\boldsymbol{H}_{k+1} = \boldsymbol{H}_k + \frac{\boldsymbol{s}_k \boldsymbol{s}_k^{\mathrm{T}}}{\boldsymbol{y}_k^{\mathrm{T}} \boldsymbol{s}_k} - \frac{\boldsymbol{H}_k \boldsymbol{y}_k \boldsymbol{y}_k^{\mathrm{T}} \boldsymbol{H}_k}{\boldsymbol{y}_k^{\mathrm{T}} \boldsymbol{H}_k \boldsymbol{y}_k}$$

中, 记

$$\boldsymbol{A}_k = \frac{\boldsymbol{s}_k \boldsymbol{s}_k^{\mathrm{T}}}{\boldsymbol{y}_k^{\mathrm{T}} \boldsymbol{s}_k}, \quad \boldsymbol{B}_k = -\frac{\boldsymbol{H}_k \boldsymbol{y}_k \boldsymbol{y}_k^{\mathrm{T}} \boldsymbol{H}_k}{\boldsymbol{y}_k^{\mathrm{T}} \boldsymbol{H}_k \boldsymbol{y}_k}.$$

假设 $\boldsymbol{H}_1$ 对称正定, $\nabla f(\boldsymbol{x}_k) \neq \boldsymbol{0}$, $k = 1, 2, \cdots, n$. 证明当用 DFP 方法极小化严格凸二次函数 $f(\boldsymbol{x}) = \frac{1}{2}\boldsymbol{x}^{\mathrm{T}} \boldsymbol{G} \boldsymbol{x} + \boldsymbol{g}^{\mathrm{T}} \boldsymbol{x}$ 时有

$$\sum_{k=1}^{n} \boldsymbol{A}_k = \boldsymbol{G}^{-1}, \quad \sum_{k=1}^{n} \boldsymbol{B}_k = -\boldsymbol{H}_1.$$

第 6 章　最小二乘问题

最小二乘问题是一类特殊的无约束优化问题, 它在工程计算中有重要应用. 该问题在某种意义下可视作一个方程组问题, 但方程的个数远多于变量个数, 因此它往往是一个矛盾方程组. 这时人们期望得到的是残量最小的解. 对最小二乘问题, 人们在牛顿算法的基础上建立了多种有效算法.

6.1　线性最小二乘问题

最小二乘问题产生于数据拟合问题, 它是一种基于观测数据与模型数据之间差的平方和最小来估计模型参数的方法. 它最早由德国数学家高斯于 18 世纪末在预测行星运行轨道时提出, 后得到广泛应用和快速发展.

设某系统中, 输入数据 t 与输出数据 y 之间大致服从如下函数关系

$$y = \phi(\boldsymbol{x}, t),$$

式中, $\boldsymbol{x} \in \mathbb{R}^n$ 为待定参数. 对于该模型, 经数据采集取得观测数据 $(t_1, y_1), (t_2, y_2), \cdots, (t_m, y_m)$. 一般地, $m \gg n$. 最小二乘问题就是基于模型输出值和实际观测值的误差平方和

$$\sum_{i=1}^{m} (y_i - \phi(\boldsymbol{x}, t_i))^2$$

最小来求估计参数 $\boldsymbol{x}$.

引入函数 $r_i(\boldsymbol{x}) = y_i - \phi(\boldsymbol{x}, t_i)$, $i = 1, 2, \cdots, m$, 并记

$$\boldsymbol{r}(\boldsymbol{x}) = (r_1(\boldsymbol{x}); r_2(\boldsymbol{x}); \cdots; r_m(\boldsymbol{x})).$$

则最小二乘问题可表述成

$$\min_{\boldsymbol{x} \in \mathbb{R}^n} \boldsymbol{r}(\boldsymbol{x})^{\mathrm{T}} \boldsymbol{r}(\boldsymbol{x}).$$

习惯上, 写成

$$\min_{\boldsymbol{x} \in \mathbb{R}^n} \frac{1}{2} \boldsymbol{r}(\boldsymbol{x})^{\mathrm{T}} \boldsymbol{r}(\boldsymbol{x}).$$

如果最小二乘问题中的模型函数估计准确, 那么最小二乘问题的最优值是很靠近零的. 因此, $\boldsymbol{r}(\boldsymbol{x})$ 称作残量函数. 若 $\boldsymbol{r}(\boldsymbol{x})$ 关于 $\boldsymbol{x}$ 是线性的, 则称该问题为线性最小二乘问题; 否则称其非线性最小二乘问题.

显然, 对线性最小二乘问题, 残量函数可写成

$$\boldsymbol{r}(\boldsymbol{x}) = \boldsymbol{A}\boldsymbol{x} - \boldsymbol{b}$$

其中, $\boldsymbol{A} \in \mathbb{R}^{m\times n}, \boldsymbol{b} \in \mathbb{R}^m$. 从而线性最小二乘问题就是

$$\min_{\boldsymbol{x}\in\mathbb{R}^n} \frac{1}{2}\|\boldsymbol{A}\boldsymbol{x} - \boldsymbol{b}\|^2. \tag{6.1.1}$$

对此, 有如下结论.

定理 6.1.1 对任意的 $\boldsymbol{A} \in \mathbb{R}^{m\times n}$ 和 $\boldsymbol{b} \in \mathbb{R}^m$, 线性最小二乘问题 (6.1.1) 存在全局最优解, 而它有唯一最优解的充分必要条件是矩阵 $\boldsymbol{A}$ 列满秩.

证明 容易验证, 线性最小二乘问题 (6.1.1) 的目标函数关于 $\boldsymbol{x}$ 为二次凸函数. 由定理 1.5.4, 其最优解满足

$$\boldsymbol{A}^{\mathrm{T}}\boldsymbol{A}\boldsymbol{x} = \boldsymbol{A}^{\mathrm{T}}\boldsymbol{b}. \tag{6.1.2}$$

而由

$$\boldsymbol{A}^{\mathrm{T}}\boldsymbol{b} \in \mathcal{R}(\boldsymbol{A}^{\mathrm{T}}) = \mathcal{R}(\boldsymbol{A}^{\mathrm{T}}\boldsymbol{A})$$

知, 满足 (6.1.2) 的 $\boldsymbol{x}$ 存在, 从而 (6.1.1) 有最优解.

若矩阵 $\boldsymbol{A}$ 列满秩, 则 $\boldsymbol{A}^{\mathrm{T}}\boldsymbol{A}$ 非奇异, (6.1.2) 有唯一解, 从而 (6.1.1) 有唯一解. 显然, 逆命题也是成立的.

证毕

根据上述结论, 线性最小二乘问题 (6.1.1) 与线性方程组 (6.1.2) 等价. 为求解 (6.1.2), 先对矩阵 $\boldsymbol{A}^{\mathrm{T}}\boldsymbol{A}$ 做 QR 分解, 即 $\boldsymbol{A}^{\mathrm{T}}\boldsymbol{A} = \boldsymbol{Q}\boldsymbol{R}$, 其中 $\boldsymbol{Q}$ 为正交阵, $\boldsymbol{R}$ 为上三角阵, 然后解上三角方程

$$\boldsymbol{R}\boldsymbol{x} = \boldsymbol{Q}^{\mathrm{T}}\boldsymbol{A}^{\mathrm{T}}\boldsymbol{b}$$

即得线性最小二乘解.

显然, 若矩阵 $\boldsymbol{A}$ 列不满秩, 则线性方程组 (6.1.2) 有多个解. 此时, 借助矩阵的广义逆可得线性最小二乘问题的最小 2- 范数解: $\boldsymbol{x}^* = \boldsymbol{A}^+\boldsymbol{b}$.

6.2 非线性最小二乘问题

非线性最小二乘问题就是目标函数可以表示成多个函数平方和的无约束优化问题, 即

$$\min_{\boldsymbol{x}\in\mathbb{R}^n} f(\boldsymbol{x}) = \frac{1}{2}\boldsymbol{r}(\boldsymbol{x})^{\mathrm{T}}\boldsymbol{r}(\boldsymbol{x}) = \frac{1}{2}\sum_{i=1}^{m} r_i^2(\boldsymbol{x}), \tag{6.2.1}$$

其中, $r_i : \mathbb{R}^n \to \mathbb{R}$ 连续可微, $i = 1, 2, \cdots, m$.

作为一种特殊的无约束优化问题, 完全可以套用前面章节介绍的无约束优化方法求解. 但限于目标函数的特殊形式, 人们在无约束优化问题现有方法的基础上, 建立了这类问题的特殊算法.

6.2.1 Gauss-Newton 方法

对最小二乘问题 (6.2.1), 容易计算目标函数 f 的梯度和 Hesse 阵:

$$\nabla f(\boldsymbol{x}) = \boldsymbol{g}(\boldsymbol{x}) = \nabla\left(\frac{1}{2}\boldsymbol{r}(\boldsymbol{x})^{\mathrm{T}}\boldsymbol{r}(\boldsymbol{x})\right) = \boldsymbol{J}(\boldsymbol{x})^{\mathrm{T}}\boldsymbol{r}(\boldsymbol{x}) = \sum_{i=1}^{m} r_i(\boldsymbol{x})\nabla r_i(\boldsymbol{x}),$$

$$\begin{aligned}\nabla^2 f(\boldsymbol{x}) = \boldsymbol{G}(\boldsymbol{x}) &= \sum_{i=1}^{m}\nabla r_i(\boldsymbol{x})\nabla^{\mathrm{T}} r_i(\boldsymbol{x}) + \sum_{i=1}^{m} r_i(\boldsymbol{x})\nabla^2 r_i(\boldsymbol{x}) \\ &= \boldsymbol{J}(\boldsymbol{x})^{\mathrm{T}}\boldsymbol{J}(\boldsymbol{x}) + \sum_{i=1}^{m} r_i(\boldsymbol{x})\nabla^2 r_i(\boldsymbol{x}) \\ &\triangleq \boldsymbol{J}(\boldsymbol{x})^{\mathrm{T}}\boldsymbol{J}(\boldsymbol{x}) + \boldsymbol{S}(\boldsymbol{x}).\end{aligned}$$

其中, $\boldsymbol{J}(\boldsymbol{x}) = D_{\boldsymbol{x}}\boldsymbol{r}(\boldsymbol{x})$, $\boldsymbol{S}(\boldsymbol{x}) = \sum_{i=1}^{m} r_i(\boldsymbol{x})\nabla^2 r_i(\boldsymbol{x})$.

利用无约束优化问题的牛顿算法, 可得到如下迭代过程:

$$\boldsymbol{x}_{k+1} = \boldsymbol{x}_k - \left(\boldsymbol{J}_k^{\mathrm{T}}\boldsymbol{J}_k + \boldsymbol{S}_k\right)^{-1}\boldsymbol{J}_k^{\mathrm{T}}\boldsymbol{r}(\boldsymbol{x}_k).$$

在标准假设下, 容易建立算法的收敛性质. 考虑到 $\boldsymbol{S}(x)$ 中 $\nabla^2 r_i(\boldsymbol{x})$ 的计算量较大, 而且对于数据拟合问题, 残量函数 $\boldsymbol{r}(\boldsymbol{x})$ 的最优值很小或接近于零, 忽略这一项, 便得到非线性最小二乘问题的 Gauss-Newton 算法:

$$\boldsymbol{x}_{k+1} = \boldsymbol{x}_k + \boldsymbol{d}_k^{\mathrm{GN}},$$

其中, $\boldsymbol{d}_k^{\mathrm{GN}} = -\left(\boldsymbol{J}_k^{\mathrm{T}}\boldsymbol{J}_k\right)^{-1}\boldsymbol{J}_k^{\mathrm{T}}\boldsymbol{r}(\boldsymbol{x}_k)$.

若矩阵 $\boldsymbol{J}_k$ 列满秩, 则 $\boldsymbol{d}_k^{\mathrm{GN}}$ 是下降方向. 引入线搜索过程, 便得到非线性最小二乘问题的下降算法. 在一致性假设条件下, 该算法具有全局收敛性.

定理 6.2.1　设最小二乘问题 (6.2.1) 的水平集 $\mathcal{L}(\boldsymbol{x}_0)$ 有界, $\boldsymbol{r}(\boldsymbol{x})$ 及 $\boldsymbol{J}(\boldsymbol{x})$ 在水平集 $\mathcal{L}(\boldsymbol{x}_0)$ 上 Lipschitz 连续, 且 $\boldsymbol{J}(\boldsymbol{x})$ 在水平集 $\mathcal{L}(\boldsymbol{x}_0)$ 上满足正则性条件, 即存在 $\gamma > 0$, 使对任意的 $\boldsymbol{x} \in \mathcal{L}(\boldsymbol{x}_0)$,

$$\|\boldsymbol{J}(\boldsymbol{x})\boldsymbol{y}\| \geqslant \gamma\|\boldsymbol{y}\|, \quad \forall\ \boldsymbol{y} \in \mathbb{R}^n. \tag{6.2.2}$$

则 Wolfe 步长规则下的 Gauss-Newton 算法产生的点列 $\{\boldsymbol{x}_k\}$ 满足

$$\lim_{k\to\infty} \boldsymbol{J}(\boldsymbol{x}_k)^{\mathrm{T}}\boldsymbol{r}(\boldsymbol{x}_k) = \boldsymbol{0},$$

从而, 算法产生迭代点列 $\{\boldsymbol{x}_k\}$ 的任一聚点为 (6.2.1) 的稳定点.

证明 由正则性题设, 对任意的 $\boldsymbol{x} \in \mathcal{L}(\boldsymbol{x}_0)$, $\boldsymbol{J}(\boldsymbol{x})$ 列满秩, 从而 $\boldsymbol{J}(\boldsymbol{x})^{\mathrm{T}}\boldsymbol{J}(\boldsymbol{x})$ 正定, $\boldsymbol{d}^{\mathrm{GN}}(\boldsymbol{x})$ 为 $\boldsymbol{x}$ 点的下降方向. 下面借助定理 2.2.4 建立算法的收敛性.

由水平集 $\mathcal{L}(\boldsymbol{x}_0)$ 的有界性, $\boldsymbol{r}(\boldsymbol{x})$ 及 $\boldsymbol{J}(\boldsymbol{x})$ 在水平集 $\mathcal{L}(\boldsymbol{x}_0)$ 上的 Lipschitz 连续性, 存在 $M, L > 0$, 使对任意的 $\boldsymbol{x}, \boldsymbol{y} \in \mathcal{L}(\boldsymbol{x}_0)$ 和 $i = 1, 2, \cdots, n$, 成立

$$|r_i(\boldsymbol{x})| \leqslant M, \quad \|\nabla r_i(\boldsymbol{x})\| \leqslant M,$$

$$|r_i(\boldsymbol{x}) - r_i(\boldsymbol{y})| \leqslant L\|\boldsymbol{x} - y\|, \qquad \|\nabla r_i(\boldsymbol{x}) - \nabla r_i(\boldsymbol{y})\| \leqslant L\|\boldsymbol{x} - y\|.$$

故存在 $\beta > 0$ 使对任意的 $\boldsymbol{x} \in \mathcal{L}(\boldsymbol{x}_0)$, $\|\boldsymbol{J}(\boldsymbol{x})\| \leqslant \beta$. 由此推出, $\nabla f(\boldsymbol{x})$ 在 $\mathcal{L}(\boldsymbol{x}_0)$ 上 Lipschitz 连续.

记 θ_k 为 $\boldsymbol{d}_k^{\mathrm{GN}}$ 与目标函数负梯度方向的夹角. 由正则性条件得

$$\begin{aligned}\cos\theta_k &= -\frac{\boldsymbol{r}_k^{\mathrm{T}}\boldsymbol{J}_k\boldsymbol{d}_k^{\mathrm{GN}}}{\|\boldsymbol{d}_k^{\mathrm{GN}}\|\|\boldsymbol{J}_k^{\mathrm{T}}\boldsymbol{r}_k\|} = \frac{\|\boldsymbol{J}_k\boldsymbol{d}_k^{\mathrm{GN}}\|^2}{\|\boldsymbol{d}_k^{\mathrm{GN}}\|\|\boldsymbol{J}_k^{\mathrm{T}}\boldsymbol{J}_k\boldsymbol{d}_k^{\mathrm{GN}}\|}\\ &\geqslant \frac{\gamma^2\|\boldsymbol{d}_k^{\mathrm{GN}}\|^2}{\beta^2\|\boldsymbol{d}_k^{\mathrm{GN}}\|^2} = \frac{\gamma^2}{\beta^2} > 0.\end{aligned}$$

由定理 2.2.4 得命题结论. 证毕

若 Gauss-Newton 算法采用单位步长, 则有如下的收敛速度估计.

定理 6.2.2 设单位步长规则下的 Gauss-Newton 算法产生的点列 $\{\boldsymbol{x}_k\}$ 收敛到 (6.2.1) 的局部极小值点 $\boldsymbol{x}^*$, 且 $\boldsymbol{J}(\boldsymbol{x}^*)^{\mathrm{T}}\boldsymbol{J}(\boldsymbol{x}^*)$ 正定. 则当 $\boldsymbol{J}(\boldsymbol{x})^{\mathrm{T}}\boldsymbol{J}(\boldsymbol{x})$, $\boldsymbol{S}(x)$, $\big(\boldsymbol{J}(\boldsymbol{x})^{\mathrm{T}}\ \boldsymbol{J}(\boldsymbol{x})\big)^{-1}$ 在 $\boldsymbol{x}^*$ 点的邻域内 Lipschitz 连续时, 对充分大的 k 有

$$\|\boldsymbol{x}_{k+1} - \boldsymbol{x}^*\| \leqslant \|\big(\boldsymbol{J}(\boldsymbol{x}^*)^{\mathrm{T}}\boldsymbol{J}(\boldsymbol{x}^*)\big)^{-1}\|\|\boldsymbol{S}(x^*)\|\|\boldsymbol{x}_k - \boldsymbol{x}^*\| + O(\|\boldsymbol{x}_k - \boldsymbol{x}^*\|^2).$$

证明 由题设, 存在 $\delta > 0$ 及正数 α, β, γ 使对任意的 $\boldsymbol{x}, \boldsymbol{y} \in N(\boldsymbol{x}^*, \delta)$,

$$\begin{cases}\|\boldsymbol{J}(\boldsymbol{x})^{\mathrm{T}}\boldsymbol{J}(\boldsymbol{x}) - \boldsymbol{J}(\boldsymbol{y})^{\mathrm{T}}\boldsymbol{J}(\boldsymbol{y})\| \leqslant \alpha\|\boldsymbol{x} - \boldsymbol{y}\|,\\ \|\boldsymbol{S}(\boldsymbol{x}) - \boldsymbol{S}(\boldsymbol{y})\| \leqslant \beta\|\boldsymbol{x} - \boldsymbol{y}\|,\\ \|\big(\boldsymbol{J}(\boldsymbol{x})^{\mathrm{T}}\boldsymbol{J}(\boldsymbol{x})\big)^{-1} - \big(\boldsymbol{J}(\boldsymbol{y})^{\mathrm{T}}\boldsymbol{J}(\boldsymbol{y})\big)^{-1}\| \leqslant \gamma\|\boldsymbol{x} - \boldsymbol{y}\|.\end{cases} \tag{6.2.3}$$

令 $\boldsymbol{h}_k = \boldsymbol{x}_k - \boldsymbol{x}^*$, $\boldsymbol{s}_k = \boldsymbol{x}_{k+1} - \boldsymbol{x}_k$. 由于 $f(\boldsymbol{x})$ 二阶连续可微, 点列 $\{\boldsymbol{x}_k\}$ 收敛到 $\boldsymbol{x}^*$, 故对充分大的 k 有

$$\begin{aligned}\boldsymbol{0} = \boldsymbol{g}(\boldsymbol{x}^*) &= \boldsymbol{g}(\boldsymbol{x}_k) - \boldsymbol{G}(\boldsymbol{x}_k)\boldsymbol{h}_k + O(\|\boldsymbol{h}_k\|^2)\\ &= \boldsymbol{J}_k^{\mathrm{T}}\boldsymbol{r}_k - (\boldsymbol{J}_k^{\mathrm{T}}\boldsymbol{J}_k + \boldsymbol{S}_k)\boldsymbol{h}_k + O(\|\boldsymbol{h}_k\|^2).\end{aligned}$$

对首尾两边同时左乘 $(\boldsymbol{J}_k^{\mathrm{T}}\boldsymbol{J}_k)^{-1}$ 并整理得

$$-\boldsymbol{s}_k - \boldsymbol{h}_k - (\boldsymbol{J}_k^{\mathrm{T}}\boldsymbol{J}_k)^{-1}\boldsymbol{S}_k\boldsymbol{h}_k + (\boldsymbol{J}_k^{\mathrm{T}}\boldsymbol{J}_k)^{-1}O(\|\boldsymbol{h}_k\|^2) = \boldsymbol{0},$$

即

$$\boldsymbol{x}_{k+1}-\boldsymbol{x}^*=-(\boldsymbol{J}_k^{\mathrm{T}}\boldsymbol{J}_k)^{-1}\boldsymbol{S}_k\boldsymbol{h}_k+(\boldsymbol{J}_k^{\mathrm{T}}\boldsymbol{J}_k)^{-1}O(\|\boldsymbol{h}_k\|^2).$$

两边取 2-范数得

$$\|\boldsymbol{x}_{k+1}-\boldsymbol{x}^*\|\leqslant\|(\boldsymbol{J}_k^{\mathrm{T}}\boldsymbol{J}_k)^{-1}\boldsymbol{S}_k\|\|\boldsymbol{x}_k-\boldsymbol{x}^*\|+\|(\boldsymbol{J}_k^{\mathrm{T}}\boldsymbol{J}_k)^{-1}\|O(\|\boldsymbol{x}_k-\boldsymbol{x}^*\|^2). \tag{6.2.4}$$

下面将上述估计式中的 $(\boldsymbol{J}_k^{\mathrm{T}}\boldsymbol{J}_k)^{-1}$ 和 $\boldsymbol{S}_k$ 用 $\boldsymbol{x}^*$ 点的对应项替换.

由于 $(\boldsymbol{J}(\boldsymbol{x})^{\mathrm{T}}\boldsymbol{J}(\boldsymbol{x}))^{-1}$ 在 $\boldsymbol{x}^*$ 处连续, 故当 k 充分大时,

$$\|\left(\boldsymbol{J}_k^{\mathrm{T}}\boldsymbol{J}_k\right)^{-1}\|\leqslant 2\|(\boldsymbol{J}(\boldsymbol{x}^*)^{\mathrm{T}}\boldsymbol{J}(\boldsymbol{x}^*))^{-1}\|. \tag{6.2.5}$$

这样, (6.2.4) 可以写成

$$\|\boldsymbol{x}_{k+1}-\boldsymbol{x}^*\|\leqslant\|(\boldsymbol{J}_k^{\mathrm{T}}\boldsymbol{J}_k)^{-1}\boldsymbol{S}_k\|\|\boldsymbol{x}_k-\boldsymbol{x}^*\|+O(\|\boldsymbol{x}_k-\boldsymbol{x}^*\|^2). \tag{6.2.6}$$

而由 (6.2.3), (6.2.5) 得

$$\begin{aligned}
&\|\left(\boldsymbol{J}_k^{\mathrm{T}}\boldsymbol{J}_k\right)^{-1}\boldsymbol{S}_k-\left(\boldsymbol{J}(\boldsymbol{x}^*)^{\mathrm{T}}\boldsymbol{J}(\boldsymbol{x}^*)\right)^{-1}\boldsymbol{S}(\boldsymbol{x}^*)\|\\
\leqslant&\|\left(\boldsymbol{J}_k^{\mathrm{T}}\boldsymbol{J}_k\right)^{-1}\|\|\boldsymbol{S}_k-\boldsymbol{S}(\boldsymbol{x}^*)\|+\|\left(\boldsymbol{J}_k^{\mathrm{T}}\boldsymbol{J}_k\right)^{-1}-\left(\boldsymbol{J}(\boldsymbol{x}^*)^{\mathrm{T}}\boldsymbol{J}(\boldsymbol{x}^*)\right)^{-1}\|\|\boldsymbol{S}(\boldsymbol{x}^*)\|\\
\leqslant&2\beta\|\left(\boldsymbol{J}(\boldsymbol{x}^*)^{\mathrm{T}}\boldsymbol{J}(\boldsymbol{x}^*)\right)^{-1}\|\|\boldsymbol{x}_k-\boldsymbol{x}^*\|+\gamma\|\boldsymbol{S}(\boldsymbol{x}^*)\|\|\boldsymbol{x}_k-\boldsymbol{x}^*\|\\
=&O(\|\boldsymbol{x}_k-\boldsymbol{x}^*\|).
\end{aligned}$$

从而由 (6.2.6) 得

$$\|\boldsymbol{x}_{k+1}-\boldsymbol{x}^*\|\leqslant\|\left(\boldsymbol{J}(\boldsymbol{x}^*)^{\mathrm{T}}\boldsymbol{J}(\boldsymbol{x}^*)\right)^{-1}\|\|\boldsymbol{S}(\boldsymbol{x}^*)\|\|\boldsymbol{x}_k-\boldsymbol{x}^*\|+O(\|\boldsymbol{x}_k-\boldsymbol{x}^*\|^2).$$

证毕

上述结论表明, 若残量函数 $r(x)$ 的线性度较高或最优值较小, 则 $\boldsymbol{S}(\boldsymbol{x}^*)\approx\boldsymbol{0}$, 从而 Gauss-Newton 算法有快的收敛速度. 否则, 由于 $\nabla^2 f(\boldsymbol{x})$ 略去了不容忽视的项 $\boldsymbol{S}(\boldsymbol{x})$, 因而难于期待 Gauss-Newton 算法有好的数值效果.

6.2.2 Levenberg-Marquardt 方法

Gauss-Newton 算法是一个古老的处理非线性最小二乘问题的方法. 它在迭代过程中要求矩阵 $\boldsymbol{J}(\boldsymbol{x})$ 列满秩. 为克服这个困难, Levenberg(1944) 提出了一种新方法, 但未受重视. 接着, Marquardt(1963) 又重新提出, 并在理论上进行了探讨, 得到 Levenberg-Marquardt(LM) 方法. 后来, Fletcher(1971) 对其实现策略进行了改进, 得到 Levenberg-Marquardt-Fletcher(LMF) 方法. Moré (1978) 又将 LM 方法与信赖域方法相结合, 建立了带信赖域的 LM 方法.

容易验证, $\boldsymbol{d}^{\mathrm{GN}}=-(\boldsymbol{J}(\boldsymbol{x})^{\mathrm{T}}\boldsymbol{J}(\boldsymbol{x}))^{-1}\boldsymbol{J}(\boldsymbol{x})^{\mathrm{T}}\boldsymbol{r}(\boldsymbol{x})$ 是下述凸二次规划问题的最优解

$$\min_{\boldsymbol{d}\in\mathbb{R}^n}\ \frac{1}{2}\|\boldsymbol{r}(\boldsymbol{x})+\boldsymbol{J}(\boldsymbol{x})\boldsymbol{d}\|^2.$$

也就是说, Gauss-Newton 方向是通过极小化向量值函数 $\boldsymbol{r}(\boldsymbol{x}+\boldsymbol{d})$ 在 $\boldsymbol{x}$ 点的线性近似得到的. 显然, 当 $\|\boldsymbol{d}\|$ 较小时, 近似效果较好. 为此, 在目标函数中添加一个正则项 $\mu\|\boldsymbol{d}\|^2$ 以阻止 $\|\boldsymbol{d}\|$ 过大, 便得到如下优化模型:

$$\min_{\boldsymbol{d}\in\mathbb{R}^n}\ \|\boldsymbol{J}(\boldsymbol{x})\boldsymbol{d}+\boldsymbol{r}(\boldsymbol{x})\|^2+\mu\|\boldsymbol{d}\|^2,$$

其中, $\mu>0$. 由最优性条件知其最优解 $\boldsymbol{d}^{\mathrm{LM}}$ 满足

$$(\boldsymbol{J}(\boldsymbol{x})^{\mathrm{T}}\boldsymbol{J}(\boldsymbol{x})+\mu\boldsymbol{I})\boldsymbol{d}^{\mathrm{LM}}+\boldsymbol{J}(\boldsymbol{x})^{\mathrm{T}}\boldsymbol{r}(\boldsymbol{x})=\boldsymbol{0},$$

即

$$\boldsymbol{d}^{\mathrm{LM}}=-(\boldsymbol{J}(\boldsymbol{x})^{\mathrm{T}}\boldsymbol{J}(\boldsymbol{x})+\mu\boldsymbol{I})^{-1}\boldsymbol{J}(\boldsymbol{x})^{\mathrm{T}}\boldsymbol{r}(\boldsymbol{x}). \tag{6.2.7}$$

令 $\Delta=\|\boldsymbol{d}^{\mathrm{LM}}\|$, 则利用约束优化问题的最优性条件, $\boldsymbol{d}^{\mathrm{LM}}$ 可视为如下信赖域子问题的最优解

$$\min\{\|\boldsymbol{J}(\boldsymbol{x})d+\boldsymbol{r}(\boldsymbol{x})\|^2 \mid \boldsymbol{d}\in\mathbb{R}^n,\ \|\boldsymbol{d}\|\leqslant\Delta\}.$$

这里, μ 相当于 Lagrange 乘子.

由于 $\boldsymbol{d}^{\mathrm{LM}}$ 的值与 μ 有关, 故记为 $\boldsymbol{d}(\mu)$. 根据线性代数的知识, 矩阵 $(\boldsymbol{J}(\boldsymbol{x})^{\mathrm{T}}\cdot\boldsymbol{J}(\boldsymbol{x})+\mu\boldsymbol{I})^{-1}$ 对向量 $\boldsymbol{J}(\boldsymbol{x})^{\mathrm{T}}\boldsymbol{r}(\boldsymbol{x})$ 作用后会改变其长度和方向. 对此, 有如下结论.

性质 6.2.1 $\|\boldsymbol{d}(\mu)\|$ 关于 $\mu>0$ 单调不增, 且当 $\mu\to\infty$ 时, $\|\boldsymbol{d}(\mu)\|\to 0$.

证明 首先

$$\frac{\partial\|\boldsymbol{d}(\mu)\|^2}{\partial\mu}=2\boldsymbol{d}(\mu)^{\mathrm{T}}\frac{\partial\boldsymbol{d}(\mu)}{\partial\mu}. \tag{6.2.8}$$

由 (6.2.7) 知

$$(\boldsymbol{J}(\boldsymbol{x})^{\mathrm{T}}\boldsymbol{J}(\boldsymbol{x})+\mu\boldsymbol{I})\boldsymbol{d}(\mu)=-\boldsymbol{J}(\boldsymbol{x})^{\mathrm{T}}\boldsymbol{r}(\boldsymbol{x}).$$

两边关于 μ 求导得

$$\boldsymbol{d}(\mu)+(\boldsymbol{J}(\boldsymbol{x})^{\mathrm{T}}\boldsymbol{J}(\boldsymbol{x})+\mu\boldsymbol{I})\frac{\partial\boldsymbol{d}(\mu)}{\partial\mu}=\boldsymbol{0}.$$

所以

$$\frac{\partial\boldsymbol{d}(\mu)}{\partial\mu}=-(\boldsymbol{J}(\boldsymbol{x})^{\mathrm{T}}\boldsymbol{J}(\boldsymbol{x})+\mu\boldsymbol{I})^{-1}\boldsymbol{d}(\mu). \tag{6.2.9}$$

代入 (6.2.8) 得

$$\frac{\partial\|\boldsymbol{d}(\mu)\|^2}{\partial\mu} = -2\boldsymbol{d}(\mu)^{\mathrm{T}}(\boldsymbol{J}(\boldsymbol{x})^{\mathrm{T}}\boldsymbol{J}(\boldsymbol{x})+\mu\boldsymbol{I})^{-1}\boldsymbol{d}(\mu).$$

进一步,

$$\frac{\partial\|\boldsymbol{d}(\mu)\|}{\partial\mu} = -\frac{1}{\|\boldsymbol{d}(\mu)\|}\boldsymbol{d}(\mu)^{\mathrm{T}}(\boldsymbol{J}(\boldsymbol{x})^{\mathrm{T}}\boldsymbol{J}(\boldsymbol{x})+\mu\boldsymbol{I})^{-1}\boldsymbol{d}(\mu) < 0. \tag{6.2.10}$$

从而 $\|\boldsymbol{d}(\mu)\|$ 关于 μ 单调不增. 由 (6.2.7) 式得命题的第二个结论.　　证毕

从几何直观来看, 当矩阵 $\boldsymbol{J}(\boldsymbol{x})^{\mathrm{T}}\boldsymbol{J}(\boldsymbol{x})$ 接近奇异时, 由 Gauss-Newton 算法得到的搜索方向的模 $\|\boldsymbol{d}^{\mathrm{GN}}\|$ 相当大, 而引入参数 μ 就避免了这种情形.

性质 6.2.2　$\boldsymbol{d}(\mu)$ 与 $-\boldsymbol{g}(\boldsymbol{x})$ 的夹角 θ 关于 $\mu>0$ 单调不增, 其中

$$\boldsymbol{g}(\boldsymbol{x}) = \nabla\left(\frac{1}{2}\boldsymbol{r}(\boldsymbol{x})^{\mathrm{T}}\boldsymbol{r}(\boldsymbol{x})\right) = \boldsymbol{J}(\boldsymbol{x})^{\mathrm{T}}\boldsymbol{r}(\boldsymbol{x}).$$

证明　利用向量夹角余弦的定义,

$$\begin{aligned}\frac{\partial\cos\theta}{\partial\mu} &= \frac{\partial}{\partial u}\left(\frac{-\boldsymbol{g}(\boldsymbol{x})^{\mathrm{T}}\boldsymbol{d}(\mu)}{\|\boldsymbol{d}(\mu)\|\|\boldsymbol{g}(\boldsymbol{x})\|}\right)\\ &= \frac{-\boldsymbol{g}(\boldsymbol{x})^{\mathrm{T}}\dfrac{\partial\boldsymbol{d}(\mu)}{\partial\mu}\|\boldsymbol{d}(\mu)\|\|\boldsymbol{g}(\boldsymbol{x})\| + \boldsymbol{g}(\boldsymbol{x})^{\mathrm{T}}\boldsymbol{d}(\mu)\|\boldsymbol{g}(\boldsymbol{x})\|\dfrac{\partial\|\boldsymbol{d}(\mu)\|}{\partial\mu}}{\|\boldsymbol{d}(\mu)\|^2\|\boldsymbol{g}(\boldsymbol{x})\|^2}.\end{aligned} \tag{6.2.11}$$

为证明命题结论, 只需考虑上式中分子的符号.

利用 (6.2.7), (6.2.9) 和 (6.2.10), 将上式中的分子展开得

$$\begin{aligned}&\|\boldsymbol{d}(\mu)\|\|\boldsymbol{g}(\boldsymbol{x})\|\boldsymbol{g}(\boldsymbol{x})^{\mathrm{T}}\big(\boldsymbol{J}(\boldsymbol{x})^{\mathrm{T}}\boldsymbol{J}(\boldsymbol{x})+\mu\boldsymbol{I}\big)^{-1}\boldsymbol{d}(\mu)\\ &\quad \boldsymbol{g}(\boldsymbol{x})^{\mathrm{T}}\boldsymbol{d}(\mu)\|\boldsymbol{g}(\boldsymbol{x})\|\boldsymbol{d}(\mu)^{\mathrm{T}}\big(\boldsymbol{J}(\boldsymbol{x})^{\mathrm{T}}\boldsymbol{J}(\boldsymbol{x})+\mu\boldsymbol{I}\big)^{-1}\boldsymbol{d}(\mu)/\|\boldsymbol{d}(\mu)\|\\ =&-\|\boldsymbol{g}(\boldsymbol{x})\|\|\boldsymbol{d}(\mu)\|\boldsymbol{g}(\boldsymbol{x})^{\mathrm{T}}\big(\boldsymbol{J}(\boldsymbol{x})^{\mathrm{T}}\boldsymbol{J}(\boldsymbol{x})+\mu\boldsymbol{I}\big)^{-2}\boldsymbol{g}(\boldsymbol{x})\\ &+\|\boldsymbol{g}(\boldsymbol{x})\|\boldsymbol{g}(\boldsymbol{x})^{\mathrm{T}}\big(\boldsymbol{J}(\boldsymbol{x})^{\mathrm{T}}\boldsymbol{J}(\boldsymbol{x})+\mu\boldsymbol{I}\big)^{-1}\boldsymbol{g}(\boldsymbol{x})\boldsymbol{g}(\boldsymbol{x})^{\mathrm{T}}\big(\boldsymbol{J}(\boldsymbol{x})^{\mathrm{T}}\boldsymbol{J}(\boldsymbol{x})+\mu\boldsymbol{I}\big)^{-3}\boldsymbol{g}(\boldsymbol{x})/\|\boldsymbol{d}(\mu)\|\\ =&\frac{\|\boldsymbol{g}(\boldsymbol{x})\|}{\|\boldsymbol{d}(\mu)\|}\Big(-\boldsymbol{g}(\boldsymbol{x})^{\mathrm{T}}\big(\boldsymbol{J}(\boldsymbol{x})^{\mathrm{T}}\boldsymbol{J}(\boldsymbol{x})+\mu\boldsymbol{I}\big)^{-2}\boldsymbol{g}(\boldsymbol{x})\boldsymbol{g}(\boldsymbol{x})^{\mathrm{T}}\big(\boldsymbol{J}(\boldsymbol{x})^{\mathrm{T}}\boldsymbol{J}(\boldsymbol{x})+\mu\boldsymbol{I}\big)^{-2}\boldsymbol{g}(\boldsymbol{x})\\ &+\boldsymbol{g}(\boldsymbol{x})^{\mathrm{T}}\big(\boldsymbol{J}(\boldsymbol{x})^{\mathrm{T}}\boldsymbol{J}(\boldsymbol{x})+\mu\boldsymbol{I}\big)^{-1}\boldsymbol{g}(\boldsymbol{x})\boldsymbol{g}(\boldsymbol{x})^{\mathrm{T}}\big(\boldsymbol{J}(\boldsymbol{x})^{\mathrm{T}}\boldsymbol{J}(\boldsymbol{x})+\mu\boldsymbol{I}\big)^{-3}\boldsymbol{g}(\boldsymbol{x})\Big).\end{aligned}$$

由于 $\boldsymbol{J}(\boldsymbol{x})^{\mathrm{T}}\boldsymbol{J}(\boldsymbol{x})$ 半正定, 故存在正交阵 $\boldsymbol{Q}$ 使

$$\boldsymbol{Q}^{\mathrm{T}}\boldsymbol{J}(\boldsymbol{x})^{\mathrm{T}}\boldsymbol{J}(\boldsymbol{x})\boldsymbol{Q} = \mathrm{diag}(\lambda_1,\cdots,\lambda_n),$$

其中, $\lambda_1 \geqslant \cdots \geqslant \lambda_n \geqslant 0$.

记 $v_i = (\boldsymbol{Q}^{\mathrm{T}}\boldsymbol{g}(x))_i$, 则

$$\boldsymbol{g}(\boldsymbol{x})^{\mathrm{T}}(\boldsymbol{J}(\boldsymbol{x})^{\mathrm{T}}\boldsymbol{J}(\boldsymbol{x})+\mu\boldsymbol{I})^{-1}\boldsymbol{g}(\boldsymbol{x}) = \sum_{i=1}^{n}\frac{1}{\lambda_i+\mu}v_i^2,$$

$$\boldsymbol{g}(\boldsymbol{x})^{\mathrm{T}}(\boldsymbol{J}(\boldsymbol{x})^{\mathrm{T}}\boldsymbol{J}(\boldsymbol{x})+\mu\boldsymbol{I})^{-2}\boldsymbol{g}(\boldsymbol{x}) = \sum_{i=1}^{n}\frac{1}{(\lambda_i+\mu)^2}v_i^2,$$

$$\boldsymbol{g}(\boldsymbol{x})^{\mathrm{T}}(\boldsymbol{J}(\boldsymbol{x})^{\mathrm{T}}\boldsymbol{J}(\boldsymbol{x})+\mu\boldsymbol{I})^{-3}\boldsymbol{g}(\boldsymbol{x}) = \sum_{i=1}^{n}\frac{1}{(\lambda_i+\mu)^3}v_i^2.$$

这样, (6.2.11) 式的分子

$$\begin{aligned}
&\frac{\|\boldsymbol{g}(\boldsymbol{x})\|}{\|\boldsymbol{d}(\mu)\|}\left(-\Big(\sum_{i=1}^{n}\frac{v_i^2}{(\lambda_i+\mu)^2}\Big)^2+\Big(\sum_{i=1}^{n}\frac{v_i^2}{\lambda_i+\mu}\Big)\Big(\sum_{i=1}^{n}\frac{v_i^2}{(\lambda_i+\mu)^3}\Big)\right)\\
=&\frac{\|\boldsymbol{g}(\boldsymbol{x})\|}{\|\boldsymbol{d}(\mu)\|}\sum_{i=1}^{n}\sum_{j=1}^{n}\Big(\frac{-v_i^2v_j^2}{(\lambda_i+\mu)^2(\lambda_j+\mu)^2}+\frac{v_i^2v_j^2}{(\lambda_i+\mu)(\lambda_j+\mu)^3}\Big)\\
=&\frac{\|\boldsymbol{g}(\boldsymbol{x})\|}{2\|\boldsymbol{d}(\mu)\|}\sum_{i=1}^{n}\sum_{j=1}^{n}\frac{v_i^2v_j^2}{(\lambda_i+\mu)^3(\lambda_j+\mu)^3}\Big(-2(\lambda_i+\mu)(\lambda_j+\mu)\\
&+(\lambda_i+\mu)^2+(\lambda_j+\mu)^2\Big)\geqslant 0.
\end{aligned}$$

从而 $\boldsymbol{d}(\mu)$ 与 $-\boldsymbol{g}(\boldsymbol{x})$ 的夹角 θ 关于 $\mu>0$ 单调不增. 证毕

该结论说明, 当 $\mu>0$ 逐渐增大时, 搜索方向 $\boldsymbol{d}(\mu)$ 逐渐偏向最速下降方向. 实际上, 当 $\mu\to\infty$ 时, $\boldsymbol{d}(\mu)$ 与负梯度方向趋于一致, 从而有如下结论.

性质 6.2.3 设 $\boldsymbol{x}\in\mathbb{R}^n$ 为非线性最小二乘问题 (6.2.1) 的非稳定点. 则对任意的 $\rho\in(0,1)$, 存在 $\bar{\mu}>0$, 使对任意的 $\mu\geqslant\bar{\mu}$,

$$\left\langle\frac{-\boldsymbol{g}(\boldsymbol{x})}{\|\boldsymbol{g}(\boldsymbol{x})\|},\frac{\boldsymbol{d}(\mu)}{\|\boldsymbol{d}(\mu)\|}\right\rangle\geqslant\rho.$$

证明 对任意发散到 ∞ 的正数列 $\{\mu_k\}$, 数列 $\left\{\frac{\boldsymbol{d}(\mu_k)}{\|\boldsymbol{d}(\mu_k)\|}\right\}$ 有界, 故有收敛子列, 不妨设为其本身, 即

$$\lim_{k\to\infty}\frac{\boldsymbol{d}(\mu_k)}{\|\boldsymbol{d}(\mu_k)\|}=\bar{\boldsymbol{d}}\neq 0. \tag{6.2.12}$$

由 $\boldsymbol{d}(\mu_k)$ 的定义,

$$\begin{aligned}
-\frac{\boldsymbol{g}(\boldsymbol{x})}{\|\boldsymbol{g}(\boldsymbol{x})\|}&=\frac{(\boldsymbol{J}(\boldsymbol{x})^{\mathrm{T}}\boldsymbol{J}(\boldsymbol{x})+\mu_k\boldsymbol{I})\boldsymbol{d}(\mu_k)}{\|(\boldsymbol{J}(\boldsymbol{x})^{\mathrm{T}}\boldsymbol{J}(\boldsymbol{x})+\mu_k\boldsymbol{I})\boldsymbol{d}(\mu_k)\|}\\
&=\frac{\boldsymbol{J}(\boldsymbol{x})^{\mathrm{T}}\boldsymbol{J}(\boldsymbol{x})\dfrac{\boldsymbol{d}(\mu_k)}{\mu_k\|\boldsymbol{d}(\mu_k)\|}+\dfrac{\boldsymbol{d}(\mu_k)}{\|\boldsymbol{d}(\mu_k)\|}}{\left\|\boldsymbol{J}(\boldsymbol{x})^{\mathrm{T}}\boldsymbol{J}(\boldsymbol{x})\dfrac{\boldsymbol{d}(\mu_k)}{\mu_k\|\boldsymbol{d}(\mu_k)\|}+\dfrac{\boldsymbol{d}(\mu_k)}{\|\boldsymbol{d}(\mu_k)\|}\right\|}.
\end{aligned}$$

令 $k \to \infty$ 得

$$-\frac{\boldsymbol{g}(\boldsymbol{x})}{\|\boldsymbol{g}(\boldsymbol{x})\|} = \bar{\boldsymbol{d}}.$$

结合 (6.2.12) 得

$$\lim_{k\to\infty} \left\langle \frac{-\boldsymbol{g}(\boldsymbol{x})}{\|\boldsymbol{g}(\boldsymbol{x})\|}, \frac{\boldsymbol{d}(\mu_k)}{\|\boldsymbol{d}(\mu_k)\|} \right\rangle = 1.$$

由极限的保号性知命题结论成立. 证毕

除上述性质外, 参数 μ 的引入还可使搜索方向的计算趋于稳定, 从而使 LM 方法的数值效果优于 Gauss-Newton 方法.

性质 6.2.4 $(\boldsymbol{J}(\boldsymbol{x})^{\mathrm{T}}\boldsymbol{J}(\boldsymbol{x}) + \mu\boldsymbol{I})$ 的条件数关于 μ 单调不增.

证明 由于 $\boldsymbol{J}(\boldsymbol{x})^{\mathrm{T}}\boldsymbol{J}(\boldsymbol{x})$ 对称半正定, 故存在正交阵 $\boldsymbol{Q}$ 使

$$\boldsymbol{Q}^{\mathrm{T}}\boldsymbol{J}(\boldsymbol{x})^{\mathrm{T}}\boldsymbol{J}(\boldsymbol{x})\boldsymbol{Q} = \mathrm{diag}(\lambda_1, \cdots, \lambda_n),$$

其中, $\lambda_1 \geqslant \cdots \geqslant \lambda_n \geqslant 0$. 根据定义, 矩阵 $(\boldsymbol{J}(\boldsymbol{x})^{\mathrm{T}}\boldsymbol{J}(\boldsymbol{x}) + \mu\boldsymbol{I})$ 的条件数为 $\dfrac{\lambda_1+\mu}{\lambda_n+\mu}$. 由

$$\frac{\partial}{\partial\mu}\left(\frac{\lambda_1+\mu}{\lambda_n+\mu}\right) = \frac{\lambda_n-\lambda_1}{(\lambda_n+\mu)^2} \leqslant 0$$

知 $(\boldsymbol{J}(\boldsymbol{x})^{\mathrm{T}}\boldsymbol{J}(\boldsymbol{x}) + \mu\boldsymbol{I})$ 的条件数关于 μ 单调不增. 证毕

显然, 对任意的 $\mu > 0$, $\boldsymbol{d}(\mu)$ 是下降方向. 但如果采用单位步长, 目标函数值未必下降. 而根据性质 6.2.1-6.2.3, 如果将参数 μ 适当增大可实现这一要求, 从而如下结论.

定理 6.2.3 设 $\boldsymbol{x} \in \mathbb{R}^n$ 为非线性最小二乘问题 (6.2.1) 的非稳定点. 则对任意的 $\sigma \in (0,1)$, 存在 $\bar{\mu} > 0$, 使对任意的 $\mu \geqslant \bar{\mu}$,

$$f(\boldsymbol{x} + \boldsymbol{d}(\mu)) \leqslant f(\boldsymbol{x}) + \sigma\langle \boldsymbol{g}(\boldsymbol{x}), \boldsymbol{d}(\mu)\rangle.$$

证明 首先, 由性质 6.2.3, 对非稳定点 $\boldsymbol{x}$ 和 $\rho_1 \in (0,1)$, 存在 $\bar{\mu}_1 > 0$, 使对任意的 $\mu \geqslant \bar{\mu}_1$,

$$\left\langle \frac{-\boldsymbol{g}(\boldsymbol{x})}{\|\boldsymbol{g}(\boldsymbol{x})\|}, \frac{\boldsymbol{d}(\mu)}{\|\boldsymbol{d}(\mu)\|} \right\rangle \geqslant \rho_1. \tag{6.2.13}$$

其次, 由 Cauchy-Schwarz 不等式, 对任意的 $\mu > 0$, 恒有

$$\begin{aligned}
\frac{\|\boldsymbol{d}(\mu)\|}{\|\boldsymbol{g}(\boldsymbol{x})\|} &= \frac{\|\boldsymbol{d}(\mu)\|^2}{\|\boldsymbol{g}(\boldsymbol{x})\|\|\boldsymbol{d}(\mu)\|} \leqslant \frac{\|\boldsymbol{d}(\mu)\|^2}{|\langle \boldsymbol{g}(\boldsymbol{x}), \boldsymbol{d}(\mu)\rangle|} \\
&= \frac{\|\boldsymbol{d}(\mu)\|^2}{\boldsymbol{d}(\mu)^{\mathrm{T}}(\boldsymbol{J}^{\mathrm{T}}\boldsymbol{J} + \mu\boldsymbol{I})\boldsymbol{d}(\mu)} \\
&\leqslant \frac{\|\boldsymbol{d}(\mu)\|^2}{\mu\|\boldsymbol{d}(\mu)\|^2} = \frac{1}{\mu}.
\end{aligned}$$

也就是

$$\|\boldsymbol{d}(\mu)\| \leqslant \frac{1}{\mu}\|\boldsymbol{g}(\boldsymbol{x})\|. \tag{6.2.14}$$

从而对任意的 $\delta > 0$, 存在 $\bar{\mu}_2 \geqslant \bar{\mu}_1$, 使对任意的 $\mu \geqslant \bar{\mu}_2$, $\|\boldsymbol{d}(\mu)\| \leqslant \delta$.

令 $M = \max\{\|\boldsymbol{G}(\boldsymbol{y})\| \mid \boldsymbol{y} \in N(\boldsymbol{x}, \delta)\}$, 其中, $\boldsymbol{G}(\boldsymbol{y})$ 为目标函数在 $\boldsymbol{y}$ 点的 Hesse 阵. 则由 (6.2.14), 存在 $\bar{\mu}_3 \geqslant \bar{\mu}_2$, 使对任意的 $\mu \geqslant \bar{\mu}_3$,

$$\|\boldsymbol{d}(\mu)\| \leqslant \min\left\{\frac{2(1-\sigma)\rho_1}{M}\|\boldsymbol{g}(\boldsymbol{x})\|, \delta\right\}.$$

结合 (6.2.13), 对任意的 $\mu \geqslant \bar{\mu}_3$,

$$\left\langle \frac{-\boldsymbol{g}(\boldsymbol{x})}{\|\boldsymbol{g}(\boldsymbol{x})\|}, \frac{\boldsymbol{d}(\mu)}{\|\boldsymbol{d}(\mu)\|} \right\rangle \geqslant \frac{M\|\boldsymbol{d}(\mu)\|}{2(1-\sigma)\|\boldsymbol{g}(\boldsymbol{x})\|}.$$

也就是

$$\frac{M\|\boldsymbol{d}(\mu)\|^2}{2} \leqslant (\sigma - 1)\langle \boldsymbol{g}(\boldsymbol{x}), \boldsymbol{d}(\mu)\rangle.$$

由 Taylor 展式, 对任意的 $\mu \geqslant \bar{\mu}_3$, 存在 $\tau \in (0,1)$ 使得

$$\begin{aligned}
f(\boldsymbol{x} + \boldsymbol{d}(\mu)) &= f(\boldsymbol{x}) + \boldsymbol{d}(\mu)^{\mathrm{T}}\boldsymbol{g}(\boldsymbol{x}) + \frac{1}{2}\boldsymbol{d}(\mu)^{\mathrm{T}}\boldsymbol{G}(\boldsymbol{x} + \tau\boldsymbol{d}(\mu))\boldsymbol{d}(\mu) \\
&\leqslant f(\boldsymbol{x}) + \boldsymbol{d}(\mu)^{\mathrm{T}}\boldsymbol{g}(\boldsymbol{x}) + \frac{M}{2}\|\boldsymbol{d}(\mu)\|^2 \\
&\leqslant f(\boldsymbol{x}) + \boldsymbol{d}(\mu)^{\mathrm{T}}\boldsymbol{g}(\boldsymbol{x}) + (\sigma - 1)\langle \boldsymbol{g}(\boldsymbol{x}), \boldsymbol{d}(\mu)\rangle \\
&= f(\boldsymbol{x}) + \sigma\langle \boldsymbol{g}(\boldsymbol{x}), \boldsymbol{d}(\mu)\rangle.
\end{aligned}$$

取 $\bar{\mu} = \bar{\mu}_3$ 即得命题结论. 证毕

基于以上讨论, 对任意非稳定点 $\boldsymbol{x}$, 存在 $\mu > 0$, 使得

$$f(\boldsymbol{x} + \boldsymbol{d}(\mu)) \leqslant f(\boldsymbol{x}) + \sigma\langle \boldsymbol{g}(\boldsymbol{x}), \boldsymbol{d}(\mu)\rangle.$$

但在每一迭代步, 需对参数 μ 多次试探才能得到满足上述条件的 μ 值. 为此, Fletcher 借用信赖域半径的调整策略来调整参数 μ, 建立了非线性最小二乘问题的 LMF 方法.

首先, 基于 $\boldsymbol{r}(\boldsymbol{x}_k + \boldsymbol{d}_k)$ 在 $\boldsymbol{x}_k$ 点附近的线性近似定义二次函数

$$q_k(\boldsymbol{d}) = \frac{1}{2}\|\boldsymbol{r}_k + \boldsymbol{J}_k\boldsymbol{d}\|^2 = f(\boldsymbol{x}_k) + (\boldsymbol{J}_k^{\mathrm{T}}\boldsymbol{r}_k)^{\mathrm{T}}\boldsymbol{d} + \frac{1}{2}\boldsymbol{d}^{\mathrm{T}}(\boldsymbol{J}_k^{\mathrm{T}}\boldsymbol{J}_k)\boldsymbol{d}.$$

显然, 它是目标函数在 $\boldsymbol{x}_k$ 点的 Gauss-Newton 模型, 而且它与目标函数 $f(\boldsymbol{x}_k + \boldsymbol{d})$ 的近似度与 $\|\boldsymbol{d}\|$ 有关.

对于给定的 μ_k, 根据 (6.2.7) 计算 $\boldsymbol{d}_k$, 并考虑增量

$$\begin{aligned}\Delta q_k &= q_k(\boldsymbol{d}_k) - q_k(\boldsymbol{0}) = (\boldsymbol{J}_k^{\mathrm{T}}\boldsymbol{r}_k)^{\mathrm{T}}\boldsymbol{d}_k + \frac{1}{2}\boldsymbol{d}_k^{\mathrm{T}}(\boldsymbol{J}_k^{\mathrm{T}}\boldsymbol{J}_k)\boldsymbol{d}_k,\\ \Delta f_k &= f(\boldsymbol{x}_k + \boldsymbol{d}_k) - f(\boldsymbol{x}_k),\end{aligned}$$

和它们的比值

$$\gamma_k = \frac{\Delta f_k}{\Delta q_k} = \frac{f(\boldsymbol{x}_k + \boldsymbol{d}_k) - f(\boldsymbol{x}_k)}{(\boldsymbol{J}_k\boldsymbol{r}_k)^{\mathrm{T}}\boldsymbol{d}_k + \dfrac{1}{2}\boldsymbol{d}_k^{\mathrm{T}}(\boldsymbol{J}_k^{\mathrm{T}}\boldsymbol{J}_k)\boldsymbol{d}_k}.$$

在第 k 步, 先给出一个试探值 μ_k, 计算 $\boldsymbol{d}_k$. 如果该 $\boldsymbol{d}_k$ 使得 $\gamma_k > 0$, 则令 $\boldsymbol{x}_{k+1} = \boldsymbol{x}_k + \boldsymbol{d}_k$, 并根据 γ_k 的值对 μ_k 进行调整得到 μ_{k+1}; 否则增大 μ_k, 重新计算 $\boldsymbol{d}_k$, 重复上述过程, 完成 LMF 算法的一次迭代过程.

那么如何根据 γ_k 的值对 μ_k 进行调整得到 μ_{k+1} 呢? 一般地, 当 γ_k 接近 1 时, 二次函数 $q_k(\boldsymbol{d})$ 在 $\boldsymbol{x}_k$ 点拟合目标函数较好, 那么用 Gauss-Newton 算法求解最小二乘问题也较好. 换句话讲, 用 LM 方法求解非线性最小二乘问题时, 参数 μ 应取得小一些. 也就是在下一迭代步需要缩小 μ 的值. 反过来, 当 γ_k 接近 0 时, 从信赖域角度分析, 二次函数 $q_k(\boldsymbol{d})$ 在信赖域

$$\{\boldsymbol{d} \in \mathbb{R}^n \mid \|\boldsymbol{d}\| \leqslant \Delta_k = \|\boldsymbol{d}_k\|\}$$

内拟合目标函数较差, 需要缩小 $\boldsymbol{d}_k$ 的模长, 以确保二次模型与原函数有好的近似. 根据性质 6.2.1, 下一步需增大参数 μ 的值. 而当比值既不接近于 0 也不接近于 1, 则认为参数 μ_k 选取得当, 不做调整. 与信赖域方法类似, γ_k 的临界值取为 $\frac{1}{4}$ 和 $\frac{3}{4}$.

单位步长的 LMF 方法在每一迭代步需要多次求解一个线性方程组来获取新的迭代点, 从而带来大的计算量. 考虑到对任意的 $\mu > 0$, $\boldsymbol{d}_k(\mu)$ 是目标函数在 $\boldsymbol{x}_k$ 点的下降方向, 一个自然的想法是对其进行线搜索产生新的迭代点, 这就得到带线搜索的 LM 方法. 对于该算法, 如果采用 Armijo 步长规则 ($\beta = 1, \sigma, \gamma \in (0,1)$, 见 §2.2), 则有如下收敛性质.

定理 6.2.4 设 Armijo 步长规则下的 LM 方法产生无穷迭代点列 $\{\boldsymbol{x}_k\}$. 若 $\{\boldsymbol{x}_k, \mu_k\}$ 的聚点 $(\boldsymbol{x}^*, \mu^*)$ 满足 $((\boldsymbol{J}^*)^{\mathrm{T}}\boldsymbol{J}^* + \mu^*\boldsymbol{I})$ 正定, 则 $\nabla f(\boldsymbol{x}^*) = \boldsymbol{0}$.

证明 设收敛于 $\boldsymbol{x}^*$ 的子列 $\{\boldsymbol{x}_{k_j}\}$ 满足

$$\boldsymbol{J}_{k_j}^{\mathrm{T}}\boldsymbol{J}_{k_j} \to (\boldsymbol{J}^*)^{\mathrm{T}}\boldsymbol{J}^*, \quad \mu_{k_j} \to \mu^*.$$

若 $\nabla f(\boldsymbol{x}^*) \neq 0$, 则

$$\boldsymbol{d}_{k_j} \to \boldsymbol{d}^* = -\big((\boldsymbol{J}^*)^{\mathrm{T}}\boldsymbol{J}^* + \mu^*\boldsymbol{I}\big)^{-1}(\boldsymbol{J}^*)^{\mathrm{T}}\boldsymbol{r}^*,$$

而且 $\boldsymbol{d}^*$ 是 $\boldsymbol{x}^*$ 点的下降方向. 所以对 $\gamma \in (0,1)$, 存在非负整数 m^* 使得

$$f(\boldsymbol{x}^* + \gamma^{m^*}\boldsymbol{d}^*) < f(\boldsymbol{x}^*) + \sigma\gamma^{m^*}\nabla f(\boldsymbol{x}^*)^{\mathrm{T}}\boldsymbol{d}^*.$$

由于 $\boldsymbol{x}_{k_j} \to \boldsymbol{x}^*$ 及 $\boldsymbol{d}_{k_j} \to \boldsymbol{d}^*$, 所以当 j 充分大时,

$$f(\boldsymbol{x}_{k_j} + \gamma^{m^*}\boldsymbol{d}_{k_j}) \leqslant f(\boldsymbol{x}_{k_j}) + \sigma\gamma^{m^*}\nabla f_{k_j}^{\mathrm{T}}\boldsymbol{d}_{k_j}.$$

由 Armijo 步长规则, $m^* \geqslant m_{k_j}$. 所以

$$\begin{aligned} f(\boldsymbol{x}_{k_j+1}) &= f(\boldsymbol{x}_{k_j} + \gamma^{m_{k_j}}\boldsymbol{d}_{k_j}) \\ &\leqslant f(\boldsymbol{x}_{k_j}) + \sigma\gamma^{m_{k_j}}\nabla f_{k_j}^{\mathrm{T}}\boldsymbol{d}_{k_j} \\ &\leqslant f(\boldsymbol{x}_{k_j}) + \sigma\gamma^{m^*}\nabla f_{k_j}^{\mathrm{T}}\boldsymbol{d}_{k_j}, \end{aligned}$$

即对充分大的 j,

$$f(\boldsymbol{x}_{k_j+1}) \leqslant f(\boldsymbol{x}_{k_j}) + \sigma\gamma^{m^*}\nabla f_{k_j}^{\mathrm{T}}\boldsymbol{d}_{k_j}.$$

由于数列 $\{f(\boldsymbol{x}_k)\}$ 单调下降并收敛到 $f(\boldsymbol{x}^*)$, 对上式两边关于 k 求极限得

$$f(\boldsymbol{x}^*) \leqslant f(\boldsymbol{x}^*) + \sigma\gamma^{m^*}\nabla f(\boldsymbol{x}^*)^{\mathrm{T}}\boldsymbol{d}^*.$$

这与 $(\nabla f(\boldsymbol{x}^*))^{\mathrm{T}}\boldsymbol{d}^* < 0$ 矛盾, 所以 $\nabla f(\boldsymbol{x}^*) = \boldsymbol{0}$. 证毕

定理 6.2.5 对最小二乘问题 (6.2.1), 设 $\boldsymbol{r}(\boldsymbol{x})$ 二阶连续可微, 并设 Armijo 步长规则下的 LM 方法产生的点列 $\{\boldsymbol{x}_k\}$ 收敛到 (6.2.1) 的局部最优解 $\boldsymbol{x}^*$ 且 $\mu_k \to 0$. 若 $[(\boldsymbol{J}^*)^{\mathrm{T}}\boldsymbol{J}^*]$ 非奇异, 矩阵 $\left(\frac{1}{2}-\sigma\right)\boldsymbol{J}^{*\mathrm{T}}\boldsymbol{J}^* - \frac{1}{2}\boldsymbol{S}^*$ 正定, 则当 k 充分大时 $\alpha_k = 1$, 且

$$\limsup_{k\to\infty}\frac{\|\boldsymbol{x}_{k+1}-\boldsymbol{x}^*\|}{\|\boldsymbol{x}_k-\boldsymbol{x}^*\|} \leqslant \|((\boldsymbol{J}^*)^{\mathrm{T}}\boldsymbol{J}^*)^{-1}\|\|\boldsymbol{S}(\boldsymbol{x}^*)\|.$$

证明 要证 $\alpha_k = 1$, 只需证对充分大的 k,

$$f(\boldsymbol{x}_k + \boldsymbol{d}_k) - f(\boldsymbol{x}_k) \leqslant \sigma\boldsymbol{g}_k^{\mathrm{T}}\boldsymbol{d}_k.$$

对任意的 $k > 0$, 由中值定理知, 存在 $\zeta_k \in (0,1)$, 使得

$$f(\boldsymbol{x}_k + \boldsymbol{d}_k) - f(\boldsymbol{x}_k) = \boldsymbol{g}_k^{\mathrm{T}}\boldsymbol{d}_k + \frac{1}{2}\boldsymbol{d}_k^{\mathrm{T}}\boldsymbol{G}(\boldsymbol{x}_k + \zeta_k\boldsymbol{d}_k)\boldsymbol{d}_k.$$

为此, 只需证明对充分大的 k, 成立

$$-(1-\sigma)\boldsymbol{g}_k^{\mathrm{T}}\boldsymbol{d}_k - \frac{1}{2}\boldsymbol{d}_k^{\mathrm{T}}\boldsymbol{G}(\boldsymbol{x}_k + \zeta_k\boldsymbol{d}_k)\boldsymbol{d}_k \geqslant 0.$$

事实上, 由 (6.2.7),

$$
\begin{aligned}
&-(1-\sigma)\boldsymbol{g}_k^{\mathrm{T}}\boldsymbol{d}_k-\frac{1}{2}\boldsymbol{d}_k^{\mathrm{T}}\boldsymbol{G}(\boldsymbol{x}_k+\zeta_k\boldsymbol{d}_k)\boldsymbol{d}_k\\
=&(1-\sigma)\boldsymbol{d}_k^{\mathrm{T}}\big(\boldsymbol{J}_k^{\mathrm{T}}\boldsymbol{J}_k+\mu_k\boldsymbol{I}\big)\boldsymbol{d}_k-\frac{1}{2}\boldsymbol{d}_k^{\mathrm{T}}\boldsymbol{G}(\boldsymbol{x}_k+\zeta_k\boldsymbol{d}_k)\boldsymbol{d}_k\\
=&(1-\sigma)\boldsymbol{d}_k^{\mathrm{T}}\boldsymbol{J}_k^{\mathrm{T}}\boldsymbol{J}_k\boldsymbol{d}_k+(1-\sigma)\mu_k\|\boldsymbol{d}_k\|^2-\frac{1}{2}\boldsymbol{d}_k^{\mathrm{T}}\big(\boldsymbol{J}_k^{\mathrm{T}}\boldsymbol{J}_k+\boldsymbol{S}_k\big)\boldsymbol{d}_k\\
&+\frac{1}{2}\boldsymbol{d}_k^{\mathrm{T}}\big(\boldsymbol{G}(\boldsymbol{x}_k)-\boldsymbol{G}(\boldsymbol{x}_k+\zeta_k\boldsymbol{d}_k)\big)\boldsymbol{d}_k\\
=&\left(\frac{1}{2}-\sigma\right)\boldsymbol{d}_k^{\mathrm{T}}\boldsymbol{J}_k^{\mathrm{T}}\boldsymbol{J}_k\boldsymbol{d}_k+(1-\sigma)\mu_k\|\boldsymbol{d}_k\|^2-\frac{1}{2}\boldsymbol{d}_k^{\mathrm{T}}\boldsymbol{S}_k\boldsymbol{d}_k\\
&+\frac{1}{2}\boldsymbol{d}_k^{\mathrm{T}}\big(\boldsymbol{G}(\boldsymbol{x}_k)-\boldsymbol{G}(\boldsymbol{x}_k+\zeta_k\boldsymbol{d}_k)\big)\boldsymbol{d}_k\\
=&\boldsymbol{d}_k^{\mathrm{T}}\Big(\big(\frac{1}{2}-\sigma\big)\boldsymbol{J}_k^{\mathrm{T}}\boldsymbol{J}_k-\frac{1}{2}\boldsymbol{S}_k\Big)\boldsymbol{d}_k\\
&+\boldsymbol{d}_k^{\mathrm{T}}\Big((1-\sigma)\mu_k\boldsymbol{I}+\frac{1}{2}\big(\boldsymbol{G}(\boldsymbol{x}_k)-\boldsymbol{G}(\boldsymbol{x}_k+\zeta_k\boldsymbol{d}_k)\big)\Big)\boldsymbol{d}_k.
\end{aligned}
$$

对最后一式, 当 k 充分大时, 前一项是非负的. 由于 $\mu_k>0$, 利用 $\boldsymbol{x}_k\to\boldsymbol{x}^*$ 和 $\boldsymbol{G}(\boldsymbol{x})$ 的连续性知, 当 k 充分大时, 后一项也是非负的. 故在 k 充分大时, $\alpha_k=1$. 从而,

$$
\begin{aligned}
\boldsymbol{x}_{k+1}-\boldsymbol{x}^*=&\boldsymbol{x}_k-\boldsymbol{x}^*-\big(\boldsymbol{J}_k^{\mathrm{T}}\boldsymbol{J}_k+\mu_k\boldsymbol{I}\big)^{-1}\boldsymbol{g}_k\\
=&-\big(\boldsymbol{J}_k^{\mathrm{T}}\boldsymbol{J}_k+\mu_k\boldsymbol{I}\big)^{-1}\big(\boldsymbol{g}_k-\boldsymbol{G}_k(\boldsymbol{x}_k-\boldsymbol{x}^*)\big)\\
&+\big(\boldsymbol{J}_k^{\mathrm{T}}\boldsymbol{J}_k+\mu_k\boldsymbol{I}\big)^{-1}\Big(\big(\boldsymbol{J}_k^{\mathrm{T}}\boldsymbol{J}_k+\mu_k\boldsymbol{I}\big)(\boldsymbol{x}_k-\boldsymbol{x}^*)-\boldsymbol{G}_k(\boldsymbol{x}_k-\boldsymbol{x}^*)\Big)\\
=&-\big(\boldsymbol{J}_k^{\mathrm{T}}\boldsymbol{J}_k+\mu_k\boldsymbol{I}\big)^{-1}\Big(\boldsymbol{g}_k-\boldsymbol{g}(\boldsymbol{x}^*)-\boldsymbol{G}_k(\boldsymbol{x}_k-\boldsymbol{x}^*)\Big)\\
&+\big(\boldsymbol{J}_k^{\mathrm{T}}\boldsymbol{J}_k+\mu_k\boldsymbol{I}\big)^{-1}\big(\mu_k\boldsymbol{I}-\boldsymbol{S}_k\big)(\boldsymbol{x}_k-\boldsymbol{x}^*)\\
=&-\big(\boldsymbol{J}_k^{\mathrm{T}}\boldsymbol{J}_k+\mu_k\boldsymbol{I}\big)^{-1}\int_0^1\Big(\boldsymbol{G}\big(\boldsymbol{x}^*+\tau(\boldsymbol{x}_k-\boldsymbol{x}^*)\big)-\boldsymbol{G}_k\Big)(\boldsymbol{x}_k-\boldsymbol{x}^*)\mathrm{d}\tau\\
&+\big(\boldsymbol{J}_k^{\mathrm{T}}\boldsymbol{J}_k+\mu_k\boldsymbol{I}\big)^{-1}\big(\mu_k\boldsymbol{I}-\boldsymbol{S}_k\big)(\boldsymbol{x}_k-\boldsymbol{x}^*).
\end{aligned}
$$

由 $\mu_k\to 0$, $\boldsymbol{x}_k\to\boldsymbol{x}^*$ 和 $\boldsymbol{G}(\boldsymbol{x})$ 的连续性,

$$
\limsup_{k\to\infty}\frac{\|\boldsymbol{x}_{k+1}-\boldsymbol{x}^*\|}{\|\boldsymbol{x}_k-\boldsymbol{x}^*\|}\leqslant\big\|\big((\boldsymbol{J}^*)^{\mathrm{T}}\boldsymbol{J}^*\big)^{-1}\big\|\|\boldsymbol{S}(\boldsymbol{x}^*)\|.
$$

证毕

对 LM 方法, 参数 μ 的取值对算法的效率影响较大: 若 μ 的取值过大, 根据性质 6.2.2, 搜索方向会偏向负梯度方向, 从而使算法的效率降低; 若 μ 的取值过小, 根据性质 6.2.4, 子问题 (6.2.7) 的条件数可能较大, 从而造成算法的不稳定. 目前尚未找到有效的 μ 值取法. 但如果非线性最小二乘问题的最优值近似为零, 则

$\mu_k = \|\boldsymbol{r}(\boldsymbol{x}_k)\|^2$ 是一个具有自适应性质的理想取值. 特别地, 对非线性方程组问题 $\boldsymbol{F}(\boldsymbol{x}) = \boldsymbol{0}$, Yamashita 和 Fukushima(2001) 对该参数取值方式下的 LM 方法, 在误差界条件下建立了二阶超线性收敛性.

习　题

1. 考虑如下数据拟合问题: 设拟合函数为

$$\phi(t) = (1 - x_1 t/x_2)^{1/(x_1 c)-1},$$

其中 $c = 96.05$. 通过观察得到如下数据

t_i	2000	5000	10000	20000	30000	50000
ϕ_i	0.9427	0.8616	0.7384	0.5362	0.3739	0.3096

试用 Gauss-Newton 算法求参数 x_1, x_2 使得残量函数的 2-范数最小.

2. 设 $\boldsymbol{A} \in \mathbb{R}^{m_1 \times n}, \boldsymbol{B} \in \mathbb{R}^{m_2 \times n}, \boldsymbol{b} \in \mathbb{R}^{m_1}$. 试证明线性最小二乘问题

$$\min_{x \in \mathbb{R}^n} \left\| \begin{pmatrix} \boldsymbol{A} \\ \boldsymbol{B} \end{pmatrix} \boldsymbol{x} - \begin{pmatrix} \boldsymbol{b} \\ \boldsymbol{0} \end{pmatrix} \right\|^2$$

的最优解满足方程

$$\begin{pmatrix} \boldsymbol{I} & \boldsymbol{A} \\ \boldsymbol{A}^{\mathrm{T}} & -\boldsymbol{B}^{\mathrm{T}}\boldsymbol{B} \end{pmatrix} \begin{pmatrix} \boldsymbol{y} \\ \boldsymbol{x} \end{pmatrix} = \begin{pmatrix} \boldsymbol{b} \\ \boldsymbol{0} \end{pmatrix}.$$

3. 对非线性最小二乘问题 (6.2.1), 设对任意的 $\boldsymbol{x} \in \mathbb{R}^n$, 向量值函数 $\boldsymbol{r}(\boldsymbol{x})$ 的 Jacobi 矩阵 $\boldsymbol{J}(\boldsymbol{x})$ 列满秩. 则

$$\lim_{\mu \to 0} \boldsymbol{d}^{\mathrm{LM}}(\mu) = \boldsymbol{d}^{\mathrm{GN}}, \quad \lim_{\mu \to \infty} \frac{\boldsymbol{d}^{\mathrm{LM}}(\mu)}{\|\boldsymbol{d}^{\mathrm{LM}}(\mu)\|} = \frac{\boldsymbol{d}^{s}}{\|\boldsymbol{d}^{\mathrm{GN}}\|}.$$

4. 已知某物理量 y 与物理量 t_1, t_2 之间的关系为

$$y = \frac{x_1 x_3 t_1}{1 + x_1 t_1 + x_2 t_2},$$

其中 x_1, x_2, x_3 为待定参数. 为确定这三个参数, 测得 t_1, t_2 和 y 的如下一组数据:

t_1	1.0	2.0	1.0	2.0	0.1
t_2	1.0	1.0	2.0	2.0	0.0
y	0.13	0.22	0.08	0.13	0.19

(1) 用最小二乘法确立关于 x_1, x_2, x_3 的数学模型;

(2) 对列出的非线性最小二乘问题写出 Gauss-Newton 公式的迭代形式.

5. 设 $\boldsymbol{A} \in \mathbb{R}^{m \times n}, \boldsymbol{r} \in \mathbb{R}^m$, $\mu_1 > \mu_2 > 0$, 并设 $\boldsymbol{x}_1, \boldsymbol{x}_2$ 分别是方程

$$(\boldsymbol{A}^{\mathrm{T}}\boldsymbol{A} + \mu \boldsymbol{I})\boldsymbol{x} = -\boldsymbol{A}^{\mathrm{T}}\boldsymbol{r}$$

在 μ 取 μ_1, μ_2 时的解, 则 $\|\boldsymbol{A}\boldsymbol{x}_2 + \boldsymbol{r}\|^2 < \|\boldsymbol{A}\boldsymbol{x}_1 + \boldsymbol{r}\|^2$.

第 7 章　约束优化最优性条件

本章将利用目标函数和约束函数在最优值点的梯度信息刻画约束优化问题的最优解, 即建立所谓的最优性条件, 并讨论这些最优性条件之间的关系. 除此以外, 我们还将讨论约束优化问题的对偶性质. 这些最优性条件和对偶性质构成非线性最优化问题的经典性理论, 是算法设计的基础.

7.1　等式约束优化一阶最优性条件

考虑约束优化问题

$$\min\{f(\boldsymbol{x}) \mid \boldsymbol{x} \in \Omega\}, \tag{7.1.1}$$

这里, 可行域 $\Omega \subset \mathbb{R}^n$ 为闭集. 一般地, 它用不等式表述

$$\Omega = \{\boldsymbol{x} \in \mathbb{R}^n \mid c_i(\boldsymbol{x}) = 0,\ i \in \mathcal{E};\ \ c_i(\boldsymbol{x}) \geqslant 0,\ i \in \mathcal{I}\},$$

其中, $f : \mathbb{R}^n \to \mathbb{R}, c_i : \mathbb{R}^n \to \mathbb{R}, i \in \mathcal{E} \cup \mathcal{I}$ 连续可微.

为便于讨论, 引入如下记号. 对任意的 $\boldsymbol{x} \in \Omega$, 记

$$\mathcal{I}(\boldsymbol{x}) \triangleq \{i \in \mathcal{I} \mid c_i(\boldsymbol{x}) = 0\}, \quad \mathcal{A}(\boldsymbol{x}) \triangleq \mathcal{E} \cup \mathcal{I}(\boldsymbol{x}),$$

并称 $\mathcal{A}(\boldsymbol{x})$ 为约束优化问题在 $\boldsymbol{x}$ 点的积极约束指标集, $\mathcal{A}(\boldsymbol{x})$ 中对应的约束称为 $\boldsymbol{x}$ 点的积极约束.

定义 7.1.1　设 $\boldsymbol{x} \in \Omega$, $\boldsymbol{d} \in \mathbb{R}^n$. 若存在 $\delta > 0$, 使对任意的 $\alpha \in [0, \delta]$, 都有 $\boldsymbol{x} + \alpha\boldsymbol{d} \in \Omega$, 则称 $\boldsymbol{d}$ 为约束优化问题 (7.1.1) 在 $\boldsymbol{x}$ 点的可行方向.

特别指出, 有的约束优化问题, 特别是带非线性等式约束的优化问题, 可能没有可行方向, 如等式约束 $\|\boldsymbol{x}\|^2 = 1$ 定义的可行域在任意可行点都没有可行方向.

性质 7.1.1　若 $\boldsymbol{d} \in \mathbb{R}^n$ 为约束优化问题 (7.1.1) 在点 $\boldsymbol{x} \in \Omega$ 的可行方向, 则

$$\nabla c_i(\boldsymbol{x})^{\mathrm{T}}\boldsymbol{d} = 0, \quad \forall\, i \in \mathcal{E}; \quad \nabla c_i(\boldsymbol{x})^{\mathrm{T}}\boldsymbol{d} \geqslant 0, \quad \forall\, i \in \mathcal{I}(\boldsymbol{x}).$$

证明　只考虑不等式约束的情形, 等式约束可类似证明. 若结论不成立, 则存在 $i_0 \in \mathcal{I}(\boldsymbol{x})$, 使 $\nabla c_{i_0}(\boldsymbol{x})^{\mathrm{T}}\boldsymbol{d} < 0$. 从而对充分小的 $\alpha > 0$,

$$c_{i_0}(\boldsymbol{x} + \alpha\boldsymbol{d}) = c_{i_0}(\boldsymbol{x}) + \alpha\nabla c_{i_0}(\boldsymbol{x})^{\mathrm{T}}\boldsymbol{d} + o(\alpha) < 0.$$

这与 $\boldsymbol{d}$ 为约束优化问题 (7.1.1) 在 $\boldsymbol{x}$ 点的可行方向矛盾. 结论得证. 证毕

对线性约束的情况, 上述结论的逆命题也成立.

定义 7.1.2 设 $\boldsymbol{d} \in \mathbb{R}^n$ 为约束优化问题 (7.1.1) 在点 $\boldsymbol{x} \in \Omega$ 的可行方向. 若 $\boldsymbol{d}$ 还为目标函数在 $\boldsymbol{x}$ 点的下降方向, 则称 $\boldsymbol{d}$ 为 $\boldsymbol{x}$ 点的可行下降方向.

由于对连续可微的目标函数 $f(\boldsymbol{x})$, 下降方向满足 $\nabla f(\boldsymbol{x})^{\mathrm{T}}\boldsymbol{d} < 0$. 而约束优化问题在最优值点不存在可行下降方向, 故有如下结论.

定理 7.1.1 设 $\boldsymbol{x}^* \in \Omega$ 是约束优化问题 (7.1.1) 的局部最优解, 则 $\boldsymbol{x}^*$ 点的任一可行方向 $\boldsymbol{d}$ 满足 $\boldsymbol{d}^{\mathrm{T}}\nabla f(\boldsymbol{x}^*) \geqslant 0$.

进一步, 若可行域为非空闭凸集, 则有如下结论.

定理 7.1.2 若约束优化问题 (7.1.1) 的可行域为非空闭凸集, 则其任一局部最优解 $\boldsymbol{x}^*$ 为其稳定点, 即

$$\langle \nabla f(\boldsymbol{x}^*), \boldsymbol{x} - \boldsymbol{x}^* \rangle \geqslant 0, \quad \forall\, \boldsymbol{x} \in \Omega.$$

图 7.1.1 说明上述结论中可行域 Ω 的闭凸性假设是必须的. 因此, 在提及稳定点时, 通常假设可行域是非空闭凸集.

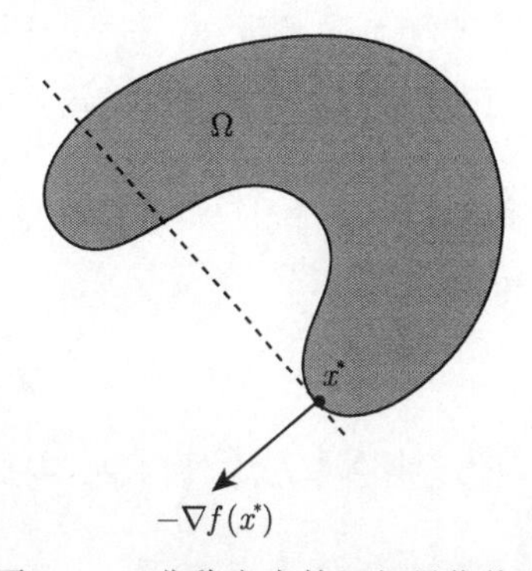

图 7.1.1 非稳定点的局部最优值点

下面建立等式约束优化问题

$$\begin{aligned} \min \quad & f(\boldsymbol{x}) \\ \text{s.t.} \quad & c_i(\boldsymbol{x}) = 0, \quad i \in \mathcal{E} \end{aligned} \tag{7.1.2}$$

的最优性条件. 这里, 函数 $f, c_i : \mathbb{R}^n \to \mathbb{R}$, $i \in \mathcal{E}$ 连续可微.

先给出 (复合) 向量值函数的求导法则.

引理 7.1.1 设 $\boldsymbol{A}$ 为 n 阶方阵, $\boldsymbol{Y} : \mathbb{R}^n \to \mathbb{R}^s$, $\boldsymbol{Z} : \mathbb{R}^n \to \mathbb{R}^t$, $\boldsymbol{W} : \mathbb{R}^{s+t} \to \mathbb{R}^m$ 为连续可微的向量值函数, 则对任意的 $\boldsymbol{x} \in \mathbb{R}^n$,

$$D_{\boldsymbol{x}}(\boldsymbol{A}\boldsymbol{x}) = \boldsymbol{A}, \quad D_{\boldsymbol{x}}\boldsymbol{W}(\boldsymbol{Y}(\boldsymbol{x}), \boldsymbol{Z}(\boldsymbol{x})) = D_{\boldsymbol{Y}}\boldsymbol{W} \cdot D_{\boldsymbol{x}}\boldsymbol{Y} + D_{\boldsymbol{Z}}\boldsymbol{W} \cdot D_{\boldsymbol{x}}\boldsymbol{Z}.$$

特别说明, 当向量值函数退化为数值函数时, Jacobi 矩阵为梯度的转置.

定理 7.1.3 设 $\boldsymbol{x}^*$ 为等式约束优化问题 (7.1.2) 的局部最优解. 若向量组 $\nabla c_i(\boldsymbol{x}^*)$, $i \in \mathcal{E}$ 线性无关, 则存在向量 $\boldsymbol{\lambda}^* \in \mathbb{R}^{|\mathcal{E}|}$ 使得

$$\nabla f(\boldsymbol{x}^*) = \sum_{i \in \mathcal{E}} \lambda_i^* \nabla c_i(\boldsymbol{x}^*). \tag{7.1.3}$$

证明 记 $\boldsymbol{N} = [\nabla c_i(\boldsymbol{x}^*)]_{i \in \mathcal{E}}$. 由题设, $\boldsymbol{N}$ 列满秩. 若 $|\mathcal{E}| = n$, 则矩阵 $\boldsymbol{N}$ 非奇

异, 从而 $\boldsymbol{N}$ 中的列构成 $\mathbb{R}^n$ 中的一组基, 故存在 $\boldsymbol{\lambda}^* \in \mathbb{R}^{|\mathcal{E}|}$, 使得

$$\nabla f(\boldsymbol{x}^*) = \sum_{i\in\mathcal{E}} \lambda_i^* \nabla c_i(\boldsymbol{x}^*).$$

结论得证.

若 $|\mathcal{E}| < n$, 下面在题设条件下将原优化问题在最优值点附近等价地转化成一个低维的无约束优化问题, 然后利用无约束优化问题的一阶最优性条件建立结论.

将矩阵 $\boldsymbol{N}$ 分块成 $\begin{pmatrix} \boldsymbol{N}_1 \\ \boldsymbol{N}_2 \end{pmatrix}$, 其中, $\boldsymbol{N}_1$ 为 $|\mathcal{E}|$ 阶方阵. 由于矩阵 $\boldsymbol{N}$ 列满秩, 不失一般性, 设 $\boldsymbol{N}_1$ 非奇异.

记 $\boldsymbol{x}$ 中对应于 $\boldsymbol{N}_1$ 的分量为 $\boldsymbol{x}_1$, 对应于 $\boldsymbol{N}_2$ 的分量为 $\boldsymbol{x}_2$, 并记向量值函数 $\boldsymbol{c}(\boldsymbol{x}) = \big(c_1(\boldsymbol{x}); \cdots ; c_{|\mathcal{E}|}(\boldsymbol{x})\big)$. 则 $\boldsymbol{c}\big(\boldsymbol{x}_1^*, \boldsymbol{x}_2^*\big) = \boldsymbol{0}$, 且 $\boldsymbol{c}(\boldsymbol{x}_1, \boldsymbol{x}_2)$ 在点 $\big(\boldsymbol{x}_1^*, \boldsymbol{x}_2^*\big)$ 关于 $\boldsymbol{x}_1$ 的 Jacobi 矩阵 $\boldsymbol{N}_1^{\mathrm{T}} = D_{\boldsymbol{x}_1}\boldsymbol{c}\big(\boldsymbol{x}_1^*, \boldsymbol{x}_2^*\big)$ 非奇异. 由隐函数定理, 在 $\boldsymbol{x}_2^*$ 点附近存在关于 $\boldsymbol{x}_2$ 的连续可微函数 $\boldsymbol{x}_1(\boldsymbol{x}_2)$ 使得 $\boldsymbol{c}\big(\boldsymbol{x}_1(\boldsymbol{x}_2), \boldsymbol{x}_2\big) = \boldsymbol{0}$.

由引理 7.1.1, 对 $\boldsymbol{c}(\boldsymbol{x}_1(\boldsymbol{x}_2), \boldsymbol{x}_2) = \boldsymbol{0}$ 两端关于 $\boldsymbol{x}_2$ 求导得

$$D_{\boldsymbol{x}_1}\boldsymbol{c}\big(\boldsymbol{x}_1, \boldsymbol{x}_2\big) D\boldsymbol{x}_1(\boldsymbol{x}_2) + D_{\boldsymbol{x}_2}\boldsymbol{c}\big(\boldsymbol{x}_1, \boldsymbol{x}_2\big) = \boldsymbol{0}.$$

所以

$$D\boldsymbol{x}_1(\boldsymbol{x}_2^*) = -\boldsymbol{N}_1^{-\mathrm{T}}\boldsymbol{N}_2^{\mathrm{T}}. \tag{7.1.4}$$

在 $\boldsymbol{x}_2^*$ 附近, 由 $\boldsymbol{c}(\boldsymbol{x}_1(\boldsymbol{x}_2), \boldsymbol{x}_2) = \boldsymbol{0}$ 知 $(\boldsymbol{x}_1(\boldsymbol{x}_2), \boldsymbol{x}_2) \in \Omega$, 且 $\boldsymbol{x}_2^*$ 是无约束优化问题

$$\min_{\boldsymbol{x}_2 \in \mathbb{R}^{n-|\mathcal{E}|}} \ f\big(\boldsymbol{x}_1(\boldsymbol{x}_2), \boldsymbol{x}_2\big)$$

的局部最优解. 利用最优性条件得

$$\nabla_{\boldsymbol{x}_2} f\big(\boldsymbol{x}_1(\boldsymbol{x}_2^*), \boldsymbol{x}_2^*)\big) = \boldsymbol{0},$$

即

$$D\boldsymbol{x}_1(\boldsymbol{x}_2^*)^{\mathrm{T}} \nabla_{\boldsymbol{x}_1} f\big(\boldsymbol{x}_1^*, \boldsymbol{x}_2^*\big) + \nabla_{\boldsymbol{x}_2} f\big(\boldsymbol{x}_1^*, \boldsymbol{x}_2^*\big) = \boldsymbol{0}.$$

将 (7.1.4) 代入上式得

$$-\boldsymbol{N}_2\boldsymbol{N}_1^{-1}\nabla_{\boldsymbol{x}_1} f\big(\boldsymbol{x}_1^*, \boldsymbol{x}_2^*\big) + \nabla_{\boldsymbol{x}_2} f\big(\boldsymbol{x}_1^*, \boldsymbol{x}_2^*\big) = \boldsymbol{0}.$$

令 $\boldsymbol{\lambda}^* = \boldsymbol{N}_1^{-1}\nabla_{\boldsymbol{x}_1} f\big(\boldsymbol{x}_1^*, \boldsymbol{x}_2^*\big)$, 则

$$\nabla_{\boldsymbol{x}_1} f\big(\boldsymbol{x}_1^*, \boldsymbol{x}_2^*\big) = \boldsymbol{N}_1\boldsymbol{\lambda}^*, \qquad \nabla_{\boldsymbol{x}_2} f\big(\boldsymbol{x}_1^*, \boldsymbol{x}_2^*\big) = \boldsymbol{N}_2\boldsymbol{\lambda}^*.$$

两式合起来得

$$\nabla f(\boldsymbol{x}^*) = \begin{pmatrix} \boldsymbol{N}_1 \\ \boldsymbol{N}_2 \end{pmatrix} \boldsymbol{\lambda}^* = \sum_{i \in \mathcal{E}} \lambda_i^* \nabla c_i(\boldsymbol{x}^*).$$

证毕

对于线性等式约束优化问题, 有如下结论.

推论 7.1.1 设 $\boldsymbol{x}^*$ 为线性等式约束优化问题 (7.1.2) 的最优解, 则存在 $\boldsymbol{\lambda}^* \in \mathbb{R}^{|\mathcal{E}|}$ 使得

$$\nabla f(\boldsymbol{x}^*) = \sum_{i \in \mathcal{E}} \lambda_i^* \nabla c_i(\boldsymbol{x}^*).$$

证明 由题设, 约束函数可写成

$$c_i(\boldsymbol{x}) = \boldsymbol{a}_i^{\mathrm{T}} \boldsymbol{x} + b_i, \quad i \in \mathcal{E}.$$

若向量组 $\boldsymbol{a}_i$, $i \in \mathcal{E}$ 线性无关, 由定理 7.1.3, 命题得证. 否则, 存在 $\mathcal{E}' \subset \mathcal{E}$, 使 $\boldsymbol{a}_i$, $i \in \mathcal{E}'$ 构成 $\boldsymbol{a}_i$, $i \in \mathcal{E}$ 的一个极大线性无关组. 这意味着指标集 $\mathcal{E} \backslash \mathcal{E}'$ 中的等式约束可由指标集 $\mathcal{E}'$ 中的等式约束线性表出, 从而得到两个等价的约束优化问题

$$\begin{array}{lll} \min & f(\boldsymbol{x}) & \\ \text{s.t.} & \boldsymbol{a}_i^{\mathrm{T}} \boldsymbol{x} + b_i = 0, & i \in \mathcal{E}, \end{array} \qquad \begin{array}{ll} \min & f(\boldsymbol{x}) \\ \text{s.t.} & \boldsymbol{a}_i^{\mathrm{T}} \boldsymbol{x} + b_i = 0, \ i \in \mathcal{E}'. \end{array}$$

显然, $\boldsymbol{x}^*$ 为这两个等式约束优化问题的最优解.

利用定理 7.1.3, 存在 $\boldsymbol{\lambda}^* \in \mathbb{R}^{|\mathcal{E}'|}$ 使得

$$\nabla f(\boldsymbol{x}^*) = \sum_{i \in \mathcal{E}'} \lambda_i^* \boldsymbol{a}_i.$$

对 $i \in \mathcal{E} \backslash \mathcal{E}'$, 令 $\lambda_i^* = 0$ 得命题结论. 证毕

建立约束优化问题的最优性条件所需的假设条件称为约束规格. 由定理 7.1.3, 约束函数的梯度在最优值点线性无关就是等式约束优化问题的约束规格. 该约束规格不是唯一的, 却是必须的. 如对下面的约束优化问题

$$\begin{array}{ll} \min & f(\boldsymbol{x}) = x_1 + x_2 \\ \text{s.t.} & c_1(\boldsymbol{x}) = (x_1 - 1)^2 + x_2^2 - 1 = 0, \\ & c_2(\boldsymbol{x}) = (x_1 - 2)^2 + x_2^2 - 4 = 0. \end{array}$$

容易验证 $\boldsymbol{x}^* = (0;0)$ 是其唯一可行解和最优解. 但 $\nabla f(\boldsymbol{x}^*) = (1;1)$ 却不能表示成 $\nabla c_1(\boldsymbol{x}^*) = (-2;0)$ 和 $\nabla c_2(\boldsymbol{x}^*) = (-4;0)$ 的线性组合.

等式约束优化问题的最优性条件 (7.1.3) 称为 KKT 条件. 该条件由 Kuhn 和 Tucker (1951) 提出后被广泛接受. 后来发现 Karush 早在 1939 年就提出了类似的结论, 所以有时称之 KKT 条件, 也有时称之 K-T 条件.

对等式约束优化问题 (7.1.2) 引入 Lagrange 函数

$$L(\boldsymbol{x},\boldsymbol{\lambda})=f(\boldsymbol{x})-\sum_{i\in\mathcal{E}}\lambda_i c_i(\boldsymbol{x}),$$

则 KKT 条件可表示为

$$\nabla_{\boldsymbol{x}}L(\boldsymbol{x}^*,\boldsymbol{\lambda}^*)=\boldsymbol{0}.$$

满足 KKT 条件的 $(\boldsymbol{x}^*,\boldsymbol{\lambda}^*)$ 称为约束优化问题的一个 K-T 对, $\boldsymbol{x}^*$ 称为约束优化问题的 K-T 点, $\boldsymbol{\lambda}^*$ 称为约束优化问题在 $\boldsymbol{x}^*$ 点的最优 Lagrange 乘子. 最优 Lagrange 乘子的几何意义是: 在正则性条件下, 目标函数在最优值点的梯度包含在约束函数在最优值点的梯度所生成的空间中. 从灵敏度分析的角度讲, 最优 Lagrange 乘子反映该约束条件发生摄动时给目标函数的最优值带来的影响程度. 也就是说, 最优 Lagrange 乘子反映了在极小化目标函数的过程中各约束函数的权重. 这可通过下面的摄动分析得到验证.

考虑等式约束优化问题 (7.1.2) 的摄动问题:

$$\begin{aligned}\min\quad & f(\boldsymbol{x})\\ \text{s.t.}\quad & \boldsymbol{c}(\boldsymbol{x})=\boldsymbol{\epsilon},\end{aligned}$$

其中 $\boldsymbol{c}(\boldsymbol{x})=(c_1(\boldsymbol{x});c_2(\boldsymbol{x});\cdots;c_{|\mathcal{E}|})$, $\boldsymbol{\epsilon}=(\epsilon_1;\epsilon_2;\cdots;\epsilon_{|\mathcal{E}|})$.

记该摄动问题的最优解为 $\boldsymbol{x}(\boldsymbol{\epsilon})$, 最优 Lagrange 乘子为 $\boldsymbol{\lambda}(\boldsymbol{\epsilon})$. 该摄动问题的一阶最优性条件为

$$\boldsymbol{0}=\nabla_{\boldsymbol{x}}f(\boldsymbol{x}(\boldsymbol{\epsilon}))-\sum_{i\in\mathcal{E}}\lambda_i(\boldsymbol{\epsilon})\nabla_{\boldsymbol{x}}c_i(\boldsymbol{x}(\boldsymbol{\epsilon}))=\nabla_{\boldsymbol{x}}f(\boldsymbol{x}(\boldsymbol{\epsilon}))-D_{\boldsymbol{x}}\boldsymbol{c}(\boldsymbol{x}(\boldsymbol{\epsilon}))^{\mathrm{T}}\boldsymbol{\lambda}(\boldsymbol{\epsilon}).$$

设 $\boldsymbol{x}(\boldsymbol{\epsilon})$ 在 $\boldsymbol{\epsilon}=\boldsymbol{0}$ 附近关于 $\boldsymbol{\epsilon}$ 连续可微. 将约束条件 $\boldsymbol{c}(\boldsymbol{x}(\boldsymbol{\epsilon}))=\boldsymbol{\epsilon}$ 两边分别关于 $\boldsymbol{\epsilon}$ 求 Jacobi 得

$$D_{\boldsymbol{\epsilon}}\boldsymbol{x}(\boldsymbol{\epsilon})^{\mathrm{T}}D_{\boldsymbol{x}}\boldsymbol{c}(\boldsymbol{x}(\boldsymbol{\epsilon}))^{\mathrm{T}}=\boldsymbol{I}.$$

从而

$$\nabla_{\boldsymbol{\epsilon}}f(\boldsymbol{x}(\boldsymbol{\epsilon}))=D_{\boldsymbol{\epsilon}}\boldsymbol{x}(\boldsymbol{\epsilon})^{\mathrm{T}}\nabla_{\boldsymbol{x}}f(\boldsymbol{x}(\boldsymbol{\epsilon}))=D_{\boldsymbol{\epsilon}}\boldsymbol{x}(\boldsymbol{\epsilon})^{\mathrm{T}}D_{\boldsymbol{x}}\boldsymbol{c}(\boldsymbol{x}(\boldsymbol{\epsilon})^{\mathrm{T}}\boldsymbol{\lambda}(\boldsymbol{\epsilon})=\boldsymbol{\lambda}(\boldsymbol{\epsilon}).$$

令 $\boldsymbol{\epsilon}=\boldsymbol{0}$, 即得 $\boldsymbol{\epsilon}$ 在零点摄动时各约束函数给最优值带来的影响程度.

约束优化问题的 KKT 条件常用于算法的设计 (如停机准则的设置) 与理论分析. 特殊情况下, 利用约束优化问题的 KKT 条件可得到约束优化问题的解析解.

例 7.1.1　设 $\boldsymbol{a}_1,\boldsymbol{a}_2,\cdots,\boldsymbol{a}_m\in\mathbb{R}^n$. 求解约束优化问题

$$\min\left\{\sum_{i=1}^m\|\boldsymbol{x}-\boldsymbol{a}_i\|^2\ \middle|\ \boldsymbol{x}^{\mathrm{T}}\boldsymbol{x}=1\right\}.$$

利用 KKT 条件可知该优化问题的最优解 $\boldsymbol{x}^*$ 满足

$$\begin{cases} \sum\limits_{i=1}^{m}(\boldsymbol{x}^*-\boldsymbol{a}_i)=\boldsymbol{\lambda}\boldsymbol{x}^*, \\ (\boldsymbol{x}^*)^{\mathrm{T}}\boldsymbol{x}^*=1. \end{cases}$$

其中, $\boldsymbol{\lambda}\in\mathbb{R}$ 为 Lagrange 乘子. 由第一式知 $\boldsymbol{x}^*$ 与 $\sum\limits_{i=1}^{m}\boldsymbol{a}_i$ 同向或反向. 易知, 若 $\sum\limits_{i=1}^{m}\boldsymbol{a}_i\neq\mathbf{0}$, 则 $\bar{\boldsymbol{a}}=\left(\sum\limits_{i=1}^{m}\boldsymbol{a}_i\right)\Big/\left\|\sum\limits_{i=1}^{m}\boldsymbol{a}_i\right\|$ 为该问题的最优解. 此时,

$$f(\boldsymbol{x})=m\|\boldsymbol{x}\|^2-2\left\|\sum_{i=1}^{m}\boldsymbol{a}_i\right\|+\sum_{i=1}^{m}\|\boldsymbol{a}_i\|^2=m-2\left\|\sum_{i=1}^{m}\boldsymbol{a}_i\right\|+\sum_{i=1}^{m}\|\boldsymbol{a}_i\|^2.$$

否则, 目标函数值为常数, 单位球上任一点都是最优解.

不但如此, KKT 条件在其他数学分支中也有重要应用, 如对 n 阶实对称阵 $\boldsymbol{A}$, 由下述优化问题的 KKT 条件可导出矩阵的特征值

$$\max\{\boldsymbol{x}^{\mathrm{T}}\boldsymbol{A}\boldsymbol{x}\mid\boldsymbol{x}^{\mathrm{T}}\boldsymbol{x}=1\},$$

而对 $m\times n$ 阶实矩阵 $\boldsymbol{A}$, 由下述优化问题的 KKT 条件可导出矩阵的奇异值

$$\min\{\boldsymbol{x}^{\mathrm{T}}\boldsymbol{A}\boldsymbol{y}\mid\boldsymbol{x}^{\mathrm{T}}\boldsymbol{x}=1,\ \boldsymbol{x}\in\mathbb{R}^m;\ \boldsymbol{y}^{\mathrm{T}}\boldsymbol{y}=1,\ \boldsymbol{y}\in\mathbb{R}^n\}.$$

显然, 矩阵的特征值和奇异值是矩阵分析的强力工具.

7.2 不等式约束优化一阶最优性条件

与线性等式约束优化问题类似, 对线性不等式约束优化问题

$$\begin{aligned} \min\quad & f(\boldsymbol{x}) \\ \text{s.t.}\quad & \boldsymbol{a}_i^{\mathrm{T}}\boldsymbol{x}+b_i=0,\ i\in\mathcal{E}, \\ & \boldsymbol{a}_i^{\mathrm{T}}\boldsymbol{x}+b_i\geqslant 0,\ i\in\mathcal{I} \end{aligned}\tag{7.2.1}$$

可直接建立一阶最优性条件.

定理 7.2.1 设 $f(\boldsymbol{x})$ 在 $\mathbb{R}^n$ 上连续可微. 若 $\boldsymbol{x}^*$ 是线性约束优化问题 (7.2.1) 的局部最优解, 则存在向量 $\boldsymbol{\lambda}^*$ 使得

$$\begin{cases} \nabla f(\boldsymbol{x}^*)=\sum\limits_{i\in\mathcal{E}\cup\mathcal{I}}\lambda_i^*\boldsymbol{a}_i, \\ \lambda_i^*\geqslant 0,\quad \boldsymbol{a}_i^{\mathrm{T}}\boldsymbol{x}^*+b_i\geqslant 0,\quad \lambda_i^*(\boldsymbol{a}_i^{\mathrm{T}}\boldsymbol{x}^*+b_i)=0,\quad \forall i\in\mathcal{I}, \\ \boldsymbol{a}_i^{\mathrm{T}}\boldsymbol{x}^*+b_i=0,\quad \forall i\in\mathcal{E}. \end{cases}$$

证明　类似地, 记 $\mathcal{I}(\boldsymbol{x}) \triangleq \{i \in \mathcal{I} \mid c_i(\boldsymbol{x}) = 0\}$. 显然, 任意满足 $\boldsymbol{a}_i^{\mathrm{T}}\boldsymbol{s} = 0,\ i \in \mathcal{E}$ 和 $\boldsymbol{a}_i^{\mathrm{T}}\boldsymbol{s} \geqslant 0,\ i \in \mathcal{I}(\boldsymbol{x}^*)$ 的 $\boldsymbol{s} \in \mathbb{R}^n$ 都是约束优化问题在 $\boldsymbol{x}^*$ 点的可行方向. 由 $\boldsymbol{x}^*$ 为局部最优解知

$$\mathcal{S} = \{\boldsymbol{s} \in \mathbb{R}^n \mid \boldsymbol{a}_i^{\mathrm{T}}\boldsymbol{s} = 0,\ i \in \mathcal{E};\ \boldsymbol{a}_i^{\mathrm{T}}\boldsymbol{s} \geqslant 0,\ i \in \mathcal{I}(\boldsymbol{x}^*);\ \nabla f(\boldsymbol{x}^*)^{\mathrm{T}}\boldsymbol{s} < 0\} = \varnothing.$$

由推论 1.4.1, 存在 $\boldsymbol{\lambda}^* \in \mathbb{R}^{|\mathcal{E}\cup\mathcal{I}(\boldsymbol{x}^*)|}$, 使

$$\nabla f(\boldsymbol{x}^*) = \sum_{i \in \mathcal{A}(\boldsymbol{x}^*)} \lambda_i^* \boldsymbol{a}_i, \quad \lambda_i^* \geqslant 0, \quad \forall\, i \in \mathcal{I}(\boldsymbol{x}^*).$$

对 $i \in \mathcal{I}\backslash\mathcal{I}(\boldsymbol{x}^*)$, 令 $\lambda_i^* = 0$, 便得要证的结论.　　证毕

下面考虑非线性约束优化问题

$$\begin{aligned} \min \quad & f(\boldsymbol{x}) \\ \text{s.t.} \quad & c_i(\boldsymbol{x}) = 0,\ i \in \mathcal{E}, \\ & c_i(\boldsymbol{x}) \geqslant 0,\ i \in \mathcal{I} \end{aligned} \tag{7.2.2}$$

的最优性条件. 显然, 等式约束要求在其定义的曲面上极小化目标函数, 而不等式约束则要求在曲面的一侧极小化目标函数. 一旦约束优化问题的最优值点落在不等式约束区域的内部, 那么该不等式约束在极小化目标函数的过程中不起作用. 所以约束优化问题 (7.2.2) 的最优值点 $\boldsymbol{x}^*$ 也是下述约束优化问题的最优值点

$$\begin{aligned} \min \quad & f(\boldsymbol{x}) \\ \text{s.t.} \quad & c_i(\boldsymbol{x}) = 0,\ i \in \mathcal{A}(\boldsymbol{x}^*). \end{aligned}$$

由此推断, 不等式约束最优化问题的最优性条件只与有效约束有关.

根据定理 7.1.3, 可得上述等式约束优化问题的最优性条件. 不过, 该条件不足以刻画约束优化问题 (7.2.2) 的最优值点, 因为它不能区分等式和不等式两种约束在极小化目标函数时所起的作用. 对此, 做如下摄动分析.

设约束优化问题 (7.2.2) 的最优值点为 $\boldsymbol{x}^*$, $\mathcal{I}(\boldsymbol{x}^*)$ 为 $\boldsymbol{x}^*$ 点的不等式积极约束指标集. 考虑约束优化问题 (7.2.2) 的如下参数优化问题

$$\begin{aligned} \min \quad & f(\boldsymbol{x}) \\ \text{s.t.} \quad & c_i(\boldsymbol{x}) = 0,\ i \in \mathcal{E}, \\ & c_i(\boldsymbol{x}) \geqslant \varepsilon_i,\ i \in \mathcal{I}(\boldsymbol{x}^*), \end{aligned}$$

其中, $\varepsilon_i < 0, i \in \mathcal{I}$ 而绝对值充分小.

由 $\mathcal{I}(\boldsymbol{x}^*)$ 的定义, 可设上述优化问题中的不等式约束在 $\varepsilon_i < 0$ 而绝对值充分小时均为积极约束. 显然, 当 ε_i 逐渐增大并趋于零时, 上述优化问题的可行域渐渐

缩小, 最优值渐渐增加. 根据上一节最后的讨论, 对 $i\in\mathcal{I}(\boldsymbol{x}^*)$, $\lambda_i\geqslant 0$. 而利用等式约束优化问题的 KKT 条件无法得到该结论.

与非线性等式约束优化问题类似, 要建立不等式约束优化问题的最优性条件, 需要一定的约束规格. 这里介绍最常见的 Mangasarian-Fromovitz (M-F) 约束规格 (1967).

定义 7.2.1 设 $\boldsymbol{x}^*$ 为约束优化问题 (7.2.2) 的可行点. 若 $\nabla c_i(\boldsymbol{x}^*)$, $i\in\mathcal{E}$ 线性无关, 且存在非零向量 $\boldsymbol{s}\in\mathbb{R}^n$ 使得

$$\boldsymbol{s}^{\mathrm{T}}\nabla c_i(\boldsymbol{x}^*)=0,\ \ i\in\mathcal{E},\qquad \boldsymbol{s}^{\mathrm{T}}\nabla c_i(\boldsymbol{x}^*)>0,\quad i\in\mathcal{I}(\boldsymbol{x}^*),$$

则称该优化问题在 $\boldsymbol{x}^*$ 点满足 M-F 约束规格.

显然, 若约束优化问题只含等式约束, 则该约束规格退化为等式约束函数梯度在最优值点线性无关 (定理 7.1.3). 显然, 对含不等式约束的情况, 若 $\nabla c_i(\boldsymbol{x}^*)$, $i\in\mathcal{A}(\boldsymbol{x}^*)$ 线性无关, 则约束优化问题 (7.2.2) 在 $\boldsymbol{x}^*$ 点满足 M-F 约束规格.

定理 7.2.2 设 $f,c_i:\mathbb{R}^n\to\mathbb{R}, i\in\mathcal{E}\cup\mathcal{I}$ 连续可微, $\boldsymbol{x}^*$ 是约束优化问题 (7.2.2) 的局部最优解, 并在 $\boldsymbol{x}^*$ 点满足 M-F 约束规格, 则存在 Lagrange 乘子 $\boldsymbol{\lambda}^*$ 使得

$$\begin{cases}\nabla f(\boldsymbol{x}^*)=\displaystyle\sum_{i\in\mathcal{E}\cup\mathcal{I}}\lambda_i^*\nabla c_i(\boldsymbol{x}^*),\\ \lambda_i^*\geqslant 0,\ \lambda_i^*c_i(\boldsymbol{x}^*)=0,\ i\in\mathcal{I}.\end{cases}$$

证明 若 $|\mathcal{E}|=m=n$, 则 $[\nabla c_i(\boldsymbol{x}^*)]_{i\in\mathcal{E}}$ 为 n 阶非奇异阵, 故存在向量 $\boldsymbol{\lambda}^*\in\mathbb{R}^{|\mathcal{E}|}$ 使得

$$\nabla f(\boldsymbol{x}^*)=\sum_{i\in\mathcal{E}}\lambda_i^*\nabla c_i(\boldsymbol{x}^*).$$

对 $i\in\mathcal{I}$, 令 $\lambda_i^*=0$, 即得所要证明的结论.

若 $|\mathcal{E}|=m<n$, 记 $\boldsymbol{N}=[\nabla c_i(\boldsymbol{x}^*)]_{i\in\mathcal{E}}$, 则 $\boldsymbol{N}$ 为 $n\times|\mathcal{E}|$ 阶列满秩矩阵. 任取满足 M-F 约束规格的一单位向量 $\boldsymbol{s}$, 则 $\boldsymbol{N}^{\mathrm{T}}\boldsymbol{s}=\boldsymbol{0}$. 以 $\boldsymbol{s}$ 为基础将其扩充为 $\boldsymbol{N}^{\mathrm{T}}$ 的核空间的一组标准正交基 $(\boldsymbol{S},\boldsymbol{s})$, 则 $\boldsymbol{S}\in\mathbb{R}^{n\times(n-m-1)}$.

下面构造向量值函数 $\boldsymbol{r}(\boldsymbol{x},\theta)$ 使该向量值函数所确定的方程组能在 $\theta>0$ 充分靠近 0 时确定向量值函数 $\boldsymbol{x}(\theta)$, 且在 $\theta>0$ 充分靠近 0 时 $\boldsymbol{x}(\theta)$ 属于优化问题 (7.2.2) 的可行域. 这样, 在 $\boldsymbol{x}^*$ 点附近把该约束优化问题转化为一带箱约束的一维约束优化问题, 从而利用其最优性条件建立 (7.2.2) 的最优性条件. 为此, 定义向量

值函数

$$\boldsymbol{r}(\boldsymbol{x},\theta)=\begin{pmatrix} c_1(\boldsymbol{x}) \\ \vdots \\ c_m(\boldsymbol{x}) \\ \boldsymbol{S}^{\mathrm{T}}\boldsymbol{x}-\boldsymbol{S}^{\mathrm{T}}\boldsymbol{x}^* \\ \boldsymbol{s}^{\mathrm{T}}\boldsymbol{x}-\boldsymbol{s}^{\mathrm{T}}\boldsymbol{x}^*-\theta \end{pmatrix}.$$

考虑方程组 $\boldsymbol{r}(\boldsymbol{x},\theta)=\mathbf{0}$. 显然 $\boldsymbol{r}(\boldsymbol{x}^*,0)=\mathbf{0}$, 且 $D_{\boldsymbol{x}}\boldsymbol{r}(\boldsymbol{x}^*,0)=(\boldsymbol{N}\quad\boldsymbol{S}\quad\boldsymbol{s})^{\mathrm{T}}$ 非奇异. 容易计算

$$[D_{\boldsymbol{x}}\boldsymbol{r}(\boldsymbol{x}^*,0)]^{-1}=\begin{pmatrix} \boldsymbol{N}(\boldsymbol{N}^{\mathrm{T}}\boldsymbol{N})^{-1} & \boldsymbol{S} & \boldsymbol{s} \end{pmatrix}.$$

由隐函数定理, 在 $(\boldsymbol{x}^*,0)$ 点附近方程组 $\boldsymbol{r}(\boldsymbol{x},\theta)=\mathbf{0}$ 确定了一个 $\boldsymbol{x}$ 关于 θ 的隐函数 $\boldsymbol{x}(\theta)$, 使在 θ 充分靠近 0 时, $\boldsymbol{r}(\boldsymbol{x}(\theta),\theta)=\mathbf{0}$, 且

$$D_\theta\boldsymbol{x}(0)=-[D_{\boldsymbol{x}}\boldsymbol{r}(\boldsymbol{x}^*,0)]^{-1}D_\theta\boldsymbol{r}(\boldsymbol{x}^*,0)=\boldsymbol{s}.$$

当 θ 充分靠近 0 时, 对任意的 $i\in\mathcal{E}, c_i(\boldsymbol{x}(\theta))=0$. 而对任意的 $i\in\mathcal{I}(\boldsymbol{x}^*)$, 利用约束规格,

$$\nabla_\theta c_i(\boldsymbol{x}(0))=[D_\theta\boldsymbol{x}(0)]^{\mathrm{T}}\nabla_{\boldsymbol{x}}c_i(\boldsymbol{x}(0))=\boldsymbol{s}^{\mathrm{T}}\nabla c_i(\boldsymbol{x}^*)>0.$$

所以, 在 $\theta>0$ 充分小时,

$$c_i(\boldsymbol{x}(\theta))=c_i(\boldsymbol{x}^*)+\theta\boldsymbol{s}^{\mathrm{T}}\nabla c_i(\boldsymbol{x}^*)+o(\theta)\geqslant 0.$$

从而存在 $\delta>0$, 当 $\theta\in[0,\delta]$ 时, $\boldsymbol{x}(\theta)$ 是约束优化问题 (7.2.2) 的可行解. 也就是说, $d=1$ 是约束优化问题

$$\min_{0\leqslant\theta\leqslant\delta} f(\boldsymbol{x}(\theta)) \tag{7.2.3}$$

在 $\theta=0$ 点的可行方向, 而 $\theta=0$ 是 (7.2.3) 的局部最优解.

由定理 7.1.1,

$$1\cdot\nabla_\theta f(\boldsymbol{x}(0))=[D_\theta\boldsymbol{x}(0)]^{\mathrm{T}}\nabla f(\boldsymbol{x}^*)=\boldsymbol{s}^{\mathrm{T}}\nabla f(\boldsymbol{x}^*)\geqslant 0.$$

从而集合

$$\boldsymbol{S}=\{\boldsymbol{s}\in\mathbb{R}^n\mid \boldsymbol{s}^{\mathrm{T}}\nabla c_i(\boldsymbol{x}^*)=0,\ i\in\mathcal{E};\quad \boldsymbol{s}^{\mathrm{T}}\nabla c_i(\boldsymbol{x}^*)>0,\ i\in\mathcal{I}(\boldsymbol{x}^*);\ \boldsymbol{s}^{\mathrm{T}}\nabla f(\boldsymbol{x}^*)<0\}$$

为空集. 由推论 1.4.2 知, 存在满足 $\lambda_i^*\geqslant 0,\ i\in\mathcal{I}(\boldsymbol{x}^*)$ 的向量 $\boldsymbol{\lambda}^*$ 使得

$$\nabla f(\boldsymbol{x}^*)=\sum_{i\in\mathcal{E}\cup\mathcal{I}(\boldsymbol{x}^*)}\lambda_i^*\nabla c_i(\boldsymbol{x}^*).$$

对 $i \in \mathcal{I} \backslash \mathcal{I}(\boldsymbol{x}^*)$, 令 $\lambda_i^* = 0$ 得命题结论. 证毕

上述结论中的最优性条件称为约束优化问题 (7.2.2) 的 KKT 条件. 将上节介绍的 Lagrange 函数扩展到约束优化问题 (7.2.2) 得

$$L(\boldsymbol{x}, \boldsymbol{\lambda}) = f(\boldsymbol{x}) - \sum_{i \in \mathcal{E} \cup \mathcal{I}} \lambda_i c_i(\boldsymbol{x}),$$

其中, $\lambda_i \geqslant 0,\ i \in \mathcal{I}$. 利用该函数, KKT 条件的第一式可写成

$$\nabla_{\boldsymbol{x}} L(\boldsymbol{x}^*, \boldsymbol{\lambda}^*) = \mathbf{0}.$$

与无约束优化问题的一阶最优性相比, 这里将目标函数的梯度换成了 Lagrange 函数关于 $\boldsymbol{x}$ 的梯度. 另外, 由于 K-T 点本身就是可行点, 因此, KKT 条件完整的表述形式为

$$\begin{cases} \nabla f(\boldsymbol{x}^*) = \displaystyle\sum_{i \in \mathcal{E} \cup \mathcal{I}} \lambda_i^* \nabla c_i(\boldsymbol{x}^*), \\ \lambda_i^* \geqslant 0,\ c_i(\boldsymbol{x}^*) \geqslant 0,\ \lambda_i^* c_i(\boldsymbol{x}^*) = 0,\ i \in \mathcal{I}, \\ c_i(\boldsymbol{x}^*) = 0,\ i \in \mathcal{E}. \end{cases}$$

由 KKT 条件可以看出, 不等式约束与其对应的最优 Lagrange 乘子之间有一种互补关系, 通常称之互补松弛条件. 对任意的 $i \in \mathcal{I}$, 若最优 Lagrange 乘子 λ_i^* 与 $c_i(\boldsymbol{x}^*)$ 不全为零, 则称该问题在 $\boldsymbol{x}^*$ 点满足严格互补条件.

7.3 Lagrange 函数的鞍点

根据等式约束优化问题的最优性理论, 在正则性条件下, 约束优化问题的最优解 $\boldsymbol{x}^*$ 连同最优 Lagrange 乘子 $\boldsymbol{\lambda}^*$ 构成 Lagrange 函数的稳定点, 即

$$\begin{cases} \nabla_{\boldsymbol{x}} L(\boldsymbol{x}^*, \boldsymbol{\lambda}^*) = \mathbf{0}, \\ \nabla_{\boldsymbol{\lambda}} L(\boldsymbol{x}^*, \boldsymbol{\lambda}^*) = \boldsymbol{c}(\boldsymbol{x}^*) = \mathbf{0}. \end{cases}$$

一个很自然的问题是: 这些稳定点构成 Lagrange 函数关于 $(\boldsymbol{x}, \boldsymbol{\lambda})$ 怎样的极值点? 通过对带线性等式约束的凸规划问题分析发现 (定理 7.4.3), $\boldsymbol{x}^*$ 为 Lagrange 函数在 $\boldsymbol{\lambda} = \boldsymbol{\lambda}^*$ 时关于 $\boldsymbol{x}$ 的极小值点, 而 $\boldsymbol{\lambda}^*$ 为 Lagrange 函数在 $\boldsymbol{x} = \boldsymbol{x}^*$ 时关于 $\boldsymbol{\lambda}$ 的极大值点. 由函数鞍点的定义, 并结合不等式约束的情形, 得到 Lagrange 函数鞍点的定义.

定义 7.3.1 对约束优化问题

$$\min\{f(\boldsymbol{x}) \mid c_i(\boldsymbol{x}) = 0,\ i \in \mathcal{E};\ \ c_i(\boldsymbol{x}) \geqslant 0,\ i \in \mathcal{I}\},$$

若存在 $\boldsymbol{x}^* \in \mathbb{R}^n$ 和 $\boldsymbol{\lambda}^*$ ($\lambda_i^* \geqslant 0, i \in \mathcal{I}$) 满足

$$L(\boldsymbol{x}^*, \boldsymbol{\lambda}) \leqslant L(\boldsymbol{x}^*, \boldsymbol{\lambda}^*) \leqslant L(\boldsymbol{x}, \boldsymbol{\lambda}^*), \qquad \forall\, \lambda_i \geqslant 0,\ i \in \mathcal{I},\ \ \boldsymbol{x} \in \mathbb{R}^n,$$

则 $(\boldsymbol{x}^*, \boldsymbol{\lambda}^*)$ 称为该约束优化问题 Lagrange 函数的鞍点.

若 $(\boldsymbol{x}^*, \boldsymbol{\lambda}^*)$ 是约束优化问题 Lagrange 函数的鞍点, 有时也简单地称 $\boldsymbol{x}^*$ 为该约束优化问题的鞍点. 下面的分析告诉我们, 鞍点是约束优化问题的众多 “最优” 点中条件最强的点. 尽管如此, 我们并不希望求解它, 因为它不一定存在, 而且即使存在也很难求.

定理 7.3.1　设 $(\boldsymbol{x}^*, \boldsymbol{\lambda}^*)$ 是约束优化问题 (7.2.2) 的 Lagrange 函数的鞍点, 则 $(\boldsymbol{x}^*, \boldsymbol{\lambda}^*)$ 是该约束优化问题的一个 K-T 对.

证明　由鞍点定义, $\boldsymbol{x}^* = \arg\min\limits_{\boldsymbol{x}} L(\boldsymbol{x}, \boldsymbol{\lambda}^*)$. 所以

$$\nabla_{\boldsymbol{x}} L(\boldsymbol{x}^*, \boldsymbol{\lambda}^*) = \mathbf{0}.$$

此为 KKT 条件的第一式.

利用鞍点不等式 $L(\boldsymbol{x}^*, \boldsymbol{\lambda}) \leqslant L(\boldsymbol{x}^*, \boldsymbol{\lambda}^*)$ 得

$$-\sum_{i \in \mathcal{E} \cup \mathcal{I}} \lambda_i c_i(\boldsymbol{x}^*) \leqslant -\sum_{i \in \mathcal{E} \cup \mathcal{I}} \lambda_i^* c_i(\boldsymbol{x}^*),$$

即

$$\sum_{i \in \mathcal{E} \cup \mathcal{I}} (\lambda_i^* - \lambda_i) c_i(\boldsymbol{x}^*) \leqslant 0. \tag{7.3.1}$$

对任意的 $i_0 \in \mathcal{E}$, 分别取 $\lambda_{i_0} = \lambda_{i_0}^* \pm 1$, 而对任意不等于 i_0 的 $i \in \mathcal{E} \cup \mathcal{I}$, 取 $\lambda_i = \lambda_i^*$. 则由上式得, $c_{i_0}(\boldsymbol{x}^*) = 0$. 由 $i_0 \in \mathcal{E}$ 的任意性知

$$c_{i_0}(\boldsymbol{x}^*) = 0,\ \ \forall i \in \mathcal{E}.$$

这样, (7.3.1) 简化为

$$\sum_{i \in \mathcal{I}} (\lambda_i^* - \lambda_i) c_i(\boldsymbol{x}^*) \leqslant 0. \tag{7.3.2}$$

对任意的 $i_0 \in \mathcal{I}$, 若 $\lambda_{i_0}^* = 0$, 取 $\lambda_{i_0} = 1$, 而对任意不等于 i_0 的 $i \in \mathcal{I}$, 取 $\lambda_i = \lambda_i^*$. 则由 (7.3.2) 得, $c_{i_0}(\boldsymbol{x}^*) \geqslant 0$, 且 $\lambda_{i_0}^* c_{i_0}(\boldsymbol{x}^*) = 0$. 若 $\lambda_{i_0}^* > 0$, 分别取 $\lambda_{i_0} = \dfrac{1}{2}\lambda_{i_0}^*, \dfrac{3}{2}\lambda_{i_0}^*$, 而对任意不等于 i_0 的 $i \in \mathcal{I}$, 取 $\lambda_i = \lambda_i^*$. 则由 (7.3.2) 得, $c_{i_0}(\boldsymbol{x}^*) = 0$, 且 $\lambda_{i_0}^* c_{i_0}(\boldsymbol{x}^*) = 0$. 由 $i_0 \in \mathcal{I}$ 的任意性知

$$c_{i_0}(\boldsymbol{x}^*) \geqslant 0,\ \ \lambda_i^* c_i(\boldsymbol{x}^*) = 0,\ \ \forall i \in \mathcal{I}.$$

综上所述, $\boldsymbol{x}^*$ 为优化问题 (7.2.2) 的可行解, 且满足互补松弛条件. 命题结论得证. 证毕

定理 7.3.2 设 $(\boldsymbol{x}^*, \boldsymbol{\lambda}^*)$ 为约束优化问题 (7.2.2) 的 Lagrange 函数的鞍点, 则 $\boldsymbol{x}^*$ 是该约束优化问题的全局最优解.

证明 由定理 7.3.1 的证明过程知, $\boldsymbol{x}^*$ 为优化问题 (7.2.2) 的可行点. 利用鞍点定义, 对任意的 $\boldsymbol{x} \in \Omega$, 由约束条件推知

$$f(\boldsymbol{x}^*) - \sum_{i \in \mathcal{E} \cup \mathcal{I}} \lambda_i^* c_i(\boldsymbol{x}^*) \leqslant f(\boldsymbol{x}) - \sum_{i \in \mathcal{E} \cup \mathcal{I}} \lambda_i^* c_i(\boldsymbol{x}),$$

即

$$f(\boldsymbol{x}^*) \leqslant f(\boldsymbol{x}) - \sum_{i \in \mathcal{I}} \lambda_i^* c_i(\boldsymbol{x}) \leqslant f(\boldsymbol{x}).$$

从而 $\boldsymbol{x}^*$ 为约束优化问题 (7.2.2) 的全局最优解. 证毕

结合前一节得到的约束优化问题的最优性条件, 我们可将约束优化问题的各种最优性条件之间的关系归纳如下.

稳定点 $\xLeftarrow{\Omega\text{为闭凸集}}$ 局部最优值点 $\xRightarrow[\text{M−F约束规格}]{\text{线性约束}}$ K-T 点 $\Longleftarrow$ 鞍点 $\Longrightarrow$ 全局最优值点

由于优化问题 $\min\{f(\boldsymbol{x}) \mid \boldsymbol{x} \in \Omega\}$ 的稳定点 $\boldsymbol{x}^*$ 是下述约束优化问题的最优值点

$$\begin{aligned} \min \quad & \nabla f(\boldsymbol{x}^*)^{\mathrm{T}} \boldsymbol{x} \\ \text{s.t.} \quad & \boldsymbol{x} \in \Omega. \end{aligned}$$

基于前面的讨论容易建立约束优化问题 (7.2.2) 的稳定点与 K-T 点之间的关系.

对于一般的约束优化问题, 最优值点和 K-T 点不等价. 要想在 K-T 点附近找到一个比该点更好的点, 就必须依赖目标函数和约束函数的二阶导数, 计算量陡增. 所以, 在得到 K-T 点后, 算法一般就终止了.

7.4 凸规划最优性条件

考虑凸规划问题

$$\min\{f(\boldsymbol{x}) \mid \boldsymbol{x} \in \Omega\}, \tag{7.4.1}$$

其中, $f: \mathbb{R}^n \to \mathbb{R}$ 为连续可微的凸函数, 可行域 $\Omega \subset \mathbb{R}^n$ 为非空闭凸集. 若目标函数严格凸, 则称其为严格凸规划问题.

凸规划问题是一类特殊的最优化问题, 其最优解集是凸集. 除此之外, 它还有如下性质.

性质 7.4.1　凸规划问题的任一局部最优解为全局最优解, 且稳定点与最优值点等价.

证明　设 $\boldsymbol{x}^*$ 为凸规划问题的局部最优解, 由定理 7.1.2, $\boldsymbol{x}^*$ 是稳定点, 即对任意的 $\boldsymbol{x} \in \Omega$,

$$\langle \nabla f(\boldsymbol{x}^*), \boldsymbol{x} - \boldsymbol{x}^* \rangle \geqslant 0.$$

利用凸函数的性质得

$$f(\boldsymbol{x}) \geqslant f(\boldsymbol{x}^*) + \langle \nabla f(\boldsymbol{x}^*), \boldsymbol{x} - \boldsymbol{x}^* \rangle \geqslant f(\boldsymbol{x}^*).$$

故 $\boldsymbol{x}^*$ 为全局最优值点.

稳定点与最优值点的等价性易证.　证毕

严格凸规划问题未必存在最优解, 如指数函数 e^{-x} 在非负轴上不存在最优值点. 但一旦存在, 必唯一. 即有如下结论.

性质 7.4.2　若严格凸规划问题有最优值解, 则它必唯一.

为研究凸规划问题的 KKT 条件, 给出如下形式的凸规划问题

$$\begin{aligned} \min \quad & f(\boldsymbol{x}) \\ \text{s.t.} \quad & c_i(\boldsymbol{x}) = 0, \quad i \in \mathcal{E}, \\ & c_i(\boldsymbol{x}) \geqslant 0, \quad i \in \mathcal{I}, \end{aligned} \tag{7.4.2}$$

其中, $f : \mathbb{R}^n \to \mathbb{R}$ 为连续可微的凸函数, $c_i(\boldsymbol{x}),\ i \in \mathcal{E}$ 是线性函数, $c_i(\boldsymbol{x}),\ i \in \mathcal{I}$ 是连续可微的凹函数. 上述约束条件可保证可行域的凸性.

对凸规划问题 (7.4.2), 如果可行域含有 “内点”, 也就是满足下面的 Slater 约束规格 (Slater, 1950), 则最优值点为 K-T 点.

定义 7.4.1　对凸规划问题 (7.4.2), 若存在可行点 $\bar{\boldsymbol{x}}$ 使得

$$c_i(\bar{\boldsymbol{x}}) > 0, \quad i \in \mathcal{I},$$

则称该规划问题满足 Slater 约束规格, 又称 Slater 条件.

显然, Slater 约束规格与凸规划问题的最优解无关.

引理 7.4.1　若凸规划问题 (7.4.2) 满足 Slater 约束规格, 则对任意的 $\boldsymbol{x} \in \Omega$, 存在 $\boldsymbol{s} \in \mathbb{R}^n$ 使得

$$\boldsymbol{s}^{\mathrm{T}} \nabla c_i(\boldsymbol{x}) = 0,\ i \in \mathcal{E}; \quad \boldsymbol{s}^{\mathrm{T}} \nabla c_i(\boldsymbol{x}) > 0,\ i \in \mathcal{I}(\boldsymbol{x}).$$

证明　由 Slater 约束规格, 存在 $\bar{\boldsymbol{x}} \in \Omega$ 使

$$c_i(\bar{\boldsymbol{x}}) = 0,\ i \in \mathcal{E}; \quad c_i(\bar{\boldsymbol{x}}) > 0,\ i \in \mathcal{I}.$$

对任意的 $\boldsymbol{x}\in\Omega$, 令 $\boldsymbol{s}=\bar{\boldsymbol{x}}-\boldsymbol{x}$. 对 $i\in\mathcal{E}$, 由于 $c_i(\boldsymbol{x})$ 为线性函数, 所以

$$0=c_i(\bar{\boldsymbol{x}})=c_i(\boldsymbol{x}+\boldsymbol{s})=c_i(\boldsymbol{x})+\boldsymbol{s}^{\mathrm{T}}\nabla c_i(\boldsymbol{x})=\boldsymbol{s}^{\mathrm{T}}\nabla c_i(\boldsymbol{x}).$$

对 $i\in\mathcal{I}(\boldsymbol{x})$, 由于 $c_i(\boldsymbol{x})$ 为凹函数, 所以

$$0<c_i(\bar{\boldsymbol{x}})=c_i(\boldsymbol{x}+s)\leqslant c_i(\boldsymbol{x})+\boldsymbol{s}^{\mathrm{T}}\nabla c_i(\boldsymbol{x})=\boldsymbol{s}^{\mathrm{T}}\nabla c_i(\boldsymbol{x}),$$

即 $\boldsymbol{s}$ 满足命题结论. 证毕

上述结论说明, 凸优化问题在任意可行点都存在可行方向, 即集合

$$\{\boldsymbol{s}\in\mathbb{R}^n\mid\nabla c_i(\boldsymbol{x})^{\mathrm{T}}\boldsymbol{s}=0,\ i\in\mathcal{E};\ \ \nabla c_i(\boldsymbol{x})^{\mathrm{T}}\boldsymbol{s}>0,\ i\in\mathcal{I}(\boldsymbol{x})\}$$

非空. 根据最优化问题在最优值点不存在可行下降方向, 由推论 1.4.2 可建立该规划问题的 K-T 条件. 另一方面, 对凸规划问题 (7.4.2), 若 Slater 条件成立, 利用上述结论, 该规划问题在最优值点满足 M-F 约束规格, 同样可得到其 K-T 条件, 从而有如下结论.

定理 7.4.1 对凸规划问题 (7.4.2), 若 Slater 约束规格成立, 则其最优值点为 K-T 点.

由于线性约束本身就可保证约束优化问题的最优值点为 K-T 点, 因此可将 Slater 条件中的严格不等号仅限于非线性不等式约束, 从而得到如下定义.

定义 7.4.2 对凸规划问题

$$\begin{aligned}\min\quad & f(\boldsymbol{x})\\ \text{s.t.}\quad & c_i(\boldsymbol{x})=0,\quad i\in\mathcal{E},\\ & c_i(\boldsymbol{x})\geqslant 0,\quad i\in\mathcal{I}_1\cup\mathcal{I}_2,\end{aligned}\tag{7.4.3}$$

其中, $f:\mathbb{R}^n\to\mathbb{R}$ 为连续可微的凸函数, $c_i(\boldsymbol{x}),i\in\mathcal{E}\cup\mathcal{I}_1$ 是线性函数, $c_i(\boldsymbol{x}),\ i\in\mathcal{I}_2$ 为非线性连续可微的凹函数, 若存在 $\bar{\boldsymbol{x}}\in\Omega$ 使得

$$c_i(\bar{\boldsymbol{x}})>0,\quad i\in\mathcal{I}_2,$$

则称该凸规划问题满足弱 Slater 约束规格.

定理 7.4.2 若凸规划问题 (7.4.3) 满足弱 Slater 约束规格, 则其最优值点为 K-T 点.

证明 设 $\boldsymbol{x}^*\in\Omega$ 为凸规划问题 (7.4.3) 的最优值点, 仿引理 7.4.1 的证明知在 $\boldsymbol{x}^*$ 点存在强容许方向, 即存在 $\boldsymbol{s}\in\mathbb{R}^n$ 使得

$$\boldsymbol{s}^{\mathrm{T}}\nabla c_i(\boldsymbol{x}^*)=0,\ i\in\mathcal{E};\quad \boldsymbol{s}^{\mathrm{T}}\nabla c_i(\boldsymbol{x}^*)\geqslant 0,\ i\in\mathcal{I}_1(\boldsymbol{x}^*);\quad \boldsymbol{s}^{\mathrm{T}}\nabla c_i(\boldsymbol{x}^*)>0,\ i\in\mathcal{I}_2(\boldsymbol{x}^*).$$

利用 $c_i(\boldsymbol{x})$, $i \in \mathcal{E} \cup \mathcal{I}_1$ 是线性函数知, 任意满足上述条件的 $\boldsymbol{s}$ 为 $\boldsymbol{x}^*$ 点的可行方向. 而由 $\boldsymbol{x}^*$ 为最优值点知, $\boldsymbol{s}^{\mathrm{T}}\nabla f(\boldsymbol{x}^*) \geqslant 0$. 从而由推论 1.4.3 得命题结论. 证毕

对一般的约束优化问题, K-T 点未必是最优值点, 但对于凸规划问题, K-T 点是全局最优值点, 因为它和 Lagrange 函数的鞍点等价.

定理 7.4.3 若 $(\boldsymbol{x}^*, \boldsymbol{\lambda}^*)$ 是凸规划问题 (7.4.2) 的 K-T 对, 则 $(\boldsymbol{x}^*, \boldsymbol{\lambda}^*)$ 为 Lagrange 函数的鞍点.

证明 对凸规划问题 (7.4.2), $L(\boldsymbol{x}, \boldsymbol{\lambda}^*) = f(\boldsymbol{x}) - \sum\limits_{i \in \mathcal{E} \cup \mathcal{I}} \lambda_i^* c_i(\boldsymbol{x})$ 关于 $\boldsymbol{x} \in \mathbb{R}^n$ 为凸函数, 故

$$L(\boldsymbol{x}, \boldsymbol{\lambda}^*) \geqslant L(\boldsymbol{x}^*, \boldsymbol{\lambda}^*) + (\boldsymbol{x} - \boldsymbol{x}^*)^{\mathrm{T}} \nabla_{\boldsymbol{x}} L(\boldsymbol{x}^*, \boldsymbol{\lambda}^*) = L(\boldsymbol{x}^*, \boldsymbol{\lambda}^*).$$

所以 $L(\boldsymbol{x}^*, \boldsymbol{\lambda}^*) \leqslant L(\boldsymbol{x}, \boldsymbol{\lambda}^*)$.

另一方面, 对任意满足 $\lambda_i \geqslant 0$, $i \in \mathcal{I}$ 的 $\boldsymbol{\lambda}$,

$$L(\boldsymbol{x}^*, \boldsymbol{\lambda}) - L(\boldsymbol{x}^*, \boldsymbol{\lambda}^*) = -\sum_{i \in \mathcal{E} \cup \mathcal{I}} \lambda_i c_i(\boldsymbol{x}^*) + \sum_{i \in \mathcal{E} \cup \mathcal{I}} \lambda_i^* c_i(\boldsymbol{x}^*) = -\sum_{i \in \mathcal{I}} \lambda_i c_i(\boldsymbol{x}^*) \leqslant 0.$$

从而凸规划问题的 K-T 点为鞍点. 证毕

结合定理 7.3.2, 我们有如下结论.

定理 7.4.4 凸规划问题 (7.4.2) 的 K-T 点为其全局最优解.

基于以上讨论, 可将凸规划问题各最优性条件之间的关系归纳如下.

$$\text{稳定点} \Longleftrightarrow \text{全局最优值点} \Longleftrightarrow \text{局部最优值点} \xLongrightarrow{\text{弱 Slater 约束规格}} \text{K-T 点} \Longleftrightarrow \text{鞍点}$$

显然, 对线性约束的凸规划问题 (含线性规划), 不需要任何约束规格就可以建立上述各最优性条件之间的等价性.

7.5 Lagrange 对偶

对偶规划源自对策论中的零和对策. 它最早应用于线性规划, 后被推广到非线性规划. 现已成为包括组合优化问题在内的最优化理论研究的重要工具.

利用对偶可将一个约束优化问题转化成另一个约束优化问题并建立两问题解之间的某种联系, 进而揭示原规划问题最优解的存在性等理论性质, 如对偶规划不但可以给出原规划问题最优值的一个下界, 而且在特殊情况下可得到原规划问题的最优值. 同时, 基于对偶规划还可建立原规划问题的对偶类算法. 可以说, 原规划问题及其对偶如同太极图中的阴和阳, 它们之间既互相对立又相互依赖, 构成一个和谐、对称的辩证统一体.

对约束优化问题 (7.2.2)

$$\min\{f(\boldsymbol{x}) \mid c_i(\boldsymbol{x})=0,\ i\in\mathcal{E};\ c_i(\boldsymbol{x})\geqslant 0,\ i\in\mathcal{I}\},$$

记由不等式约束组成的向量值函数为 $\boldsymbol{G}(\boldsymbol{x})$, 由等式约束组成的向量值函数记为 $\boldsymbol{H}(\boldsymbol{x})$. 定义 Lagrange 函数

$$L(\boldsymbol{x},\boldsymbol{u},\boldsymbol{v})=f(\boldsymbol{x})-\boldsymbol{G}(\boldsymbol{x})^{\mathrm{T}}\boldsymbol{u}-\boldsymbol{H}(\boldsymbol{x})^{\mathrm{T}}\boldsymbol{v},\quad \boldsymbol{x}\in\mathbb{R}^n,\ \boldsymbol{u}\in\mathbb{R}_+^{|\mathcal{I}|},\ \boldsymbol{v}\in\mathbb{R}^{|\mathcal{E}|}.$$

根据定义, 若 $(\boldsymbol{x}^*,\boldsymbol{u}^*,\boldsymbol{v}^*)$ 为 Lagrange 函数的鞍点, 其中 $\boldsymbol{u}^*\geqslant\boldsymbol{0}$, 则对任意的 $\boldsymbol{x}\in\mathbb{R}^n$, $\boldsymbol{u}\geqslant\boldsymbol{0}$ 和 $\boldsymbol{v}$, 有

$$L(\boldsymbol{x}^*,\boldsymbol{u},\boldsymbol{v})\leqslant L(\boldsymbol{x}^*,\boldsymbol{u}^*,\boldsymbol{v}^*)\leqslant L(\boldsymbol{x},\boldsymbol{u}^*,\boldsymbol{v}^*).$$

也就是说, 鞍点是 Lagrange 函数关于 $\boldsymbol{x}\in\mathbb{R}^n$ 的全局极小值点, 又是关于 $\boldsymbol{u}\geqslant\boldsymbol{0}$ 和 $\boldsymbol{v}$ 的全局极大值点. 由此得到两个特殊的极值问题

$$\max_{\boldsymbol{u}\geqslant\boldsymbol{0},\boldsymbol{v}}\min_{\boldsymbol{x}\in\mathbb{R}^n}L(\boldsymbol{x},\boldsymbol{u},\boldsymbol{v}),\qquad \min_{\boldsymbol{x}\in\mathbb{R}^n}\max_{\boldsymbol{u}\geqslant\boldsymbol{0},\boldsymbol{v}}L(\boldsymbol{x},\boldsymbol{u},\boldsymbol{v}).$$

上述两优化问题都是求极值函数的极值. 对于后者, 由于

$$\sup_{\boldsymbol{u}\geqslant\boldsymbol{0},\boldsymbol{v}}L(\boldsymbol{x},\boldsymbol{u},\boldsymbol{v})=\begin{cases}\infty, & 若\ \boldsymbol{x}\notin\Omega,\\ f(\boldsymbol{x}), & 若\ \boldsymbol{x}\in\Omega,\end{cases}$$

故后一个极值问题就是原优化问题, 即

$$\min_{\boldsymbol{x}\in\mathbb{R}^n}\max_{\boldsymbol{u}\geqslant\boldsymbol{0},\boldsymbol{v}}L(\boldsymbol{x},\boldsymbol{u},\boldsymbol{v})=\min\{f(\boldsymbol{x})\mid \boldsymbol{G}(\boldsymbol{x})\geqslant\boldsymbol{0},\boldsymbol{H}(\boldsymbol{x})=\boldsymbol{0}\}.$$

对于前者, 引入极值函数

$$\theta(\boldsymbol{u},\boldsymbol{v})=\min\{L(\boldsymbol{x},\boldsymbol{u},\boldsymbol{v})\,|\,\boldsymbol{x}\in\mathbb{R}^n\},$$

便得到下面的优化问题

$$\begin{aligned}\max\quad & \theta(\boldsymbol{u},\boldsymbol{v})\\ \text{s.t.}\quad & \boldsymbol{u}\in\mathbb{R}_+^{|\mathcal{I}|},\ \boldsymbol{v}\in\mathbb{R}^{|\mathcal{E}|}.\end{aligned}\tag{7.5.1}$$

该问题称为约束优化问题 (7.2.2) 的 Lagrange 对偶规划.

考虑到 Lagrange 函数关于 $\boldsymbol{x}$ 和 $(\boldsymbol{u},\boldsymbol{v})$ 的极值未必达到, 故有时将 min, max 分别用 inf, sup 替代.

下面的结论告诉我们, Lagrange 对偶规划是一凸规划问题. 因此, 对偶规划问题的稳定点为对偶规划问题的最优解.

定理 7.5.1 对偶规划问题的目标函数 $\theta(\boldsymbol{u},\boldsymbol{v})$ 关于 $\boldsymbol{u}\in\mathbb{R}_+^{|\mathcal{I}|}$, $\boldsymbol{v}\in\mathbb{R}^{|\mathcal{E}|}$ 为凹函数.

证明 对任意的 $\boldsymbol{u}_1,\boldsymbol{u}_2\in\mathbb{R}_+^{|\mathcal{I}|}$, $\boldsymbol{v}_1,\boldsymbol{v}_2\in\mathbb{R}^{|\mathcal{E}|}$ 和任意的 $\lambda\in(0,1)$, 利用 Lagrange 函数 $L(\boldsymbol{x},\boldsymbol{u},\boldsymbol{v})$ 关于乘子 $\boldsymbol{u},\boldsymbol{v}$ 的线性和最优值函数的性质,

$$
\begin{aligned}
&\theta(\lambda\boldsymbol{u}_1+(1-\lambda)\boldsymbol{u}_2,\lambda\boldsymbol{v}_1+(1-\lambda)\boldsymbol{v}_2)\\
=&\min_{\boldsymbol{x}\in\mathbb{R}^n} L(\boldsymbol{x},\lambda\boldsymbol{u}_1+(1-\lambda)\boldsymbol{u}_2,\lambda\boldsymbol{v}_1+(1-\lambda)\boldsymbol{v}_2)\\
=&\min_{\boldsymbol{x}\in\mathbb{R}^n}\Big(\lambda L(\boldsymbol{x},\boldsymbol{u}_1,\boldsymbol{v}_1)+(1-\lambda)L(\boldsymbol{x},\boldsymbol{u}_2,\boldsymbol{v}_2)\Big)\\
\geqslant&\min_{\boldsymbol{x}\in\mathbb{R}^n}\lambda L(\boldsymbol{x},\boldsymbol{u}_1,\boldsymbol{v}_1)+\min_{\boldsymbol{x}\in\mathbb{R}^n}(1-\lambda)L(\boldsymbol{x},\boldsymbol{u}_2,\boldsymbol{v}_2)\\
=&\lambda\theta(\boldsymbol{u}_1,\boldsymbol{v}_1)+(1-\lambda)\theta(\boldsymbol{u}_2,\boldsymbol{v}_2).
\end{aligned}
$$

结论得证. 证毕

与原规划问题相比, 对偶问题的可行域结构简单, 而且在原规划问题约束个数较少时, 问题规模也较小. 不过, 只有当对偶规划问题的目标函数 $\theta(\boldsymbol{u},\boldsymbol{v})$ 可解析表达时, 对偶规划问题才容易求解. 特别地, 若 Lagrange 函数关于 $\boldsymbol{x}$ 为线性函数, 则对偶规划问题中的变量 $\boldsymbol{x}$ 可消去, 而若 Lagrange 函数关于 $\boldsymbol{x}$ 为凸函数, 借助内层优化问题的最优性条件, 可得到如下形式的 Lagrange 对偶

$$
\begin{aligned}
\max\quad & L(\boldsymbol{x},\boldsymbol{u},\boldsymbol{v})\\
\text{s.t.}\quad & \nabla_{\boldsymbol{x}}L(\boldsymbol{x},\boldsymbol{u},\boldsymbol{v})=\boldsymbol{0},\\
& \boldsymbol{x}\in\mathbb{R}^n,\ \boldsymbol{u}\in\mathbb{R}_+^{|\mathcal{I}|},\ \boldsymbol{v}\in\mathbb{R}^{|\mathcal{E}|}.
\end{aligned}
$$

该对偶称为 Wolfe 对偶.

对原规划问题及其对偶, 它们最优值之间的关系是我们所关注的. 对此, 有如下结论.

定理 7.5.2 (弱对偶定理) 设 $\boldsymbol{x}_0,(\boldsymbol{u}_0,\boldsymbol{v}_0)$ 分别是优化问题 (7.2.2) 和其对偶问题 (7.5.1) 的可行解, 则 $f(\boldsymbol{x}_0)\geqslant\theta(\boldsymbol{u}_0,\boldsymbol{v}_0)$.

证明 对原规划问题的任一可行解 $\boldsymbol{x}_0$ 和对偶规划问题的任一可行解 $(\boldsymbol{u}_0,\boldsymbol{v}_0)$,

$$
\begin{aligned}
\theta(\boldsymbol{u}_0,\boldsymbol{v}_0)&=\min\left\{f(\boldsymbol{x})-\boldsymbol{u}_0^{\mathrm{T}}\boldsymbol{G}(\boldsymbol{x})-\boldsymbol{v}_0^{\mathrm{T}}\boldsymbol{H}(\boldsymbol{x})\mid\boldsymbol{x}\in\mathbb{R}^n\right\}\\
&\leqslant f(\boldsymbol{x}_0)-\boldsymbol{u}_0^{\mathrm{T}}\boldsymbol{G}(\boldsymbol{x}_0)-\boldsymbol{v}_0^{\mathrm{T}}\boldsymbol{H}(\boldsymbol{x}_0)\leqslant f(\boldsymbol{x}_0).
\end{aligned}
$$

证毕

推论 7.5.1 对原规划问题 (7.2.2) 和对偶问题 (7.5.1),

$$
\min\{f(\boldsymbol{x})\mid\boldsymbol{G}(\boldsymbol{x})\geqslant\boldsymbol{0},\boldsymbol{H}(\boldsymbol{x})=\boldsymbol{0}\}\geqslant\max\{\theta(\boldsymbol{u},\boldsymbol{v})\mid\boldsymbol{u}\in\mathbb{R}_+^{|\mathcal{I}|},\boldsymbol{v}\in\mathbb{R}^{|\mathcal{E}|}\}.
$$

也就是

$$
\min_{\boldsymbol{x}\in\mathbb{R}^n}\max_{\boldsymbol{u}\geqslant\boldsymbol{0},\boldsymbol{v}}L(\boldsymbol{x},\boldsymbol{u},\boldsymbol{v})\geqslant\max_{\boldsymbol{u}\geqslant\boldsymbol{0},\boldsymbol{v}}\min_{\boldsymbol{x}\in\mathbb{R}^n}L(\boldsymbol{x},\boldsymbol{u},\boldsymbol{v}).
$$

上述结论是一个普遍结论. 也就是说, 对任意定义在集合 $\mathcal{X}\times\mathcal{Y}\subset\mathbb{R}^m\times\mathbb{R}^n$ 上的连续函数 $\phi(\boldsymbol{x},\boldsymbol{y})$, 恒有

$$\min_{\boldsymbol{x}\in\mathcal{X}}\max_{\boldsymbol{y}\in\mathcal{Y}}\phi(\boldsymbol{x},\boldsymbol{y})\geqslant\max_{\boldsymbol{y}\in\mathcal{Y}}\min_{\boldsymbol{x}\in\mathcal{X}}\phi(\boldsymbol{x},\boldsymbol{y}).\tag{7.5.2}$$

通俗地讲, 就是“最大者中的最小者不小于最小者中的最大者”.

原规划问题和对偶规划问题的最优值之间的差称为对偶间隙. 若对偶间隙为零, 则称完全对偶定理成立. 若两规划问题的最优解都存在, 且对偶间隙为零, 则称强对偶定理成立. 下面的结论说明 Lagrange 函数存在鞍点和零对偶间隙是等价的, 也就是说, Lagrange 函数存在鞍点恰好保证对偶规划问题中对 Lagrange 函数的 min 和 max 两个极值过程可以交换.

定理 7.5.3 (强对偶定理) 约束优化问题 (7.2.2) 的 Lagrange 函数存在鞍点, 记为 $(\boldsymbol{x}^*,\boldsymbol{u}^*,\boldsymbol{v}^*)$ 的充分必要条件是 $\boldsymbol{x}^*$ 和 $(\boldsymbol{u}^*,\boldsymbol{v}^*)$ 分别是原规划问题及其对偶规划问题的最优解且对偶间隙为零.

证明 设 $(\boldsymbol{x}^*,\boldsymbol{u}^*,\boldsymbol{v}^*)$ 是约束优化问题 (7.2.2) 的 Lagrange 函数的鞍点. 由定理 7.3.1 和 7.3.2, $\boldsymbol{x}^*$ 是原规划问题 (7.2.2) 的最优解, $(\boldsymbol{u}^*,\boldsymbol{v}^*)$ 是对偶规划问题的可行解, 且 $(\boldsymbol{x}^*,\boldsymbol{u}^*,\boldsymbol{v}^*)$ 满足原规划问题的 KKT 条件中的互补松弛条件. 从而由鞍点定义得

$$\theta(\boldsymbol{u}^*,\boldsymbol{v}^*)=L(\boldsymbol{x}^*,\boldsymbol{u}^*,\boldsymbol{v}^*)=f(\boldsymbol{x}^*).$$

结合定理 7.5.2, 必要性得证.

反过来, 设 $\boldsymbol{x}^*$ 为原规划问题的最优解, 则

$$\boldsymbol{G}(\boldsymbol{x}^*)\geqslant\boldsymbol{0},\quad \boldsymbol{H}(\boldsymbol{x}^*)=\boldsymbol{0}.$$

再根据 $(\boldsymbol{u}^*,\boldsymbol{v}^*)$ 为对偶规划问题的可行解, 得

$$\begin{aligned}\theta(\boldsymbol{u}^*,\boldsymbol{v}^*)&=\min\{f(\boldsymbol{x})-\boldsymbol{G}(\boldsymbol{x})^{\mathrm{T}}\boldsymbol{u}^*-\boldsymbol{H}(\boldsymbol{x})^{\mathrm{T}}\boldsymbol{v}^*\mid\boldsymbol{x}\in\mathbb{R}^n\}\\&\leqslant f(\boldsymbol{x}^*)-\boldsymbol{G}(\boldsymbol{x}^*)^{\mathrm{T}}\boldsymbol{u}^*-\boldsymbol{H}(\boldsymbol{x}^*)^{\mathrm{T}}\boldsymbol{v}^*\\&=L(\boldsymbol{x}^*,\boldsymbol{u}^*,\boldsymbol{v}^*)\leqslant f(\boldsymbol{x}^*).\end{aligned}$$

由于对偶间隙为零, 上面的不等式取等号. 从而

$$\theta(\boldsymbol{u}^*,\boldsymbol{v}^*)=L(\boldsymbol{x}^*,\boldsymbol{u}^*,\boldsymbol{v}^*)=f(\boldsymbol{x}^*).$$

结合 $\theta(\boldsymbol{u}^*,\boldsymbol{v}^*)$ 的定义和 $f(\boldsymbol{x}^*)=\max\{L(\boldsymbol{x}^*,\boldsymbol{u},\boldsymbol{v})\mid\boldsymbol{u}\geqslant\boldsymbol{0},\ \boldsymbol{v}\}$, 对任意的 $\boldsymbol{x}\in\mathbb{R}^n,\boldsymbol{u}\geqslant\boldsymbol{0}$ 和 $\boldsymbol{v}\in\mathbb{R}^{|\mathcal{E}|}$,

$$L(\boldsymbol{x}^*,\boldsymbol{u},\boldsymbol{v})\leqslant L(\boldsymbol{x}^*,\boldsymbol{u}^*,\boldsymbol{v}^*)\leqslant L(\boldsymbol{x},\boldsymbol{u}^*,\boldsymbol{v}^*).$$

充分性得证. 证毕

对凸规划问题 (7.4.3), 在弱 Slater 条件下, 最优值点、K-T 点和鞍点等价. 根据上述结论, 强对偶定理成立, 从而有如下结论.

推论 7.5.2 若凸规划问题 (7.4.3) 存在最优解且满足弱 Slater 约束规格, 则对偶规划问题也存在最优解且强对偶定理成立.

对上述结论, 做如下说明.

1. 对线性规划问题及线性约束的凸规划问题, 弱 Slater 约束规格自然成立. 因此若最优解存在, 强对偶定理成立.

2. 强对偶定理并非只对凸规划问题成立, 如对下述非凸规划问题, 强对偶定理也成立

$$\begin{aligned} \min \quad & \frac{1}{2}\boldsymbol{x}^{\mathrm{T}}\boldsymbol{G}\boldsymbol{x}+\boldsymbol{g}^{\mathrm{T}}\boldsymbol{x} \\ \text{s.t.} \quad & \boldsymbol{x}^{\mathrm{T}}\boldsymbol{x}\leqslant 1, \end{aligned}$$

其中, $\boldsymbol{G}\in\mathbb{R}^{n\times n}$ 非半正定.

下面考虑如下形式的优化问题

$$\min\{f(\boldsymbol{x})\mid \boldsymbol{x}\in\Theta,\ \boldsymbol{G}(\boldsymbol{x})\geqslant \boldsymbol{0},\ \boldsymbol{H}(\boldsymbol{x})=\boldsymbol{0}\}, \tag{7.5.3}$$

其中, $f:\mathbb{R}^n\to\mathbb{R}$ 为连续可微的凸函数, 等式约束是线性的, 即 $\boldsymbol{H}(\boldsymbol{x})=\boldsymbol{A}\boldsymbol{x}-\boldsymbol{b}$, 每一不等式约束函数都是连续可微的凹函数. $\Theta\subset\mathbb{R}^n$ 为简单闭凸集, 如 $\Theta=\mathbb{R}^n_+$.

显然, 该问题比一般的凸规划问题多一个闭凸集约束. 对该规划问题, 定义 Lagrange 函数

$$L(\boldsymbol{x},\boldsymbol{u},\boldsymbol{v})=f(\boldsymbol{x})-\boldsymbol{u}^{\mathrm{T}}\boldsymbol{G}(\boldsymbol{x})-\boldsymbol{v}^{\mathrm{T}}\boldsymbol{H}(\boldsymbol{x}),\quad \boldsymbol{x}\in\Theta,\boldsymbol{u}\geqslant\boldsymbol{0}.$$

基于定义 7.3.1 和对偶规划 (7.5.1), 可定义该函数的鞍点, 并可建立如下形式的 Lagrange 对偶

$$\max_{\boldsymbol{u}\geqslant\boldsymbol{0},\boldsymbol{v}}\ \min_{\boldsymbol{x}\in\Theta} L(\boldsymbol{x},\boldsymbol{u},\boldsymbol{v}). \tag{7.5.4}$$

对该对偶规划问题, 容易建立与定理 7.5.2 和 7.5.3 类似的结论. 特别地, 基于 Slater 约束规格, 我们有如下强对偶定理.

定理 7.5.4 设凸规划问题 (7.5.3) 存在最优解且集合 Θ 有可行的相对内点 $\hat{\boldsymbol{x}}$ 满足 $\boldsymbol{G}(\hat{\boldsymbol{x}})>\boldsymbol{0}$. 则对偶规划 (7.5.4) 存在最优解, 且强对偶定理成立, 即

$$\min\{f(\boldsymbol{x})\mid \boldsymbol{x}\in\Theta,\ \boldsymbol{G}(\boldsymbol{x})\geqslant\boldsymbol{0},\ \boldsymbol{H}(\boldsymbol{x})=\boldsymbol{0}\}=\max_{\boldsymbol{u}\geqslant\boldsymbol{0},\boldsymbol{v}}\ \min_{\boldsymbol{x}\in\Theta} L(\boldsymbol{x},\boldsymbol{u},\boldsymbol{v}).$$

证明 分三种情况讨论.

(1) 若 $\hat{\boldsymbol{x}}$ 为集合 Θ 的内点且系数矩阵 $\boldsymbol{A}$ 行满秩.

记规划问题 (7.5.3) 的最优值为 f^*, 并记

$$\mathcal{S}=\{(\boldsymbol{p},\boldsymbol{q},r)\mid \text{存在 } \boldsymbol{x}\in\Theta \text{ 满足 } \boldsymbol{p}\leqslant \boldsymbol{G}(\boldsymbol{x}),\ \boldsymbol{q}=\boldsymbol{H}(\boldsymbol{x}),\ r\geqslant f(\boldsymbol{x})\}.$$

基于题设, 易验证 $\mathcal{S}$ 为闭凸集. 显然, $(\mathbf{0},\mathbf{0},f^*)$ 是 $\mathcal{S}$ 的边界点. 利用凸集分离定理, 存在不全为零的量 $(\boldsymbol{u},\boldsymbol{v},w)$ 使对任意的 $(\boldsymbol{p},\boldsymbol{q},r)\in\mathcal{S}$ 有

$$\boldsymbol{p}^{\mathrm{T}}\boldsymbol{u}+\boldsymbol{q}^{\mathrm{T}}\boldsymbol{v}+rw\geqslant wf^*.$$

由 $\mathcal{S}$ 的定义知向量 $\boldsymbol{u}\leqslant\mathbf{0}$, $w\geqslant 0$, 并对任意的 $\boldsymbol{x}\in\Theta$,

$$\boldsymbol{u}^{\mathrm{T}}\boldsymbol{G}(\boldsymbol{x})+\boldsymbol{v}^{\mathrm{T}}\boldsymbol{H}(\boldsymbol{x})+wf(\boldsymbol{x})\geqslant wf^*. \tag{7.5.5}$$

下证 $w>0$. 否则, $w=0$. 从而, 对任意的 $\boldsymbol{x}\in\Theta$,

$$\boldsymbol{u}^{\mathrm{T}}\boldsymbol{G}(\boldsymbol{x})+\boldsymbol{v}^{\mathrm{T}}\boldsymbol{H}(\boldsymbol{x})\geqslant\mathbf{0}.$$

令 $\boldsymbol{x}=\hat{\boldsymbol{x}}$ 得, $\boldsymbol{u}^{\mathrm{T}}\boldsymbol{G}(\hat{\boldsymbol{x}})\geqslant\mathbf{0}$. 由于 $\boldsymbol{u}\leqslant\mathbf{0}$, $\boldsymbol{G}(\hat{\boldsymbol{x}})>\mathbf{0}$, 所以 $\boldsymbol{u}=\mathbf{0}$. 这样, $\boldsymbol{u}=\mathbf{0},\boldsymbol{w}=\mathbf{0}$. 这意味着 $\boldsymbol{v}\neq\mathbf{0}$ 且对任意的 $\boldsymbol{x}\in\Theta$, $\boldsymbol{v}^{\mathrm{T}}\boldsymbol{H}(\boldsymbol{x})\geqslant\mathbf{0}$. 也就是, 对任意的 $\boldsymbol{x}\in\Theta$,

$$\boldsymbol{v}^{\mathrm{T}}\boldsymbol{A}(\boldsymbol{x}-\hat{\boldsymbol{x}})\geqslant 0.$$

由 $\hat{\boldsymbol{x}}$ 为 Θ 的内点得 $\boldsymbol{v}^{\mathrm{T}}\boldsymbol{A}=\mathbf{0}$. 再利用 $\boldsymbol{A}$ 行满秩得 $\boldsymbol{v}=\mathbf{0}$. 从而 $(\boldsymbol{u},\boldsymbol{v},w)=\mathbf{0}$, 矛盾. 所以, $w>0$. 将 (7.5.5) 两边同除以 w 得

$$L(\boldsymbol{x},-\boldsymbol{u}/w,-\boldsymbol{v}/w)\geqslant f^*,\quad \forall\ \boldsymbol{x}\in\Theta,$$

即

$$\min_{\boldsymbol{u}\in\Theta}L(\boldsymbol{x},-\boldsymbol{u}/w,-\boldsymbol{v}/w)\geqslant f^*.$$

结合弱对偶定理知命题结论成立.

(2) 若 $\hat{\boldsymbol{x}}$ 为集合 Θ 的相对内点但非内点, 系数矩阵 $\boldsymbol{A}$ 行满秩.

此时, 集合 Θ 不存在内点, 也就是集合 Θ 的维数小于 n. 根据约束 $\boldsymbol{x}\in\Theta$, 可将原规划问题等价地化为定义在由 $\mathrm{Aff}(\Theta)$ 确定的子空间上的一个新的最优化问题. 这样, $\hat{\boldsymbol{x}}$ 为新问题中 Θ 的内点, 利用情况 (1) 中的讨论, 得命题结论.

(3) 若系数矩阵 $\boldsymbol{A}$ 非行满秩.

此时可消去等式约束 $\boldsymbol{H}(\boldsymbol{x})=\mathbf{0}$ 中的某些约束而得到一个系数矩阵行满秩且与其等价的等式约束 $\boldsymbol{H}_0(\boldsymbol{x})=\mathbf{0}$. 利用

$$\max_{\boldsymbol{u}\geqslant 0,\boldsymbol{v}}\min_{\boldsymbol{x}\in\Theta}\left\{f(\boldsymbol{x})-\boldsymbol{G}(\boldsymbol{x})^{\mathrm{T}}\boldsymbol{u}-\boldsymbol{H}(\boldsymbol{x})^{\mathrm{T}}\boldsymbol{v}\right\}=\max_{\boldsymbol{u}\geqslant 0,\boldsymbol{v}_0}\min_{\boldsymbol{x}\in\Theta}\left\{f(\boldsymbol{x})-\boldsymbol{G}(\boldsymbol{x})^{\mathrm{T}}\boldsymbol{u}-\boldsymbol{H}_0(\boldsymbol{x})^{\mathrm{T}}\boldsymbol{v}_0\right\}$$

知命题结论在该情形下同样成立.　　证毕

与推论 7.5.2 类似, 将凸规划问题 (7.5.3) 中的 Slater 约束规格限制到非线性约束, 则得到如下强对偶定理.

推论 7.5.3　设凸规划问题 (7.5.3) 存在最优解且集合 Θ 有可行的相对内点 $\hat{\boldsymbol{x}}$ 满足 $\boldsymbol{G}_{\mathcal{I}_1}(\hat{\boldsymbol{x}}) \geqslant \boldsymbol{0}, \boldsymbol{G}_{\mathcal{I}_2}(\hat{\boldsymbol{x}}) > \boldsymbol{0}$, 其中 $\boldsymbol{G}_{\mathcal{I}_1}: \mathbb{R}^n \to \mathbb{R}^{|\mathcal{I}_1|}$ 为线性向量函数. 则对偶规划 (7.5.4) 存在最优解, 且强对偶定理成立.

下面给出 Lagrange 对偶的几何解释. 为简单起见, 考虑只有单个不等式约束的优化问题

$$\min\{f(\boldsymbol{x}) \mid c(\boldsymbol{x}) \geqslant 0\}. \tag{7.5.6}$$

记 $\mathcal{G} = \{(c(\boldsymbol{x}), f(\boldsymbol{x})) \mid x \in \mathbb{R}\}$. 根据定理 7.5.4 证明中的记法,

$$\mathcal{S} = \{(p, r) \mid \text{存在 } x \in \mathbb{R} \text{ 满足 } p \leqslant c(\boldsymbol{x}),\ r \geqslant f(\boldsymbol{x})\}.$$

图 7.5.1 中, 封闭实线所围起来的区域就是 $\mathcal{G}$, 虚线围起来的包含 $\mathcal{G}$ 的区域是 $\mathcal{S}$. 借助 $\mathcal{S}$, 规划问题 (7.5.6) 的最优值有如下表示

$$f^* = \min\{r \mid (0, r) \in \mathcal{S}\},$$

而对偶规划问题的目标函数在任意 $u \geqslant 0$ 点的值可表示为

$$\theta(u) = \min\{(-u, 1)^{\mathrm{T}}(p, r) \mid (p, r) \in \mathcal{S}\}.$$

显然, 对任意的 $(p, r) \in \mathcal{S}$,

$$(-u, 1)^{\mathrm{T}}(p, r) \geqslant \theta(u).$$

这就是说,

$$\{(p, r) \mid (-u, 1)^{\mathrm{T}}(p, r) = \theta(u)\}$$

构成集合 $\mathcal{S}$ 的一个不垂直于 p 轴的支撑超平面. 而该超平面 (直线) 在 r 轴上的截距, 即方程

$$(-u, 1)^{\mathrm{T}}(p, r) = \theta(u)$$

在 r 轴上的截距就是 $\theta(u)$ 的值. 改变 $u \geqslant 0$ 的值, 便得到新的支撑超平面, 并因此得到不同的 $\theta(u)$ 值. 根据图 7.5.1, 在 $u = u^*$ 时, 得到 $\theta(u)$ 关于 $u \geqslant 0$ 的极大值, 也就是对偶规划问题的最优值.

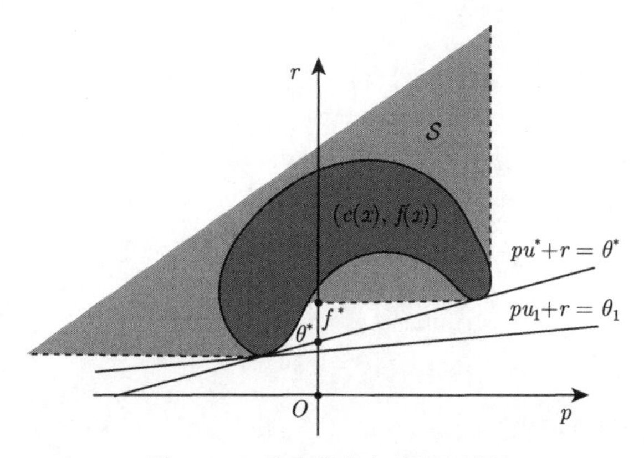

图 7.5.1 约束优化问题的对偶

另一方面, $(0, f^*)$ 是 $\mathcal{S}$ 的边界点, 且 $(0, f^*) \in \mathcal{S}$. 所以, 对任意的 $u \geqslant 0$,

$$(-u, 1)^{\mathrm{T}}(0, f^*) \geqslant \theta(u).$$

也就是

$$f^* \geqslant \theta^*.$$

这就是弱对偶定理. 显然, 只有存在通过 $(0, f^*)$ 的不垂直于 p 轴的支撑超平面, 强对偶定理才成立. 定理 7.5.4 表明, 对凸规划问题, $\mathcal{S}$ 为凸集, 外加 (广义) Slater 约束规格即保证这样的支撑超平面存在. 所以, 强对偶定理对凸规划问题多数成立.

最后, 我们不加证明地给出如下与对偶问题有关的更一般的结论.

定理 7.5.5 (von Neumann 定理) 设 $\mathcal{X}, \mathcal{Y}$ 分别为 $\mathbb{R}^n, \mathbb{R}^m$ 中的非空有界闭凸集, $f(\boldsymbol{x}, \boldsymbol{y})$ 为 $\mathbb{R}^n \times \mathbb{R}^m \to \mathbb{R}$ 的连续函数, 且满足

(1) 对任意的 $\boldsymbol{y} \in \mathbb{R}^m$, 函数 $f(\cdot, \boldsymbol{y})$ 在 $\mathcal{X}$ 上是凸函数,

(2) 对任意的 $\boldsymbol{x} \in \mathbb{R}^n$, 函数 $f(\boldsymbol{x}, \cdot)$ 在 $\mathcal{Y}$ 上是凹函数.

则

$$\min_{\boldsymbol{x} \in \mathcal{X}} \max_{\boldsymbol{y} \in \mathcal{Y}} f(\boldsymbol{x}, \boldsymbol{y}) = \max_{\boldsymbol{y} \in \mathcal{Y}} \min_{\boldsymbol{x} \in \mathcal{X}} f(\boldsymbol{x}, \boldsymbol{y}).$$

定理 7.5.6 设 $\mathcal{X}, \mathcal{Y}$ 分别为 $\mathbb{R}^n, \mathbb{R}^m$ 中的非空闭凸集, $f(\boldsymbol{x}, \boldsymbol{y})$ 在 $\mathcal{X} \times \mathcal{Y}$ 上连续, 且满足

(1) 对任意的 $\boldsymbol{y} \in \mathbb{R}^m$, 函数 $f(\cdot, \boldsymbol{y})$ 在 $\mathcal{X}$ 上是凸函数,

(2) 对任意的 $\boldsymbol{x} \in \mathbb{R}^n$, 函数 $f(\boldsymbol{x}, \cdot)$ 在 $\mathcal{Y}$ 上是凹函数.

如果 $\mathcal{X}$ 和 $\mathcal{Y}$ 中之一有界, 则

$$\min_{\boldsymbol{x} \in \mathcal{X}} \max_{\boldsymbol{y} \in \mathcal{Y}} f(\boldsymbol{x}, \boldsymbol{y}) = \max_{\boldsymbol{y} \in \mathcal{Y}} \min_{\boldsymbol{x} \in \mathcal{X}} f(\boldsymbol{x}, \boldsymbol{y}).$$

7.6 约束优化二阶最优性条件

约束优化问题的最优值点未必满足 KKT 条件, 而 K-T 点也未必是最优值点. 那么, 在什么情况下, 约束优化问题的 K-T 点为最优值点呢?

考虑如下约束优化问题

$$\begin{aligned} \min \quad & f(\boldsymbol{x}) = x_1^2 + x_2^2 \\ \text{s.t.} \quad & x_1^2 + x_2 - 1 \geqslant 0. \end{aligned}$$

容易验证 $\boldsymbol{x}^* = (0,1)^{\mathrm{T}}$ 是其 K-T 点, 并且 $\nabla^2 f(\boldsymbol{x})$ 在 $\boldsymbol{x}^*$ 点正定. 但 $\boldsymbol{x}^*$ 并非该问题的局部最优值点. 事实上, 约束区域的边界点 $(x_1, 1-x_1^2)^{\mathrm{T}}$ 对应的目标函数值为 $1 - x_1^2 + x_1^4$. 只要 $x_1 \in (0,1)$, 就有 $f(\boldsymbol{x}) < f(\boldsymbol{x}^*)$.

该例子说明, 尽管目标函数在 K-T 点 $\boldsymbol{x}^*$ 的 Hesse 阵正定, 但 $\boldsymbol{x}^*$ 未必是该问题的局部最优解, 原因很简单, 因为 $\boldsymbol{x}^*$ 不是目标函数的稳定点. 与无约束优化问题的二阶最优性条件不同, 约束优化问题的二阶最优性条件是建立在 Lagrange 函数关于 $\boldsymbol{x}$ 的 Hesse 阵在最优值点的临界锥上的半正定性上.

定理 7.6.1 (二阶必要条件) 设 $\boldsymbol{x}^*$ 是约束优化问题 (7.2.2)

$$\min\{f(\boldsymbol{x}) \mid c_i(\boldsymbol{x}) = 0,\ i \in \mathcal{E};\ c_i(\boldsymbol{x}) \geqslant 0,\ i \in \mathcal{I}\}$$

的局部最优解, $(\boldsymbol{x}^*, \boldsymbol{\lambda}^*)$ 为其 K-T 对. 若约束函数全是线性的或者 $\nabla c_i(\boldsymbol{x}^*)$, $i \in \mathcal{A}(\boldsymbol{x}^*)$ 线性无关, 则对于满足 $\boldsymbol{s}^{\mathrm{T}} \nabla c_i(\boldsymbol{x}^*) = 0,\ i \in \mathcal{A}(\boldsymbol{x}^*)$ 的任意 $\boldsymbol{s} \in \mathbb{R}^n$ 有

$$\boldsymbol{s}^{\mathrm{T}} \nabla_{\boldsymbol{x}\boldsymbol{x}} L(\boldsymbol{x}^*, \boldsymbol{\lambda}^*) \boldsymbol{s} \geqslant 0.$$

证明 分两种情况讨论.

(1) 约束函数全是线性的.

在这种情况下, 满足 $\boldsymbol{s}^{\mathrm{T}} \nabla c_i(\boldsymbol{x}^*) = 0, i \in \mathcal{A}(\boldsymbol{x}^*)$ 的 $\boldsymbol{s}$ 为约束优化问题 (7.2.2) 在 $\boldsymbol{x}^*$ 点的可行方向. 故对任意的 $i \in \mathcal{A}(\boldsymbol{x}^*)$,

$$c_i(\boldsymbol{x}^* + \alpha \boldsymbol{s}) = c_i(\boldsymbol{x}^*) + \alpha \boldsymbol{s}^{\mathrm{T}} \nabla c_i(\boldsymbol{x}^*) = c_i(\boldsymbol{x}^*) = 0.$$

对 $i \in \mathcal{I} \backslash \mathcal{I}(\boldsymbol{x}^*)$, 由 KKT 条件, $\lambda_i^* = 0$.

另一方面, 由于 $\boldsymbol{x}^*$ 为局部最优解, 故对充分小的 $\alpha > 0$ 有 $f(\boldsymbol{x}^* + \alpha \boldsymbol{s}) \geqslant f(\boldsymbol{x}^*)$. 所以

$$\begin{aligned} & L(\boldsymbol{x}^* + \alpha \boldsymbol{s}, \boldsymbol{\lambda}^*) - L(\boldsymbol{x}^*, \boldsymbol{\lambda}^*) \\ = & f(\boldsymbol{x}^* + \alpha \boldsymbol{s}) - f(\boldsymbol{x}^*) - \sum_{i \in \mathcal{E} \cup \mathcal{I}} \lambda_i^* c_i(\boldsymbol{x}^* + \alpha \boldsymbol{s}) + \sum_{i \in \mathcal{E} \cup \mathcal{I}} \lambda_i^* c_i(\boldsymbol{x}^*) \end{aligned}$$

$$= f(\boldsymbol{x}^* + \alpha \boldsymbol{s}) - f(\boldsymbol{x}^*) \geqslant 0.$$

进一步, 由

$$\begin{aligned}
0 &\leqslant L(\boldsymbol{x}^* + \alpha \boldsymbol{s}, \boldsymbol{\lambda}^*) - L(\boldsymbol{x}^*, \boldsymbol{\lambda}^*) \\
&= \alpha \boldsymbol{s}^{\mathrm{T}} \nabla_{\boldsymbol{x}} L(\boldsymbol{x}^*, \boldsymbol{\lambda}^*) + \frac{1}{2}\alpha^2 \boldsymbol{s}^{\mathrm{T}} \nabla_{\boldsymbol{xx}} L(\boldsymbol{x}^*, \boldsymbol{\lambda}^*) \boldsymbol{s} + o(\alpha^2) \\
&= \frac{1}{2}\alpha^2 \boldsymbol{s}^{\mathrm{T}} \nabla_{\boldsymbol{xx}} L(\boldsymbol{x}^*, \boldsymbol{\lambda}^*) \boldsymbol{s} + o(\alpha^2),
\end{aligned}$$

知 $\boldsymbol{s}^{\mathrm{T}} \nabla_{\boldsymbol{xx}} L(\boldsymbol{x}^*, \boldsymbol{\lambda}^*) \boldsymbol{s} \geqslant 0$.

(2) $[\nabla c_i(\boldsymbol{x}^*),\ i \in \mathcal{A}(\boldsymbol{x}^*)]$ 线性无关.

若 $|\mathcal{A}(\boldsymbol{x}^*)| = n$, 则 $\boldsymbol{s}^{\mathrm{T}} \nabla c_i(\boldsymbol{x}^*) = 0,\ i \in \mathcal{A}(\boldsymbol{x}^*)$ 的解 $\boldsymbol{s} = \boldsymbol{0}$. 结论显然成立.

若 $|\mathcal{A}(\boldsymbol{x}^*)| < n$, 不妨设 $\mathcal{A}(\boldsymbol{x}^*) = \{1, 2, \cdots, p\}$. 由题设, 矩阵 $\boldsymbol{N} \triangleq [\nabla c_i(\boldsymbol{x}^*)]_{i \in \mathcal{A}(\boldsymbol{x}^*)}$ 列满秩. 取 $\boldsymbol{N}^{\mathrm{T}}$ 的核空间的一组标准正交基 $(\boldsymbol{S},\ \boldsymbol{s}) \in \mathbb{R}^{n \times (n-p)}$, 其中 $\boldsymbol{s}$ 为一列向量. 构造向量值函数 $\boldsymbol{r} : \mathbb{R}^{n+1} \to \mathbb{R}^n$,

$$\boldsymbol{r}(\boldsymbol{x}, \theta) = \begin{pmatrix} c_1(\boldsymbol{x}) \\ \vdots \\ c_p(\boldsymbol{x}) \\ \boldsymbol{S}^{\mathrm{T}} \boldsymbol{x} - \boldsymbol{S}^{\mathrm{T}} \boldsymbol{x}^* \\ \boldsymbol{s}^{\mathrm{T}} \boldsymbol{x} - \boldsymbol{s}^{\mathrm{T}} \boldsymbol{x}^* - \theta \end{pmatrix}.$$

与定理 7.2.2 的证明过程类似, 方程 $\boldsymbol{r}(\boldsymbol{x}, \theta) = \boldsymbol{0}$ 在 $(\boldsymbol{x}^*, 0)$ 点附近确定一个隐函数 $x(\theta)$ 使得在 θ 充分靠近 0 时, $\boldsymbol{r}(\boldsymbol{x}(\theta), \theta) = \boldsymbol{0}$, 且 $D_\theta \boldsymbol{x}(0) = \boldsymbol{s}$.

由于 $\boldsymbol{x}(\theta)$ 关于 θ 连续, 故在 θ 充分靠近 0 时,

$$\begin{cases} c_i(\boldsymbol{x}(\theta)) = 0, & i \in \mathcal{A}(\boldsymbol{x}^*), \\ c_i(\boldsymbol{x}(\theta)) \geqslant 0, & i \in \mathcal{I} \backslash \mathcal{I}(\boldsymbol{x}^*). \end{cases}$$

进而 $\boldsymbol{x}(\theta)$ 为约束优化问题 (7.2.2) 的可行点. 由于 $\boldsymbol{x}^*$ 是其局部最优解, 故在 θ 充分靠近 0 时,

$$f(\boldsymbol{x}(\theta)) \geqslant f(\boldsymbol{x}^*).$$

这样,

$$\begin{aligned}
& L(\boldsymbol{x}(\theta), \boldsymbol{\lambda}^*) - L(\boldsymbol{x}^*, \boldsymbol{\lambda}^*) \\
&= f(\boldsymbol{x}(\theta)) - \sum_{i \in \mathcal{E} \cup \mathcal{I}} \boldsymbol{\lambda}_i^* c_i(\boldsymbol{x}(\theta)) - f(\boldsymbol{x}^*) + \sum_{i \in \mathcal{E} \cup \mathcal{I}} \lambda_i^* c_i(\boldsymbol{x}^*) \\
&= f(\boldsymbol{x}(\theta)) - f(\boldsymbol{x}^*) \geqslant 0.
\end{aligned}$$

结合 KKT 条件及 $\boldsymbol{x}(\theta)=\boldsymbol{x}^*+\theta\boldsymbol{s}+o(\theta)$ 得

$$
\begin{aligned}
0 &\leqslant L(\boldsymbol{x}(\theta),\boldsymbol{\lambda}^*)-L(\boldsymbol{x}^*,\boldsymbol{\lambda}^*)\\
&=(\boldsymbol{x}(\theta)-\boldsymbol{x}^*)^{\mathrm{T}}\nabla_{\boldsymbol{x}}L(\boldsymbol{x}^*,\boldsymbol{\lambda}^*)+\frac{1}{2}(\boldsymbol{x}(\theta)-\boldsymbol{x}^*)^{\mathrm{T}}\nabla_{\boldsymbol{xx}}L(\boldsymbol{x}^*,\boldsymbol{\lambda}^*)(\boldsymbol{x}(\theta)-\boldsymbol{x}^*)\\
&\quad+o(\|\boldsymbol{x}(\theta)-\boldsymbol{x}^*\|^2)\\
&=\frac{1}{2}(\theta\boldsymbol{s}+o(\theta))^{\mathrm{T}}\nabla_{\boldsymbol{xx}}L(\boldsymbol{x}^*,\boldsymbol{\lambda}^*)(\theta\boldsymbol{s}+o(\theta))+o(\|\theta\boldsymbol{s}+o(\theta)\|^2)\\
&=\frac{1}{2}\theta^2\boldsymbol{s}^{\mathrm{T}}\nabla_{\boldsymbol{xx}}L(\boldsymbol{x}^*,\boldsymbol{\lambda}^*)\boldsymbol{s}+o(\theta^2).
\end{aligned}
$$

所以

$$
\boldsymbol{s}^{\mathrm{T}}\nabla_{\boldsymbol{xx}}L(\boldsymbol{x}^*,\boldsymbol{\lambda}^*)\boldsymbol{s}\geqslant 0.
$$

证毕

下面给出约束优化问题的二阶充分条件.

定理 7.6.2 (二阶充分条件) 设 $(\boldsymbol{x}^*,\boldsymbol{\lambda}^*)$ 为约束优化问题 (7.2.2) 的 K-T 对. 若对任意满足

$$
\begin{cases}
\boldsymbol{s}^{\mathrm{T}}\nabla c_i(\boldsymbol{x}^*)=0, & \text{若 } i\in\mathcal{E},\\
\boldsymbol{s}^{\mathrm{T}}\nabla c_i(\boldsymbol{x}^*)\geqslant 0, & \text{若 } \lambda_i^*=0,\ i\in\mathcal{I}(\boldsymbol{x}^*),\\
\boldsymbol{s}^{\mathrm{T}}\nabla c_i(\boldsymbol{x}^*)=0, & \text{若 } \lambda_i^*>0,\ i\in\mathcal{I}(\boldsymbol{x}^*)
\end{cases}
\tag{7.6.1}
$$

的非零向量 $\boldsymbol{s}\in\mathbb{R}^n$ 都有 $\boldsymbol{s}^{\mathrm{T}}\nabla_{\boldsymbol{xx}}L(\boldsymbol{x}^*,\boldsymbol{\lambda}^*)\boldsymbol{s}>0$, 则 $\boldsymbol{x}^*$ 是约束优化问题 (7.2.2) 的严格局部最优解. 进一步, 存在 $\gamma>0$ 和 $\delta>0$ 使对任意的 $\boldsymbol{x}\in N(\boldsymbol{x}^*,\delta)\cap\Omega$, 成立

$$
f(\boldsymbol{x})\geqslant f(\boldsymbol{x}^*)+\gamma\|\boldsymbol{x}-\boldsymbol{x}^*\|^2.
$$

证明 只证第二个结论.

根据题设, $\boldsymbol{x}^*$ 是约束优化问题 (7.2.2) 的可行解. 反设命题不成立, 则存在收敛到 $\boldsymbol{x}^*$ 的可行点列 $\{\boldsymbol{x}_k\}$ 满足

$$
f(\boldsymbol{x}_k)<f(\boldsymbol{x}^*)+\frac{1}{k}\|\boldsymbol{x}_k-\boldsymbol{x}^*\|^2.
\tag{7.6.2}
$$

结合 KKT 条件知

$$
L(\boldsymbol{x}_k,\boldsymbol{\lambda}^*)<L(\boldsymbol{x}^*,\boldsymbol{\lambda}^*)+\frac{1}{k}\|\boldsymbol{x}_k-\boldsymbol{x}^*\|^2.
\tag{7.6.3}
$$

显然, 单位序列 $\left\{\dfrac{\boldsymbol{x}_k-\boldsymbol{x}^*}{\|\boldsymbol{x}_k-\boldsymbol{x}^*\|}\right\}$ 存在收敛子列, 不妨设 $\dfrac{\boldsymbol{x}_k-\boldsymbol{x}^*}{\|\boldsymbol{x}_k-\boldsymbol{x}^*\|}=\boldsymbol{s}_k\to\boldsymbol{s}$.

下证 $\boldsymbol{s}$ 满足题设中的 (7.6.1).

对 $i\in\mathcal{E}$, 由

$$
0=c_i(\boldsymbol{x}_k)-c_i(\boldsymbol{x}^*)=(\boldsymbol{x}_k-\boldsymbol{x}^*)^{\mathrm{T}}\nabla c_i(\boldsymbol{x}^*)+o(\|\boldsymbol{x}_k-\boldsymbol{x}^*\|)
$$

知

$$0=\frac{c_i(\boldsymbol{x}_k)-c_i(\boldsymbol{x}^*)}{\|\boldsymbol{x}_k-\boldsymbol{x}^*\|}=\boldsymbol{s}_k^{\mathrm{T}}\nabla c_i(\boldsymbol{x}^*)+o(1),$$

即

$$\boldsymbol{s}^{\mathrm{T}}\nabla c_i(\boldsymbol{x}^*)=0,\quad i\in\mathcal{E}.$$

对 $i\in\mathcal{I}(\boldsymbol{x}^*)$, 显然, $0\leqslant c_i(\boldsymbol{x}_k)-c_i(\boldsymbol{x}^*)$. 类似的推导有

$$\boldsymbol{s}^{\mathrm{T}}\nabla c_i(\boldsymbol{x}^*)\geqslant 0,\quad i\in\mathcal{I}(\boldsymbol{x}^*).$$

对目标函数 $f(\boldsymbol{x})$, 利用 (7.6.2), 类似的推导得 $\boldsymbol{s}^{\mathrm{T}}\nabla f(\boldsymbol{x}^*)\leqslant 0$.

显然, 对任意的 $i\in\mathcal{I}(\boldsymbol{x}^*)$, $\lambda_i^*\boldsymbol{s}^{\mathrm{T}}\nabla c_i(\boldsymbol{x}^*)\geqslant 0$. 下证等号成立. 否则, 存在 $i_0\in\mathcal{I}(\boldsymbol{x}^*)$ 使得 $\lambda_{i_0}^*>0, \boldsymbol{s}^{\mathrm{T}}\nabla c_{i_0}(\boldsymbol{x}^*)>0$. 利用 KKT 条件

$$\nabla f(\boldsymbol{x}^*)=\sum_{i\in\mathcal{A}(\boldsymbol{x}^*)}\lambda_i^*\nabla c_i(\boldsymbol{x}^*)$$

得

$$0\geqslant \boldsymbol{s}^{\mathrm{T}}\nabla f(\boldsymbol{x}^*)=\sum_{i\in\mathcal{A}(\boldsymbol{x}^*)}\lambda_i^*\boldsymbol{s}^{\mathrm{T}}\nabla c_i(\boldsymbol{x}^*)>0.$$

此矛盾说明 $\boldsymbol{s}$ 满足题设条件 (7.6.1), 从而 $\boldsymbol{s}^{\mathrm{T}}\nabla_{\boldsymbol{xx}}L(\boldsymbol{x}^*,\boldsymbol{\lambda}^*)\boldsymbol{s}>0$.

由 (7.6.3), 对充分大的 k,

$$\begin{aligned}\frac{1}{k}>&\frac{L(\boldsymbol{x}_k,\boldsymbol{\lambda}^*)-L(\boldsymbol{x}^*,\boldsymbol{\lambda}^*)}{\|\boldsymbol{x}_k-\boldsymbol{x}^*\|^2}\\ =&\frac{\boldsymbol{s}_k^{\mathrm{T}}\nabla_{\boldsymbol{x}}L(\boldsymbol{x}^*,\boldsymbol{\lambda}^*)}{\|\boldsymbol{x}_k-\boldsymbol{x}^*\|}+\frac{1}{2}\boldsymbol{s}_k^{\mathrm{T}}\nabla_{\boldsymbol{xx}}L(\boldsymbol{x}^*,\boldsymbol{\lambda}^*)\boldsymbol{s}_k+o(1)>0.\end{aligned}$$

令 $k\to\infty$ 得矛盾, 这说明假设不成立. 命题结论得证. 证毕

利用 KKT 条件易知, 上述二阶条件主要考察 Lagrange 函数关于 $\boldsymbol{x}$ 的梯度在从 $\boldsymbol{x}^*$ 点沿可行域在最优值点的切方向 $\boldsymbol{s}$ 移动时的变化情况.

习　题

1. 设 $\boldsymbol{x}^*$ 为下述优化问题的最优解

$$\min\{f(\boldsymbol{x})\mid \boldsymbol{l}\leqslant\boldsymbol{x}\leqslant\boldsymbol{u}\},$$

其中, $f:\mathbb{R}^n\to\mathbb{R}$ 连续可微, 向量 $\boldsymbol{l},\boldsymbol{u}\in\mathbb{R}^n$ 满足 $\boldsymbol{l}\leqslant\boldsymbol{u}$. 则

$$\frac{\partial f_i(\boldsymbol{x}^*)}{\partial x_i}\begin{cases}\geqslant 0, & 若\ x_i^*=l_i,\\ \leqslant 0, & 若\ x_i^*=u_i,\\ =0, & 若\ l_i<x_i^*<u_i.\end{cases}$$

2. 设 $\boldsymbol{A} \in \mathbb{R}^{m\times n}$, $\boldsymbol{b} \in \mathbb{R}^m$. 试给出下述区域中点的可行方向所满足的条件.

$$\Omega = \{\boldsymbol{x} \in \mathbb{R}^n \mid \boldsymbol{A}\boldsymbol{x} = \boldsymbol{b},\ \boldsymbol{x} \geqslant \boldsymbol{0}\};$$
$$\Omega = \{\boldsymbol{x} \in \mathbb{R}^n \mid \boldsymbol{A}\boldsymbol{x} \geqslant \boldsymbol{b},\ \boldsymbol{x} \geqslant \boldsymbol{0}\}.$$

3. 设 $\boldsymbol{A}_1 \in \mathbb{R}^{m_1\times n}$, $\boldsymbol{A}_2 \in \mathbb{R}^{m_2\times n}$, $\boldsymbol{b}_1 \in \mathbb{R}^{m_1}$, $\boldsymbol{b}_2 \in \mathbb{R}^{m_2}$, $\boldsymbol{c} \in \mathbb{R}^n$, $d \in \mathbb{R}$. 若对任意的 $\boldsymbol{x} \in \mathbb{R}^n$ 都有

$$\left.\begin{aligned} \boldsymbol{A}_1\boldsymbol{x} &= \boldsymbol{b}_1 \\ \boldsymbol{A}_2\boldsymbol{x} &\leqslant \boldsymbol{b}_2 \end{aligned}\right\} \Rightarrow \boldsymbol{c}^{\mathrm{T}}\boldsymbol{x} \leqslant d,$$

则存在 $\boldsymbol{y}_1 \in \mathbb{R}^{m_1}, \boldsymbol{y}_2 \in \mathbb{R}^{m_2}_{+}$, 满足

$$\begin{cases} \boldsymbol{c} = \boldsymbol{A}_1^{\mathrm{T}}\boldsymbol{y}_1 + \boldsymbol{A}_2^{\mathrm{T}}\boldsymbol{y}_2, \\ d \geqslant \boldsymbol{b}_1^{\mathrm{T}}\boldsymbol{y}_1 + \boldsymbol{b}_2^{\mathrm{T}}\boldsymbol{y}_2. \end{cases}$$

4. 对 $\boldsymbol{A}_1 \in \mathbb{R}^{m_1\times n}$, $\boldsymbol{A}_2 \in \mathbb{R}^{m_2\times n}$, $\boldsymbol{b}_1 \in \mathbb{R}^{m_1}$, $\boldsymbol{b}_2 \in \mathbb{R}^{m_2}$, $\boldsymbol{c} \in \mathbb{R}^n$, $d \in \mathbb{R}$, 设下述线性系统有解

$$\begin{cases} \boldsymbol{A}_1\boldsymbol{x} = \boldsymbol{b}_1, \\ \boldsymbol{A}_2\boldsymbol{x} \leqslant \boldsymbol{b}_2. \end{cases}$$

试用前一题中的结论证明, 下述两系统恰有一个有解.

$$(1)\quad \begin{cases} \boldsymbol{A}_1\boldsymbol{x} = \boldsymbol{b}_1, \\ \boldsymbol{A}_2\boldsymbol{x} \leqslant \boldsymbol{b}_2, \\ \boldsymbol{c}^{\mathrm{T}}\boldsymbol{x} > d, \end{cases} \qquad (2)\quad \begin{cases} \boldsymbol{c} = \boldsymbol{A}_1^{\mathrm{T}}\boldsymbol{y}_1 + \boldsymbol{A}_2^{\mathrm{T}}\boldsymbol{y}_2, \\ d \geqslant \boldsymbol{b}_1^{\mathrm{T}}\boldsymbol{y}_1 + \boldsymbol{b}_2^{\mathrm{T}}\boldsymbol{y}_2, \\ \boldsymbol{y}_1 \in \mathbb{R}^{m_1}, \boldsymbol{y}_2 \in \mathbb{R}^{m_2}_{+}. \end{cases}$$

5. 设 $f: \mathbb{R}^n \to \mathbb{R}$ 连续可微, $\boldsymbol{x}_0 \in \mathbb{R}^n$, $\mathcal{K}$ 为 $\mathbb{R}^n$ 的子空间. 若 $\boldsymbol{x}^* \in \mathbb{R}^n$ 为下述优化问题的最优解

$$\min\{f(\boldsymbol{x}) \mid \boldsymbol{x} \in \boldsymbol{x}_0 + \mathcal{K}\},$$

则 $\nabla f(\boldsymbol{x}^*)$ 与子空间 $\mathcal{K}$ 正交, 也就是

$$\langle \nabla f(\boldsymbol{x}^*), \boldsymbol{x}\rangle = 0, \quad \forall\ \boldsymbol{x} \in \mathcal{K}.$$

6. 设 $\boldsymbol{A} = (a_{ij})_{n\times n}$ 对称. 证明如下优化问题

$$\min_{\mu\in\mathbb{R}, \boldsymbol{x}\in\mathbb{R}^n} \|\boldsymbol{A} - \mu\boldsymbol{x}\boldsymbol{x}^{\mathrm{T}}\|_{\mathrm{F}}^2 = \sum_{i,j=1}^{n} (a_{ij} - \mu\boldsymbol{x}_i\boldsymbol{x}_j)^2 \qquad \text{s.t. } \boldsymbol{x}^{\mathrm{T}}\boldsymbol{x} = 1$$

的最优解为 $\boldsymbol{A}$ 在绝对值意义下的最大特征值及其对应的特征向量.

7. 设 $\boldsymbol{x}^*$ 为约束优化问题 (7.2.2) 的局部最优值点. 该问题在 $\boldsymbol{x}^*$ 点的可行方向所构成集合的闭包, 称为可行域在 $\boldsymbol{x}^*$ 点的切锥, 记为 $\mathcal{T}(\boldsymbol{x}^*)$. 约束优化问题在 $\boldsymbol{x}^*$ 点的线性化锥定义为

$$\mathcal{F}(\boldsymbol{x}^*) = \{\boldsymbol{s} \in \mathbb{R}^n \mid \boldsymbol{s}^{\mathrm{T}}\nabla c_i(\boldsymbol{x}^*) = 0,\ i \in \mathcal{E}; \quad \boldsymbol{s}^{\mathrm{T}}\nabla c_i(\boldsymbol{x}^*) \geqslant 0,\ i \in \mathcal{I}(\boldsymbol{x}^*)\}.$$

若 $\mathcal{T}(\boldsymbol{x}^*) = \mathcal{F}(\boldsymbol{x}^*)$, 则约束优化问题在 $\boldsymbol{x}^*$ 点 KKT 条件成立.

8. 建立下述优化问题的 KKT 条件和二阶最优性条件, 并讨论为什么最优值无下界

$$\begin{aligned} \min \quad & -3x_1 + x_2 - x_3^2 \\ \text{s.t.} \quad & x_1 + x_2 + x_3 \leqslant 0, \\ & -x_1 + 2x_2 + x_3^2 = 0. \end{aligned}$$

9. 设 $\boldsymbol{A} \in \mathbb{R}^{l\times m}, \boldsymbol{B} \in \mathbb{R}^{l\times n}, \boldsymbol{c} \in \mathbb{R}^l$, $f: \mathbb{R}^m \to \mathbb{R}$ 和 $g: \mathbb{R}^n \to \mathbb{R}$ 连续可微, $\mathcal{X}$ 和 $\mathcal{Y}$ 分别为 $\mathbb{R}^m$ 和 $\mathbb{R}^n$ 中的非空闭凸集. 对约束优化问题

$$\begin{aligned} & \min\ f(\boldsymbol{x}) + g(\boldsymbol{y}) \\ & \text{s.t.}\ \boldsymbol{Ax} + \boldsymbol{By} = \boldsymbol{c}, \boldsymbol{x} \in \mathcal{X}, \boldsymbol{y} \in \mathcal{Y} \end{aligned}$$

引入 Lagrange 函数

$$L(\boldsymbol{x}, \boldsymbol{y}, \boldsymbol{\lambda}) = f(\boldsymbol{x}) + g(\boldsymbol{y}) - \boldsymbol{\lambda}^{\mathrm{T}}(\boldsymbol{Ax} + \boldsymbol{By} - \boldsymbol{c}).$$

试证明原约束优化问题的稳定点等价于满足下述条件的 $z^* \in \mathcal{Z}$:

$$\langle \boldsymbol{Q}(\boldsymbol{z}^*), \boldsymbol{z} - \boldsymbol{z}^* \rangle \geqslant 0, \quad \forall\ \boldsymbol{z} \in \mathcal{Z},$$

其中,

$$\mathcal{Z} = \mathcal{X} \times \mathcal{Y} \times \mathbb{R}^l, \quad \boldsymbol{z} = \begin{pmatrix} \boldsymbol{x} \\ \boldsymbol{y} \\ \boldsymbol{\lambda} \end{pmatrix}, \quad \boldsymbol{Q}(\boldsymbol{z}) = \begin{pmatrix} \nabla_x L(\boldsymbol{x}, \boldsymbol{y}, \boldsymbol{\lambda}) \\ \nabla_y L(\boldsymbol{x}, \boldsymbol{y}, \boldsymbol{\lambda}) \\ \boldsymbol{Ax} + \boldsymbol{By} - \boldsymbol{c} \end{pmatrix}.$$

10. 设 $\boldsymbol{a}, \boldsymbol{c} \in \mathbb{R}^n$, $b > 0$. 则对下述优化问题

$$\begin{aligned} & \min\ f(\boldsymbol{x}) = \sum_{i=1}^n \frac{c_i}{x_i} \\ & \text{s.t.}\ \boldsymbol{a}^{\mathrm{T}}\boldsymbol{x} = b,\ \boldsymbol{x} \geqslant \boldsymbol{0} \end{aligned}$$

最优值 $f^* = \dfrac{1}{b}\left(\sum\limits_{i=1}^n (a_i c_i)^{1/2}\right)^2$.

11. 写出下述优化问题

$$\begin{aligned} \min \quad & \left(x_1 - \frac{4}{9}\right)^2 + (x_2 - 2)^2 \\ \text{s.t.} \quad & -x_1^2 + x_2 \geqslant 0. \\ & x_1 + x_2 \leqslant 6. \\ & x_1, x_2 \geqslant 0 \end{aligned}$$

的 KKT 条件, 并验证 $(3/2; 4/9)$ 为该优化问题的唯一全局最优值点.

12. 设 $\boldsymbol{a} \in \mathbb{R}^n$ 为非零非负向量. 求下述优化问题的最优解

$$\begin{aligned} \max \quad & \min_{1\leqslant i\leqslant n} x_i \\ \text{s.t.} \quad & \boldsymbol{a}^{\mathrm{T}}\boldsymbol{x} \leqslant 1. \end{aligned}$$

13. 设 $\boldsymbol{A} \in \mathbb{R}^{m\times n}$, $\boldsymbol{b} \in \mathbb{R}^n$. 试给出下述二次规划问题的 Lagrange 对偶.

$$\begin{aligned} \min \quad & \|\boldsymbol{x}-\boldsymbol{b}\|^2 \\ \text{s.t.} \quad & \boldsymbol{A}\boldsymbol{x} = \boldsymbol{0}. \end{aligned}$$

14. 设矩阵 $\boldsymbol{A} \in \mathbb{R}^{m\times n}$ 行满秩, $\boldsymbol{c} \in \mathbb{R}^n$ 非零, 且 $\boldsymbol{A}^{\mathrm{T}}(\boldsymbol{A}\boldsymbol{A}^{\mathrm{T}})^{-1}\boldsymbol{A}\boldsymbol{c} - \boldsymbol{c} \neq \boldsymbol{0}$. 求下述优化问题的最优解和最优值

$$\begin{aligned} \min \quad & \boldsymbol{c}^{\mathrm{T}}\boldsymbol{x} \\ \text{s.t.} \quad & \boldsymbol{A}\boldsymbol{x} = \boldsymbol{0}, \boldsymbol{x}^{\mathrm{T}}\boldsymbol{x} \leqslant 1. \end{aligned}$$

15. 对映射 $\phi : \mathbb{R}^n \times \mathbb{R}^m \Rightarrow \mathbb{R}$, 设 $\bar{\boldsymbol{x}}$ 是极大值函数 $\max\{\phi(\boldsymbol{x},\boldsymbol{y}) \mid \boldsymbol{y} \in \mathbb{R}^m\}$ 的最小值点, $\bar{\boldsymbol{y}}$ 是极小值函数 $\min\{\phi(\boldsymbol{x},\boldsymbol{y}) \mid \boldsymbol{x} \in \mathbb{R}^n\}$ 的最大值点. 试证明 $(\bar{\boldsymbol{x}}, \bar{\boldsymbol{y}})$ 是函数 $\phi(\boldsymbol{x},\boldsymbol{y})$ 的鞍点的充分必要条件是

$$\max_{\boldsymbol{y}\in\mathbb{R}^m} \min_{\boldsymbol{x}\in\mathbb{R}^n} \phi(\boldsymbol{x},\boldsymbol{y}) = \min_{\boldsymbol{x}\in\mathbb{R}^n} \max_{\boldsymbol{y}\in\mathbb{R}^m} \phi(\boldsymbol{x},\boldsymbol{y}).$$

16. 建立下述优化问题的 Lagrange 对偶规划

$$\begin{aligned} \min \quad & x_1^2 + x_2^2 \\ \text{s.t.} \quad & x_1 + x_2 \geqslant 4;\ x_1, x_2 \geqslant 0. \end{aligned}$$

验证对偶规划问题的目标函数为 $\theta(u) = -u^2/2 - 4u$, 并且对偶间隙为零.

17. 考虑下述优化问题

$$\begin{aligned} \max \quad & \sum_{i=1}^n x_i^3 \\ \text{s.t.} \quad & \sum_{i=1}^n x_i = 0,\ \sum_{i=1}^n x_i^2 = n. \end{aligned}$$

计算该问题的 K-T 点, 并通过二阶条件验证这些 K-T 点是否为原问题的极大值点.

18. 设 $\boldsymbol{a} \in \mathbb{R}^n$. 试用 KKT 条件求下述优化问题的最优解和最优值

$$\min\left\{\sum_{i=1}^n \frac{a_i^2}{x_i} \mid \boldsymbol{e}^{\mathrm{T}}\boldsymbol{x} \leqslant 1,\ \boldsymbol{x} > \boldsymbol{0}\right\}.$$

19. 对 n 阶实对称阵 $\boldsymbol{A},\boldsymbol{B}$, 试证明下述结论等价.

(1) 对任意的非零向量 $\boldsymbol{x} \in \mathbb{R}^n$, $\max\{\boldsymbol{x}^{\mathrm{T}}\boldsymbol{A}\boldsymbol{x}, \boldsymbol{x}^{\mathrm{T}}\boldsymbol{B}\boldsymbol{x}\} \geqslant 0 (> 0)$;

(2) 存在非负常数 λ 和 μ 满足 $\lambda + \mu = 1$ 使得 $\lambda\boldsymbol{A} + \mu\boldsymbol{B}$ 半正定 (正定).

20. 考虑优化问题

$$\min_{\boldsymbol{x}\in\mathcal{X},\boldsymbol{y}\in\mathcal{Y}} f(\boldsymbol{x},\boldsymbol{y}),$$

其中, $\mathcal{X},\mathcal{Y}$ 分别为 $\mathbb{R}^n,\mathbb{R}^m$ 中的非空闭凸集. 如果存在 $\boldsymbol{x}^* \in \mathcal{X}, \boldsymbol{y}^* \in \mathcal{Y}$ 使得

$$\boldsymbol{x}^* = \arg\min_{\boldsymbol{x}\in\mathcal{X}} f(\boldsymbol{x},\boldsymbol{y}^*), \quad \boldsymbol{y}^* = \arg\min_{\boldsymbol{y}\in\mathcal{Y}} f(\boldsymbol{x}^*,\boldsymbol{y}).$$

请问 $(\boldsymbol{x}^*, \boldsymbol{y}^*)$ 是否为原问题的最优解?

第8章 二次规划

二次规划是非线性约束优化问题中最简单, 也是最早被人们研究的一类问题. 它不仅在实际问题中有自己的来源, 如线性最小二乘问题, 线性支持向量机问题, 而且还作为子问题出现在非线性约束优化问题的 SQP 方法中. 同线性规划一样, 二次规划问题最优解的存在性可以通过有限的计算量进行验证, 而且如果最优解存在, 可借助数值方法在有限步内得到它.

8.1 模型与基本性质

二次规划是指具有如下形式的非线性最优化问题

$$
\begin{aligned}
\min\quad & Q(\boldsymbol{x})=\frac{1}{2}\boldsymbol{x}^{\mathrm{T}}\boldsymbol{G}\boldsymbol{x}+\boldsymbol{g}^{\mathrm{T}}\boldsymbol{x}\\
\text{s.t.}\quad & \boldsymbol{a}_i^{\mathrm{T}}\boldsymbol{x}=b_i,\quad i\in\mathcal{E},\\
& \boldsymbol{a}_i^{\mathrm{T}}\boldsymbol{x}\geqslant b_i,\quad i\in\mathcal{I},
\end{aligned}
\tag{8.1.1}
$$

其中, $\boldsymbol{G}\in\mathbb{R}^{n\times n}$, $\boldsymbol{g}\in\mathbb{R}^{n}$. 记其可行域为 Ω.

由于 $\boldsymbol{x}^{\mathrm{T}}\boldsymbol{G}\boldsymbol{x}=\boldsymbol{x}^{\mathrm{T}}\left(\dfrac{\boldsymbol{G}+\boldsymbol{G}^{\mathrm{T}}}{2}\right)\boldsymbol{x}$, 故在以后的讨论中, 总假定 $\boldsymbol{G}$ 是对称的, 即 $\boldsymbol{G}\in\mathbb{S}^{n\times n}$.

首先讨论二次规划问题的相容性, 即可行解的存在性.

定理 8.1.1 二次规划 (8.1.1) 的可行域非空, 也就是其线性约束系统相容的充分必要条件是对任意满足

$$
\sum_{i\in\mathcal{E}\cup\mathcal{I}}\mu_i\boldsymbol{a}_i=\boldsymbol{0},\quad \mu_i\geqslant 0,\ i\in\mathcal{I}
$$

的非零向量 $\boldsymbol{\mu}$ 均有 $\sum\limits_{i\in\mathcal{E}\cup\mathcal{I}}\mu_i b_i\leqslant 0$.

证明 记 $\boldsymbol{A}^{\mathrm{T}}=(\boldsymbol{a}_i)_{\mathcal{E}\cup\mathcal{I}}$, $\boldsymbol{b}=(b_i)_{\mathcal{E}\cup\mathcal{I}}$. 由于一个等式约束可以用两个不等式约束替换, 因此, 不妨设二次规划 (8.1.1) 只含不等式约束, 即 $|\mathcal{E}|=0$.

显然, 二次规划问题相容等价于下述系统有解

$$
\begin{cases}
\boldsymbol{A}\boldsymbol{x}-\boldsymbol{I}_m\boldsymbol{y}=\boldsymbol{b},\\
\boldsymbol{y}\geqslant\boldsymbol{0}.
\end{cases}
$$

由推论 1.4.1′, 上述系统有解的充分必要条件是下述关于 $\boldsymbol{\mu}$ 的系统无解

$$\begin{cases} \boldsymbol{A}^{\mathrm{T}}\boldsymbol{\mu}=\boldsymbol{0},\ -\boldsymbol{\mu}\geqslant\boldsymbol{0}, \\ \boldsymbol{b}^{\mathrm{T}}\boldsymbol{\mu}<0, \end{cases}$$

也就是系统

$$\begin{cases} \boldsymbol{A}^{\mathrm{T}}\boldsymbol{\mu}=\boldsymbol{0},\ \boldsymbol{\mu}\geqslant\boldsymbol{0}, \\ \boldsymbol{b}^{\mathrm{T}}\boldsymbol{\mu}>0 \end{cases}$$

无解, 即对于任意满足

$$\boldsymbol{A}^{\mathrm{T}}\boldsymbol{\mu}=\boldsymbol{0}$$

的非零非负向量 $\boldsymbol{\mu}$, 均有 $\boldsymbol{b}^{\mathrm{T}}\boldsymbol{\mu}\leqslant 0$. 结论得证. 证毕

下面讨论二次规划问题最优解的存在性.

定理 8.1.2 (Frank-Wolfe 定理,1956) 设二次规划 (8.1.1) 可行域非空, 且目标函数在可行域上有下界, 则它有全局最优解.

证明 只需考虑可行域 Ω 无界的情况. 对此, 由凸多面体的分解定理 1.3.1, 存在多面胞 $\mathcal{P}$ 和非空有界闭集 $\mathcal{S}$ 使

$$\Omega=\{\boldsymbol{p}+\tau\boldsymbol{s}\mid\boldsymbol{p}\in\mathcal{P},\boldsymbol{s}\in\mathcal{S},\tau\geqslant 0\}. \tag{8.1.2}$$

为证命题结论, 下对可行域 Ω 的维数进行归纳. 如果可行域 Ω 的维数为 1, 由 (8.1.2), 则该规划问题可表示成一元二次规划问题, 根据题设, 易证命题结论成立.

设 Ω 的维数不大于 k 时 $(k\geqslant 1)$ 命题结论成立. 下面考虑维数为 $(k+1)$ 的情形.

记 γ 为目标函数在 Ω 上的一个下界. 则对任意的 $\boldsymbol{x}=(\boldsymbol{p}+\tau\boldsymbol{s})\in\Omega$,

$$\gamma\leqslant Q(\boldsymbol{x})=Q(\boldsymbol{p}+\tau\boldsymbol{s})=Q(\boldsymbol{p})+\tau(\boldsymbol{G}\boldsymbol{p}+\boldsymbol{g})^{\mathrm{T}}\boldsymbol{s}+\frac{1}{2}\tau^2\boldsymbol{s}^{\mathrm{T}}\boldsymbol{G}\boldsymbol{s}. \tag{8.1.3}$$

由 $\tau\geqslant 0$ 的任意性, $\boldsymbol{s}^{\mathrm{T}}\boldsymbol{G}\boldsymbol{s}\geqslant 0$. 下面分情况讨论.

下面根据对任意非零 $\boldsymbol{s}\in\mathcal{S}$, $\boldsymbol{s}^{\mathrm{T}}\boldsymbol{G}\boldsymbol{s}>0$, 和存在 $\bar{\boldsymbol{s}}\in\mathcal{S}$ 使得 $\bar{\boldsymbol{s}}^{\mathrm{T}}\boldsymbol{G}\bar{\boldsymbol{s}}=0$ 分情况讨论.

对第一种情况, 由于 $\mathcal{P}$ 和 $\mathcal{S}$ 都是有界闭集, 故存在与 $\boldsymbol{p},s$ 无关的常数 $\alpha>0>\beta$ 使得

$$\boldsymbol{s}^{\mathrm{T}}\boldsymbol{G}\boldsymbol{s}\geqslant\alpha>0,\quad\forall\,\boldsymbol{s}\in\mathcal{S};\qquad(\boldsymbol{G}\boldsymbol{p}+\boldsymbol{g})^{\mathrm{T}}\boldsymbol{s}\geqslant\beta,\quad\forall\,\boldsymbol{p}\in\mathcal{P},\boldsymbol{s}\in\mathcal{S}. \tag{8.1.4}$$

所以,

$$Q(\boldsymbol{p}+\tau\boldsymbol{s})\geqslant Q(\boldsymbol{p})+\tau\beta+\frac{1}{2}\tau^2\alpha.$$

由 (8.1.3), 对任意的 $\boldsymbol{p}\in\mathcal{P}$ 和 $\boldsymbol{s}\in\mathcal{S}$, $Q(\boldsymbol{p}+\tau\boldsymbol{s})$ 关于 $\tau\geqslant 0$ 的最小值点为

$$\max\{0,-(\boldsymbol{Gp}+\boldsymbol{g})^{\mathrm{T}}\boldsymbol{s}/\boldsymbol{s}^{\mathrm{T}}\boldsymbol{Gs}\}.$$

另一方面, 二次函数 $Q(\boldsymbol{p})+\tau\beta+\dfrac{1}{2}\tau^2\alpha$ 关于 τ 的最小值点为 $-\beta/\alpha$. 由 (8.1.4),

$$\max\{0,-(\boldsymbol{Gp}+\boldsymbol{g})^{\mathrm{T}}\boldsymbol{s}/\boldsymbol{s}^{\mathrm{T}}\boldsymbol{Gs}\}\leqslant-\beta/\alpha.$$

从而目标函数在可行域 Ω 上的最优值点必为其在下述有界闭集上的最小值点

$$\{\boldsymbol{p}+\tau\boldsymbol{s}\mid\boldsymbol{p}\in\mathcal{P},\boldsymbol{s}\in\mathcal{S},\tau\in[0,-\beta/\alpha]\}.$$

命题结论得证.

再考虑存在 $\bar{\boldsymbol{s}}\in\mathcal{S}$, $\bar{\boldsymbol{s}}^{\mathrm{T}}\boldsymbol{G}\bar{\boldsymbol{s}}=0$ 的情况. 由于对任意的 $\boldsymbol{x}\in\Omega$ 和 $\tau\geqslant 0$, $\boldsymbol{x}+\tau\bar{\boldsymbol{s}}\in\Omega$, 由 (8.1.3) 知, 对任意的 $\boldsymbol{x}\in\Omega$,

$$(\boldsymbol{Gx}+\boldsymbol{g})^{\mathrm{T}}\bar{\boldsymbol{s}}\geqslant 0. \tag{8.1.5}$$

对此, 再分两种情况讨论.

情形 1. 存在 $\bar{\boldsymbol{x}}\in\Omega$ 使对任意的 $\tau\in\mathbb{R}$, $\bar{\boldsymbol{x}}+\tau\bar{\boldsymbol{s}}\in\Omega$. 利用约束条件,

$$\boldsymbol{a}_i^{\mathrm{T}}\bar{\boldsymbol{s}}=0,\quad i\in\mathcal{E}\cup\mathcal{I}.$$

从而对任意 $\boldsymbol{x}\in\Omega$ 和任意的 $\tau\in\mathbb{R}$, $\boldsymbol{x}+\tau\bar{s}\in\Omega$. 这说明可行域在方向 $\bar{\boldsymbol{s}}$ 上是仿射集 (图 8.1.1). 从而由 (8.1.5) 得,$(\boldsymbol{Gx}+\boldsymbol{g})^{\mathrm{T}}\bar{\boldsymbol{s}}=\boldsymbol{0}$. 故对任意 $\boldsymbol{x}\in\Omega$ 和 $\tau\in\mathbb{R}$,

$$\boldsymbol{Q}(\boldsymbol{x}+\tau\bar{\boldsymbol{s}})=Q(\boldsymbol{x}).$$

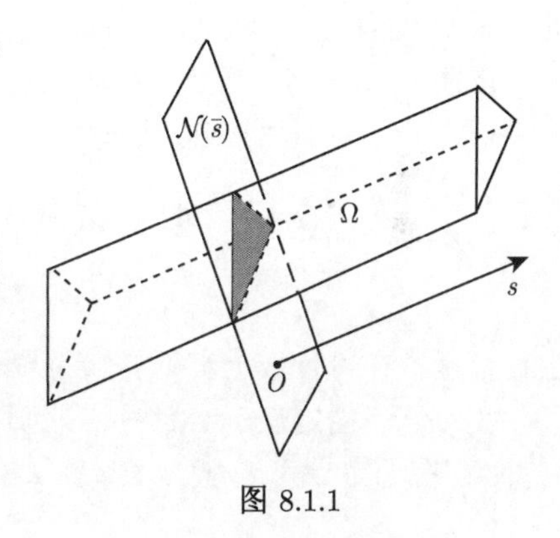

图 8.1.1

这样, 原二次规划问题等价地转化为在 Ω 关于 $\boldsymbol{s}$ 的商空间 $\Omega\cap\mathcal{N}(\bar{s})$ 上极小化目标函数. 显然, 该区域的维数比 Ω 的维数少 1, 利用归纳假设, 命题结论得证.

情形 2. 对任意的 $\boldsymbol{x}\in\Omega$, 存在常数 $\tau\in\mathbb{R}$ 使得 $\boldsymbol{x}+\tau\bar{\boldsymbol{s}}\notin\Omega$. 令

$$\tau_{\boldsymbol{x}}=\min\{\tau\in\mathbb{R}\mid\boldsymbol{x}+\tau\bar{\boldsymbol{s}}\in\Omega\}.$$

则对任意的 $\boldsymbol{x}\in\Omega$, $\tau_{\boldsymbol{x}}\leqslant 0$ 和 $\boldsymbol{x}+\tau_{\boldsymbol{x}}\bar{\boldsymbol{s}}\in\mathrm{bd}(\Omega)$. 由 (8.1.3),

$$Q(\boldsymbol{x}+\tau_{\boldsymbol{x}}\bar{\boldsymbol{s}})=Q(\boldsymbol{x})+\tau_{\boldsymbol{x}}(\boldsymbol{Gx}+\boldsymbol{g})^{\mathrm{T}}\bar{\boldsymbol{s}}\leqslant Q(\boldsymbol{x}).$$

这说明, 目标函数在 Ω 上的最小值在 Ω 的边界上达到. 而 Ω 的边界的维数比 Ω 的维数少 1, 利用归纳假设, 结论得证. 证毕

该结论不具有普遍性, 也就是说, 它仅对二次规划问题有效. 如一元函数 e^{-x} 在非负轴上非负且最优值为零, 但它在非负轴上没有最优解.

结合性质 7.4.2, 易得如下结论.

推论 8.1.1 若严格凸二次规划问题的可行域非空, 则它有唯一全局最优解.

实际上, 由于严格凸二次函数 $Q(\boldsymbol{x})$ 是强制的, 即

$$\lim_{\|\boldsymbol{x}\|\to\infty} Q(\boldsymbol{x}) = \infty,$$

因此, 更一般的结论是: 严格凸二次函数在任意非空闭凸集上都有唯一全局最优值点. 对一般的凸二次规划, 下面的结论给出了它有全局最优解的充分必要条件.

定理 8.1.3 设凸二次规划 (8.1.1) 的可行域非空, 则它有全局最优解的充要条件是对任意满足

$$\begin{cases} \boldsymbol{a}_i^{\mathrm{T}}\boldsymbol{d} = 0, & i \in \mathcal{E}, \\ \boldsymbol{a}_i^{\mathrm{T}}\boldsymbol{d} \geqslant 0, & i \in \mathcal{I}, \\ \boldsymbol{G}\boldsymbol{d} = \boldsymbol{0} \end{cases}$$

的向量 $\boldsymbol{d}$ 均有 $\boldsymbol{g}^{\mathrm{T}}\boldsymbol{d} \geqslant 0$.

证明 *必要性* 显然, 对任意的 $\boldsymbol{x} \in \Omega$, $\alpha \geqslant 0$ 和满足题设条件的 $\boldsymbol{d} \in \mathbb{R}^n$, $\boldsymbol{x} + \alpha\boldsymbol{d} \in \Omega$. 从而由 Taylor 展式,

$$\begin{aligned} Q(\boldsymbol{x} + \alpha\boldsymbol{d}) &= Q(\boldsymbol{x}) + \alpha\boldsymbol{d}^{\mathrm{T}}(\boldsymbol{G}\boldsymbol{x} + \boldsymbol{g}) + \frac{1}{2}\alpha^2\boldsymbol{d}^{\mathrm{T}}\boldsymbol{G}\boldsymbol{d} \\ &= Q(\boldsymbol{x}) + \alpha\boldsymbol{g}^{\mathrm{T}}\boldsymbol{d}. \end{aligned}$$

由目标函数在可行域上有下界知 $\boldsymbol{g}^{\mathrm{T}}\boldsymbol{d} \geqslant 0$.

充分性 由定理 8.1.2, 只需证明目标函数在可行域上有下界. 假设结论不成立, 则存在无穷点列 $\{\boldsymbol{x}_k\} \subset \Omega$ 使得

$$\lim_{k\to\infty} \|\boldsymbol{x}_k\| = \infty, \qquad \lim_{k\to\infty} Q(\boldsymbol{x}_k) = -\infty.$$

记

$$\boldsymbol{d}_k = \frac{\boldsymbol{x}_k - \boldsymbol{x}_0}{\|\boldsymbol{x}_k - \boldsymbol{x}_0\|}.$$

则 $\{\boldsymbol{d}_k\}$ 有收敛子列, 不妨设为其本身, 并记极限为 $\boldsymbol{d}$.

由可行域的闭凸性知, 对任意的 $\alpha \geqslant 0$, $\boldsymbol{x}_0 + \alpha\boldsymbol{d} \in \Omega$. 显然,

$$\boldsymbol{a}_i^{\mathrm{T}}\boldsymbol{d} = 0,\ i \in \mathcal{E}; \quad \boldsymbol{a}_i^{\mathrm{T}}\boldsymbol{d} \geqslant 0,\ i \in \mathcal{I}.$$

而由 $\alpha \to \infty$ 时,

$$Q(\boldsymbol{x}_0 + \alpha\boldsymbol{d}) = Q(\boldsymbol{x}_0) + \alpha\boldsymbol{d}^{\mathrm{T}}(\boldsymbol{G}\boldsymbol{x}_0 + \boldsymbol{g}) + \frac{1}{2}\alpha^2\boldsymbol{d}^{\mathrm{T}}\boldsymbol{G}\boldsymbol{d} \to -\infty$$

和矩阵 $\boldsymbol{G}$ 半正定知, $\boldsymbol{d}^{\mathrm{T}}\boldsymbol{G}\boldsymbol{d}=0$, 并因此有 $\boldsymbol{G}\boldsymbol{d}=\boldsymbol{0}$. 从而 $\boldsymbol{g}^{\mathrm{T}}\boldsymbol{d}<0$. 这与题设矛盾, 结论得证.

证毕

8.2 对偶理论

考虑严格凸二次规划问题

$$\begin{array}{ll}\min & Q(\boldsymbol{x})=\dfrac{1}{2}\boldsymbol{x}^{\mathrm{T}}\boldsymbol{G}\boldsymbol{x}+\boldsymbol{g}^{\mathrm{T}}\boldsymbol{x}\\ \text{s.t.} & \boldsymbol{a}_i^{\mathrm{T}}\boldsymbol{x}=b_i,\quad i\in\mathcal{E},\\ & \boldsymbol{a}_i^{\mathrm{T}}\boldsymbol{x}\geqslant b_i,\quad i\in\mathcal{I},\end{array}\tag{8.2.1}$$

其中, $\boldsymbol{G}\in\mathbb{S}^{n\times n}$, 并且可行域非空. 同样记 $\boldsymbol{A}^{\mathrm{T}}=(\boldsymbol{a}_i)_{\mathcal{I}\cup\mathcal{E}}, \boldsymbol{b}=(b_i)_{\mathcal{I}\cup\mathcal{E}}$. 将 Lagrange 函数

$$L(\boldsymbol{x},\boldsymbol{\lambda})=\frac{1}{2}\boldsymbol{x}^{\mathrm{T}}\boldsymbol{G}\boldsymbol{x}+\boldsymbol{g}^{\mathrm{T}}\boldsymbol{x}-\boldsymbol{\lambda}^{\mathrm{T}}(\boldsymbol{A}\boldsymbol{x}-\boldsymbol{b})$$

关于 $\boldsymbol{x}\in\mathbb{R}^n$ 求极小得

$$\boldsymbol{x}=\boldsymbol{G}^{-1}(\boldsymbol{A}^{\mathrm{T}}\boldsymbol{\lambda}-\boldsymbol{g}).$$

结合 (7.5.1) 得到二次规划问题 (8.2.1) 的 Lagrange 对偶

$$\begin{array}{ll}\max & \theta(\boldsymbol{\lambda})=-\dfrac{1}{2}(\boldsymbol{g}-\boldsymbol{A}^{\mathrm{T}}\boldsymbol{\lambda})^{\mathrm{T}}\boldsymbol{G}^{-1}(\boldsymbol{g}-\boldsymbol{A}^{\mathrm{T}}\boldsymbol{\lambda})+\boldsymbol{b}^{\mathrm{T}}\boldsymbol{\lambda}\\ \text{s.t.} & \lambda_i\geqslant 0,\quad i\in\mathcal{I}.\end{array}\tag{8.2.2}$$

舍去常数项并整理得

$$\begin{array}{ll}\min & \dfrac{1}{2}\boldsymbol{\lambda}^{\mathrm{T}}(\boldsymbol{A}\boldsymbol{G}^{-1}\boldsymbol{A}^{\mathrm{T}})\boldsymbol{\lambda}-(\boldsymbol{b}+\boldsymbol{A}\boldsymbol{G}^{-1}\boldsymbol{g})^{\mathrm{T}}\boldsymbol{\lambda}\\ \text{s.t.} & \lambda_i\geqslant 0,\quad i\in\mathcal{I}.\end{array}$$

由推论 7.5.2, 对线性约束的严格凸二次规划问题, 强对偶定理成立. 下面的结论告诉我们, 通过对偶规划问题的最优解可得到原规划问题的最优解.

定理 8.2.1 设 $\boldsymbol{x}^*, \boldsymbol{\lambda}^*$ 分别为严格凸二次规划问题 (8.2.1) 及对偶规划问题 (8.2.2) 的最优解. 则 $\boldsymbol{x}^*=\boldsymbol{G}^{-1}(\boldsymbol{A}^{\mathrm{T}}\boldsymbol{\lambda}^*-\boldsymbol{g})$.

证明 设 $(\boldsymbol{\lambda}^*,\boldsymbol{\mu}^*)$ 是对偶规划问题 (8.2.2) 的 K-T 对, 则

$$\left\{\begin{array}{l}\boldsymbol{A}\boldsymbol{G}^{-1}\boldsymbol{A}^{\mathrm{T}}\boldsymbol{\lambda}^*-(\boldsymbol{b}+\boldsymbol{A}\boldsymbol{G}^{-1}\boldsymbol{g})=\boldsymbol{\mu}^*,\\ \lambda_i^*\geqslant 0,\quad \mu_i^*\geqslant 0,\quad \lambda_i^*\mu_i^*=0,\quad i\in\mathcal{I},\\ \mu_i^*=0,\quad i\in\mathcal{E}.\end{array}\right.\tag{8.2.3}$$

由第一式得

$$\boldsymbol{A}\boldsymbol{G}^{-1}(\boldsymbol{A}^{\mathrm{T}}\boldsymbol{\lambda}^*-\boldsymbol{g})-\boldsymbol{b}=\boldsymbol{\mu}^*.$$

令 $\boldsymbol{x}^* = \boldsymbol{G}^{-1}(\boldsymbol{A}^{\mathrm{T}}\boldsymbol{\lambda}^* - \boldsymbol{g})$, 则 $\boldsymbol{A}\boldsymbol{x}^* - \boldsymbol{b} = \boldsymbol{\mu}^*$.

由 (8.2.3) 的后两式推知 $\boldsymbol{x}^*$ 属于可行域, 且 $(\boldsymbol{x}^*, \boldsymbol{\lambda}^*)$ 满足凸二次规划问题 (8.2.1) 的互补松弛条件. 由 $\boldsymbol{x}^*$ 的定义,

$$\boldsymbol{G}\boldsymbol{x}^* + \boldsymbol{g} = \boldsymbol{A}^{\mathrm{T}}\boldsymbol{\lambda}^*.$$

故 $\boldsymbol{x}^*$ 为严格凸二次规划问题 (8.2.1) 的 K-T 点. 由定理 7.4.4, $\boldsymbol{x}^*$ 为其最优解.证毕

从上述证明过程可以看出, 若 $\boldsymbol{x}^*$ 为原二次规划问题的最优解, 则对任意的 $i \in \mathcal{I}$, $\boldsymbol{a}_i^{\mathrm{T}}\boldsymbol{x}^* - b_i$ 的值恰好是对偶规划问题的约束函数在最优值点 $\boldsymbol{\lambda}^*$ 的最优 Lagrange 乘子 μ_i^*. 所以, 定理的结论反过来也成立, 即若 $\boldsymbol{x}^*$ 是严格凸二次规划问题 (8.2.1) 的最优解, 其对应的最优 Lagrange 乘子 $\boldsymbol{\lambda}^*$ 就是对偶规划问题 (8.2.2) 的最优解. 这可从对偶间隙角度进行分析.

设 $\boldsymbol{x}$ 和 $\boldsymbol{\lambda}$ 分别为凸规划问题 (8.2.1) 及其对偶规划问题 (8.2.2) 的可行解. 记 $\boldsymbol{y} = \boldsymbol{g} - \boldsymbol{A}^{\mathrm{T}}\boldsymbol{\lambda}$, 则 $\boldsymbol{g}^{\mathrm{T}}\boldsymbol{x} = \boldsymbol{y}^{\mathrm{T}}\boldsymbol{x} + \boldsymbol{x}^{\mathrm{T}}\boldsymbol{A}^{\mathrm{T}}\boldsymbol{\lambda}$. 所以

$$\begin{aligned}
Q(\boldsymbol{x}) - \theta(\boldsymbol{\lambda}) &= \frac{1}{2}\boldsymbol{x}^{\mathrm{T}}\boldsymbol{G}\boldsymbol{x} + \boldsymbol{g}^{\mathrm{T}}\boldsymbol{x} + \frac{1}{2}(\boldsymbol{g} - \boldsymbol{A}^{\mathrm{T}}\boldsymbol{\lambda})^{\mathrm{T}}\boldsymbol{G}^{-1}(\boldsymbol{g} - \boldsymbol{A}^{\mathrm{T}}\boldsymbol{\lambda}) - \boldsymbol{b}^{\mathrm{T}}\boldsymbol{\lambda} \\
&= \frac{1}{2}\big(\boldsymbol{x}^{\mathrm{T}}\boldsymbol{G}\boldsymbol{x} + \boldsymbol{y}^{\mathrm{T}}\boldsymbol{G}^{-1}\boldsymbol{y}\big) + \boldsymbol{g}^{\mathrm{T}}\boldsymbol{x} - \boldsymbol{b}^{\mathrm{T}}\boldsymbol{\lambda} \\
&= \frac{1}{2}\big(\boldsymbol{x}^{\mathrm{T}}\boldsymbol{G}\boldsymbol{x} + \boldsymbol{y}^{\mathrm{T}}\boldsymbol{G}^{-1}\boldsymbol{y}\big) + \boldsymbol{y}^{\mathrm{T}}\boldsymbol{x} + (\boldsymbol{A}\boldsymbol{x} - \boldsymbol{b})^{\mathrm{T}}\boldsymbol{\lambda} \\
&= \frac{1}{2}\big(\boldsymbol{x}^{\mathrm{T}}\boldsymbol{G}\boldsymbol{x} + \boldsymbol{y}^{\mathrm{T}}\boldsymbol{G}^{-1}\boldsymbol{y} + 2\boldsymbol{y}^{\mathrm{T}}\boldsymbol{x}\big) + (\boldsymbol{A}\boldsymbol{x} - \boldsymbol{b})^{\mathrm{T}}\boldsymbol{\lambda}. \qquad (8.2.4)
\end{aligned}$$

根据定理 8.2.1 及其证明过程, 若 $\boldsymbol{x}^*$ 为凸二次规划问题的最优值点,$(\boldsymbol{\lambda}^*, \boldsymbol{\mu}^*)$ 为对偶规划问题的 K-T 对, 则 $(\boldsymbol{x}^*, \boldsymbol{\lambda}^*)$ 构成原凸二次规划问题的 K-T 对. 这样,$\boldsymbol{x}^*, \boldsymbol{y}^*, \boldsymbol{\lambda}^*$ 之间有如下关系:

$$\boldsymbol{x}^* = -\boldsymbol{G}^{-1}\boldsymbol{y}^* = -\boldsymbol{G}^{-1}(\boldsymbol{g} - \boldsymbol{A}^{\mathrm{T}}\boldsymbol{\lambda}^*).$$

容易验证, 若取 $\boldsymbol{x} = \boldsymbol{x}^*, \boldsymbol{\lambda} = \boldsymbol{\lambda}^*$, 则 (8.2.4) 式的值为零, 也就是对偶间隙为零. 这与前面 §7.5 中得到的结论是一致的.

8.3 等式约束二次规划的求解方法

首先考虑无约束二次规划问题

$$\min_{\boldsymbol{x} \in \mathbb{R}^n} \ Q(\boldsymbol{x}) = \frac{1}{2}\boldsymbol{x}^{\mathrm{T}}\boldsymbol{G}\boldsymbol{x} + \boldsymbol{g}^{\mathrm{T}}\boldsymbol{x}.$$

对该问题, 容易推知只有在 $\boldsymbol{G}$ 至少半正定的情况下它才有最优解. 特别地, 有以下结论.

定理 8.3.1 凸二次函数 $Q(\boldsymbol{x})=\dfrac{1}{2}\boldsymbol{x}^{\mathrm{T}}\boldsymbol{G}\boldsymbol{x}+\boldsymbol{g}^{\mathrm{T}}\boldsymbol{x}$ 有最小值点的充要条件是 $\boldsymbol{g}\in\mathcal{R}(\boldsymbol{G})$, 即 $\mathrm{rank}(\boldsymbol{G})=\mathrm{rank}(\boldsymbol{G}\quad\boldsymbol{g})$. 此时, 任意满足 $\boldsymbol{G}\boldsymbol{x}=-\boldsymbol{g}$ 的 $\boldsymbol{x}$ 均为函数 $Q(\boldsymbol{x})$ 的最小值点.

进一步, 有如下结论. 它是一元二次函数相关结论的推广.

定理 8.3.2 设 $\boldsymbol{G}\in\mathbb{S}^{n\times n},\boldsymbol{g}\in\mathbb{R}^n,c\in\mathbb{R}$. 则二次函数 $Q(\boldsymbol{x})=\boldsymbol{x}^{\mathrm{T}}\boldsymbol{G}\boldsymbol{x}+2\boldsymbol{g}^{\mathrm{T}}\boldsymbol{x}+c$ 在 $\mathbb{R}^n$ 上非负的充分必要条件是矩阵 $\begin{pmatrix}\boldsymbol{G} & \boldsymbol{g}\\ \boldsymbol{g}^{\mathrm{T}} & c\end{pmatrix}$ 半正定. 此时, $Q(\boldsymbol{x})$ 有全局最优解.

证明 *充分性* 利用

$$Q(\boldsymbol{x})=(\boldsymbol{x}^{\mathrm{T}}\quad 1)\begin{pmatrix}\boldsymbol{G} & \boldsymbol{g}\\ \boldsymbol{g}^{\mathrm{T}} & c\end{pmatrix}\begin{pmatrix}\boldsymbol{x}\\ 1\end{pmatrix},$$

得证.

必要性 分两步证明. 首先, 由题设, 对任意固定的 $\boldsymbol{x}\in\mathbb{R}^n$,

$$0\leqslant Q(t\boldsymbol{x})=(t\boldsymbol{x})^{\mathrm{T}}\boldsymbol{G}(t\boldsymbol{x})+2\boldsymbol{g}^{\mathrm{T}}(t\boldsymbol{x})+g=t^2\boldsymbol{x}^{\mathrm{T}}\boldsymbol{G}\boldsymbol{x}+2t\boldsymbol{g}^{\mathrm{T}}\boldsymbol{x}+c,\quad \forall\, t\in\mathbb{R}.$$

由 t 的任意性知 $\boldsymbol{x}^{\mathrm{T}}\boldsymbol{G}\boldsymbol{x}\geqslant 0$, 即

$$(\boldsymbol{x}^{\mathrm{T}}\quad 0)\begin{pmatrix}\boldsymbol{G} & \boldsymbol{g}\\ \boldsymbol{g}^{\mathrm{T}} & c\end{pmatrix}\begin{pmatrix}\boldsymbol{x}\\ 0\end{pmatrix}\geqslant 0,\quad \forall\,\boldsymbol{x}\in\mathbb{R}^n. \tag{8.3.1}$$

其次, 对任意的 $\boldsymbol{x}\in\mathbb{R}^n$ 和 $t\neq 0$, 由题设,

$$0\leqslant t^2Q\left(\frac{1}{t}\boldsymbol{x}\right)=\boldsymbol{x}^{\mathrm{T}}\boldsymbol{G}\boldsymbol{x}+2t\boldsymbol{g}^{\mathrm{T}}\boldsymbol{x}+t^2c=(\boldsymbol{x}^{\mathrm{T}}\quad t)\begin{pmatrix}\boldsymbol{G} & \boldsymbol{g}\\ \boldsymbol{g}^{\mathrm{T}} & c\end{pmatrix}\begin{pmatrix}\boldsymbol{x}\\ t\end{pmatrix}.$$

由 $\boldsymbol{x}$ 和 $t\neq 0$ 的任意性并结合 (8.3.1) 得命题结论.

此时, 由 Frank-Wolfe 定理, 二次函数 $Q(\boldsymbol{x})$ 有全局最小值点. 再由函数的凸性知, 其稳定点就是全局最优值点. 证毕

下面考虑带线性等式约束的二次规划问题

$$\begin{aligned}\min\quad & Q(\boldsymbol{x})=\frac{1}{2}\boldsymbol{x}^{\mathrm{T}}\boldsymbol{G}\boldsymbol{x}+\boldsymbol{g}^{\mathrm{T}}\boldsymbol{x}\\ \text{s.t.}\quad & \boldsymbol{A}\boldsymbol{x}=\boldsymbol{b},\end{aligned} \tag{8.3.2}$$

其中, $\boldsymbol{A}\in\mathbb{R}^{m\times n},\boldsymbol{b}\in\mathbb{R}^m$.

对上述规划问题, 不失一般性, 设系数矩阵 $\boldsymbol{A}$ 行满秩, 利用消元法可将其转化为无约束优化问题. 为此, 将系数矩阵 $\boldsymbol{A}$ 和变量 $\boldsymbol{x}$ 进行如下分块

$$\boldsymbol{A}=(\boldsymbol{B}\quad\boldsymbol{N}),\quad \boldsymbol{x}=\begin{pmatrix}\boldsymbol{x}_B\\ \boldsymbol{x}_N\end{pmatrix},$$

其中, $\boldsymbol{B} \in \mathbb{R}^{m\times m}$ 非奇异. 自然地, 借助约束函数可将 $\boldsymbol{x_B}$ 表示为

$$\boldsymbol{x_B} = \boldsymbol{B}^{-1}(\boldsymbol{b} - \boldsymbol{N}\boldsymbol{x_N}).$$

将目标函数中的 $\boldsymbol{G}$ 和 $\boldsymbol{g}$ 进行相应分块

$$\boldsymbol{g} = \begin{pmatrix} \boldsymbol{g_B} \\ \boldsymbol{g_N} \end{pmatrix}, \qquad \boldsymbol{G} = \begin{pmatrix} \boldsymbol{G_{BB}} & \boldsymbol{G_{BN}} \\ \boldsymbol{G_{NB}} & \boldsymbol{G_{NN}} \end{pmatrix},$$

可将原问题转化为如下无约束二次规划问题

$$\min_{\boldsymbol{x_N}\in\mathbb{R}^{n-m}} \quad \psi(\boldsymbol{x_N}), \tag{8.3.3}$$

其中,

$$\begin{aligned}\psi(\boldsymbol{x_N}) = & \frac{1}{2}\boldsymbol{x_N}^{\mathrm{T}}\left(\boldsymbol{G_{NN}} - \boldsymbol{G_{NB}}\boldsymbol{B}^{-1}\boldsymbol{N} - \boldsymbol{N}^{\mathrm{T}}\boldsymbol{B}^{-\mathrm{T}}\boldsymbol{G_{BN}} + \boldsymbol{N}^{\mathrm{T}}\boldsymbol{B}^{-\mathrm{T}}\boldsymbol{G_{BB}}\boldsymbol{B}^{-1}\boldsymbol{N}\right)\boldsymbol{x_N} \\ & + \boldsymbol{x_N}^{\mathrm{T}}(\boldsymbol{G_{NB}} - \boldsymbol{N}^{\mathrm{T}}\boldsymbol{B}^{-\mathrm{T}}\boldsymbol{G_{BB}})\boldsymbol{B}^{-1}\boldsymbol{b} + \frac{1}{2}\boldsymbol{b}^{\mathrm{T}}\boldsymbol{B}^{-\mathrm{T}}\boldsymbol{G_{BB}}\boldsymbol{B}^{-1}\boldsymbol{b} \\ & + \boldsymbol{x_N}^{\mathrm{T}}(\boldsymbol{g_N} - \boldsymbol{N}^{\mathrm{T}}\boldsymbol{B}^{-\mathrm{T}}\boldsymbol{g_B}) + \boldsymbol{g_B}^{\mathrm{T}}\boldsymbol{B}^{-1}\boldsymbol{b}.\end{aligned}$$

若二次规划问题 (8.3.2) 的目标函数为凸函数, 则优化问题 (8.3.3) 的目标函数也是凸函数, 从而其最优解 $\boldsymbol{x_N}^*$ 可通过计算目标函数的稳定点得到. 将 $\boldsymbol{x_N}^*$ 代入 $\boldsymbol{x_B}$ 的表达式可得优化问题 (8.3.2) 的最优解. 这就是等式约束二次规划问题的消元法. 该方法简单直观, 缺陷是当 $\boldsymbol{B}$ 接近奇异时会出现数值不稳定的情况, 这就产生了下面的广义消元法.

任取 $\boldsymbol{Ax} = \boldsymbol{b}$ 的一个特解 $\boldsymbol{x}_0$, 则 $\Omega = \boldsymbol{x}_0 + \mathcal{N}(\boldsymbol{A})$. 这样, 二次规划问题 (8.3.2) 等价地化为

$$\begin{aligned} \min \quad & \frac{1}{2}\boldsymbol{y}^{\mathrm{T}}\boldsymbol{G}\boldsymbol{y} + \boldsymbol{y}^{\mathrm{T}}(\boldsymbol{G}\boldsymbol{x}_0 + \boldsymbol{g}) + Q(\boldsymbol{x}_0) \\ \text{s.t.} \quad & \boldsymbol{A}\boldsymbol{y} = \boldsymbol{0}. \end{aligned} \tag{8.3.4}$$

记 $\boldsymbol{Z}$ 为由 $\boldsymbol{A}$ 的零空间的一组基组成的矩阵. 则 $\boldsymbol{Ay} = \boldsymbol{0}$ 等价于存在 $\boldsymbol{z} \in \mathbb{R}^{n-m}$ 使 $\boldsymbol{y}=\boldsymbol{Zz}$. 于是, 优化问题 (8.3.4) 转化为如下无约束二次规划问题

$$\min_{\boldsymbol{x}\in\mathbb{R}^{n-m}} \frac{1}{2}\boldsymbol{z}^{\mathrm{T}}\boldsymbol{Z}^{\mathrm{T}}\boldsymbol{G}\boldsymbol{Z}\boldsymbol{z} + \boldsymbol{z}^{\mathrm{T}}\boldsymbol{Z}^{\mathrm{T}}\hat{\boldsymbol{g}}(\boldsymbol{x}_0), \tag{8.3.5}$$

其中, $\hat{\boldsymbol{g}}(\boldsymbol{x}_0) = \boldsymbol{g} + \boldsymbol{G}\boldsymbol{x}_0$.

通过计算问题 (8.3.5) 的稳定点可得到优化问题 (8.3.4) 的最优解 $\boldsymbol{y}^*$, 进一步得到原规划问题的最优解 $\boldsymbol{x}_0 + \boldsymbol{y}^*$. 这种方法是基于约束函数系数矩阵的零空间, 所以该方法称为零空间方法.

下面讨论线性方程组 $\boldsymbol{Ax}=\boldsymbol{b}$ 的特解 $\boldsymbol{x}_0$ 的计算方法. 取满足 $\boldsymbol{AY}=\boldsymbol{I}$ 的 $\boldsymbol{Y}\in\mathbb{R}^{n\times m}$, 则 $\boldsymbol{Y}$ 是 $\boldsymbol{A}$ 的一个右逆, $\boldsymbol{x}_0=\boldsymbol{Yb}$ 是方程组 $\boldsymbol{Ax}=\boldsymbol{b}$ 的一个特解. 从而可取 $\boldsymbol{Y}=\boldsymbol{A}^{\mathrm{T}}(\boldsymbol{AA}^{\mathrm{T}})^{-1}$. Gill 和 Murray(1974) 给出的下述方法可将矩阵 $\boldsymbol{Y},\boldsymbol{Z}$ 一并得到.

对系数矩阵 $\boldsymbol{A}^{\mathrm{T}}$ 作 QR 分解

$$\boldsymbol{A}^{\mathrm{T}}=(\boldsymbol{Q}_1\quad\boldsymbol{Q}_2)\begin{pmatrix}\boldsymbol{R}\\\boldsymbol{0}\end{pmatrix}=\boldsymbol{Q}_1\boldsymbol{R},\tag{8.3.6}$$

其中, $\boldsymbol{Q}=(\boldsymbol{Q}_1\quad\boldsymbol{Q}_2)$ 是一 n 阶正交阵, $\boldsymbol{Q}_1$ 和 $\boldsymbol{Q}_2$ 分别为 $n\times m$ 和 $n\times(n-m)$ 阶矩阵, $\boldsymbol{R}$ 是一行满秩上三角阵. 若令

$$\boldsymbol{Y}=\boldsymbol{Q}_1\boldsymbol{R}^{-\mathrm{T}},\quad \boldsymbol{Z}=\boldsymbol{Q}_2,$$

则 $\boldsymbol{Y},\boldsymbol{Z}$ 满足 $\boldsymbol{AY}=\boldsymbol{I},\boldsymbol{AZ}=\boldsymbol{0}$.

下面给出更广泛的一类方法.

取矩阵 $\boldsymbol{W}$ 使矩阵 $\begin{pmatrix}\boldsymbol{A}\\\boldsymbol{W}\end{pmatrix}$ 非奇异. 记其逆为 $(\boldsymbol{Y}\quad\boldsymbol{Z})$. 其中, $\boldsymbol{Y}\in\mathbb{R}^{n\times m},\boldsymbol{Z}\in\mathbb{R}^{n\times(n-m)}$. 容易验证, 这样的 $\boldsymbol{Y},\boldsymbol{Z}$ 满足 $\boldsymbol{AY}=\boldsymbol{I}$ 和 $\boldsymbol{AZ}=\boldsymbol{0}$.

特别地, 对应于消元法中 $\boldsymbol{A}$ 的分块, 取 $\boldsymbol{W}=(\boldsymbol{0}\quad\boldsymbol{I})$. 则

$$\begin{pmatrix}\boldsymbol{B}&\boldsymbol{N}\\\boldsymbol{0}&\boldsymbol{I}\end{pmatrix}^{-1}=\begin{pmatrix}\boldsymbol{B}^{-1}&-\boldsymbol{B}^{-1}\boldsymbol{N}\\\boldsymbol{0}&\boldsymbol{I}\end{pmatrix}=(\boldsymbol{Y}\quad\boldsymbol{Z}).$$

从而得到前面的消元法.

取 $\boldsymbol{W}$ 为 (8.3.6) 中的 $\boldsymbol{Q}_2^{\mathrm{T}}$, 则

$$\begin{pmatrix}\boldsymbol{A}\\\boldsymbol{Q}_2^{\mathrm{T}}\end{pmatrix}^{-1}=\begin{pmatrix}\boldsymbol{R}^{\mathrm{T}}\boldsymbol{Q}_1^{\mathrm{T}}\\\boldsymbol{Q}_2^{\mathrm{T}}\end{pmatrix}^{-1}=(\boldsymbol{Q}_1\boldsymbol{R}^{-\mathrm{T}}\quad\boldsymbol{Q}_2).$$

从而得到 Gill–Murray 方法.

由于凸规划问题的 K-T 点一定是其全局最优解, 所以也可通过计算凸规划问题的 K-T 点来获取其最优解. 这类方法称为二次规划问题的 Lagrange 方法.

显然, 等式约束二次规划问题 (8.3.2) 的 KKT 条件

$$\boldsymbol{Gx}+\boldsymbol{g}=\boldsymbol{A}^{\mathrm{T}}\boldsymbol{\lambda},\quad \boldsymbol{Ax}=\boldsymbol{b}$$

可写成

$$\begin{pmatrix}\boldsymbol{G}&-\boldsymbol{A}^{\mathrm{T}}\\-\boldsymbol{A}&\boldsymbol{0}\end{pmatrix}\begin{pmatrix}\boldsymbol{x}\\\boldsymbol{\lambda}\end{pmatrix}=\begin{pmatrix}-\boldsymbol{g}\\-\boldsymbol{b}\end{pmatrix}.\tag{8.3.7}$$

对该线性系统的系数矩阵, 有如下结论.

定理 8.3.3　设 $\boldsymbol{A} \in \mathbb{R}^{m\times n}$ 行满秩, $\boldsymbol{G} \in \mathbb{S}^{n\times n}$, 并且对任意满足 $\boldsymbol{A}\boldsymbol{x} = \boldsymbol{0}$ 的非零向量 $\boldsymbol{x}$, $\boldsymbol{x}^{\mathrm{T}}\boldsymbol{G}\boldsymbol{x} > 0$. 则 $\begin{pmatrix} \boldsymbol{G} & -\boldsymbol{A}^{\mathrm{T}} \\ -\boldsymbol{A} & \boldsymbol{0} \end{pmatrix}$ 非奇异.

证明　为证命题结论, 只需证下述齐次线性方程组只有零解.

$$\begin{pmatrix} \boldsymbol{G} & -\boldsymbol{A}^{\mathrm{T}} \\ -\boldsymbol{A} & \boldsymbol{0} \end{pmatrix} \begin{pmatrix} \boldsymbol{x} \\ \boldsymbol{y} \end{pmatrix} = \boldsymbol{0}. \tag{8.3.8}$$

事实上, 由 (8.3.8) 得, $\boldsymbol{A}\boldsymbol{x} = \boldsymbol{0}$. 从而对 (8.3.8) 左乘 $(\boldsymbol{x}^{\mathrm{T}} \quad \boldsymbol{y}^{\mathrm{T}})$ 得

$$0 = \boldsymbol{x}^{\mathrm{T}}\boldsymbol{G}\boldsymbol{x} - 2\boldsymbol{y}^{\mathrm{T}}\boldsymbol{A}\boldsymbol{x} = \boldsymbol{x}^{\mathrm{T}}\boldsymbol{G}\boldsymbol{x}.$$

由题设, $\boldsymbol{x} = \boldsymbol{0}$. 从而由 (8.3.8) 得 $\boldsymbol{A}^{\mathrm{T}}\boldsymbol{y} = \boldsymbol{0}$. 再利用 $\boldsymbol{A}^{\mathrm{T}}$ 列满秩得 $\boldsymbol{y} = \boldsymbol{0}$. 命题结论得证.　　证毕

如果将定理中的条件

$$\boldsymbol{x} \neq \boldsymbol{0},\ \boldsymbol{A}\boldsymbol{x} = \boldsymbol{0} \Rightarrow \boldsymbol{x}^{\mathrm{T}}\boldsymbol{G}\boldsymbol{x} > 0$$

削弱为

$$\boldsymbol{x} \neq \boldsymbol{0},\ \boldsymbol{A}\boldsymbol{x} = \boldsymbol{0} \Rightarrow \boldsymbol{x}^{\mathrm{T}}\boldsymbol{G}\boldsymbol{x} \neq 0,$$

结论同样成立. 只是前一条件可保证等式约束二次规划问题的 K-T 点是其全局最优解. 这是定理 7.4.3 的推广, 也是定理 7.6.2 的推论.

定理 8.3.4　对等式约束二次规划问题 (8.3.2), 在定理 8.3.3 的假设下, 其 K-T 点是严格全局最优解.

证明　设 $(\boldsymbol{x}^*, \boldsymbol{\lambda}^*)$ 为二次规划问题 (8.3.2) 的 K-T 对. 对任意满足 $\boldsymbol{A}\boldsymbol{x} = \boldsymbol{b}$ 的非 $\boldsymbol{x}^*$ 点 $\boldsymbol{x}$, 记 $\boldsymbol{d} = \boldsymbol{x}^* - \boldsymbol{x}$. 则 $\boldsymbol{A}\boldsymbol{d} = \boldsymbol{0}$, 并因此有 $\boldsymbol{d}^{\mathrm{T}}\boldsymbol{G}\boldsymbol{d} > \boldsymbol{0}$. 所以, 由 Taylor 展式得

$$\begin{aligned} Q(\boldsymbol{x}) &= Q(\boldsymbol{x}^* - \boldsymbol{d}) \\ &= Q(\boldsymbol{x}^*) - \boldsymbol{d}^{\mathrm{T}}(\boldsymbol{G}\boldsymbol{x}^* + \boldsymbol{g}) + \frac{1}{2}\boldsymbol{d}^{\mathrm{T}}\boldsymbol{G}\boldsymbol{d} \\ &> Q(\boldsymbol{x}^*) - \boldsymbol{d}^{\mathrm{T}}(\boldsymbol{G}\boldsymbol{x}^* + \boldsymbol{g}). \end{aligned}$$

利用 $\boldsymbol{A}\boldsymbol{d} = \boldsymbol{0}$ 并结合 KKT 条件 (8.3.7) 的第一式得

$$\boldsymbol{d}^{\mathrm{T}}(\boldsymbol{G}\boldsymbol{x}^* + \boldsymbol{g}) = 0.$$

故 $\boldsymbol{x}^*$ 是 (8.3.2) 的严格全局最优解.　　证毕

8.4 不等式约束二次规划的有效集方法

考虑带不等式约束的凸二次规划问题

$$\begin{aligned} \min \quad & Q(\boldsymbol{x}) = \frac{1}{2}\boldsymbol{x}^{\mathrm{T}}\boldsymbol{G}\boldsymbol{x} + \boldsymbol{g}^{\mathrm{T}}\boldsymbol{x} \\ \text{s.t.} \quad & \boldsymbol{a}_i^{\mathrm{T}}\boldsymbol{x} = b_i, \quad i \in \mathcal{E}, \\ & \boldsymbol{a}_i^{\mathrm{T}}\boldsymbol{x} \geqslant b_i, \quad i \in \mathcal{I}, \end{aligned} \tag{8.4.1}$$

其中, $\boldsymbol{G} \in \mathbb{S}^{n\times n}$ 正定. 记可行域为 Ω.

虽然该二次规划问题的可行域是凸多面体, 但由于它不像线性规划那样可以在可行域的顶点取到最优值, 也不像等式约束二次规划那样可以通过消元转化为无约束二次规划问题, 所以它比等式约束二次规划问题难求解. 这里介绍的有效集方法 (Fletcher, 1971) 主要基于等式约束二次规划问题的 Lagrange 方法. 下面的结论是显然的.

引理 8.4.1 设 $\boldsymbol{x}^*$ 是二次规划问题 (8.4.1) 的可行解, $(\boldsymbol{x}^*, \boldsymbol{\lambda}^*)$ 是下述问题

$$\begin{aligned} \min \quad & \frac{1}{2}\boldsymbol{x}^{\mathrm{T}}\boldsymbol{G}\boldsymbol{x} + \boldsymbol{g}^{\mathrm{T}}\boldsymbol{x} \\ \text{s.t.} \quad & \boldsymbol{a}_i^{\mathrm{T}}\boldsymbol{x} = b_i, \quad i \in \mathcal{A}(\boldsymbol{x}^*) \end{aligned} \tag{8.4.2}$$

的 K-T 对. 若对 $i \in \mathcal{I}(\boldsymbol{x}^*)$, $\lambda_i^* \geqslant 0$, 则 $\boldsymbol{x}^*$ 是二次规划问题 (8.4.1) 的 K-T 点.

由于 $\mathcal{A}(\boldsymbol{x}^*)$ 是未知的, 所以无法通过求解等式约束二次规划问题 (8.4.2) 的 K-T 点来求解原二次规划问题. 尽管如此, 对 $\boldsymbol{x}_k \in \Omega$, 我们可基于 $\mathcal{A}(\boldsymbol{x}_k)$ 的估计式 $\mathcal{S}_k$ 所对应的子问题 (8.4.2) 产生 $\boldsymbol{x}_k$ 点的一个可行下降方向, 然后通过线搜索在可行域内得到一个更好的迭代点. 这就是二次规划问题的积极集方法. 该方法可在有限步内得到凸二次规划问题的最优解.

具体地, 对 $\boldsymbol{x}_k \in \Omega$, 考虑二次规划子问题

$$\begin{aligned} \min \quad & \frac{1}{2}(\boldsymbol{x}_k + \boldsymbol{d})^{\mathrm{T}}\boldsymbol{G}(\boldsymbol{x}_k + \boldsymbol{d}) + \boldsymbol{g}^{\mathrm{T}}(\boldsymbol{x}_k + \boldsymbol{d}) \\ \text{s.t.} \quad & \boldsymbol{a}_i^{\mathrm{T}}\boldsymbol{d} = 0, \quad i \in \mathcal{S}_k, \end{aligned} \tag{8.4.3}$$

其中, $\mathcal{E} \subset \mathcal{S}_k \subset \mathcal{A}(\boldsymbol{x}_k)$, $\mathcal{S}_k$ 为 $\boldsymbol{x}_k$ 点的有效约束指标集 $\mathcal{A}(\boldsymbol{x}_k)$ 的一个估计. 在算法的初始步, 可取 $\mathcal{S}_0 = \mathcal{A}(\boldsymbol{x}_0)$. 在以后的迭代过程中, $\mathcal{S}_k$ 视情况逐步调整.

由于子问题 (8.4.3) 的目标函数严格凸, 所以它有唯一全局最优解. 下面的结论表明, 该最优解是目标函数 $Q(\boldsymbol{x})$ 在 $\boldsymbol{x}_k$ 点的下降方向.

引理 8.4.2 若子问题 (8.4.3) 的最优解 $\boldsymbol{d}_k \neq \boldsymbol{0}$, 则对任意的 $\alpha \in (0,1]$,

$$Q(\boldsymbol{x}_k + \alpha\boldsymbol{d}_k) < Q(\boldsymbol{x}_k).$$

证明 由题设和 Taylor 展式,

$$\begin{aligned} Q(\boldsymbol{x}_k) &> Q(\boldsymbol{x}_k + \boldsymbol{d}_k) \\ &= Q(\boldsymbol{x}_k) + \boldsymbol{d}_k^{\mathrm{T}}(\boldsymbol{G}\boldsymbol{x}_k + \boldsymbol{g}) + \frac{1}{2}\boldsymbol{d}_k^{\mathrm{T}}\boldsymbol{G}\boldsymbol{d}_k. \end{aligned}$$

所以

$$\boldsymbol{d}_k^{\mathrm{T}}\big(\boldsymbol{G}\boldsymbol{x}_k + \boldsymbol{g}\big) + \frac{1}{2}\boldsymbol{d}_k^{\mathrm{T}}\boldsymbol{G}\boldsymbol{d}_k < 0.$$

故对任意的 $\alpha \in (0,1]$,

$$\begin{aligned} Q(\boldsymbol{x}_k + \alpha\boldsymbol{d}_k) &= Q(\boldsymbol{x}_k) + \alpha\boldsymbol{d}_k^{\mathrm{T}}\big(\boldsymbol{G}\boldsymbol{x}_k + \boldsymbol{g}\big) + \frac{1}{2}\alpha^2\boldsymbol{d}_k^{\mathrm{T}}\boldsymbol{G}\boldsymbol{d}_k \\ &= Q(\boldsymbol{x}_k) + \alpha\Big(\boldsymbol{d}_k^{\mathrm{T}}\big(\boldsymbol{G}\boldsymbol{x}_k + \boldsymbol{g}\big) + \frac{1}{2}\boldsymbol{d}_k^{\mathrm{T}}\boldsymbol{G}\boldsymbol{d}_k\Big) + \frac{1}{2}(\alpha^2 - \alpha)\boldsymbol{d}_k^{\mathrm{T}}\boldsymbol{G}\boldsymbol{d}_k \\ &< Q(\boldsymbol{x}_k). \end{aligned}$$

证毕

若 $\boldsymbol{d}_k \neq \boldsymbol{0}$, 根据子问题 (8.4.3) 中目标函数的严格凸性和约束函数的齐次线性, $\alpha = 1$ 是目标函数 $Q(\boldsymbol{x}_k + \alpha\boldsymbol{d}_k)$ 关于 $\alpha \in \mathbb{R}$ 的全局最小值点, 且 $Q(\boldsymbol{x}_k + \alpha\boldsymbol{d}_k)$ 关于 $\alpha \in [0,1]$ 严格单调递减.

若 $\boldsymbol{d}_k = \boldsymbol{0}$, 则 $\boldsymbol{x}_k$ 是二次规划

$$\begin{aligned} \min \quad & \frac{1}{2}\boldsymbol{x}^{\mathrm{T}}\boldsymbol{G}\boldsymbol{x} + \boldsymbol{g}^{\mathrm{T}}\boldsymbol{x} \\ \text{s.t.} \quad & \boldsymbol{a}_i^{\mathrm{T}}\boldsymbol{x} = b_i, \quad i \in \mathcal{S}_k \end{aligned} \tag{8.4.4}$$

的 K-T 点. 根据引理 8.4.1, 可验证 $\boldsymbol{x}_k$ 是否为二次规划问题的最优值点, 并在 $\boldsymbol{x}_k$ 不满足最优性条件时对 $\mathcal{S}_k$ 进行调整. 这就是积极集方法的主要思想. 下对上述步骤进行细化.

设 $\boldsymbol{x}_k \in \Omega$, $\mathcal{E} \subset \mathcal{S}_k \subset \mathcal{A}(\boldsymbol{x}_k)$, $(\boldsymbol{d}_k, \boldsymbol{\lambda}^k)$ 为二次规划子问题 (8.4.3) 的 K-T 对. 下面根据 $\boldsymbol{d}_k \neq \boldsymbol{0}$ 和 $\boldsymbol{d}_k = \boldsymbol{0}$ 分情况讨论.

(1) 若 $\boldsymbol{d}_k \neq \boldsymbol{0}$, 由引理 8.4.2, $\boldsymbol{d}_k$ 是 $Q(\boldsymbol{x})$ 在 $\boldsymbol{x}_k$ 点的下降方向. 此时, 为保证 $\boldsymbol{x}_{k+1} = \boldsymbol{x}_k + \alpha_k\boldsymbol{d}_k$ 可行, 步长 α_k 应满足

$$\boldsymbol{a}_i^{\mathrm{T}}(\boldsymbol{x}_k + \alpha_k\boldsymbol{d}_k) \geqslant b_i, \qquad i \in \mathcal{I}\backslash\mathcal{S}_k.$$

记

$$\hat{\alpha}_k \triangleq \min_{\boldsymbol{a}_i^{\mathrm{T}}\boldsymbol{d}_k < 0,\ i \in \mathcal{I}\backslash\mathcal{S}_k} \left\{\frac{b_i - \boldsymbol{a}_i^{\mathrm{T}}\boldsymbol{x}_k}{\boldsymbol{a}_i^{\mathrm{T}}\boldsymbol{d}_k}\right\}.$$

则对任意的 $\alpha \in (0, \hat{\alpha}_k]$, $\boldsymbol{x}_k + \alpha\boldsymbol{d}_k \in \Omega$. 结合引理 8.4.2 及其后的分析, 步长

$$\alpha_k = \min\{1, \hat{\alpha}_k\} \tag{8.4.5}$$

可在 $\boldsymbol{x}_k+\alpha\boldsymbol{d}_k\in\Omega$ 的条件下使 $Q(\boldsymbol{x}_k+\alpha\boldsymbol{d}_k)$ 达到最小. 也就是说, 该步长为最优步长.

若 $\alpha_k=\hat{\alpha}_k$, 说明存在 $i_0\in\mathcal{I}\backslash\mathcal{S}_k$ 使 $\boldsymbol{a}_{i_0}^{\mathrm{T}}(\boldsymbol{x}_k+\alpha_k\boldsymbol{d}_k)=b_{i_0}$. 令 $\boldsymbol{x}_{k+1}=\boldsymbol{x}_k+\alpha_k\boldsymbol{d}_k$, 并对 $\mathcal{S}_k$ 做如下调整 $\mathcal{S}_{k+1}=\mathcal{S}_k\cup\{i_0\}$. 而若 $\alpha_k<\hat{\alpha}_k$, 则令 $\boldsymbol{x}_{k+1}=\boldsymbol{x}_k+\boldsymbol{d}_k,\mathcal{S}_{k+1}=\mathcal{S}_k$.

(2) 若 $\boldsymbol{d}_k=\boldsymbol{0}$, 则 $(\boldsymbol{x}_k,\boldsymbol{\lambda}^k)$ 是 (8.4.4) 的 K-T 对. 此时, 若对任意的 $i\in\mathcal{S}_k\cap\mathcal{I}(\boldsymbol{x}_k)$, $\lambda_i^k\geqslant 0$, 由引理 8.4.1, $\boldsymbol{x}_k$ 为 (8.4.1) 的 K-T 点, 从而得到原问题的最优解, 算法终止. 否则, 存在 $i_0\in\mathcal{S}_k\cap\mathcal{I}(\boldsymbol{x}_k)$, 使 $\lambda_{i_0}^k<0$, 则取

$$i_k=\arg\min_{i\in\mathcal{S}_k\cap\mathcal{I}(\boldsymbol{x}_k)}\{\lambda_i^k\mid\lambda_i^k<0\},\qquad\mathcal{S}_{k+1}=\mathcal{S}_k\backslash\{i_k\},\quad\boldsymbol{x}_{k+1}=\boldsymbol{x}_k.$$

综合以上分析, 我们给出具体的迭代算法.

算法 8.4.1

步 1. 取初始可行点 $\boldsymbol{x}_0\in\mathbb{R}^n$. 令 $\mathcal{S}_0=\mathcal{A}(\boldsymbol{x}_0)$, $k=0$.

步 2. 计算 (8.4.3) 的 K-T 对 $(\boldsymbol{d}_k,\boldsymbol{\lambda}^k)$. 若 $\boldsymbol{d}_k\neq\boldsymbol{0}$, 转步 3; 否则, 验证 $\boldsymbol{x}_k$ 是否为 (8.4.4) 的 K-T 点. 若对任意的 $i\in\mathcal{S}_k\cap\mathcal{I}(\boldsymbol{x}_k)$, $\lambda_i^k\geqslant 0$, 算法停止, 否则, 取

$$i_k=\arg\min_{i\in\mathcal{S}_k\cap\mathcal{I}(\boldsymbol{x}_k)}\{\lambda_i^k\mid\lambda_i^k<0\},\quad\mathcal{S}_{k+1}=\mathcal{S}_k\backslash\{i_k\},$$

令 $\boldsymbol{x}_{k+1}=\boldsymbol{x}_k$, $k=k+1$, 返回步 2.

步 3. 根据 (8.4.5) 计算步长 α_k, 令 $\boldsymbol{x}_{k+1}=\boldsymbol{x}_k+\alpha_k\boldsymbol{d}_k$.

步 4. 若 $\alpha_k\neq\hat{\alpha}_k$, 则令 $\mathcal{S}_{k+1}=\mathcal{S}_k,k=k+1$, 转步 2; 否则, 任取 $i_k\in\mathcal{I}\backslash\mathcal{S}_k$ 满足 $\boldsymbol{a}_{i_k}^{\mathrm{T}}(\boldsymbol{x}_k+\alpha_k\boldsymbol{d}_k)=b_{i_k}$. 令 $\mathcal{S}_{k+1}=\mathcal{S}_k\cup\{i_k\}$, $k=k+1$, 转步 2.

下面对上述算法进行简单分析.

由算法迭代过程知, 迭代点列 $\{\boldsymbol{x}_k\}\subset\Omega$. 若算法在第 k_0 步终止, 则 $\boldsymbol{x}_{k_0}$ 是原凸规划问题的 K-T 点, 也是最优值点. 若算法产生无穷迭代点列, 则存在 k_0, 当 $k\geqslant k_0$ 时, $\boldsymbol{x}_k=\boldsymbol{x}_{k_0}$. 下面通过证明如下两结论来证明这个事实.

(1) 存在自然数列 $\mathcal{N}$ 的无穷子列 $\mathcal{N}_0$, 使对任意的 $k\in\mathcal{N}_0$, $\boldsymbol{d}_k=\boldsymbol{0}$.

要证该结论成立, 只须证明对任意的 $k>0$, 存在 $t_k\geqslant 0$, 使 $\boldsymbol{d}_{k+t_k}=\boldsymbol{0}$.

事实上, 对任意固定的 k, 若 $\boldsymbol{d}_k=\boldsymbol{0}$, 取 $t_k=0$; 若 $\boldsymbol{d}_k\neq\boldsymbol{0}$, 根据算法, $\boldsymbol{x}_{k+1}=\boldsymbol{x}_k+\alpha_k\boldsymbol{d}_k$, 其中, $\alpha_k=\min\{1,\hat{\alpha}_k\}$. 根据算法, 若 $\alpha_k=1<\hat{\alpha}_k$, 则 $\boldsymbol{d}_{k+1}=\boldsymbol{0}$. 因此, 取 $t_k=1$ 即满足条件. 若 $\alpha_k=\hat{\alpha}_k$, 则 $\mathcal{S}_{k+1}=\mathcal{S}_k\cup\{i_k\}$, 并因此有 $|\mathcal{S}_{k+1}|>|\mathcal{S}_k|$. 而对任意的 k, $|\mathcal{S}_k|\leqslant|\mathcal{I}|+|\mathcal{E}|$, 所以 $\mathcal{S}_k$ 在连续有限次增加积极约束指标后就不再增加. 而一旦出现这种情况, 就得到 t_k 使 $\boldsymbol{d}_{k+t_k}=\boldsymbol{0}$.

(2) 存在 $k_0>0$, 使对任意的 $k\geqslant k_0$, $Q(\boldsymbol{x}_k)=Q(\boldsymbol{x}_{k_0})$.

由 (1) 中的分析, 存在自然数列 $\mathcal{N}$ 的无穷子集 $\mathcal{N}_0$ 使对任意的 $k\in\mathcal{N}_0$, $\boldsymbol{d}_k=\boldsymbol{0}$,

说明 $\boldsymbol{x}_k$ 是二次规划 (8.4.4) 的 K-T 点和最优解. 由于 $\mathcal{S}_k \subset \mathcal{A}(\boldsymbol{x}_k) \subseteq \mathcal{I} \cup \mathcal{E}$, 所以 $\mathcal{S}_k$ 的组合形式只有有限个, 从而 $\{Q(\boldsymbol{x}_k)\}_{\mathcal{N}_0}$ 只能取有限个不同的值. 再由 $\{Q(\boldsymbol{x}_k)\}$ 单调不增知, 存在 k_0, 当 $k > k_0$ 时, $Q(\boldsymbol{x}_k) = Q(\boldsymbol{x}_{k_0})$. 而根据算法迭代过程, 若 $\boldsymbol{x}_{k+1} \neq \boldsymbol{x}_k$, 则 $Q(\boldsymbol{x}_{k+1}) < Q(\boldsymbol{x}_k)$. 这说明在 $k \geqslant k_0$ 时, $\boldsymbol{x}_k = \boldsymbol{x}_{k_0}$.

由此, 在 $k \geqslant k_0$ 时, $\alpha_k = 0$ 或 $\boldsymbol{d}_k = \boldsymbol{0}$. 而这两种情况分别对应 $\mathcal{S}_{k+1} = \mathcal{S}_k \cup \{i_k\}$ 和 $\mathcal{S}_{k+1} = \mathcal{S}_k \backslash \{i_k\}$. 为建立算法的有限步终止性, 以下讨论 $k \geqslant k_0$ 时 $\boldsymbol{d}_k = \boldsymbol{0}$ 对应的 $\mathcal{S}_k$ 之间的关系.

引理 8.4.3 对算法 8.4.1, 设 $k_1, k_2 \geqslant k_0$ 为满足 $\boldsymbol{d}_k = \boldsymbol{0}$ 的最近的两个指标. 则 $\mathcal{S}_{k_1} \neq \mathcal{S}_{k_2}$.

证明 若 $k_2 = k_1 + 1$, 则 $\mathcal{S}_{k_2} = \mathcal{S}_{k_1} \backslash \{i_{k_1}\} \neq \mathcal{S}_{k_1}$. 以下设 $k_2 > k_1 + 1$. 事实上, 只需证明 $k_2 = k_1 + 2$ 时, 第 k_1 步 ($\boldsymbol{d}_{k_1} = \boldsymbol{0}$) 调出的指标 i_{k_1} 跟第 (k_1+1) 步 ($\alpha_{k_1+1} = 0$) 调入的指标 i_{k_1+1} 不是同一个即可.

由 $\boldsymbol{d}_{k_1} = \boldsymbol{0}$ 知, $\boldsymbol{x}_k$ 是 (8.4.4) 对应于 $\mathcal{S}_{k_1}$ 的 K-T 点, 所以存在 Lagrange 乘子 $\boldsymbol{\lambda}^{k_1}$ 使得

$$\boldsymbol{G}\boldsymbol{x}_{k_0} + \boldsymbol{g} = \sum_{i \in \mathcal{S}_{k_1}} \lambda_i^{k_1} \boldsymbol{a}_i. \tag{8.4.6}$$

根据算法, 存在指标 $i_{k_1} \in \mathcal{S}_{k_1}$ 使得 $\lambda_{i_{k_1}}^{k_1} < 0$, 且 $\mathcal{S}_{k_1+1} = \mathcal{S}_{k_1} \backslash \{i_{k_1}\}$.

在第 $k_1 + 1$ 步, $\alpha_{k_1+1} = 0$, 即

$$\alpha_{k_1+1} = \hat{\alpha}_{k_1+1} = \min_{\substack{\boldsymbol{a}_i^{\mathrm{T}} \boldsymbol{d}_{k_1+1} < 0 \\ i \in \mathcal{I} \backslash \mathcal{S}_{k_1+1}}} \left\{ \frac{b_i - \boldsymbol{a}_i^{\mathrm{T}} \boldsymbol{x}_{k_0}}{\boldsymbol{a}_i^{\mathrm{T}} \boldsymbol{d}_{k_1+1}} \right\} = 0.$$

这样, 存在下标 $i_{k_1+1} \in \mathcal{I} \backslash \mathcal{S}_{k_1+1}$ 使得 $\mathcal{S}_{k_1+2} = \mathcal{S}_{k_1+1} \cup \{i_{k_1+1}\}$, 并且

$$\boldsymbol{a}_{i_{k_1+1}}^{\mathrm{T}} \boldsymbol{d}_{k_1+1} < 0. \tag{8.4.7}$$

另一方面, 由于 $\boldsymbol{d}_{k_1+1}$ 为 (8.4.3) 对应于 $\mathcal{S}_{k_1+1}$ 的最优解, 故 $\boldsymbol{d}_{k_1+1}$ 是 (8.4.1) 的目标函数在 $\boldsymbol{x}_{k_1+1}$ 点, 也就是在 $\boldsymbol{x}_{k_0}$ 点的下降方向

$$(\boldsymbol{G}\boldsymbol{x}_{k_0} + \boldsymbol{g})^{\mathrm{T}} \boldsymbol{d}_{k_1+1} \leqslant 0.$$

由 (8.4.6),

$$\sum_{i \in \mathcal{S}_{k_1}} \lambda_i^{k_1} \boldsymbol{a}_i^{\mathrm{T}} \boldsymbol{d}_{k_1+1} \leqslant 0.$$

根据 (8.4.3), 对任意的 $i \in \mathcal{S}_{k_1+1}$, $\boldsymbol{a}_i^{\mathrm{T}} \boldsymbol{d}_{k_1+1} = 0$, 所以由上式,

$$\lambda_{i_{k_1}}^{k_1} \boldsymbol{a}_{i_{k_1}}^{\mathrm{T}} \boldsymbol{d}_{k_1+1} \leqslant 0.$$

而 $\lambda_{i_{k_1}}^{k_1} < 0$, 所以

$$a_{i_{k_1}}^{\mathrm{T}} d_{k_1+1} \geqslant 0.$$

结合 (8.4.7) 得, $i_{k_1} \neq i_{k_1+1}$. 由 $i_{k_1+1} \in \mathcal{S}_{k_1+2} = \mathcal{S}_{k_2}$, $i_{k_1+1} \notin \mathcal{S}_{k_1}$ 得

$$\mathcal{S}_{k_1} \neq \mathcal{S}_{k_2}.$$

证毕

基于以上讨论, 下面建立算法的有限步终止性.

定理 8.4.1 对严格凸二次规划问题 (8.4.1), 设有效集方法产生迭代点列 $\{\boldsymbol{x}_k\}$. 若对任意的 k, 向量组 $[\boldsymbol{a}_i,\ i \in \mathcal{A}(\boldsymbol{x}_k)]$ 线性无关, 则算法有限步终止于 (8.4.1) 的 K-T 点.

证明 由题设, 原问题目标函数有下界. 假设算法有限步不终止. 由前面的讨论知, 存在 $k_0 > 0$, 使对任意的 $k \geqslant k_0$, $\boldsymbol{x}_k = \boldsymbol{x}_{k_0}$, 即 $\alpha_k = 0$ 或 $\boldsymbol{d}_k = \boldsymbol{0}$.

记满足 $\boldsymbol{d}_k = \boldsymbol{0}$ 的序列为 $\{\boldsymbol{d}_{k_t}\}$, 则对任意的 t 有 $k_{t+1} > k_t + 1$. 事实上, 假若存在 i 使得 $k_{i+1} = k_i + 1$, $\boldsymbol{d}_{k_i} = \boldsymbol{d}_{k_i+1} = \boldsymbol{0}$, 则 $\mathcal{S}_{k_i} \backslash \{i_{k_i}\} = \mathcal{S}_{k_i+1}$, 并且存在 Lagrange 乘子 $\boldsymbol{\lambda}, \hat{\boldsymbol{\lambda}}$ 使得

$$\boldsymbol{G}\boldsymbol{x}_{k_0} + \boldsymbol{g} = \sum_{j \in \mathcal{S}_{k_i}} \lambda_j \boldsymbol{a}_j = \sum_{j \in \mathcal{S}_{k_i+1}} \hat{\lambda}_j \boldsymbol{a}_j,$$

及 $\lambda_{i_{k_i}} < 0$. 这与向量组 $\boldsymbol{a}_j$, $j \in \mathcal{S}_{k_i}$ 线性无关矛盾. 所以,

$$|\mathcal{S}_{k_1}| \leqslant |\mathcal{S}_{k_2}| \leqslant \cdots \leqslant |\mathcal{S}_{k_t}| \leqslant \cdots.$$

又 $|\mathcal{S}_{k_t}| \leqslant |\mathcal{E} \cup \mathcal{I}|$, 所以 t 充分大时, $|\mathcal{S}_{k_t}|$ 不再变化. 进而 $k_{t+1} = k_t + 2$.

由 $\boldsymbol{d}_{k_t} = \boldsymbol{d}_{k_{t+1}} = \boldsymbol{0}$ 知, $\boldsymbol{x}_{k_0}$ 分别为 (8.4.4) 对应于 $\mathcal{S}_{k_t}$ 与 $\mathcal{S}_{k_{t+1}}$ 的 K-T 点, 即存在 Lagrange 乘子 $\hat{\boldsymbol{\lambda}}, \hat{\hat{\boldsymbol{\lambda}}}$ 使

$$\boldsymbol{G}\boldsymbol{x}_{k_0} + \boldsymbol{g} = \sum_{i \in \mathcal{S}_{k_t}} \hat{\lambda}_i \boldsymbol{a}_i = \sum_{i \in \mathcal{S}_{k_{t+1}}} \hat{\hat{\lambda}}_i \boldsymbol{a}_i,$$

即

$$\sum_{i \in \mathcal{S}_{k_t}} \hat{\lambda}_i \boldsymbol{a}_i = \sum_{i \in \mathcal{S}_{k_{t+1}}} \hat{\hat{\lambda}}_i \boldsymbol{a}_i.$$

由引理 8.4.3, $\mathcal{S}_{k_t} \neq \mathcal{S}_{k_{t+1}}$, 又存在 $i_{k_t} \in \mathcal{S}_{k_t}, i_{k_t} \notin \mathcal{S}_{k_{t+1}}$, 使得 $\hat{\lambda}_{i_{k_t}} < 0$. 也就是说, 上式中 $\boldsymbol{a}_i$ 的系数不全为零, 这与 $[\boldsymbol{a}_i,\ i \in \mathcal{A}(\boldsymbol{x}_{k_t})]$ 线性无关矛盾. 证毕

该定理表明, 在非退化条件下, 有效集方法经过有限次迭代后可得到严格凸二次规划问题的最优解. 若目标函数为非严格凸的凸函数, 由于此时二次规划子问题 (8.4.3) 的解可能不唯一, 需要对算法做些修正才能使用. 若目标函数为非凸函数, 由于该问题为 NP 难问题, 有效集方法不能给出最优解.

习　　题

1. 设 $\boldsymbol{a},\boldsymbol{x}_0 \in \mathbb{R}^n$. 试计算下述二次规划问题的最优解

$$\min \ \|\boldsymbol{x}-\boldsymbol{x}_0\|^2 \qquad \text{s.t.}\ \boldsymbol{a}^{\mathrm{T}}\boldsymbol{x}=0.$$

2. 设 n 阶方阵 $\boldsymbol{G}$ 对称正定. 试讨论凸二次规划问题

$$\min\left\{\frac{1}{2}\boldsymbol{x}^{\mathrm{T}}\boldsymbol{G}\boldsymbol{x}+\boldsymbol{g}^{\mathrm{T}}\boldsymbol{x} \mid \boldsymbol{x}\geqslant \boldsymbol{0}\right\}$$

的最优解, 并证明在 $\boldsymbol{G}$ 为单位矩阵时, $\boldsymbol{x}^*=\max\{\boldsymbol{0},-\boldsymbol{g}\}$ 是其最优解.

3. 考虑如下二次规划问题

$$\begin{aligned}\min_{\boldsymbol{x}\geqslant \boldsymbol{0}}\quad & \frac{1}{2}\boldsymbol{x}^{\mathrm{T}}\boldsymbol{G}\boldsymbol{x}+c\boldsymbol{e}^{\mathrm{T}}\boldsymbol{x}\\ \text{s.t.}\quad & \sum_{i=1}^{n-1}x_i<d,\ \ \sum_{i=1}^{n}x_i\geqslant d,\end{aligned}$$

其中, 目标函数 Hesse 阵 $\boldsymbol{G}$ 的对角元和非对角元分别都相等. 试给出矩阵 $\boldsymbol{G}$ 非奇异的充要条件, 并在目标函数 Hesse 阵非奇异条件下, 证明该问题存在满足所有分量都相等的最优解.

4. 设 $\sigma_1>\sigma_2>\cdots>\sigma_r>0$, $s<r$. 求下述二次规划问题的最优解

$$\begin{aligned}\max\quad & \sum_{i=1}^{r}\sum_{j=1}^{s}\sigma_i x_{ij}^2\\ \text{s.t.}\quad & \sum_{j=1}^{s}x_{ij}\leqslant 1,\quad i=1,2,\cdots,r,\\ & \sum_{i=1}^{r}x_{ij}\leqslant 1,\quad j=1,2,\cdots,s,\\ & x_{ij}\geqslant 0,\quad i=1,2,\cdots,r,\ j=1,2,\cdots,s.\end{aligned}$$

5. 设 $\boldsymbol{d}_k$ 为二次规划子问题 (8.4.3) 的最优解. 证明: 对任意的 $\alpha\geqslant 0$, 有 $Q(\boldsymbol{x}_k+\alpha\boldsymbol{d}_k)\geqslant Q(\boldsymbol{x}_k+\boldsymbol{d}_k)$, 且 $Q(\boldsymbol{x}_k+\alpha\boldsymbol{d}_k)$ 关于 $\alpha\in[0,1]$ 严格单调递减.

6. 设 $\boldsymbol{a}\in\mathbb{R}^n, \tau>0$. 求下述优化问题的最优解

$$\min_{\boldsymbol{x}\in\mathbb{R}^n}\frac{1}{2}\|\boldsymbol{x}-\boldsymbol{a}\|^2+\tau\sum_{i=1}^{n}|x_i|.$$

7. 考虑下述两规划问题

$$\begin{aligned}\min\quad & \frac{1}{2}\boldsymbol{x}^{\mathrm{T}}\boldsymbol{G}\boldsymbol{x}+\boldsymbol{g}^{\mathrm{T}}\boldsymbol{x} \\ \text{s.t.}\quad & \boldsymbol{A}\boldsymbol{x}=\boldsymbol{b},\\ & \boldsymbol{x}\geqslant\boldsymbol{0},\end{aligned}\qquad\qquad \begin{aligned}\min\quad & \boldsymbol{g}^{\mathrm{T}}\boldsymbol{x}-\boldsymbol{b}^{\mathrm{T}}\boldsymbol{u}\\ \text{s.t.}\quad & \boldsymbol{A}\boldsymbol{x}=\boldsymbol{b},\\ & \boldsymbol{G}\boldsymbol{x}+\boldsymbol{A}^{\mathrm{T}}\boldsymbol{u}-\boldsymbol{v}=-\boldsymbol{g},\\ & \boldsymbol{x}\geqslant\boldsymbol{0},\ \boldsymbol{v}\geqslant\boldsymbol{0},\ \ \boldsymbol{v}^{\mathrm{T}}\boldsymbol{x}=0.\end{aligned}$$

试证明由后一问题得到的解 $\bar{\boldsymbol{x}}$ 是前一问题的所有 K-T 点中目标函数值最小的点. 试验证该点是否是第一个问题的最优值点.

8. 多面胞

$$\mathcal{P}=\{\boldsymbol{x}\mid\boldsymbol{x}=\boldsymbol{A}\boldsymbol{y},\boldsymbol{e}^{\mathrm{T}}\boldsymbol{y}=1,\boldsymbol{y}\geqslant\boldsymbol{0}\}$$

上到原点距离最近的点可以描述成下面的二次规划问题

$$\min\{\|\boldsymbol{A}\boldsymbol{y}\|^2\mid\boldsymbol{e}^{\mathrm{T}}\boldsymbol{y}=1,\boldsymbol{y}\geqslant\boldsymbol{0}\}.$$

而该问题又可通过下面的问题求解

$$\min\{\|\boldsymbol{A}\boldsymbol{y}\|^2+(\boldsymbol{e}^{\mathrm{T}}\boldsymbol{y}-1)^2\mid\boldsymbol{y}\geqslant\boldsymbol{0}\}.$$

试通过上述问题的对偶求解原问题.

9. 用积极集方法求解下述二次规划问题

$$\begin{aligned}\min\quad&-x_1^2-x_2^2-x_3^2+4x_1+6x_2\\ \text{s.t.}\quad&x_1+x_2\leqslant 2,\\&2x_1+3x_2\leqslant 12,\\&x_1,x_2,x_3\geqslant 0.\end{aligned}$$

10. 证明: 在积极集方法中, 若积极指标集 $\mathcal{A}(\boldsymbol{x}_0)$ 对应的约束向量线性无关, 那么根据算法得到的 $\mathcal{A}(\boldsymbol{x}_1)$ 对应的约束向量也线性无关. 进而通过数学归纳得到积极集方法产生的集合 $\mathcal{S}_k$ 中的向量均线性无关.

第 9 章　约束优化的可行方法

对约束优化问题, 根据约束条件的处理方式, 其求解方法大致分为两类: 一是间接方法, 即先将约束优化问题进行某种转化或松弛得到一个新问题, 然后通过求解后者得到原优化问题的最优解, 如罚函数方法、Lagrange-Newton 方法、SQP 方法和对偶类方法等. 二是直接方法, 即在可行域内极小化目标函数. 该方法大多从无约束优化问题的求解方法衍生而来, 其迭代过程一般通过两种策略实现: 一是沿可行下降方向进行线搜索产生新的可行迭代点, 故称可行方向法; 二是借助投影技术由当前迭代点沿可行域的边界进行曲线搜索, 故称投影算法. 本章主要介绍实现上述两种策略的 Zoutendijk 可行方向法和 GLP 投影算法. 总的来讲, 本章介绍的优化方法比较适合可行域结构简单的凸约束优化问题, 而且由于搜索方向多基于负梯度方向, 因此, 收敛速度至多是线性的.

9.1　Zoutendijk 可行方向法

对于无约束优化问题, 在非稳定点沿下降方向进行线搜索总可以得到一个新的点使目标函数值有所下降. 但对于约束优化问题, 沿下降方向进行线搜索会导致迭代点不可行. 于是人们寻求可行下降方向, 然后沿该方向在可行域内进行线搜索得到新的迭代点. 这就是约束优化问题的可行方向法. 最优步长规则下的可行方向法的迭代过程为

$$\boldsymbol{x}_{k+1} = \boldsymbol{x}_k + \alpha_k \boldsymbol{d}_k,$$

其中, $\boldsymbol{d}_k$ 为可行下降方向, 而

$$\alpha_k = \arg\min\{f(\boldsymbol{x}_k + \alpha \boldsymbol{d}_k) \mid \alpha \geqslant 0,\ (\boldsymbol{x}_k + \alpha \boldsymbol{d}_k) \in \Omega\}.$$

可行方向法的核心是搜索方向, 也就是可行下降方向的计算. 一般地, 可行下降方向有两种产生方式: 一是在保证搜索方向可行的前提下, 让其下降性达到最大; 二是先保证搜索方向的下降性, 再保证其可行性.

设 Ω 为闭凸集, $\boldsymbol{d}_k \in \mathbb{R}^n$ 为 $\boldsymbol{x}_k$ 点的可行方向, 则存在 $\bar{\boldsymbol{x}}_k \in \Omega$ 使得

$$\boldsymbol{d}_k = \bar{\boldsymbol{x}}_k - \boldsymbol{x}_k.$$

为使 $\boldsymbol{d}_k$ 的下降性最大, Frank 和 Wolfe(1956) 通过下述子问题产生 $\bar{\boldsymbol{x}}_k$:

$$\begin{aligned} \min \quad & \nabla f(\boldsymbol{x}_k)^{\mathrm{T}}(\boldsymbol{x}-\boldsymbol{x}_k) \\ \text{s.t.} \quad & \boldsymbol{x} \in \Omega. \end{aligned}$$

当 Ω 有界时, 上述子问题有解. 该方法称为条件梯度法, 又称 Frank-Wolfe 方法. 不过, 上述子问题容易产生一个模极大, 但下降性很差的搜索方向, 导致算法的效率降低.

为建立约束优化问题的有效算法, 下面考虑线性约束优化问题

$$\begin{aligned} \min \quad & f(\boldsymbol{x}) \\ \text{s.t.} \quad & \boldsymbol{a}_i^{\mathrm{T}}\boldsymbol{x} = b_i, \quad i \in \mathcal{E}, \\ & \boldsymbol{a}_i^{\mathrm{T}}\boldsymbol{x} \geqslant b_i, \quad i \in \mathcal{I}. \end{aligned} \tag{9.1.1}$$

设 $\boldsymbol{x}_k$ 是其可行点, 则任意满足

$$\boldsymbol{a}_i^{\mathrm{T}}\boldsymbol{d} = 0, \quad i \in \mathcal{A}(\boldsymbol{x}_k)$$

的 $\boldsymbol{d} \in \mathbb{R}^n$ 为 $\boldsymbol{x}_k$ 点的可行方向. 显然, 所有这样的方向构成一子空间. Rosen(1960) 将负梯度 $-\nabla f(\boldsymbol{x}_k)$ 投影到该子空间上以寻求一个先保证其下降性再保证其可行性的搜索方向, 创立了 Rosen 梯度投影算法. 与之不同, Zoutendijk(1960) 在当前点的可行方向集中寻求下降性最大的可行方向创立了 Zoutendijk 可行方向法.

Zoutendijk 可行方向法通过求解下述子问题产生搜索方向

$$\begin{aligned} \min \quad & \boldsymbol{d}^{\mathrm{T}}\nabla f(\boldsymbol{x}_k) \\ \text{s.t.} \quad & \boldsymbol{a}_i^{\mathrm{T}}\boldsymbol{d} \geqslant 0, \quad i \in \mathcal{I}(\boldsymbol{x}_k), \\ & \boldsymbol{a}_i^{\mathrm{T}}\boldsymbol{d} = 0, \quad i \in \mathcal{E}, \\ & -1 \leqslant d_i \leqslant 1, \quad 1 \leqslant i \leqslant n, \end{aligned} \tag{9.1.2}$$

这里引入 $\boldsymbol{d}$ 的箱约束是防止目标函数无下界. 在某种意义下, 该子问题等价于

$$\begin{aligned} \min \quad & \frac{1}{2}\|\boldsymbol{d}-(-\nabla f(\boldsymbol{x}_k))\|^2 \\ \text{s.t.} \quad & \boldsymbol{a}_i^{\mathrm{T}}\boldsymbol{d} \geqslant 0, \quad i \subset \mathcal{I}(\boldsymbol{x}_k), \\ & \boldsymbol{a}_i^{\mathrm{T}}\boldsymbol{d} = 0, \quad i \in \mathcal{E}, \end{aligned}$$

故子问题 (9.1.2) 就是求目标函数的负梯度在 $\boldsymbol{x}_k$ 点的切锥上的投影.

下述结论可保证 Zoutendijk 可行方向法的可行性.

定理 9.1.1 $\boldsymbol{x}_k \in \Omega$ 为线性约束优化问题 (9.1.1) 的 K-T 点的充分必要条件是子问题 (9.1.2) 的最优值为零.

证明 $\boldsymbol{x}_k \in \Omega$ 为优化问题 (9.1.1) 的 K-T 点等价于存在乘子 $\boldsymbol{\lambda}$ 使

$$\begin{aligned} & \nabla f(\boldsymbol{x}_k) = \sum_{i\in\mathcal{E}} \lambda_i \boldsymbol{a}_i + \sum_{i\in\mathcal{I}(\boldsymbol{x}_k)} \lambda_i \boldsymbol{a}_i, \\ & \lambda_i \geqslant 0, \quad i \in \mathcal{I}(\boldsymbol{x}_k). \end{aligned}$$

利用推论 1.4.1′, 上述结论等价于系统

$$\boldsymbol{d}^{\mathrm{T}}\nabla f(\boldsymbol{x}_k)<0,\quad \boldsymbol{a}_i^{\mathrm{T}}\boldsymbol{d}\geqslant 0,\ i\in\mathcal{I}(\boldsymbol{x}_k);\quad \boldsymbol{a}_i^{\mathrm{T}}\boldsymbol{d}=0,\ i\in\mathcal{E}$$

无解, 也就是子问题 (9.1.2) 的最优值为零.　　证毕

根据上述结论, 若子问题 (9.1.2) 的最优目标函数值为零, 则 $\boldsymbol{x}_k$ 为原问题的 K-T 点, 算法终止; 否则, 子问题 (9.1.2) 的最优解 $\boldsymbol{d}_k$ 就是优化问题 (9.1.1) 在 $\boldsymbol{x}_k$ 点的可行下降方向. 为保证新迭代点 $\boldsymbol{x}_{k+1}=\boldsymbol{x}_k+\alpha_k\boldsymbol{d}_k$ 的可行性, α_k 应满足

$$\boldsymbol{a}_i^{\mathrm{T}}(\boldsymbol{x}_k+\alpha_k\boldsymbol{d}_k)\geqslant b_i,\quad i\in\mathcal{I}\backslash\mathcal{I}(\boldsymbol{x}).$$

记

$$\hat{\alpha}_k=\min_{i\in\mathcal{I}\backslash\mathcal{I}(\boldsymbol{x})}\left\{\frac{b_i-\boldsymbol{a}_i^{\mathrm{T}}\boldsymbol{x}_k}{\boldsymbol{a}_i^{\mathrm{T}}\boldsymbol{d}_k}\mid \boldsymbol{a}_i^{\mathrm{T}}\boldsymbol{d}_k<0\right\}.$$

则对任意的 $\alpha\in[0,\hat{\alpha}_k]$, $\boldsymbol{x}_k+\alpha\boldsymbol{d}_k\in\Omega$.

若采用最优步长规则

$$\alpha_k=\arg\min\{f(\boldsymbol{x}_k+\alpha\boldsymbol{d}_k)\mid 0\leqslant\alpha\leqslant\hat{\alpha}_k\},\tag{9.1.3}$$

则迭代过程 $\boldsymbol{x}_{k+1}=\boldsymbol{x}_k+\alpha_k\boldsymbol{d}_k$ 可使目标函数值单调下降.

下面将上述方法推广到非线性不等式约束优化问题

$$\begin{array}{ll}\min & f(\boldsymbol{x})\\ \text{s.t.} & c_i(\boldsymbol{x})\geqslant 0,\quad i\in\mathcal{I},\end{array}\tag{9.1.4}$$

其中, $f(\boldsymbol{x}),c_i(\boldsymbol{x}),i\in\mathcal{I}$ 连续可微. 容易验证, 对任意的 $\boldsymbol{x}\in\Omega$, 若 $\boldsymbol{d}\in\mathbb{R}^n$ 满足

$$\boldsymbol{d}^{\mathrm{T}}\nabla c_i(\boldsymbol{x})>0,\quad \forall\, i\in\mathcal{I}(\boldsymbol{x});\qquad \boldsymbol{d}^{\mathrm{T}}\nabla f(\boldsymbol{x})<0,$$

则 $\boldsymbol{d}$ 是优化问题 (9.1.4) 在 $\boldsymbol{x}$ 点的可行下降方向. 据此, 可通过如下子问题求可行下降方向

$$\begin{array}{ll}\min & z\\ \text{s.t.} & \boldsymbol{d}^{\mathrm{T}}\nabla f(\boldsymbol{x})-z\leqslant 0,\\ & \boldsymbol{d}^{\mathrm{T}}\nabla c_i(\boldsymbol{x})+z\geqslant 0,\quad i\in\mathcal{I}(\boldsymbol{x}),\\ & -1\leqslant \boldsymbol{d}_i\leqslant 1,\quad 1\leqslant i\leqslant n.\end{array}\tag{9.1.5}$$

下述结论表明, 若子问题 (9.1.5) 的最优值不为零, 可得优化问题 (9.1.4) 在 $\boldsymbol{x}$ 点的可行下降方向, 进而通过线搜索得到新的迭代点.

定理 9.1.2　设 $\boldsymbol{x}\in\Omega$, 则子问题 (9.1.5) 的最优值为零的充分必要条件是 $\boldsymbol{x}$ 为优化问题 (9.1.4) 的 FJ 点, 即存在不全为零的乘子 $\boldsymbol{\lambda}$ 使得

$$\begin{cases}\lambda_0\nabla f(\boldsymbol{x})=\sum\limits_{i\in\mathcal{I}}\lambda_i\nabla c_i(\boldsymbol{x}),\\ \lambda_0\geqslant 0,\quad \lambda_i\geqslant 0,\quad i\in\mathcal{I}.\end{cases}\tag{9.1.6}$$

证明 子问题 (9.1.5) 的最优值为零当且仅当系统

$$\boldsymbol{d}^{\mathrm{T}}\nabla f(\boldsymbol{x})<0,\quad \boldsymbol{d}^{\mathrm{T}}\nabla c_i(\boldsymbol{x})>0,\quad i\in\mathcal{I}(\boldsymbol{x})$$

无解. 由 Gordan 定理 (推论 1.4.4) 并令 $\lambda_i=0, i\in\mathcal{I}\backslash\mathcal{I}(\boldsymbol{x})$ 得命题结论. 证毕

将系统 (9.1.6) 写完整就是

$$\begin{cases}\lambda_0\nabla f(\boldsymbol{x})=\sum\limits_{i\in\mathcal{I}}\lambda_i\nabla c_i(\boldsymbol{x}),\\ \lambda_0\geqslant 0,\ \lambda_i\geqslant 0,\ c_i(\boldsymbol{x})\geqslant 0,\ \lambda_i c_i(\boldsymbol{x})=0,\ i\in\mathcal{I}.\end{cases}$$

它称为约束优化问题 (9.1.4) 的 FJ 条件 (Fritz John,1948). 它也是约束优化问题最优性条件的一种刻画, 只是比 KKT 条件弱.

9.2 Topkis-Veinott 可行方向法

Zoutendijk 可行方向法实际上是一种积极集方法, 它简单易行. 但下面的例子 (Wolfe, 1972) 表明, 对于线性约束优化问题, 该方法未必收敛.

例 9.2.1 考虑不等式约束优化问题

$$\begin{array}{ll}\min & f(\boldsymbol{x})=\dfrac{4}{3}(x_1^2-x_1x_2+x_2^2)^{3/4}-x_3\\ \text{s.t.} & x_1\geqslant 0,\ x_2\geqslant 0,\ 2\geqslant x_3\geqslant 0.\end{array}$$

容易验证目标函数 $f(\boldsymbol{x})$ 是凸函数且最优值在 $\boldsymbol{x}^*=(0;0;2)$ 达到. 取初始点 $\boldsymbol{x}_0=(0;t;0)$, 其中, $0<t\leqslant\dfrac{1}{2\sqrt{2}}$.

求解下述优化问题

$$\begin{array}{ll}\min & \boldsymbol{d}^{\mathrm{T}}\nabla f(\boldsymbol{x}_0)\\ \text{s.t.} & \boldsymbol{a}_i^{\mathrm{T}}\boldsymbol{d}\geqslant 0,\quad i\in\mathcal{I}(\boldsymbol{x}_0),\\ & \|\boldsymbol{d}\|\leqslant 1\end{array}$$

得到 $\boldsymbol{x}_0$ 点的搜索方向

$$\boldsymbol{d}_0=-\nabla f(\boldsymbol{x}_0)/\|\nabla f(\boldsymbol{x}_0)\|.$$

沿该方向精确线搜索得到下一迭代点 $\boldsymbol{x}_1=\boldsymbol{x}_0+\alpha_0\boldsymbol{d}_0=\left(\dfrac{1}{2}t;0;\dfrac{1}{2}\sqrt{t}\right)$. 重复该过程得到迭代点列

$$\boldsymbol{x}_k=\begin{cases}\left(0;\ \dfrac{t}{2^k};\ \dfrac{1}{2}\sum\limits_{i=0}^{k-1}\left(\dfrac{t}{2^i}\right)^{1/2}\right), & \text{若 } k \text{ 为偶数},\\ \left(\dfrac{t}{2^k};\ 0;\ \dfrac{1}{2}\sum\limits_{i=0}^{k-1}\left(\dfrac{t}{2^i}\right)^{1/2}\right), & \text{若 } k \text{为奇数}.\end{cases}$$

容易看出, $\boldsymbol{x}_k \to \left(0;\ 0;\ (1+\frac{1}{2}\sqrt{2})\sqrt{t}\right)$. 由于最优值点 $\boldsymbol{x}^* = (0;0;2)$ 是唯一的, 所以 $\{\boldsymbol{x}_k\}$ 的极限点既不是原问题的最优值点也不是其 K-T 点.

对上述迭代过程进行分析发现, 该算法不收敛的原因是由于不等式约束积极指标集 $\mathcal{I}(\boldsymbol{x})$ 确定的集值映射是非闭的, 从而引起搜索方向 $\boldsymbol{d}_k$ 的突变. 具体地, 设算法产生的点列 $\{\boldsymbol{x}_k\}$ 收敛到点 $\boldsymbol{x}^*$, 搜索方向列 $\{\boldsymbol{d}_k\}$ 收敛到 $\boldsymbol{d}^*$, 则 $\boldsymbol{d}^*$ 未必是 $\boldsymbol{x}^*$ 对应的子问题 (9.1.2) 或 (9.1.5) 的解. 原因是当迭代点列靠近可行域的边界时, 某些非有效约束可能变为有效约束, 从而引起搜索方向的突变, 导致 Zoutendijk 可行方向法不收敛. 为此, Topkis 和 Veinott (1967) 在计算可行下降方向时将所有约束都考虑进去, 得到如下的 Topkis-Veinott 可行方向法. 对仅含非线性不等式约束的优化问题 (9.1.4), 其迭代过程如下.

算法 9.2.1

步 1. 任取 $\boldsymbol{x}_0 \in \Omega$, 令 $k=0$.

步 2. 求解下述线性规划问题得搜索方向 $\boldsymbol{d}_k$ 及 z_k:

$$\begin{array}{ll} \min & z \\ \text{s.t.} & \boldsymbol{d}^{\mathrm{T}}\nabla f(\boldsymbol{x}_k) - z \leqslant 0, \\ & \boldsymbol{d}^{\mathrm{T}}\nabla c_i(\boldsymbol{x}_k) + z \geqslant -c_i(\boldsymbol{x}_k),\ i \in \mathcal{I}, \\ & -1 \leqslant d_i \leqslant 1,\ 1 \leqslant i \leqslant n. \end{array} \tag{9.2.1}$$

如果 $z_k = 0$, 算法终止; 否则, $z_k < 0$, 进入下一步.

步 3. 计算步长

$$\alpha_k = \arg\min\{f(\boldsymbol{x}_k + \alpha \boldsymbol{d}_k) \mid 0 \leqslant \alpha \leqslant \alpha_{\max}\}.$$

其中, $\alpha_{\max} = \sup\{\alpha \mid c_i(\boldsymbol{x}_k + \alpha \boldsymbol{d}_k) \geqslant 0, i \in \mathcal{I}\}$.

步 4. 令 $\boldsymbol{x}_{k+1} = \boldsymbol{x}_k + \alpha_k \boldsymbol{d}_k$, $k = k+1$. 转步 2.

对于子问题 (9.2.1), 与定理 9.1.2 的证明类似可得如下结论.

引理 9.2.1 设 $\boldsymbol{x}$ 是优化问题 (9.1.4) 的可行点, 而 $(z, \boldsymbol{d})$ 是子问题 (9.2.1) 对应于 $\boldsymbol{x}$ 的最优解. 若 $z<0$, 则 $\boldsymbol{d}$ 是优化问题 (9.1.4) 在 $\boldsymbol{x}$ 点的可行下降方向; 若 $z=0$, 则 $\boldsymbol{x}$ 是优化问题 (9.1.4) 的 FJ 点. 而且对后一结论, 逆命题同样成立.

为讨论算法 9.2.1 的收敛性质, 先给出如下引理.

引理 9.2.2 对约束优化问题 $\min\{f(\boldsymbol{x}) \mid \boldsymbol{x} \in \Omega\}$, 设有如下迭代算法:

$$\boldsymbol{x}_0 \in \Omega, \quad \boldsymbol{x}_{k+1} = \boldsymbol{x}_k + \alpha_k \boldsymbol{d}_k,$$

其中, $\boldsymbol{d}_k$ 是 $\boldsymbol{x}_k$ 点的可行下降方向, 步长 α_k 由最优步长规则确定

$$\alpha_k = \arg\min\{f(\boldsymbol{x}_k + \alpha \boldsymbol{d}_k) \mid \alpha \geqslant 0,\ \boldsymbol{x}_k + \alpha \boldsymbol{d}_k \in \Omega\}.$$

若该算法产生无穷迭代序列 $\{\boldsymbol{x}_k,\ \boldsymbol{d}_k\}$, 则它的任一收敛子列 $\{\boldsymbol{x}_k,\ \boldsymbol{d}_k\}_{\mathcal{N}_0}$ 不能同时满足下述两条件:

(1) 存在 $\delta>0$ 使对任意的 $\alpha\in[0,\delta]$ 和 $k\in\mathcal{N}_0$, $\boldsymbol{x}_k+\alpha\boldsymbol{d}_k\in\Omega$,

(2) $\lim\limits_{\substack{k\in\mathcal{N}_0\\ k\to\infty}}\boldsymbol{d}_k^{\mathrm{T}}\nabla f(\boldsymbol{x}_k)<0$.

证明 反设存在收敛子列 $\{\boldsymbol{x}_k,\ \boldsymbol{d}_k\}_{\mathcal{N}_0}$ 同时满足条件 (1) 与 (2). 不妨设 $\{\boldsymbol{x}_k\}_{\mathcal{N}_0}$ 收敛到 $\hat{\boldsymbol{x}}$, $\{\boldsymbol{d}_k\}_{\mathcal{N}_0}$ 收敛到 $\hat{d}$. 则由 (2), 存在 $k_0>0$, $\delta'>0$ 和 $\varepsilon_0>0$ 使对任意的 $k\in\mathcal{N}_0,k\geqslant k_0$ 和任意的 $\alpha\in[0,\delta']$,

$$\boldsymbol{d}_k^{\mathrm{T}}\nabla f(\boldsymbol{x}_k+\alpha\boldsymbol{d}_k)<-\varepsilon_0. \tag{9.2.2}$$

令 $\hat{\delta}=\min\{\delta,\delta'\}$, 由 (1) 及步长规则,

$$f(\boldsymbol{x}_{k+1})\leqslant f(\boldsymbol{x}_k+\hat{\delta}\boldsymbol{d}_k).$$

由中值定理, 存在 $\boldsymbol{\zeta}_k\in(\boldsymbol{x}_k,\boldsymbol{x}_k+\hat{\delta}\boldsymbol{d}_k)$ 使得

$$f(\boldsymbol{x}_k+\hat{\delta}\boldsymbol{d}_k)-f(\boldsymbol{x}_k)=\hat{\delta}\boldsymbol{d}_k^{\mathrm{T}}\nabla f(\boldsymbol{\zeta}_k).$$

结合 (9.2.2), 对 $k\in\mathcal{N}_0,k\geqslant k_0$,

$$f(\boldsymbol{x}_{k+1})\leqslant f(\boldsymbol{x}_k)-\varepsilon_0\hat{\delta}.$$

由于 $\{f(\boldsymbol{x}_k)\}$ 单调不增且收敛于 $f(\hat{\boldsymbol{x}})$, 所以

$$\begin{aligned}
f(\hat{\boldsymbol{x}})-f_1&=\sum_{k=1}^{\infty}(f_{k+1}-f(\boldsymbol{x}_k))\\
&\leqslant\sum_{k\in\mathcal{N}_0}(f_{k+1}-f(\boldsymbol{x}_k))\\
&\leqslant\sum_{k\in\mathcal{N}_0,\ k\geqslant k_0}(f_{k+1}-f(\boldsymbol{x}_k))\\
&\leqslant\sum_{k\in\mathcal{N}_0,\ k\geqslant k_0}-\varepsilon_0\hat{\delta}=-\infty.
\end{aligned}$$

此矛盾说明假设不成立. 证毕

定理 9.2.1 对优化问题 (9.1.4), Topkis-Veinott 方法产生的点列 $\{\boldsymbol{x}_k\}$ 的任一聚点为优化问题 (9.1.4) 的 FJ 点.

证明 用反证法. 假设存在迭代点列 $\{\boldsymbol{x}_k\}$ 的收敛子列 $\{\boldsymbol{x}_k\}_{\mathcal{N}_0}$ 收敛到 $\boldsymbol{x}^*$, 且 $\boldsymbol{x}^*$ 不是优化问题 (9.1.4) 的 FJ 点. 由引理 9.2.1, 存在 $\varepsilon_0>0$, 使得 $\boldsymbol{x}^*$ 对应的优化

问题 (9.2.1) 的最优值 $z^* = -2\varepsilon_0$. 下证 $\mathcal{N}_0$ 对应的子序列 $\{\boldsymbol{x}_k, \boldsymbol{d}_k\}_{\mathcal{N}_0}$ 同时满足引理 9.2.2 中的 (1) 和 (2).

由于 $\{\boldsymbol{d}_k\}_{\mathcal{N}_0}$ 有界, 所以有收敛子列, 不妨设为其本身, 且极限为 $\boldsymbol{d}^*$. 由于 $f(\boldsymbol{x})$ 和约束函数 $c_i(\boldsymbol{x})$, $i \in \mathcal{I}$ 连续可微, 所以数列 $\{z_k\}_{\mathcal{N}_0}$ 收敛到 z^*. 从而在 $k \in \mathcal{N}_0$ 充分大时, 有 $z_k \leqslant -\varepsilon_0$.

这样, 对 $k \in \mathcal{N}_0$ 充分大, 由 (9.2.1),

$$\boldsymbol{d}_k^{\mathrm{T}} \nabla f(\boldsymbol{x}_k) \leqslant -\varepsilon_0, \quad c_i(\boldsymbol{x}_k) + \boldsymbol{d}_k^{\mathrm{T}} \nabla c_i(\boldsymbol{x}_k) \geqslant \varepsilon_0, \quad i \in \mathcal{I}.$$

显然,

$$\lim_{k \in \mathcal{N}_0,\ k \to \infty} \boldsymbol{d}_k^{\mathrm{T}} \nabla f(\boldsymbol{x}_k) = (\boldsymbol{d}^*)^{\mathrm{T}} \nabla f(\boldsymbol{x}^*) < 0.$$

由于序列 $\{\boldsymbol{x}_k\}_{\mathcal{N}_0}$ 和 $\{\boldsymbol{d}_k\}_{\mathcal{N}_0}$ 都有界, 利用约束函数的连续可微性知, 存在 $\delta > 0$, 使对任意的 $\alpha \in [0, \delta]$ 及 $k \in \mathcal{N}_0$ 充分大有

$$c_i(\boldsymbol{x}_k) + \boldsymbol{d}_k^{\mathrm{T}} \nabla c_i(\boldsymbol{x}_k + \alpha \boldsymbol{d}_k) \geqslant \frac{1}{2}\varepsilon_0, \quad i \in \mathcal{I}.$$

取 $\hat{\delta} = \min\{1, \delta\}$, 则对任意的 $\alpha \in [0, \hat{\delta}]$ 和 $k \in \mathcal{N}_0$ 充分大, 对所有的 $i \in \mathcal{I}$ 成立

$$\begin{aligned} c_i(\boldsymbol{x}_k + \alpha \boldsymbol{d}_k) &= c_i(\boldsymbol{x}_k) + \alpha \boldsymbol{d}_k^{\mathrm{T}} \nabla c_i(\boldsymbol{x}_k + \tau\alpha \boldsymbol{d}_k) \\ &= (1-\alpha) c_i(\boldsymbol{x}_k) + \alpha [c_i(\boldsymbol{x}_k) + \boldsymbol{d}_k^{\mathrm{T}} \nabla c_i(\boldsymbol{x}_k + \tau\alpha \boldsymbol{d}_k)] \\ &\geqslant \frac{1}{2}\alpha\varepsilon_0 \geqslant 0, \end{aligned}$$

其中, $\tau \in (0,1)$. 这说明子序列 $\{\boldsymbol{x}_k, \boldsymbol{d}_k\}_{\mathcal{N}_0}$ 同时满足引理 9.2.2 中的 (1) 和 (2). 此矛盾说明假设不成立, 结论得证. 证毕

9.3 投影算子

约束优化问题的梯度投影方法在迭代过程中需要不断地将试探点 "拉回" 到可行域中, 也就是需要计算从 $\mathbb{R}^n$ 到可行域上的投影. 为此, 给出投影算子的定义和有关性质 (Zarantonelle,1971; Calamai & Moré,1987; 王长钰,2001; 等).

设 $\Omega \subset \mathbb{R}^n$ 为非空闭凸集, 对任意的 $\boldsymbol{x} \in \mathbb{R}^n$, 定义

$$P_\Omega(\boldsymbol{x}) = \arg\min\{\|\boldsymbol{x} - \boldsymbol{y}\| \mid \boldsymbol{y} \in \Omega\},$$

并称其为 $\boldsymbol{x}$ 到 Ω 上的投影. $P_\Omega(\cdot)$ 称为从 $\mathbb{R}^n$ 到 Ω 上的投影算子.

性质 9.3.1　设 Ω 为 $\mathbb{R}^n$ 中的非空闭凸集, 则对投影算子 $P_\Omega(\cdot)$, 下述结论成立.

(1) $\langle P_\Omega(\boldsymbol{x}) - \boldsymbol{x}, \boldsymbol{y} - P_\Omega(\boldsymbol{x})\rangle \geqslant 0$, 对任意的 $\boldsymbol{x} \in \mathbb{R}^n, \boldsymbol{y} \in \Omega$;

(2) $\langle P_\Omega(\boldsymbol{x})-P_\Omega(\boldsymbol{y}),\boldsymbol{x}-\boldsymbol{y}\rangle\geqslant\|P_\Omega(\boldsymbol{x})-P_\Omega(\boldsymbol{y})\|^2$, 对任意的 $\boldsymbol{x},\boldsymbol{y}\in\mathbb{R}^n$;

(3) 对任意的 $\boldsymbol{x},\boldsymbol{y}\in\mathbb{R}^n$, 成立

$$\|P_\Omega(\boldsymbol{x})-P_\Omega(\boldsymbol{y})\|^2\leqslant\|\boldsymbol{x}-\boldsymbol{y}\|^2-\|P_\Omega(\boldsymbol{x})-\boldsymbol{x}+\boldsymbol{y}-P_\Omega(\boldsymbol{y})\|^2.$$

(4) $\langle P_\Omega(\boldsymbol{x})-\boldsymbol{x},\boldsymbol{y}-\boldsymbol{x}\rangle\geqslant\|P_\Omega(\boldsymbol{x})-\boldsymbol{x}\|^2$, 对任意的 $\boldsymbol{x}\in\mathbb{R}^n,\boldsymbol{y}\in\Omega$.

证明 结论 (1) 在引理 1.4.1 中已证, 下面利用最优性条件给出一个简短证明. 由 $P_\Omega(\boldsymbol{x})$ 的定义及推论 8.1.1 后面的注解, 易知 $P_\Omega(\boldsymbol{x})$ 是定义在闭凸集上的严格凸二次规划问题

$$\min_{\boldsymbol{y}\in\Omega}\ f(\boldsymbol{y})=\frac{1}{2}\|\boldsymbol{x}-\boldsymbol{y}\|^2$$

的唯一全局最优解. 由性质 7.4.1,

$$\langle\nabla f(P_\Omega(\boldsymbol{x})),\boldsymbol{y}-P_\Omega(\boldsymbol{x})\rangle\geqslant0,\quad\forall\ \boldsymbol{y}\in\Omega.$$

利用 $\nabla f(P_\Omega(\boldsymbol{x}))=P_\Omega(\boldsymbol{x})-\boldsymbol{x}$, (1) 得证.

对 $\boldsymbol{x},\boldsymbol{y}\in\mathbb{R}^n$, 由 (1) 得

$$\begin{aligned}&\langle P_\Omega(\boldsymbol{x})-\boldsymbol{x},P_\Omega(\boldsymbol{y})-P_\Omega(\boldsymbol{x})\rangle\geqslant0,\\&\langle P_\Omega(\boldsymbol{y})-\boldsymbol{y},P_\Omega(\boldsymbol{x})-P_\Omega(\boldsymbol{y})\rangle\geqslant0.\end{aligned}$$

两式相加得 (2). 利用 (2) 得

$$\begin{aligned}\|P_\Omega(\boldsymbol{x})-P_\Omega(\boldsymbol{y})\|^2&\leqslant\langle P_\Omega(\boldsymbol{x})-P_\Omega(\boldsymbol{y}),\boldsymbol{x}-\boldsymbol{y}\rangle\\&=\|\boldsymbol{x}-\boldsymbol{y}\|^2+\langle P_\Omega(\boldsymbol{x})-\boldsymbol{x}+\boldsymbol{y}-P_\Omega(\boldsymbol{y}),\boldsymbol{x}-\boldsymbol{y}\rangle\\&=\|\boldsymbol{x}-\boldsymbol{y}\|^2-\|P_\Omega(\boldsymbol{x})-\boldsymbol{x}+\boldsymbol{y}-P_\Omega(\boldsymbol{y})\|^2\\&\quad+\langle P_\Omega(\boldsymbol{x})-P_\Omega(\boldsymbol{y})-\boldsymbol{x}+\boldsymbol{y},P_\Omega(\boldsymbol{x})-P_\Omega(\boldsymbol{y})\rangle\\&\leqslant\|\boldsymbol{x}-\boldsymbol{y}\|^2-\|P_\Omega(\boldsymbol{x})-\boldsymbol{x}+\boldsymbol{y}-P_\Omega(\boldsymbol{y})\|^2.\end{aligned}$$

(3) 得证.

对任意的 $\boldsymbol{x}\in\mathbb{R}^n,\boldsymbol{y}\in\Omega$, 利用 (1),

$$\begin{aligned}\langle P_\Omega(\boldsymbol{x})-\boldsymbol{x},\boldsymbol{y}-\boldsymbol{x}\rangle&=\langle P_\Omega(\boldsymbol{x})-\boldsymbol{x},\boldsymbol{y}-P_\Omega(\boldsymbol{x})\rangle+\langle P_\Omega(\boldsymbol{x})-\boldsymbol{x},P_\Omega(\boldsymbol{x})-\boldsymbol{x}\rangle\\&\geqslant\|P_\Omega(\boldsymbol{x})-\boldsymbol{x}\|^2.\end{aligned}$$

(4) 得证. 证毕

上述性质中的 (3) 说明投影算子 $P_\Omega(\cdot)$ 是非扩张的 Lipschitz 连续算子. 性质中的 (1) 是投影算子的基本性质. 它表明, 对任意的 $\boldsymbol{y}\in\Omega$, 矢量 $\overrightarrow{P_\Omega(\boldsymbol{x})x}$ 与 $\overrightarrow{P_\Omega(\boldsymbol{x})\boldsymbol{y}}$ 成钝角, 该结论也是投影的一个判断准则 (Kolmogorov 准则).

推论 9.3.1 设 Ω 为非空闭凸集, $\boldsymbol{x} \in \mathbb{R}^n, \boldsymbol{y} \in \Omega$. 则 $\boldsymbol{y} = P_\Omega(\boldsymbol{x})$ 的充分必要条件是

$$\langle \boldsymbol{y} - \boldsymbol{x}, \boldsymbol{z} - \boldsymbol{y} \rangle \geqslant 0, \quad \forall\, \boldsymbol{z} \in \Omega.$$

证明 只证充分性. 对任意的 $\boldsymbol{z} \in \Omega$, 由题设,

$$\begin{aligned}
\|\boldsymbol{x} - \boldsymbol{z}\|^2 &= \|\boldsymbol{x} - \boldsymbol{y} + \boldsymbol{y} - \boldsymbol{z}\|^2 \\
&= \|\boldsymbol{x} - \boldsymbol{y}\|^2 + 2\langle \boldsymbol{x} - \boldsymbol{y}, \boldsymbol{y} - \boldsymbol{z} \rangle + \|\boldsymbol{y} - \boldsymbol{z}\|^2 \\
&\geqslant \|\boldsymbol{x} - \boldsymbol{y}\|^2.
\end{aligned}$$

由投影的定义得, $\boldsymbol{y} = P_\Omega(\boldsymbol{x})$. 证毕

投影算子连续但未必可微. 下面的结论告诉我们, 投影函数 $\|\boldsymbol{x} - P_\Omega(\boldsymbol{x})\|^2$ 连续可微.

性质 9.3.2 设 Ω 是 $\mathbb{R}^n$ 中的非空闭凸集. 则函数 $\phi(\boldsymbol{x}) = \dfrac{1}{2}\|\boldsymbol{x} - P_\Omega(\boldsymbol{x})\|^2$ 关于 $\boldsymbol{x} \in \mathbb{R}^n$ 连续可微, 且 $\nabla\phi(\boldsymbol{x}) = \boldsymbol{x} - P_\Omega(\boldsymbol{x})$.

证明 为证命题结论, 只需证明对任意的无穷小量 $\Delta\boldsymbol{x} \in \mathbb{R}^n$, 成立

$$\phi(\boldsymbol{x} + \Delta\boldsymbol{x}) = \phi(\boldsymbol{x}) + (\boldsymbol{x} - P_\Omega(\boldsymbol{x}))^{\mathrm{T}}\Delta\boldsymbol{x} + o(\|\Delta\boldsymbol{x}\|). \tag{9.3.1}$$

事实上, 根据投影算子的定义,

$$\begin{aligned}
2\phi(\boldsymbol{x} + \Delta\boldsymbol{x}) &\leqslant \|\boldsymbol{x} + \Delta\boldsymbol{x} - P_\Omega(\boldsymbol{x})\|^2 \\
&= \|\boldsymbol{x} - P_\Omega(\boldsymbol{x})\|^2 + 2(\boldsymbol{x} - P_\Omega(\boldsymbol{x}))^{\mathrm{T}}\Delta\boldsymbol{x} + \|\Delta\boldsymbol{x}\|^2.
\end{aligned} \tag{9.3.2}$$

另一方面, 由性质 9.3.1,

$$\langle P_\Omega(\boldsymbol{x} + \Delta\boldsymbol{x}) - P_\Omega(\boldsymbol{x}), P_\Omega(\boldsymbol{x}) - \boldsymbol{x} \rangle \geqslant 0,$$

$$\|P_\Omega(\boldsymbol{x} + \Delta\boldsymbol{x}) - P_\Omega(\boldsymbol{x})\| \leqslant \|\Delta\boldsymbol{x}\|.$$

所以,

$$\begin{aligned}
2\phi(\boldsymbol{x} + \Delta\boldsymbol{x}) &= \|P_\Omega(\boldsymbol{x} + \Delta\boldsymbol{x}) - \boldsymbol{x} - \Delta\boldsymbol{x}\|^2 \\
&= \|(P_\Omega(\boldsymbol{x} + \Delta\boldsymbol{x}) - P_\Omega(\boldsymbol{x})) + (P_\Omega(\boldsymbol{x}) - \boldsymbol{x}) - \Delta\boldsymbol{x}\|^2 \\
&\geqslant 2\big(P_\Omega(\boldsymbol{x} + \Delta\boldsymbol{x}) - P_\Omega(\boldsymbol{x})\big)^{\mathrm{T}}\big((P_\Omega(\boldsymbol{x}) - \boldsymbol{x}) - \Delta\boldsymbol{x}\big) \\
&\quad + \|(P_\Omega(\boldsymbol{x}) - \boldsymbol{x}) - \Delta\boldsymbol{x}\|^2 \\
&\geqslant \|P_\Omega(\boldsymbol{x}) - \boldsymbol{x}\|^2 + 2(\boldsymbol{x} - P_\Omega(\boldsymbol{x}))^{\mathrm{T}}\Delta\boldsymbol{x} + o(\|\Delta\boldsymbol{x}\|).
\end{aligned}$$

结合 (9.3.2) 得 (9.3.1). 命题结论得证. 证毕

对闭凸锥上的投影算子, 有如下结论.

性质 9.3.3 设 $\mathcal{K}$ 为 $\mathbb{R}^n$ 中的非空闭凸锥, 则对任意的 $\boldsymbol{x}\in\mathbb{R}^n$,

(1) $\langle \boldsymbol{x}-P_{\mathcal{K}}(\boldsymbol{x}), P_{\mathcal{K}}(\boldsymbol{x})\rangle=0$, 即 $\langle \boldsymbol{x}, P_{\mathcal{K}}(\boldsymbol{x})\rangle=\|P_{\mathcal{K}}(\boldsymbol{x})\|^2$;

(2) $\|\boldsymbol{x}\|\geqslant\|P_{\mathcal{K}}(\boldsymbol{x})\|$;

(3) $\max\{\langle \boldsymbol{x},\boldsymbol{v}\rangle \mid \boldsymbol{v}\in\mathcal{K},\|\boldsymbol{v}\|\leqslant 1\}=\|P_{\mathcal{K}}(\boldsymbol{x})\|$.

证明 由投影的基本性质, 对任意的 $\lambda\geqslant 0$,

$$\langle P_{\mathcal{K}}(\boldsymbol{x})-\boldsymbol{x},(\lambda-1)P_{\mathcal{K}}(\boldsymbol{x})\rangle\geqslant 0.$$

分别取 $\lambda=0,2$, 得 (1).

对 (1) 应用 Cauchy-Schwarz 不等式得 (2).

对 (3), 首先由 (1) 得

$$\left\langle \boldsymbol{x},\frac{P_{\mathcal{K}}(\boldsymbol{x})}{\|P_{\mathcal{K}}(\boldsymbol{x})\|}\right\rangle=\|P_{\mathcal{K}}(\boldsymbol{x})\|.$$

其次, 对任意满足 $\|\boldsymbol{v}\|\leqslant 1$ 的 $\boldsymbol{v}\in\mathcal{K}$, 令 $\boldsymbol{u}=\|P_{\mathcal{K}}(\boldsymbol{x})\|\boldsymbol{v}$. 由投影算子的定义,

$$\|P_{\mathcal{K}}(\boldsymbol{x})-\boldsymbol{x}\|^2\leqslant\|\boldsymbol{u}-\boldsymbol{x}\|^2\leqslant\|P_{\mathcal{K}}(\boldsymbol{x})\|^2-2\|P_{\mathcal{K}}(\boldsymbol{x})\|\langle \boldsymbol{v},\boldsymbol{v}\rangle+\|\boldsymbol{x}\|^2.$$

展开得,

$$\langle \boldsymbol{v},\boldsymbol{x}\rangle\leqslant\left\langle\frac{P_{\mathcal{K}}(\boldsymbol{x})}{\|P_{\mathcal{K}}(\boldsymbol{x})\|},\boldsymbol{x}\right\rangle.$$

结合前面的结论得证. 证毕

该结论表明: $\mathbb{R}^n$ 中任一点及其到闭凸锥上的投影和原点构成一直角三角形. 下面的正交分解定理说明, $\mathbb{R}^n$ 中一点到闭凸锥 $\mathcal{K}$ 与其极锥 $\mathcal{K}^\circ$ 上的投影恰好将该点对应的向量分解成 $\mathcal{K}$ 和 $\mathcal{K}^\circ$ 中的两个正交向量 (图 9.3.1).

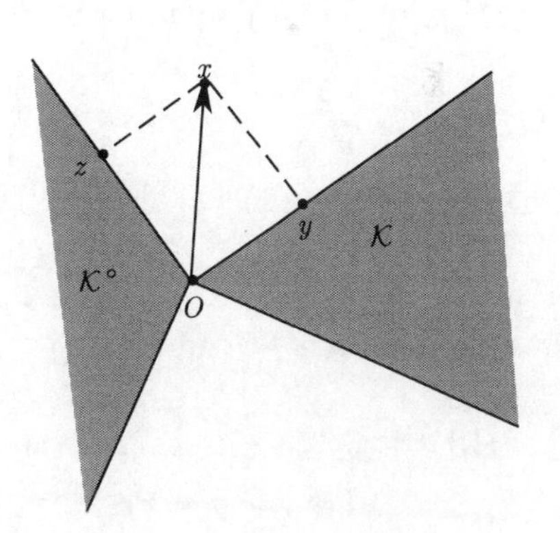

图 9.3.1 Moreau 分解定理

定理 9.3.1(Moreau, 1962) 设 $\mathcal{K}$ 为 $\mathbb{R}^n$ 中的非空闭凸锥. 对任意的 $\boldsymbol{x}\in\mathbb{R}^n$, 令 $\boldsymbol{y}=P_{\mathcal{K}}(\boldsymbol{x})$, $\boldsymbol{z}=P_{\mathcal{K}^\circ}(\boldsymbol{x})$, 则 $\boldsymbol{x}=\boldsymbol{y}+\boldsymbol{z}$ 且 $\langle \boldsymbol{y},\boldsymbol{z}\rangle=0$.

反过来, 若 $\boldsymbol{x}\in\mathbb{R}^n$ 可分解成 $\boldsymbol{x}=\boldsymbol{y}+\boldsymbol{z}$, 其中 $\boldsymbol{y}\in\mathcal{K},\boldsymbol{z}\in\mathcal{K}^\circ$ 且 $\langle \boldsymbol{y},\boldsymbol{z}\rangle=0$, 则 $\boldsymbol{y}=P_{\mathcal{K}}(\boldsymbol{x})$, $\boldsymbol{z}=P_{\mathcal{K}^\circ}(\boldsymbol{x})$.

证明 记 $\boldsymbol{w}=\boldsymbol{x}-\boldsymbol{y}$, 则由性质 9.3.3, $\langle \boldsymbol{w},\boldsymbol{y}\rangle=0$. 下证 $\boldsymbol{w}=\boldsymbol{z}$.

事实上, 对任意的 $\boldsymbol{u}\in\mathcal{K}$,

$$\langle \boldsymbol{w},\boldsymbol{u}\rangle=\langle \boldsymbol{w},\boldsymbol{u}-\boldsymbol{y}\rangle=\langle \boldsymbol{x}-\boldsymbol{y},\boldsymbol{u}-\boldsymbol{y}\rangle\leqslant 0.$$

所以, $\boldsymbol{w} \in \mathcal{K}^{\circ}$. 进一步, 对任意的 $\boldsymbol{v} \in \mathcal{K}^{\circ}$,

$$\langle \boldsymbol{x} - \boldsymbol{w}, \boldsymbol{v} - \boldsymbol{w} \rangle = \langle \boldsymbol{y}, \boldsymbol{v} - \boldsymbol{w} \rangle = \langle \boldsymbol{y}, \boldsymbol{v} \rangle \leqslant 0.$$

由性质 9.3.1, $\boldsymbol{w} = P_{\mathcal{K}^{\circ}}(\boldsymbol{x}) = \boldsymbol{z}$. 第一个结论得证.

设 $\boldsymbol{x} \in \mathbb{R}^n$ 有满足题设条件的分解. 则对任意的 $\boldsymbol{u} \in \mathcal{K}$,

$$\langle \boldsymbol{x} - \boldsymbol{y}, \boldsymbol{u} - \boldsymbol{y} \rangle = \langle \boldsymbol{z}, \boldsymbol{u} - \boldsymbol{y} \rangle = \langle \boldsymbol{z}, \boldsymbol{u} \rangle \leqslant 0.$$

所以, $\boldsymbol{y} = P_{\mathcal{K}}(\boldsymbol{x})$.

同理, 对任意的 $\boldsymbol{v} \in \mathcal{K}^{\circ}$,

$$\langle \boldsymbol{x} - \boldsymbol{z}, \boldsymbol{v} - \boldsymbol{z} \rangle = \langle \boldsymbol{y}, \boldsymbol{v} - \boldsymbol{z} \rangle = \langle \boldsymbol{y}, \boldsymbol{v} \rangle \leqslant 0.$$

故 $\boldsymbol{z} = P_{\mathcal{K}^{\circ}}(\boldsymbol{x})$. 第二个结论得证.　　证毕

利用 Moreau 定理, 可得从 $\mathbb{R}^n$ 到方向 $\boldsymbol{a} \in \mathbb{R}^n$ 上的投影算子

$$P = \frac{1}{\|\boldsymbol{a}\|^2} \boldsymbol{a}\boldsymbol{a}^{\mathrm{T}}.$$

其次, 若 $\mathcal{K}$ 为 $\mathbb{R}^n$ 的子空间, 则 $\mathcal{K}^{\circ}$ 为其正交补空间 $\mathcal{K}^{\perp}$, 从而根据定理 9.3.1 有

$$\boldsymbol{x} = P_{\mathcal{K}}(\boldsymbol{x}) + P_{\mathcal{K}^{\perp}}(\boldsymbol{x}), \quad \forall\, \boldsymbol{x} \in \mathbb{R}^n.$$

显然, $P_{\mathcal{K}}(\boldsymbol{x})$ 与 $\boldsymbol{x} - P_{\mathcal{K}}(\boldsymbol{x})$ 正交. 因此上述投影又称正交投影.

定理 9.3.2　设 $\mathcal{K}$ 为 $\mathbb{R}^n$ 的子空间, $\boldsymbol{x} \in \mathbb{R}^n$, $\boldsymbol{y} \in \mathcal{K}$. 则 $\boldsymbol{y} = P_{\mathcal{K}}(\boldsymbol{x})$ 的充要条件是

$$\langle \boldsymbol{x}, \boldsymbol{z} \rangle = \langle \boldsymbol{y}, \boldsymbol{z} \rangle, \quad \forall\, \boldsymbol{z} \in \mathcal{K}.$$

证明　由定理 9.3.1, $\boldsymbol{x}$ 可分解成 $\boldsymbol{x} = \boldsymbol{x}_1 + \boldsymbol{x}_2$, 其中, $\boldsymbol{x}_1 = P_{\mathcal{K}}(\boldsymbol{x})$, $\boldsymbol{x}_2 = P_{\mathcal{K}^{\perp}}(\boldsymbol{x})$. 若 $\boldsymbol{y} = P_{\mathcal{K}}(\boldsymbol{x})$, 即 $\boldsymbol{y} = \boldsymbol{x}_1$, 则 $\boldsymbol{x} - \boldsymbol{y} = \boldsymbol{x}_2 \in \mathcal{K}^{\perp}$. 从而,

$$\langle \boldsymbol{x} - \boldsymbol{y}, \boldsymbol{z} \rangle = 0, \quad \forall \boldsymbol{z} \in \mathcal{K}.$$

展开即得必要性.

反过来, 记 $\boldsymbol{w} = \boldsymbol{x} - \boldsymbol{y}$. 由题设, 对任意的 $\boldsymbol{z} \in \mathcal{K}$,

$$\langle \boldsymbol{w}, \boldsymbol{z} \rangle = \langle \boldsymbol{x} - \boldsymbol{y}, \boldsymbol{z} \rangle = 0.$$

这说明, $\boldsymbol{w} \in \mathcal{K}^{\perp}$. 由定理 9.3.1 的后一结论得命题结论.　　证毕

借助投影算子, 不但可以建立约束优化问题的梯度投影算法, 而且可以刻画约束优化问题的最优性条件.

定理 9.3.3 设 $\Omega \subset \mathbb{R}^n$ 为非空闭凸集. 则 $\boldsymbol{x} \in \Omega$ 为约束优化问题

$$\min\{f(\boldsymbol{x}) \mid \boldsymbol{x} \in \Omega\} \tag{9.3.3}$$

的稳定点当且仅当对任意的 $\alpha > 0$, 成立

$$\boldsymbol{x} = P_\Omega(\boldsymbol{x} - \alpha \nabla f(\boldsymbol{x})).$$

证明 $\boldsymbol{x} \in \Omega$ 是约束优化问题 (9.3.3) 的稳定点等价于其满足

$$\langle \nabla f(\boldsymbol{x}), \boldsymbol{y} - \boldsymbol{x} \rangle \geqslant 0, \quad \forall\ \boldsymbol{y} \in \Omega,$$

即对任意的 $\alpha > 0$,

$$\langle \alpha \nabla f(\boldsymbol{x}), \boldsymbol{y} - \boldsymbol{x} \rangle \geqslant 0, \quad \forall\ \boldsymbol{y} \in \Omega.$$

由性质 9.3.1, 上式成立的充分必要条件是 $\boldsymbol{x} = P_\Omega(\boldsymbol{x} - \alpha \nabla f(\boldsymbol{x}))$. 证毕

若记

$$\boldsymbol{r}(\boldsymbol{x}) = \boldsymbol{x} - P_\Omega(\boldsymbol{x} - \nabla f(\boldsymbol{x})),$$

则 $\|\boldsymbol{r}(\boldsymbol{x})\|$ 可作为价值函数来度量 $\boldsymbol{x}$ 与稳定点的近似度, 故 $\boldsymbol{r}(\boldsymbol{x})$ 常称作残量函数.

下面借助投影算子对如下形式的约束优化问题的最优性条件进行刻画.

$$\begin{aligned} \min_{\boldsymbol{x} \in \Theta} \quad & f(\boldsymbol{x}) \\ \text{s.t.} \quad & \boldsymbol{A}_1 \boldsymbol{x} \geqslant \boldsymbol{b}_1, \\ & \boldsymbol{A}_2 \boldsymbol{x} = \boldsymbol{b}_2, \end{aligned} \tag{9.3.4}$$

其中, $f: \mathbb{R}^n \to \mathbb{R}$ 连续可微, $\Theta \subset \mathbb{R}^n$ 为非空闭凸集. 对该优化问题, 记可行域

$$\Omega = \{\boldsymbol{x} \in \Theta \mid \boldsymbol{A}_1 \boldsymbol{x} \geqslant \boldsymbol{b}_1, \boldsymbol{A}_2 \boldsymbol{x} = \boldsymbol{b}_2\}.$$

定理 9.3.4 $\boldsymbol{x}^* \in \Omega$ 为约束优化问题 (9.3.4) 的稳定点当且仅当存在乘子向量 $\boldsymbol{\lambda}_1^*, \boldsymbol{\lambda}_2^*$, 使对任意的 $\alpha > 0$, 成立

$$\begin{cases} \boldsymbol{x}^* = P_\Theta\big(\boldsymbol{x}^* - \alpha(\nabla f(\boldsymbol{x}^*) - \boldsymbol{A}_1^{\mathrm{T}} \boldsymbol{\lambda}_1^* - \boldsymbol{A}_2^{\mathrm{T}} \boldsymbol{\lambda}_2^*)\big), \\ \boldsymbol{A}_1 \boldsymbol{x}^* \geqslant \boldsymbol{b}_1,\ \boldsymbol{\lambda}_1^* \geqslant \boldsymbol{0},\ (\boldsymbol{\lambda}_1^*)^{\mathrm{T}} (\boldsymbol{A}_1 \boldsymbol{x}^* - \boldsymbol{b}_1) = 0, \\ \boldsymbol{A}_2 \boldsymbol{x}^* = \boldsymbol{b}_2. \end{cases} \tag{9.3.5}$$

证明 必要性. 设 $\boldsymbol{x}^* \in \Omega$ 为约束优化问题的稳定点, 则对任意的 $\boldsymbol{x} \in \Omega$, 均有

$$\nabla f(\boldsymbol{x}^*)^{\mathrm{T}} \boldsymbol{x} \geqslant \nabla f(\boldsymbol{x}^*)^{\mathrm{T}} \boldsymbol{x}^*.$$

从而, $\boldsymbol{x}^*$ 为下述优化问题的最优解

$$\begin{aligned} \min_{\boldsymbol{x}\in\Theta} \quad & \nabla f(\boldsymbol{x}^*)^{\mathrm{T}}\boldsymbol{x} \\ \text{s.t.} \quad & \boldsymbol{A}_1\boldsymbol{x} \geqslant \boldsymbol{b}_1, \\ & \boldsymbol{A}_2\boldsymbol{x} = \boldsymbol{b}_2. \end{aligned}$$

对该优化问题, 由于目标函数和约束函数都是线性的, 由定理 7.5.4, 强对偶定理成立, 即

$$\min_{\boldsymbol{x}\in\Theta}\{\nabla f(\boldsymbol{x}^*)^{\mathrm{T}}\boldsymbol{x} \mid \boldsymbol{A}_1\boldsymbol{x} \geqslant \boldsymbol{b}_1,\ \boldsymbol{A}_2\boldsymbol{x} = \boldsymbol{b}_2\} = \max_{\boldsymbol{\lambda}_1\geqslant\boldsymbol{0},\boldsymbol{\lambda}_2}\min_{\boldsymbol{x}\in\Theta} L(\boldsymbol{x},\boldsymbol{\lambda}_1,\boldsymbol{\lambda}_2).$$

其中,

$$L(\boldsymbol{x},\boldsymbol{\lambda}_1,\boldsymbol{\lambda}_2) = \nabla f(\boldsymbol{x}^*)^{\mathrm{T}}\boldsymbol{x} - (\boldsymbol{A}_1\boldsymbol{x} - \boldsymbol{b}_1)^{\mathrm{T}}\boldsymbol{\lambda}_1 - (\boldsymbol{A}_2\boldsymbol{x} - \boldsymbol{b}_2)^{\mathrm{T}}\boldsymbol{\lambda}_2.$$

从而, 存在乘子 $\boldsymbol{\lambda}_1^* \geqslant \boldsymbol{0}, \boldsymbol{\lambda}_2^*$ 使 $(\boldsymbol{x}^*, \boldsymbol{\lambda}_1^*, \boldsymbol{\lambda}_2^*)$ 构成该函数的鞍点, 即满足

$$L(\boldsymbol{x}^*,\boldsymbol{\lambda}_1,\boldsymbol{\lambda}_2,) \leqslant L(\boldsymbol{x}^*,\boldsymbol{\lambda}_1^*,\boldsymbol{\lambda}_2^*) \leqslant L(\boldsymbol{x},\boldsymbol{\lambda}_1^*,\boldsymbol{\lambda}_2^*,), \quad \forall\, \boldsymbol{\lambda}_1 \geqslant \boldsymbol{0}, \boldsymbol{\lambda}_2,\ \boldsymbol{x}\in\Theta.$$

由此易得

$$\boldsymbol{A}_1\boldsymbol{x}^* \geqslant \boldsymbol{b}_1,\ \boldsymbol{\lambda}_1^* \geqslant \boldsymbol{0},\ (\boldsymbol{\lambda}_1^*)^{\mathrm{T}}(\boldsymbol{A}_1\boldsymbol{x}^* - \boldsymbol{b}_1) = 0, \quad \boldsymbol{A}_2\boldsymbol{x}^* = \boldsymbol{b}_2, \tag{9.3.6}$$

且 $\boldsymbol{x}^*$ 为下述优化问题的最优解

$$\begin{aligned} \min \quad & \nabla f(\boldsymbol{x}^*)^{\mathrm{T}}\boldsymbol{x} - (\boldsymbol{\lambda}_1^*)^{\mathrm{T}}(\boldsymbol{A}_1\boldsymbol{x} - \boldsymbol{b}_1) - (\boldsymbol{\lambda}_2^*)^{\mathrm{T}}(\boldsymbol{A}_2\boldsymbol{x} - \boldsymbol{b}_2) \\ \text{s.t.} \quad & \boldsymbol{x} \in \Theta. \end{aligned}$$

从而由定理 9.3.3, 对任意的 $\alpha > 0$, 有

$$\boldsymbol{x}^* = P_\Theta(\boldsymbol{x}^* - \alpha(\nabla f(\boldsymbol{x}^*) - \boldsymbol{A}_1^{\mathrm{T}}\boldsymbol{\lambda}_1^* - \boldsymbol{A}_2^{\mathrm{T}}\boldsymbol{\lambda}_2^*)).$$

结合 (9.3.6) 得 (9.3.5).

充分性. 设 $\boldsymbol{x}^*$ 满足 (9.3.5). 显然, $\boldsymbol{x}^* \in \Omega$. 由 (9.3.5) 的第一式和投影算子的基本性质得

$$\langle \nabla f(\boldsymbol{x}^*) - \boldsymbol{A}_1^{\mathrm{T}}\boldsymbol{\lambda}_1^* - \boldsymbol{A}_2^{\mathrm{T}}\boldsymbol{\lambda}_2^*, \boldsymbol{x} - \boldsymbol{x}^* \rangle \geqslant 0, \quad \forall\, \boldsymbol{x} \in \Omega \subset \Theta.$$

整理得

$$\langle \nabla f(\boldsymbol{x}^*), \boldsymbol{x} - \boldsymbol{x}^* \rangle \geqslant \langle \boldsymbol{A}_1^{\mathrm{T}}\boldsymbol{\lambda}_1^* + \boldsymbol{A}_2^{\mathrm{T}}\boldsymbol{\lambda}_2^*, \boldsymbol{x} - \boldsymbol{x}^* \rangle, \quad \forall\, \boldsymbol{x} \in \Omega.$$

利用 $\boldsymbol{x} \in \Omega$ 和 (9.3.5) 中的后两式得

$$
\begin{aligned}
\langle \nabla f(\boldsymbol{x}^*), \boldsymbol{x}-\boldsymbol{x}^*\rangle \geqslant & \langle \boldsymbol{A}_1^{\mathrm{T}}\boldsymbol{\lambda}_1+\boldsymbol{A}_2^{\mathrm{T}}\boldsymbol{\lambda}_2^*, \boldsymbol{x}-\boldsymbol{x}^*\rangle \\
= & (\boldsymbol{\lambda}_1^*)^{\mathrm{T}}\boldsymbol{A}_1(\boldsymbol{x}-\boldsymbol{x}^*) \\
= & (\boldsymbol{\lambda}_1^*)^{\mathrm{T}}(\boldsymbol{A}_1\boldsymbol{x}-\boldsymbol{b})-(\boldsymbol{\lambda}_1^*)^{\mathrm{T}}(\boldsymbol{A}_1\boldsymbol{x}^*-\boldsymbol{b}) \\
= & (\boldsymbol{\lambda}_1^*)^{\mathrm{T}}(\boldsymbol{A}_1\boldsymbol{x}-\boldsymbol{b}) \geqslant 0.
\end{aligned}
$$

由 $\boldsymbol{x}\in\Omega$ 的任意性知, $\boldsymbol{x}^*$ 为原规划问题的稳定点. 证毕

为用投影梯度刻画约束优化问题的稳定点, 先给出如下定义.

定义 9.3.1 设 $\boldsymbol{x}\in\Omega$. 称

$$
\mathcal{T}_\Omega(\boldsymbol{x})=\{\boldsymbol{d}\in\mathbb{R}^n|\text{存在}\boldsymbol{d_k}\to\boldsymbol{d}, t_k\to 0_+, \text{使得}x+t_k\boldsymbol{d}_k\in\Omega\}
$$

为闭凸集 Ω 在 $\boldsymbol{x}$ 点的切锥.

对闭凸集 Ω, 其上任一点的切锥是该点所有可行方向所组成集合的闭, 是闭凸锥. 切锥 $\mathcal{T}_\Omega(\boldsymbol{x})$ 的极锥 $\mathcal{T}_\Omega^\circ(\boldsymbol{x})$ 称为 Ω 在 $\boldsymbol{x}$ 点的法锥或正则锥, 记为 $\mathcal{N}_\Omega(\boldsymbol{x})$(图 9.3.2).

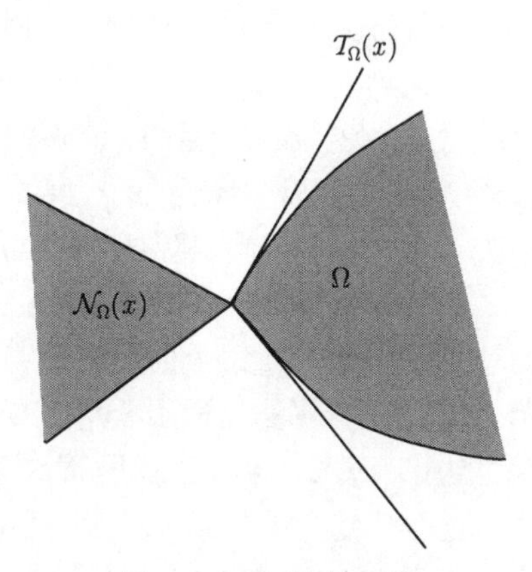

图 9.3.2 切锥与法锥

定义 9.3.2 负梯度 $-\nabla f(\boldsymbol{x})$ 在 $\mathcal{T}_\Omega(\boldsymbol{x})$ 上的投影定义为约束优化问题 (9.3.3) 在 $\boldsymbol{x}$ 点的投影梯度, 即

$$
\nabla_\Omega f(\boldsymbol{x}) \triangleq \arg\min\{\|\boldsymbol{d}+\nabla f(\boldsymbol{x})\| \mid \boldsymbol{d}\in\mathcal{T}_\Omega(\boldsymbol{x})\}.
$$

定理 9.3.5 $\boldsymbol{x}\in\Omega$ 为约束优化问题 (9.3.3) 的稳定点当且仅当 $\nabla_\Omega f(\boldsymbol{x})=\boldsymbol{0}$.

证明 设 $\boldsymbol{x}\in\Omega$ 是约束优化问题 (9.3.3) 的稳定点, $\boldsymbol{d}\in\mathbb{R}^n$ 是该优化问题在 $\boldsymbol{x}$ 点的可行方向, 则存在 $\delta>0$, 对任意 $t\in[0,\delta]$, $\boldsymbol{x}+t\boldsymbol{d}\in\Omega$. 由稳定点的定义

$$
\langle \nabla f(\boldsymbol{x}), \boldsymbol{d}\rangle \geqslant 0,
$$

即

$$
\langle -\nabla f(\boldsymbol{x}), \boldsymbol{d}\rangle \leqslant 0.
$$

由于上式对任意的 $\boldsymbol{d}\in\mathcal{T}_\Omega(\boldsymbol{x})$ 都成立, 由性质 9.3.3 中的 (3) 知 $\|\nabla_\Omega f(\boldsymbol{x})\|=0$.

反过来, 若 $\|\nabla_\Omega f(\boldsymbol{x})\|=0$, 同样由性质 9.3.3 中的 (3), 对任意 $\boldsymbol{d}\in\mathcal{T}_\Omega(\boldsymbol{x})$,

$$
\langle \nabla f(\boldsymbol{x}), \boldsymbol{d}\rangle \geqslant 0.
$$

由于对任意的 $\boldsymbol{y}\in\Omega$, $\boldsymbol{y}-\boldsymbol{x}\in\mathcal{T}_\Omega(\boldsymbol{x})$, 故 $\boldsymbol{x}$ 是约束优化问题 (9.3.3) 的稳定点. 证毕

利用该结论并结合 Moreau 分解定理 (定理 9.3.1) 知, 约束优化问题 (9.3.3) 的目标函数在最优值点 $\boldsymbol{x}^*$ 的负梯度属于可行域 Ω 在 $\boldsymbol{x}^*$ 点的法锥, 也就是, $-\nabla f(\boldsymbol{x}^*) \in \mathcal{N}_\Omega(\boldsymbol{x}^*)$. 这与定理 7.1.2 中的结论是一致的. 其几何意义是, 目标函数在最优值点 $\boldsymbol{x}^*$ 的下降方向集

$$\{\boldsymbol{d} \in \mathbb{R}^n \mid \boldsymbol{d}^{\mathrm{T}} \nabla f(\boldsymbol{x}^*) < 0\}$$

与该点的可行方向集的交是空集. 据此, 得到约束优化问题 (9.3.3) 的最优性条件的另一种刻画.

推论 9.3.2 设 $\boldsymbol{x}^* \in \Omega$ 为约束优化问题 (9.3.3) 的最优解, 则 $\mathbf{0} \in \nabla f(\boldsymbol{x}^*) + \mathcal{N}_\Omega(\boldsymbol{x}^*)$, 即 $-\nabla f(\boldsymbol{x}^*) \in \mathcal{N}_\Omega(\boldsymbol{x}^*)$. 特别地, 若 Ω 为一仿射子空间, 也就是 $\Omega = \boldsymbol{x}_0 + \mathcal{K}$, 其中 $\mathcal{K} \subset \mathbb{R}^n$ 为子空间, 则 $\nabla f(\boldsymbol{x}^*) \perp \mathcal{K}$.

最后讨论投影算子的计算.

计算 $\mathbb{R}^n$ 到闭凸集上的投影本身是一目标函数为严格凸二次函数的约束优化问题. 因此, 投影算法仅适用于可行域结构简单的约束优化问题, 如球约束、箱约束及线性约束. 对线性约束, 借助第 8 章中的二次规划方法可计算该投影. 若可行域为由线性等式定义的仿射子空间, 利用最优性条件, 可将 $\mathbb{R}^n$ 到可行域上的投影转化为一线性方程组问题 (见章后习题 2).

下面借助矩阵的广义逆计算 $\boldsymbol{y} \in \mathbb{R}^n$ 到仿射子空间 $\Omega = \{\boldsymbol{x} \mid \boldsymbol{A}\boldsymbol{x} = \boldsymbol{b}\}$ 上的投影. 显然, 该投影是下述凸二次规划问题的最优解

$$\begin{array}{ll} \min & \frac{1}{2}\|\boldsymbol{y} - \boldsymbol{x}\|^2 \\ \text{s.t.} & \boldsymbol{A}\boldsymbol{x} = \boldsymbol{b}. \end{array}$$

根据最优性条件, 对该问题的最优解 $\boldsymbol{x}$, 存在 Lagrange 乘子 $\boldsymbol{\lambda}$ 使得

$$\boldsymbol{x} - \boldsymbol{y} = \boldsymbol{A}^{\mathrm{T}} \boldsymbol{\lambda}. \tag{9.3.7}$$

利用约束条件 $\boldsymbol{A}\boldsymbol{x} = \boldsymbol{b}$ 得

$$\boldsymbol{A}\boldsymbol{A}^{\mathrm{T}} \boldsymbol{\lambda} = \boldsymbol{b} - \boldsymbol{A}\boldsymbol{y}.$$

利用广义逆得到 (9.3.7) 关于 $\boldsymbol{\lambda}$ 的一个特解

$$\boldsymbol{\lambda} = (\boldsymbol{A}\boldsymbol{A}^{\mathrm{T}})^+ \boldsymbol{b} - (\boldsymbol{A}\boldsymbol{A}^{\mathrm{T}})^+ \boldsymbol{A}\boldsymbol{y} = (\boldsymbol{A}^+)^{\mathrm{T}} \boldsymbol{A}^+ \boldsymbol{b} - (\boldsymbol{A}^+)^{\mathrm{T}} \boldsymbol{y}.$$

将其代入 (9.3.7) 并整理得

$$\boldsymbol{x} = (\boldsymbol{I} - \boldsymbol{A}^+ \boldsymbol{A})\boldsymbol{y} + \boldsymbol{A}^+ \boldsymbol{b}.$$

也就是

$$P_\Omega(\boldsymbol{y}) = (\boldsymbol{I} - \boldsymbol{A}^+ \boldsymbol{A})\boldsymbol{y} + \boldsymbol{A}^+ \boldsymbol{b}.$$

特别地, 若矩阵 $\boldsymbol{A}$ 行单位正交, 则

$$P_\Omega(\boldsymbol{y})=\big(\boldsymbol{I}-\boldsymbol{A}^{\mathrm{T}}\boldsymbol{A}\big)\boldsymbol{y}+\boldsymbol{A}^{\mathrm{T}}\boldsymbol{b}.$$

上述解析式中矩阵广义逆的计算量较大, 下面给出更实用的一种方法.

不失一般性, 设矩阵 $\boldsymbol{A}$ 行满秩, $\boldsymbol{A}^{\mathrm{T}}=\boldsymbol{Q}\boldsymbol{R}$ 为矩阵 $\boldsymbol{A}^{\mathrm{T}}$ 的 QR 分解, 其中, $\boldsymbol{Q}\in\mathbb{R}^{n\times m}$ 列单位正交, $\boldsymbol{R}$ 为 m 阶非奇异上三角阵. 则

$$\Omega=\{\boldsymbol{x}\in\mathbb{R}^n \mid \boldsymbol{A}\boldsymbol{x}=\boldsymbol{b}\}=\{\boldsymbol{x}\in\mathbb{R}^n \mid \boldsymbol{Q}^{\mathrm{T}}\boldsymbol{x}=\boldsymbol{R}^{-\mathrm{T}}\boldsymbol{b}\}.$$

利用 $(\boldsymbol{Q}^{\mathrm{T}})^+=\boldsymbol{Q}$ 及上面的讨论, 可得 $\boldsymbol{y}$ 到 Ω 上的投影

$$P_\Omega(\boldsymbol{y})=(\boldsymbol{I}-\boldsymbol{Q}\boldsymbol{Q}^{\mathrm{T}})\boldsymbol{y}+\boldsymbol{Q}\boldsymbol{R}^{-\mathrm{T}}\boldsymbol{b}.$$

9.4 梯度投影方法

在优化算法中, 引入投影算子的目的是为沿靠近负梯度方向的可行域的边界进行曲线搜索. 为此, 先讨论如下投影函数的性质

$$\boldsymbol{x}(\alpha)=P_\Omega(\boldsymbol{x}+\alpha\boldsymbol{d}),\quad \alpha\geqslant 0,$$

其中, $\boldsymbol{x}\in\Omega,\ \boldsymbol{d}\in\mathbb{R}^n$.

首先, 根据定义,

$$\|\boldsymbol{x}(\alpha)-\boldsymbol{x}-\alpha\boldsymbol{d}\|^2\leqslant\|\boldsymbol{y}-\boldsymbol{x}-\alpha\boldsymbol{d}\|^2,\quad \forall\ \boldsymbol{y}\in\Omega.$$

取 $\boldsymbol{y}=\boldsymbol{x}$ 得

$$\|\boldsymbol{x}(\alpha)-\boldsymbol{x}-\alpha\boldsymbol{d}\|^2\leqslant\|\alpha\boldsymbol{d}\|^2.$$

整理得

$$\|\boldsymbol{x}-x(\alpha)\|^2\leqslant\alpha\boldsymbol{d}^{\mathrm{T}}(\boldsymbol{x}(\alpha)-\boldsymbol{x}). \tag{9.4.1}$$

下面是 $\boldsymbol{x}(\alpha)$ 的相关函数的单调性质.

性质 9.4.1 对任意的 $\boldsymbol{x},\boldsymbol{d}\in\mathbb{R}^n$, $\langle\boldsymbol{x}-\boldsymbol{x}(\alpha),\boldsymbol{d}\rangle$ 关于 $\alpha\geqslant 0$ 单调不增.

证明 对任意的 $\alpha>\beta\geqslant 0$, 由性质 9.3.1 中的 (2),

$$\langle\boldsymbol{x}(\alpha)-\boldsymbol{x}(\beta),(\alpha-\beta)\boldsymbol{d}\rangle\geqslant 0.$$

利用 $(\alpha-\beta)>0$ 得

$$\langle\boldsymbol{x}-\boldsymbol{x}(\alpha),\boldsymbol{d}\rangle\leqslant\langle\boldsymbol{x}-\boldsymbol{x}(\beta),\boldsymbol{d}\rangle.$$

证毕

性质 9.4.2 设 $\boldsymbol{x}, \boldsymbol{d} \in \mathbb{R}^n$. 则函数 $\varphi(\alpha) = \|\boldsymbol{x} - \boldsymbol{x}(\alpha)\|$ 关于 $\alpha \geqslant 0$ 单调不减.

证明 对任意的 $\alpha > \beta \geqslant 0$, 由性质 9.3.1,

$$\langle \boldsymbol{x}(\alpha) - \boldsymbol{x}(\beta), \beta \boldsymbol{d} \rangle \geqslant 0, \quad \langle \boldsymbol{x}(\alpha) - \boldsymbol{x}(\beta), \boldsymbol{x}(\beta) - (\boldsymbol{x} + \beta \boldsymbol{d}) \rangle \geqslant 0.$$

两式相加得

$$\langle \boldsymbol{x}(\alpha) - \boldsymbol{x}(\beta), \boldsymbol{x}(\beta) - \boldsymbol{x} \rangle \geqslant 0.$$

整理得

$$\|\boldsymbol{x}(\alpha) - \boldsymbol{x}\| \geqslant \|\boldsymbol{x}(\beta) - \boldsymbol{x}\|.$$

证毕

性质 9.4.3 设 $\boldsymbol{x}, \boldsymbol{d} \in \mathbb{R}^n$. 则函数 $\varphi(\alpha) = \dfrac{\|\boldsymbol{x} - \boldsymbol{x}(\alpha)\|}{\alpha}$ 关于 $\alpha > 0$ 单调不增.

证明 容易验证: 对 $\boldsymbol{u}, \boldsymbol{v} \in \mathbb{R}^n$, 若 $\langle \boldsymbol{v}, \boldsymbol{u} - \boldsymbol{v} \rangle > 0$, 则

$$\frac{\|\boldsymbol{u}\|}{\|\boldsymbol{v}\|} \leqslant \frac{\langle \boldsymbol{u}, \boldsymbol{u} - \boldsymbol{v} \rangle}{\langle \boldsymbol{v}, \boldsymbol{u} - \boldsymbol{v} \rangle}. \tag{9.4.2}$$

对任意的 $\alpha > \beta > 0$, 令

$$\boldsymbol{u} = \boldsymbol{x}(\alpha) - \boldsymbol{x}, \quad \boldsymbol{v} = \boldsymbol{x}(\beta) - \boldsymbol{x}.$$

由性质 9.3.1,

$$\langle \boldsymbol{u}, \boldsymbol{u} - \boldsymbol{v} \rangle \leqslant \alpha \langle \boldsymbol{x}(\alpha) - \boldsymbol{x}(\beta), \boldsymbol{d} \rangle, \tag{9.4.3}$$

$$\langle \boldsymbol{v}, \boldsymbol{u} - \boldsymbol{v} \rangle \geqslant \beta \langle \boldsymbol{x}(\alpha) - \boldsymbol{x}(\beta), \boldsymbol{d} \rangle. \tag{9.4.4}$$

只考虑 $\boldsymbol{x}(\alpha) \neq \boldsymbol{x}(\beta)$ 的情况. 利用性质 9.3.1 中的 (2), $\langle \boldsymbol{v}, \boldsymbol{u} - \boldsymbol{v} \rangle > 0$. 由 (9.4.2)–(9.4.4) 得

$$\begin{aligned} \frac{\|\boldsymbol{x}(\alpha) - \boldsymbol{x}\|}{\|\boldsymbol{x}(\beta) - \boldsymbol{x}\|} &\leqslant \frac{\langle \boldsymbol{x}(\alpha) - \boldsymbol{x}(\beta), \boldsymbol{x}(\alpha) - \boldsymbol{x} \rangle}{\langle \boldsymbol{x}(\alpha) - \boldsymbol{x}(\beta), \boldsymbol{x}(\beta) - \boldsymbol{x} \rangle} \\ &\leqslant \frac{\alpha \langle \boldsymbol{x}(\alpha) - \boldsymbol{x}(\beta), d \rangle}{\beta \langle \boldsymbol{x}(\alpha) - \boldsymbol{x}(\beta), d \rangle} = \frac{\alpha}{\beta}. \end{aligned}$$

所以

$$\frac{\|\boldsymbol{x}(\alpha) - \boldsymbol{x}\|}{\alpha} \leqslant \frac{\|\boldsymbol{x}(\beta) - \boldsymbol{x}\|}{\beta}.$$

证毕

引理 9.4.1 设 $\boldsymbol{x} \in \Omega, \boldsymbol{d} \in \mathbb{R}^n$. 则函数 $\psi(\alpha) = \|\boldsymbol{x}(\alpha) - \boldsymbol{x} - \alpha \boldsymbol{d}\|^2$ 关于 $\alpha \geqslant 0$ 满足 $\psi'(\alpha) = 2\boldsymbol{d}^{\mathrm{T}}(\boldsymbol{x} + \alpha \boldsymbol{d} - \boldsymbol{x}(\alpha))$.

证明 对任意的 $\alpha', \alpha > 0$, 由性质 9.3.1,

$$\|\boldsymbol{x}(\alpha) - \boldsymbol{x}(\alpha')\| \leqslant |\alpha - \alpha'| \|\boldsymbol{d}\|.$$

所以 $\boldsymbol{x}(\alpha)$ 关于 $\alpha \geqslant 0$ 连续.

不妨设 $\alpha' > \alpha$. 由投影算子的定义,

$$\begin{aligned}\psi(\alpha') - \psi(\alpha) &\geqslant \|\boldsymbol{x}(\alpha') - \boldsymbol{x} - \alpha'\boldsymbol{d}\|^2 - \|\boldsymbol{x}(\alpha') - \boldsymbol{x} - \alpha\boldsymbol{d}\|^2 \\ &= 2(\alpha' - \alpha)(\boldsymbol{x} + \alpha\boldsymbol{d} - \boldsymbol{x}(\alpha'))^{\mathrm{T}}\boldsymbol{d} + (\alpha' - \alpha)^2\|\boldsymbol{d}\|^2.\end{aligned}$$

利用投影算子的连续性得

$$\liminf_{\alpha' \to \alpha+} \frac{\psi(\alpha') - \psi(\alpha)}{\alpha' - \alpha} \geqslant 2\boldsymbol{d}^{\mathrm{T}}(\boldsymbol{x} + \alpha\boldsymbol{d} - \boldsymbol{x}(\alpha)). \tag{9.4.5}$$

另一方面,

$$\begin{aligned}\psi(\alpha') &\leqslant \|\boldsymbol{x}(\alpha) - \boldsymbol{x} - \alpha'\boldsymbol{d}\|^2 \\ &= \psi(\alpha) + 2(\alpha' - \alpha)\boldsymbol{d}^{\mathrm{T}}(\boldsymbol{x} + \alpha\boldsymbol{d} - \boldsymbol{x}(\alpha)) + (\alpha' - \alpha)^2\|\boldsymbol{d}\|^2.\end{aligned}$$

所以

$$\limsup_{\alpha' \to \alpha+} \frac{\psi(\alpha') - \psi(\alpha)}{\alpha' - \alpha} \leqslant 2\boldsymbol{d}^{\mathrm{T}}(\boldsymbol{x} + \alpha\boldsymbol{d} - \boldsymbol{x}(\alpha)). \tag{9.4.6}$$

结合 (9.4.5),(9.4.6) 得

$$\psi'(\alpha + 0) = 2\boldsymbol{d}^{\mathrm{T}}(\boldsymbol{x} + \alpha\boldsymbol{d} - \boldsymbol{x}(\alpha)).$$

同理

$$\psi'(\alpha - 0) = 2\boldsymbol{d}^{\mathrm{T}}(\boldsymbol{x} + \alpha\boldsymbol{d} - \boldsymbol{x}(\alpha)).$$

命题结论得证. 证毕

性质 9.4.4 设 $\boldsymbol{x} \in \Omega, \boldsymbol{d} \in \mathbb{R}^n$. 则映射 $\boldsymbol{x}(\alpha) = P_\Omega(\boldsymbol{x} + \alpha\boldsymbol{d})$ 满足

(1) $\|\boldsymbol{x}(\alpha) - \boldsymbol{x} - \alpha\boldsymbol{d}\|$ 关于 $\alpha \geqslant 0$ 单调不减;

(2) $\dfrac{\|\boldsymbol{x}(\alpha) - \boldsymbol{x} - \alpha\boldsymbol{d}\|}{\alpha}$ 关于 $\alpha > 0$ 单调不减;

(3) $\dfrac{\boldsymbol{d}^{\mathrm{T}}(\boldsymbol{x} - \boldsymbol{x}(\alpha))}{\alpha}$ 关于 $\alpha > 0$ 单调不减.

证明 对任意的 $\alpha \geqslant 0$, 由投影算子的非扩张性,

$$\boldsymbol{d}^{\mathrm{T}}(\boldsymbol{x}(\alpha) - \boldsymbol{x}) \leqslant \alpha\|\boldsymbol{d}\|^2.$$

由引理 9.4.1, 将函数 $\psi(\alpha) = \|\boldsymbol{x}(\alpha) - \boldsymbol{x} - \alpha\boldsymbol{d}\|^2$ 关于 α 求导得

$$\begin{aligned}\psi'(\alpha) &= 2\boldsymbol{d}^{\mathrm{T}}(\boldsymbol{x} + \alpha\boldsymbol{d} - \boldsymbol{x}(\alpha)) \\ &= 2\alpha\|\boldsymbol{d}\|^2 - 2\boldsymbol{d}^{\mathrm{T}}(\boldsymbol{x}(\alpha) - \boldsymbol{x}) \geqslant 0.\end{aligned}$$

(1) 得证.

记 $\phi(\alpha) = \dfrac{\psi(\alpha)}{\alpha^2}$. 由引理 9.4.1 和 (9.4.1),

$$\phi'(\alpha) = \frac{2\alpha \boldsymbol{d}^{\mathrm{T}}(\boldsymbol{x}(\alpha) - \boldsymbol{x}) - 2\|\boldsymbol{x}(\alpha) - \boldsymbol{x}\|^2}{\alpha^3} \geqslant 0.$$

(2) 得证.

由于

$$\frac{\boldsymbol{d}^{\mathrm{T}}(\boldsymbol{x} - \boldsymbol{x}(\alpha))}{\alpha} = -\frac{1}{2}\big(\|\boldsymbol{d}\|^2 + \frac{\|\boldsymbol{x}(\alpha) - \boldsymbol{x}\|^2}{\alpha^2} - \phi(\alpha)\big),$$

利用性质 9.4.3 及 (2), 证得 (3). 证毕

基于以上投影函数性质的讨论, 下面考虑凸约束优化问题 (9.3.3) 的梯度投影算法. 对该问题, Goldstein(1964), Levitin 和 Polyak(1966) 提出了首个梯度投影算法. 因此, 梯度投影算法常称作 GLP 投影算法. 该算法采用固定步长, 在 Lipschitz 连续性假设下可保证算法的收敛性. 为消弱算法的收敛性条件, McCormick 和 Tapia(1972) 引入了最优步长. 为使算法更实用, Bertsekas(1976) 引入了 Armijo 步长, 使算法在每一迭代步沿靠近负梯度方向的可行域的边界进行曲线搜索. 为增大步长, Calamai 和 Moré (1987) 后来引入了广义 Armijo 步长. 梯度投影方法具有迭代过程简单、储存量小等优点, 适于可行域结构简单的优化问题. 下面给出 Armijo 步长规则下的梯度投影算法及其收敛性.

算法 9.4.1

初始步 取 $\varepsilon > 0, \beta > 0, \sigma, \gamma \in (0,1)$, $\boldsymbol{x}_0 \in \Omega$. 令 $k = 0$.

迭代步 令 $\boldsymbol{x}_k(1) = P_\Omega(\boldsymbol{x}_k - \nabla f(\boldsymbol{x}_k))$. 若 $\|\boldsymbol{x}_k - \boldsymbol{x}_k(1)\| \leqslant \varepsilon$, 算法终止. 否则, 令 $\boldsymbol{x}_{k+1} = P_\Omega(\boldsymbol{x}_k - \alpha_k \nabla f(\boldsymbol{x}_k))$, 其中, $\alpha_k = \beta\gamma^{m_k}$, m_k 为满足下式的最小非负整数:

$$f(P_\Omega(\boldsymbol{x}_k - \beta\gamma^m \nabla f(\boldsymbol{x}_k))) \leqslant f(\boldsymbol{x}_k) + \sigma\langle \nabla f(\boldsymbol{x}_k), P_\Omega(\boldsymbol{x}_k - \beta\gamma^m \nabla f(\boldsymbol{x}_k)) - \boldsymbol{x}_k\rangle.$$

在以下的分析中, 取 $\varepsilon = 0$, 并设算法产生无穷迭代点列. 为便于讨论, 对 $\boldsymbol{x}_k \in \Omega$ 和 $\alpha \geqslant 0$, 记 $\boldsymbol{x}_k(\alpha) = P_\Omega(\boldsymbol{x}_k - \alpha \nabla f(\boldsymbol{x}_k))$.

引理 9.4.2 若 $\boldsymbol{x}_k$ 不是稳定点, 对于算法 9.4.1, 满足条件的步长 α_k 存在.

证明 为证明结论成立, 只需证在 $\alpha > 0$ 充分小时,

$$f(\boldsymbol{x}_k(\alpha)) \leqslant f(\boldsymbol{x}_k) + \sigma\langle \nabla f(\boldsymbol{x}_k), \boldsymbol{x}_k(\alpha) - \boldsymbol{x}_k\rangle.$$

由于 $\boldsymbol{x}_k$ 不是稳定点, 由定理 9.3.3 和 (9.4.1), 对任意的 $\alpha > 0$

$$0 < \|\boldsymbol{x}_k - \boldsymbol{x}_k(\alpha)\|^2 \leqslant \alpha \nabla f(\boldsymbol{x}_k)^{\mathrm{T}}(\boldsymbol{x}_k - \boldsymbol{x}_k(\alpha)), \tag{9.4.7}$$

即

$$\nabla f(\boldsymbol{x}_k)^{\mathrm{T}}(\boldsymbol{x}_k - \boldsymbol{x}_k(\alpha)) \geqslant \frac{\|\boldsymbol{x}_k - \boldsymbol{x}_k(\alpha)\|}{\alpha}\|\boldsymbol{x}_k - \boldsymbol{x}_k(\alpha)\|.$$

利用性质 9.4.3 及投影算子的连续性, 当 $\alpha > 0$ 充分小时,

$$\begin{aligned} f(\boldsymbol{x}_k(\alpha)) &= f(\boldsymbol{x}_k) + \nabla f(\boldsymbol{x}_k)^{\mathrm{T}}(\boldsymbol{x}_k(\alpha) - \boldsymbol{x}_k) + o(\|\boldsymbol{x}_k(\alpha) - \boldsymbol{x}_k\|) \\ &\leqslant f(\boldsymbol{x}_k) + \sigma \nabla f(\boldsymbol{x}_k)^{\mathrm{T}}(\boldsymbol{x}_k(\alpha) - \boldsymbol{x}_k). \end{aligned}$$

证毕

引理 9.4.3 设 $f: \Omega \to \mathbb{R}$ 连续可微且在 Ω 上有下界, 梯度函数 $\nabla f(\boldsymbol{x})$ 在 Ω 上一致连续. 则算法 9.4.1 产生的无穷迭代点列 $\{\boldsymbol{x}_k\}$ 满足

$$\lim_{k \to \infty} \frac{\|\boldsymbol{x}_k - \boldsymbol{x}_{k+1}\|}{\alpha_k} = 0.$$

证明 假若结论不成立, 则存在 $\varepsilon_0 > 0$ 和自然数列 $\mathcal{N}$ 的无穷子列 $\mathcal{N}_0$, 使对任意的 $k \in \mathcal{N}_0$,

$$\frac{\|\boldsymbol{x}_k - \boldsymbol{x}_{k+1}\|}{\alpha_k} \geqslant \varepsilon_0. \tag{9.4.8}$$

进一步,

$$\frac{\|\boldsymbol{x}_k - \boldsymbol{x}_{k+1}\|^2}{\alpha_k} \geqslant \varepsilon_0 \max\{\varepsilon_0 \alpha_k, \|\boldsymbol{x}_{k+1} - \boldsymbol{x}_k\|\}. \tag{9.4.9}$$

由于 $f(\boldsymbol{x})$ 在 Ω 上有下界, 故函数值数列 $\{f(\boldsymbol{x}_k)\}$ 收敛. 根据算法 9.4.1,

$$\lim_{k \to \infty} \langle \nabla f(\boldsymbol{x}_k), \boldsymbol{x}_{k+1} - \boldsymbol{x}_k \rangle = 0. \tag{9.4.10}$$

利用 (9.4.7) 和 (9.4.9) 得

$$\lim_{k \in \mathcal{N}_0,\ k \to \infty} \alpha_k = 0, \qquad \lim_{k \in \mathcal{N}_0,\ k \to \infty} \|\boldsymbol{x}_k - \boldsymbol{x}_{k+1}\| = 0.$$

对 $k \in \mathcal{N}_0$, 令 $\hat{\alpha}_k = \alpha_k / \gamma$. 由性质 9.4.3 知

$$\lim_{k \in \mathcal{N}_0,\ k \to \infty} \|\boldsymbol{x}_k - \boldsymbol{x}_k(\hat{\alpha}_k)\| \leqslant \lim_{k \in \mathcal{N}_0,\ k \to \infty} \frac{1}{\gamma} \|\boldsymbol{x}_k - \boldsymbol{x}_k(\alpha_k)\| = 0.$$

另一方面, 由性质 9.4.3 和 (9.4.8),

$$\begin{aligned} \frac{\|\boldsymbol{x}_k - \boldsymbol{x}_{k+1}\|^2}{\alpha_k} &\geqslant \|\boldsymbol{x}_k - \boldsymbol{x}_{k+1}\| \frac{\|\boldsymbol{x}_k - \boldsymbol{x}_k(\hat{\alpha}_k)\|}{\hat{\alpha}_k} \\ &\geqslant \varepsilon_0 \gamma \|\boldsymbol{x}_k - \boldsymbol{x}_k(\hat{\alpha}_k)\|. \end{aligned} \tag{9.4.11}$$

而由性质 9.4.1,

$$\langle \boldsymbol{x}_k - \boldsymbol{x}_k(\alpha_k), \nabla f(\boldsymbol{x}_k) \rangle \leqslant \langle \boldsymbol{x}_k - \boldsymbol{x}_k(\hat{\alpha}_k), \nabla f(\boldsymbol{x}_k) \rangle.$$

从而由 (9.4.7) 和 (9.4.11) 得

$$\langle \boldsymbol{x}_k - \boldsymbol{x}_k(\hat{\alpha}_k), \nabla f(\boldsymbol{x}_k) \rangle \geqslant \varepsilon_0 \gamma \|\boldsymbol{x}_k - \boldsymbol{x}_k(\hat{\alpha}_k)\|.$$

利用 ∇f 在 Ω 上的一致连续性, 当 $k\in\mathcal{N}_0, k\to\infty$ 时,

$$\begin{aligned}\left|1-\frac{f(\boldsymbol{x}_k)-f(\boldsymbol{x}_k(\hat{\alpha}_k))}{\langle\boldsymbol{x}_k-\boldsymbol{x}_k(\hat{\alpha}_k),\nabla f(\boldsymbol{x}_k)\rangle}\right|&=\left|\frac{\langle\boldsymbol{x}_k-\boldsymbol{x}_k(\hat{\alpha}_k),\nabla f(\boldsymbol{x}_k)-\nabla f(\zeta_k)\rangle}{\langle\boldsymbol{x}_k-\boldsymbol{x}_k(\hat{\alpha}_k),\nabla f(\boldsymbol{x}_k)\rangle}\right|\\&=\left|\frac{o(\|\boldsymbol{x}_k-\boldsymbol{x}_k(\hat{\alpha}_k)\|)}{\langle\boldsymbol{x}_k-\boldsymbol{x}_k(\hat{\alpha}_k),\nabla f(\boldsymbol{x}_k)\rangle}\right|\\&\leqslant\left|\frac{o(\|\boldsymbol{x}_k-\boldsymbol{x}_k(\hat{\alpha}_k)\|)}{\|\boldsymbol{x}_k-\boldsymbol{x}_k(\hat{\alpha}_k)\|}\right|\to 0,\end{aligned}$$

其中, $\zeta_k\in(\boldsymbol{x}_k,\boldsymbol{x}_k(\hat{\alpha}_k))$. 这说明在 $k\in\mathcal{N}_0$ 充分大时,

$$f(\boldsymbol{x}_k(\hat{\alpha}_k))-f(\boldsymbol{x}_k)\leqslant\sigma\langle\nabla f(\boldsymbol{x}_k),\boldsymbol{x}_k(\hat{\alpha}_k)-\boldsymbol{x}_k\rangle.$$

而这与步长规则矛盾, 命题结论得证.　　证毕

由于连续可微函数的梯度函数在有界闭集上一致连续, 与上述证明过程类似, 若函数 $f:\Omega\to\mathbb{R}$ 连续可微, 且在 Ω 上有下界, 则算法 9.4.1 产生点列的任一收敛子列 $\{\boldsymbol{x}_k\}_{\mathcal{N}_0}$ 满足

$$\lim_{k\in\mathcal{N}_0,\ k\to\infty}\frac{\|\boldsymbol{x}_k-\boldsymbol{x}_{k+1}\|}{\alpha_k}=0. \tag{9.4.12}$$

据此, 可建立算法 9.4.1 的全局收敛性.

定理 9.4.1　设 $f:\Omega\to\mathbb{R}$ 连续可微, 则算法 9.4.1 产生的无穷迭代点列 $\{\boldsymbol{x}_k\}$ 的任一聚点为约束优化问题 (9.3.3) 的稳定点.

证明　设 $\boldsymbol{x}^*$ 为子列 $\{\boldsymbol{x}_k\}_{\mathcal{N}_0}$ 的极限点, 则由 $\{f(\boldsymbol{x}_k)\}$ 的收敛性知, (9.4.10) 成立.

其次, 由性质 9.3.1, 对任意的 $\boldsymbol{x}\in\Omega$,

$$\begin{aligned}\langle\alpha_k\nabla f(\boldsymbol{x}_k),\boldsymbol{x}_{k+1}-\boldsymbol{x}\rangle&\leqslant\langle\boldsymbol{x}-\boldsymbol{x}_{k+1},\boldsymbol{x}_{k+1}-\boldsymbol{x}_k\rangle\\&\leqslant\langle\boldsymbol{x}-\boldsymbol{x}_k,\boldsymbol{x}_{k+1}-\boldsymbol{x}_k\rangle\\&\leqslant\|\boldsymbol{x}-\boldsymbol{x}_k\|\|\boldsymbol{x}_{k+1}-\boldsymbol{x}_k\|.\end{aligned}$$

所以

$$\langle\nabla f(\boldsymbol{x}_k),\boldsymbol{x}_k-\boldsymbol{x}\rangle\leqslant\langle\nabla f(\boldsymbol{x}_k),\boldsymbol{x}_k-\boldsymbol{x}_{k+1}\rangle+\|\boldsymbol{x}-\boldsymbol{x}_k\|\frac{\|\boldsymbol{x}_{k+1}-\boldsymbol{x}_k\|}{\alpha_k}.$$

令 $k\in\mathcal{N}_0,k\to\infty$, 并利用 (9.4.10) 和 (9.4.12) 得

$$\langle\nabla f(\boldsymbol{x}^*),\boldsymbol{x}^*-\boldsymbol{x}\rangle\leqslant 0,\qquad\forall\,\boldsymbol{x}\in\Omega.$$

证毕

若算法 9.4.1 产生的点列没有聚点, 则有如下结论 (其意义参考定理 9.3.4).

定理 9.4.2 设 $f:\Omega\to\mathbb{R}$ 连续可微且在 Ω 上有下界, $\nabla f(\boldsymbol{x})$ 在 Ω 上一致连续. 则算法 9.4.1 产生无穷迭代点列 $\{\boldsymbol{x}_k\}$ 满足

$$\lim_{k\to\infty}\nabla_\Omega f(\boldsymbol{x}_k)=\boldsymbol{0}.$$

证明 由性质 9.3.3 中的 (3), 对任意的 $\varepsilon>0$, 存在 $\boldsymbol{v}_k\in T_\Omega(\boldsymbol{x}_k), \|\boldsymbol{v}_k\|\leqslant 1$ 满足

$$\|\nabla_\Omega f(\boldsymbol{x}_k)\|\leqslant -\langle\nabla f(\boldsymbol{x}_k),\boldsymbol{v}_k\rangle+\varepsilon. \tag{9.4.13}$$

由性质 9.3.1, 对任意的 $\boldsymbol{z}_{k+1}\in\Omega$,

$$\begin{aligned}\langle\alpha_k\nabla f(\boldsymbol{x}_k),\boldsymbol{x}_{k+1}-\boldsymbol{z}_{k+1}\rangle&\leqslant\langle\boldsymbol{z}_{k+1}-\boldsymbol{x}_{k+1},\boldsymbol{x}_{k+1}-\boldsymbol{x}_k\rangle\\&\leqslant\|\boldsymbol{z}_{k+1}-\boldsymbol{x}_{k+1}\|\|\boldsymbol{x}_{k+1}-\boldsymbol{x}_k\|.\end{aligned}$$

从而对 $\boldsymbol{x}_{k+1}$ 点的满足 $\|\boldsymbol{v}_{k+1}\|\leqslant 1$ 的任一可行方向

$$\boldsymbol{v}_{k+1}=\boldsymbol{z}_{k+1}-\boldsymbol{x}_{k+1}\in T_\Omega(\boldsymbol{x}_{k+1}),$$

总有

$$-\langle\nabla f(\boldsymbol{x}_k),\boldsymbol{v}_{k+1}\rangle\leqslant\frac{\|\boldsymbol{x}_{k+1}-\boldsymbol{x}_k\|}{\alpha_k}.$$

由引理 9.4.3,

$$\limsup_{k\to\infty}-\langle\nabla f(\boldsymbol{x}_k),\boldsymbol{v}_{k+1}\rangle\leqslant 0.$$

由于 α_k 有界, 利用引理 9.4.3 得

$$\lim_{k\to\infty}\|\boldsymbol{x}_k-\boldsymbol{x}_{k+1}\|=0.$$

从而由 $\nabla f(\boldsymbol{x})$ 的一致连续性得

$$\limsup_{k\to\infty}-\langle\nabla f_{k+1},\boldsymbol{v}_{k+1}\rangle\leqslant 0.$$

结合 (9.4.13) 和 ε 的任意性得

$$\lim_{k\to\infty}\nabla_\Omega f(\boldsymbol{x}_k)=\boldsymbol{0}.$$ 证毕

本章最后, 考虑线性规划问题的梯度投影算法

$$\begin{aligned}\min\quad&\boldsymbol{c}^{\mathrm{T}}\boldsymbol{x}\\ \text{s.t.}\quad&\boldsymbol{A}\boldsymbol{x}\geqslant\boldsymbol{b}.\end{aligned}\tag{9.4.14}$$

对该问题, 我们有如下结论.

引理 9.4.4 设线性规划问题 (9.4.14) 的解集非空, 则对任意的 $\boldsymbol{x}_0 \in \mathbb{R}^n$, 存在 $\varepsilon_0 > 0$ 使对任意的 $\varepsilon \in (0, \varepsilon_0]$,

$$
\begin{aligned}
\min \quad & \frac{\varepsilon}{2}(\boldsymbol{x}-\boldsymbol{x}_0)^{\mathrm{T}}(\boldsymbol{x}-\boldsymbol{x}_0)+\boldsymbol{c}^{\mathrm{T}}\boldsymbol{x} \\
\text{s.t.} \quad & \boldsymbol{A}\boldsymbol{x} \geqslant \boldsymbol{b}
\end{aligned} \tag{9.4.15}
$$

的最优解为线性规划问题 (9.4.14) 的最优解.

证明 显然, 对任意的 $\varepsilon > 0$, 二次规划问题 (9.4.15) 是严格凸规划问题, 故最优值点唯一, 且 K-T 点和全局最优值点等价. 而线性规划 (9.4.14) 的 K-T 点和最优值点也等价. 为此, 欲证命题结论成立, 只需证存在 $\varepsilon_0 > 0$, 使对任意的 $\varepsilon \in (0, \varepsilon_0]$, 线性规划问题 (9.4.14) 的任一最优解为凸二次规划问题 (9.4.15) 的 K-T 点即可.

设 $\boldsymbol{x}^*$ 为线性规划 (9.4.14) 的最优解. 对任意的 $\boldsymbol{x}_0 \in \mathbb{R}^n$, 考虑二次规划问题

$$
\begin{aligned}
\min \quad & \frac{1}{2}(\boldsymbol{x}-\boldsymbol{x}_0)^{\mathrm{T}}(\boldsymbol{x}-\boldsymbol{x}_0) \\
\text{s.t.} \quad & \boldsymbol{A}\boldsymbol{x} \geqslant \boldsymbol{b}, \\
& \boldsymbol{c}^{\mathrm{T}}\boldsymbol{x} \leqslant \boldsymbol{c}^{\mathrm{T}}\boldsymbol{x}^*.
\end{aligned}
$$

由题设, 该问题有唯一最优解, 记为 $\bar{\boldsymbol{x}}$. 显然, $\boldsymbol{c}^{\mathrm{T}}\bar{\boldsymbol{x}} = \boldsymbol{c}^{\mathrm{T}}\boldsymbol{x}^*$. 由定理 7.2.1, 存在非负 Lagrange 乘子 $(\boldsymbol{u}, v)$ 使

$$
\begin{cases}
(\bar{\boldsymbol{x}}-\boldsymbol{x}_0)-\boldsymbol{A}^{\mathrm{T}}\boldsymbol{u}+v\boldsymbol{c}=\boldsymbol{0}, & (9.4.16)\\
\boldsymbol{A}\bar{\boldsymbol{x}}-\boldsymbol{b} \geqslant \boldsymbol{0}, & (9.4.17)\\
\boldsymbol{u}^{\mathrm{T}}(\boldsymbol{A}\bar{\boldsymbol{x}}-\boldsymbol{b})=0. & (9.4.18)
\end{cases}
$$

由于 $\bar{\boldsymbol{x}}$ 同时为线性规划问题的最优解, 故存在非负 Lagrange 乘子 $\boldsymbol{w}$ 使得

$$
\begin{cases}
\boldsymbol{c}-\boldsymbol{A}^{\mathrm{T}}\boldsymbol{w}=\boldsymbol{0}, & (9.4.19)\\
\boldsymbol{A}\bar{\boldsymbol{x}}-\boldsymbol{b} \geqslant \boldsymbol{0}, & (9.4.20)\\
\boldsymbol{w}^{\mathrm{T}}(\boldsymbol{A}\bar{\boldsymbol{x}}-\boldsymbol{b})=0. & (9.4.21)
\end{cases}
$$

下面分情况证明 $\bar{\boldsymbol{x}}$ 为凸二次规划问题 (9.4.15) 的 K-T 点.

(1) 若 $v = 0$, 任取 $\varepsilon > 0$, 将 (9.4.16) 乘以 ε 并与 (9.4.19) 相加, 再结合 (9.4.17), (9.4.18), (9.4.20) 和 (9.4.21) 得

$$
\begin{cases}
\varepsilon(\bar{\boldsymbol{x}}-\boldsymbol{x}_0)+\boldsymbol{c}-\boldsymbol{A}^{\mathrm{T}}(\varepsilon\boldsymbol{u}+\boldsymbol{w})=\boldsymbol{0}, \\
\boldsymbol{A}\bar{\boldsymbol{x}}-\boldsymbol{b} \geqslant \boldsymbol{0},\ \varepsilon\boldsymbol{u}+\boldsymbol{w} \geqslant \boldsymbol{0}, \quad (\varepsilon\boldsymbol{u}+\boldsymbol{w})^{\mathrm{T}}(\boldsymbol{A}\bar{\boldsymbol{x}}-\boldsymbol{b})=0.
\end{cases}
$$

这是二次规划问题 (9.4.15) 的 KKT 条件. 从而对任意的 $\varepsilon > 0$, $\bar{\boldsymbol{x}}$ 为 (9.4.15) 的最优解.

(2) 若 $v>0$, 任取 $\mu\in(0,1]$, 将 (9.4.16) 和 (9.4.19) 分别乘以 μ/v 和 $(1-\mu)$ 之后相加再结合 (9.4.17), (9.4.18), (9.4.20) 和 (9.4.21) 得

$$\begin{cases} \mu/v(\bar{\boldsymbol{x}}-\boldsymbol{x}_0)+\boldsymbol{c}-\boldsymbol{A}^{\mathrm{T}}((1-\mu)\boldsymbol{w}+\mu\boldsymbol{u}/v)=\boldsymbol{0}, \\ \boldsymbol{A}\bar{\boldsymbol{x}}-\boldsymbol{b}\geqslant\boldsymbol{0},\ (1-\mu)\boldsymbol{w}+\mu\boldsymbol{u}/v\geqslant\boldsymbol{0}, \\ \big((1-\mu)\boldsymbol{w}+\mu\boldsymbol{u}/v\big)^{\mathrm{T}}(\boldsymbol{A}\bar{\boldsymbol{x}}-\boldsymbol{b})=0. \end{cases}$$

这样, $(\bar{\boldsymbol{x}},(1-\mu)\boldsymbol{w}+\mu\boldsymbol{u}/v)$ 构成规划问题 (9.4.15) 在 $\varepsilon=\mu/v$ 时的 K-T 对. 由 $\mu\in(0,1]$ 的任意性, 对任意的 $\varepsilon\in(0,1/v]$, $\bar{\boldsymbol{x}}$ 为 (9.4.15) 的最优值点.

综合上述情况, 得命题结论.　　　　证毕

显然, 二次规划问题 (9.4.15) 可表述成

$$\min\left\{\frac{\varepsilon}{2}\Big\|\boldsymbol{x}-\big(\boldsymbol{x}_0-\boldsymbol{c}/\varepsilon\big)\Big\|^2\ \Big|\ \boldsymbol{A}\boldsymbol{x}\geqslant\boldsymbol{b}\right\}.$$

它等价于求点 $(\boldsymbol{x}_0-\boldsymbol{c}/\varepsilon)$ 到可行域 $\Omega=\{\boldsymbol{x}\mid\boldsymbol{A}\boldsymbol{x}\geqslant\boldsymbol{b}\}$ 上的投影. 而引理 9.4.3 说明, 对线性规划问题 (9.4.14), 对任意初始点, 只要步长足够大, 梯度投影算法一步就得到其最优解 (Mangasarian,1979), 见图 9.4.1.

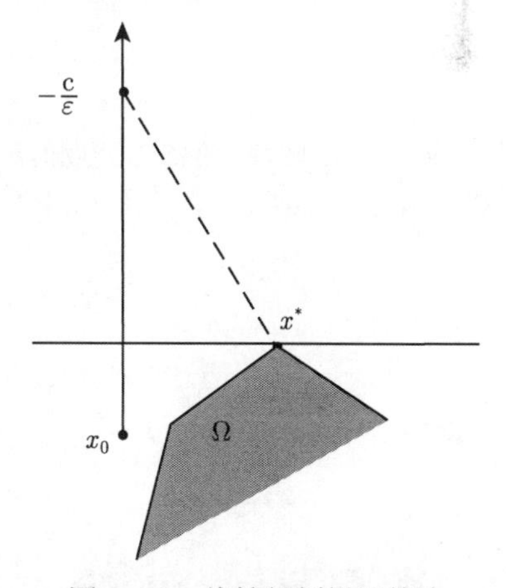

图 9.4.1　线性规划投影算法

习　题

1. 计算下述线性约束优化问题在点 $\bar{\boldsymbol{x}}=(1;1;0)$ 处的一个可行下降方向

$$\begin{aligned} \min\quad & x_1^2+x_1x_2+2x_2^2-6x_1-2x_2-12x_3 \\ \text{s.t.}\quad & x_1+x_2+x_3=2, \\ & x_1-2x_2\geqslant-3, \\ & x_1,x_2,x_3\geqslant0. \end{aligned}$$

2. 设 $\boldsymbol{A}\in\mathbb{R}^{m\times n},\boldsymbol{b}\in\mathbb{R}^m$. 证明下述线性方程组关于 $\boldsymbol{u}$ 的解是向量 $\boldsymbol{x}_0\in\mathbb{R}^n$ 到 $\Omega=\{\boldsymbol{x}\in\mathbb{R}^n\mid\boldsymbol{A}\boldsymbol{x}=\boldsymbol{b}\}$ 上的投影:

$$\begin{pmatrix}\boldsymbol{I} & \boldsymbol{A}^{\mathrm{T}}\\ \boldsymbol{A} & \boldsymbol{0}\end{pmatrix}\begin{pmatrix}\boldsymbol{u}\\ \boldsymbol{v}\end{pmatrix}=\begin{pmatrix}\boldsymbol{x}_0\\ \boldsymbol{b}\end{pmatrix}.$$

3. 设 $\boldsymbol{a}\in\mathbb{R}^n$, 证明点 $\boldsymbol{x}\in\mathbb{R}^n$ 到闭凸集 $\boldsymbol{a}+\Omega$ 上的投影为 $P_{\boldsymbol{a}+\Omega}(\boldsymbol{x})=\boldsymbol{a}+P_\Omega(\boldsymbol{x}-\boldsymbol{a})$.

4. 试分别通过子问题 (9.1.2) 和 (9.2.1) 计算下述约束优化问题在可行点 $\bar{\boldsymbol{x}}$ 的可行下降方向:

$$\min\ f(\boldsymbol{x}) \qquad \text{s.t. } \boldsymbol{a} \leqslant \boldsymbol{x} \leqslant \boldsymbol{b}.$$

5. 设 $\bar{\boldsymbol{x}}$ 为下述连续可微约束优化问题

$$\min\{f(\boldsymbol{x}) \mid c_i(\boldsymbol{x}) \leqslant 0,\ i \in \mathcal{I}\}$$

的可行点, 并设 $(\bar{z}, \bar{\boldsymbol{d}})$ 为下述线性规划问题的最优解

$$\begin{aligned} \min\quad & z \\ \text{s.t.}\quad & \nabla f(\bar{\boldsymbol{x}})^{\mathrm{T}} \boldsymbol{d} - z \leqslant 0, \\ & \nabla c_i(\bar{\boldsymbol{x}})^{\mathrm{T}} \boldsymbol{d} - z \leqslant 0,\ i \in \mathcal{I}(\bar{\boldsymbol{x}}), \\ & -1 \leqslant \boldsymbol{d}_j \leqslant 1,\ j = 1, 2, \cdots, n. \end{aligned}$$

证明: 如果 $z = 0$, 则 $\bar{\boldsymbol{x}}$ 为原规划问题的 FJ 点.

6. 设 $\boldsymbol{a} \in \mathbb{R}^n, b \in \mathbb{R}$. 试证明 $\boldsymbol{u} \in \mathbb{R}^n$ 到半空间 $\{\boldsymbol{x} \in \mathbb{R}^n \mid \boldsymbol{a}^{\mathrm{T}} \boldsymbol{x} \geqslant b\}$ 上的投影为

$$P(\boldsymbol{u}) = \boldsymbol{u} + \frac{\max\{0, b - \boldsymbol{a}^{\mathrm{T}} \boldsymbol{u}\}}{\|\boldsymbol{a}\|^2} \boldsymbol{a}.$$

7. 设 $\boldsymbol{F}: \mathbb{R}^n \to \mathbb{R}^n$ 为连续映射, Ω 为 $\mathbb{R}^n$ 中的非空闭凸集. 对任意的 $\boldsymbol{x} \in \mathbb{R}^n$ 和 $\alpha \in \mathbb{R}$, 记 $\boldsymbol{r}(\alpha) = \boldsymbol{x} - P_\Omega(\boldsymbol{x} - \alpha \boldsymbol{F}(\boldsymbol{x}))$. 则

$$\min\{1, \alpha\} \|\boldsymbol{r}(1)\| \leqslant \|\boldsymbol{r}(\alpha)\| \leqslant \max\{1, \alpha\} \|\boldsymbol{r}(1)\|.$$

8. 证明 $\dfrac{\langle \boldsymbol{A}, \boldsymbol{I} \rangle}{n} \boldsymbol{I}$ 为 n 阶对称阵 $\boldsymbol{A}$ 在 F- 范数意义下到矩阵子空间 $\{\boldsymbol{X} \in \mathbb{S}^{n \times n} \mid \boldsymbol{X} = \alpha \boldsymbol{I}, \alpha \in \mathbb{R}\}$ 上的投影.

9. 设 $\boldsymbol{a}_1, \boldsymbol{a}_2, \cdots, \boldsymbol{a}_m \in \mathbb{R}^n$, Ω 为 $\mathbb{R}^n$ 中的闭凸集. 则优化问题

$$\min \sum_{i=1}^{m} \|\boldsymbol{x} - \boldsymbol{a}_i\|^2 \qquad \text{s.t. } \boldsymbol{x} \in \Omega$$

的最优解等价于向量 $\dfrac{1}{m} \displaystyle\sum_{i=1}^{m} \boldsymbol{a}_i$ 到 Ω 上的投影.

10. 设 $\boldsymbol{a} \in \mathbb{R}^n, b_1 \neq b_2 \in \mathbb{R}$. 试求点 $\boldsymbol{x}_0 \in \mathbb{R}^n$ 到超平面 $\boldsymbol{a}^{\mathrm{T}} \boldsymbol{x} = b_1$ 的距离, 超表面 $\boldsymbol{a}^{\mathrm{T}} \boldsymbol{x} = b_1$ 和 $\boldsymbol{a}^{\mathrm{T}} \boldsymbol{x} = b_2$ 之间的距离.

第 10 章　约束优化的罚函数方法

将约束条件的违反度作为惩罚项加入到目标函数中便得到罚函数, 它是原问题的一个近似. 在求解罚函数的过程中, 罚因子不断调整, 最优解不断变化, 最后趋于原问题的最优解. 因此, 该方法又称序列无约束极小化方法. 罚函数方法可直接利用无约束优化问题的求解算法来求解原约束优化问题, 故有简单实用的特点. 罚函数方法在每一迭代步不涉及约束, 所以适于求解非线性约束的优化问题. 只是该方法在迭代过程中有时要求罚因子趋于无穷大而使子问题越来越病态. 另外, 罚函数方法的收敛速度也是很慢的. 虽然如此, 罚函数在优化理论与算法设计中的作用不可忽视, 如约束优化问题的 SQP 方法利用罚函数来判断是否接受试探点. 利用罚函数, 人们建立起线性约束优化问题的内点算法和约束优化问题的近似点算法. 最近, 人们又将罚函数方法用于稀疏优化问题的求解. 因此, 对罚函数做深入研究具有重要意义. 本章介绍三种常见的罚函数: 外点罚函数, 内点罚函数和乘子罚函数.

10.1　外点罚函数方法

对等式约束优化问题

$$\min\{f(\boldsymbol{x}) \mid c_i(\boldsymbol{x}) = 0, i \in \mathcal{E}\}, \tag{10.1.1}$$

一个直接的想法就是将约束函数的违反度纳入到目标函数中并对后者求最小. 由此, Courant(1943) 引入下面的函数

$$P(\boldsymbol{x}, \pi) = f(\boldsymbol{x}) + \pi \sum_{i\in\mathcal{E}} c_i^2(\boldsymbol{x}), \tag{10.1.2}$$

这里, π 称为罚因子, 它表示对违反约束的惩罚度. 上述函数称为罚函数. 由于在 $\pi > 0$ 充分大时, 约束函数在罚函数的最优值点的违反度很小, 因而可把它视为问题 (10.1.1) 的近似最优解. 这就将约束优化问题近似转化为一个与原规划问题具有等阶连续可微性质的无约束优化问题.

记约束优化问题的可行域为 Ω. 对上述罚函数, 容易建立下面的结论.

引理 10.1.1　对等式约束优化问题 (10.1.1), 设 $f, c_i : \mathbb{R}^n \to \mathbb{R}, i \in \mathcal{E}$ 连续可微. 记

$$\phi_c(\boldsymbol{x}) = \sum_{i\in\mathcal{E}} c_i^2(\boldsymbol{x}), \quad \theta(\pi) = \inf\{P(\boldsymbol{x}, \pi) \mid \boldsymbol{x} \in \mathbb{R}^n\},$$

并设对任意的 $\pi > 0$, 罚函数 $P(\boldsymbol{x}, \pi)$ 存在最小值点 $\boldsymbol{x}_\pi$. 则

(1) $\inf\{f(\boldsymbol{x}) \mid \boldsymbol{x} \in \Omega\} \geqslant \sup_{\pi>0} \theta(\pi)$,

(2) $\{f(\boldsymbol{x}_\pi)\}$, $\{\theta(\pi)\}$ 关于 $\pi > 0$ 单调不减, $\{\phi_c(\boldsymbol{x}_\pi)\}$ 关于 $\pi > 0$ 单调不增.

证明　显然, 对任意的 $\bar{\boldsymbol{x}} \in \Omega$, $\phi_c(\bar{\boldsymbol{x}}) = 0$. 所以, 对任意的 $\pi > 0$,

$$f(\bar{\boldsymbol{x}}) = f(\bar{\boldsymbol{x}}) + \pi\phi_c(\bar{\boldsymbol{x}}) \geqslant \inf\{f(\boldsymbol{x}) + \pi\phi_c(\boldsymbol{x}) \mid \boldsymbol{x} \in \mathbb{R}^n\} = \theta(\pi).$$

(1) 得证.

为证 (2), 任取 $\pi_2 > \pi_1 > 0$, 并设 $\boldsymbol{x}_{\pi_1}$ 和 $\boldsymbol{x}_{\pi_2}$ 分别为函数 $P(\boldsymbol{x}, \pi)$ 对应于 π_1 和 π_2 的最优解. 则

$$\begin{cases} f(\boldsymbol{x}_{\pi_1}) + \pi_2\phi_c(\boldsymbol{x}_{\pi_1}) \geqslant f(\boldsymbol{x}_{\pi_2}) + \pi_2\phi_c(\boldsymbol{x}_{\pi_2}), \\ f(\boldsymbol{x}_{\pi_2}) + \pi_1\phi_c(\boldsymbol{x}_{\pi_2}) \geqslant f(\boldsymbol{x}_{\pi_1}) + \pi_1\phi_c(\boldsymbol{x}_{\pi_1}). \end{cases} \tag{10.1.3}$$

两式相加得

$$(\pi_2 - \pi_1)[\phi_c(\boldsymbol{x}_{\pi_1}) - \phi_c(\boldsymbol{x}_{\pi_2})] \geqslant 0.$$

由于 $\pi_1 < \pi_2$, 所以 $\phi_c(\boldsymbol{x}_{\pi_1}) - \phi_c(\boldsymbol{x}_{\pi_2}) \geqslant 0$.

由 (10.1.3) 的第二式得到 $f(\boldsymbol{x}_{\pi_2}) \geqslant f(\boldsymbol{x}_{\pi_1})$. 再由 (10.1.3) 的第二式, 并利用 $\pi_1 < \pi_2$ 及 $\phi_c(\boldsymbol{x}_{\pi_2}) \geqslant 0$ 得

$$\begin{aligned} \theta(\pi_2) &= f(\boldsymbol{x}_{\pi_2}) + \pi_2\phi_c(\boldsymbol{x}_{\pi_2}) \\ &= f(\boldsymbol{x}_{\pi_2}) + \pi_1\phi_c(\boldsymbol{x}_{\pi_2}) + (\pi_2 - \pi_1)\phi_c(\boldsymbol{x}_{\pi_2}) \\ &\geqslant f(\boldsymbol{x}_{\pi_1}) + \pi_1\phi_c(\boldsymbol{x}_{\pi_1}) = \theta(\pi_1). \end{aligned}$$

证毕

引理中关于 $\boldsymbol{x}_\pi$ 的存在性假设是由于约束优化问题有最优解并不能保证罚函数有最小值点. 例如, 下面的约束优化问题有唯一最优解 $\boldsymbol{x}^* = (1, 0)^{\mathrm{T}}$:

$$\begin{aligned} \min \quad & -x_1^5 \\ \text{s.t.} \quad & x_1^2 + x_2^2 = 1. \end{aligned}$$

但对任意的 $\pi > 0$, 下面的罚函数在 $\mathbb{R}^2$ 上无最小值点:

$$P(\boldsymbol{x}, \pi) = -x_1^5 + \pi(x_1^2 + x_2^2 - 1)^2.$$

下面的结论说明上述结论 (1) 中的式子可以取等号.

定理 10.1.1　对等式约束优化问题 (10.1.1), 设函数 f 和 $c_i, i \in \mathcal{E}$ 连续可微, 并对任意的 $\pi > 0$, 罚函数 $P(\boldsymbol{x}, \pi)$ 存在最小值点 $\boldsymbol{x}_\pi$. 则

$$\inf\{f(\boldsymbol{x}) \mid \boldsymbol{x} \in \Omega\} = \lim_{\pi \to \infty} \theta(\pi). \tag{10.1.4}$$

进一步, 对于任一发散到 ∞ 的数列 $\{\pi_k\}$, 点列 $\{\boldsymbol{x}_{\pi_k}\}$ 的任一聚点为原问题的最优解, 而且数列 $\{\pi_k\phi_c(\boldsymbol{x}_{\pi_k})\}$ 收敛到零.

证明 由引理 10.1.1 的第二个结论知

$$\sup_{\pi>0}\theta(\pi)=\lim_{\pi\to\infty}\theta(\pi).$$

下证当 $\pi_k\to\infty$ 时, $\phi_c(\boldsymbol{x}_{\pi_k})\to 0$, 从而 $\{\boldsymbol{x}_{\pi_k}\}$ 的任一聚点为原问题的可行点.

令 $\pi_0=1$, 并任取 $\boldsymbol{y}\in\Omega$. 对任意的 $\varepsilon>0$, 取

$$\pi\geqslant\frac{|f(\boldsymbol{y})-f(\boldsymbol{x}_{\pi_0})|+2\varepsilon}{\varepsilon}>1.$$

由引理 10.1.1 知, $f(\boldsymbol{x}_\pi)\geqslant f(\boldsymbol{x}_{\pi_0})$.

下证 $\phi_c(\boldsymbol{x}_\pi)\leqslant\varepsilon$. 否则, 由引理 10.1.1,

$$\begin{aligned}\inf\{f(\boldsymbol{x})\mid\boldsymbol{x}\in\Omega\}&\geqslant f(\boldsymbol{x}_\pi)+\pi\phi_c(\boldsymbol{x}_\pi)\\&\geqslant f(\boldsymbol{x}_{\pi_0})+|f(\boldsymbol{y})-f(\boldsymbol{x}_{\pi_0})|+2\varepsilon\\&\geqslant f(\boldsymbol{y})+2\varepsilon.\end{aligned}$$

这是不可能的. 由 $\varepsilon>0$ 的任意性得

$$\lim_{\pi\to\infty}\phi_c(\boldsymbol{x}_\pi)=0.$$

这样, $\{\boldsymbol{x}_{\pi_k}\}$ 的任一聚点 $\boldsymbol{x}^*$ 为原规划问题的可行点. 下证其为原问题的最优解.

事实上, 对任意的 k,

$$\lim_{\pi\to\infty}\theta(\pi)\geqslant\theta(\pi_k)=f(\boldsymbol{x}_{\pi_k})+\pi_k\phi_c(\boldsymbol{x}_{\pi_k})\geqslant f(\boldsymbol{x}_{\pi_k}).$$

令 $k\to\infty$ 得

$$\lim_{\pi\to\infty}\theta(\pi)\geqslant f(\boldsymbol{x}^*).$$

结合引理 10.1.1 中的 (1) 知 $\boldsymbol{x}^*$ 为 (10.1.1) 的最优解, 且 (10.1.4) 成立. 再由 $\pi\phi_c(\boldsymbol{x}_\pi)=\theta(\pi)-f(\boldsymbol{x}_\pi)$ 推知

$$\lim_{k\to\infty}\pi_k\phi_c(\boldsymbol{x}_{\pi_k})=0.$$

证毕

基于上面的讨论, 对于罚函数 $P(\boldsymbol{x},\pi)$ 的最优值点 $\boldsymbol{x}_\pi$, 若其属于可行域, 则 $\boldsymbol{x}_\pi$ 是原问题的局部最优值点; 否则, 追究 $\boldsymbol{x}_\pi$ 不属于可行域的原因, 是由于 "惩罚" 得不够, 应加大惩罚量, 从而得到如下外点罚函数方法.

算法 10.1.1

初始步 给定 $\pi_0>0,\gamma>1$, 初始点 $\boldsymbol{x}_0\in\mathbb{R}^n$ 和允许误差 $\varepsilon\geqslant 0$, $k=1$.

迭代步　以 $\boldsymbol{x}_{k-1}$ 为初始点, 求罚函数 $P(\boldsymbol{x},\pi_k)$ 的 (近似) 最小值点 $\boldsymbol{x}_k$. 若 $\pi_k\phi_c(\boldsymbol{x}_k)\leqslant\varepsilon$, 算法终止, $\boldsymbol{x}_k$ 为原问题的近似最优解; 否则, 取 $\pi_{k+1}\in(\pi_k,\gamma\pi_k)$, $k=k+1$.

在每一迭代步, 取上一迭代过程得到的最小值点作为下一次迭代的初始点是考虑到外点罚函数的最优值点可视作原规划问题最优解的一个好的近似, 而且罚因子越大, 其近似度越高. 通常, 在每一步得到的罚函数的最小值点不属于原问题的可行域, 所以称其为外点罚函数方法. 该方法产生的点列一般是由可行域外部逐步靠近可行域边界上的最优点, 因此, 它更适合求解最优值点位于可行域边界上的约束优化问题.

定理 10.1.1 保证该算法产生的点列的任一聚点为原问题的最优解. 若约束函数的梯度在聚点线性无关, 则有如下结论.

定理 10.1.2　设算法 10.1.1 产生的迭代点 $\boldsymbol{x}_k$ 满足 $\|\nabla P(\boldsymbol{x}_k,\pi_k)\|\leqslant\tau_k$, 其中 $\tau_k\to 0$, $\pi_k\to\infty$. 若迭代点列 $\{\boldsymbol{x}_k\}$ 的聚点 $\boldsymbol{x}^*$ 满足 $\nabla c_i(\boldsymbol{x}^*), i\in\mathcal{E}$ 线性无关, 则 $\boldsymbol{x}^*$ 为约束优化问题的 K-T 点.

证明　由算法的迭代过程知, 罚函数 $P(\boldsymbol{x},\pi)$ 在 $\boldsymbol{x}_k$ 点满足

$$\|\nabla f(\boldsymbol{x}_k)+2\pi_k\sum_{i\in\mathcal{E}}c_i(\boldsymbol{x}_k)\nabla c_i(\boldsymbol{x}_k)\|\leqslant\tau_k. \tag{10.1.5}$$

整理得

$$\|\sum_{i\in\mathcal{E}}c_i(\boldsymbol{x}_k)\nabla c_i(\boldsymbol{x}_k)\|\leqslant\frac{1}{2\pi_k}(\tau_k+\|\nabla f(\boldsymbol{x}_k)\|). \tag{10.1.6}$$

设 $\boldsymbol{x}^*$ 为迭代点列 $\{\boldsymbol{x}_k\}$ 的一个聚点. 则存在子列 $\{\boldsymbol{x}_k\}_{\mathcal{N}_0}$ 满足

$$\lim_{\substack{k\to\infty\\ k\in\mathcal{N}_0}}\boldsymbol{x}_k=\boldsymbol{x}^*.$$

在 (10.1.6) 式中, 对 $k\in\mathcal{N}_0$, 令 $k\to\infty$, 则由题设 $\tau_k\to 0$, $\pi_k\to\infty$ 得

$$\|\sum_{i\in\mathcal{E}}c_i(\boldsymbol{x}^*)\nabla c_i(\boldsymbol{x}^*)\|=0.$$

即

$$\sum_{i\in\mathcal{E}}c_i(\boldsymbol{x}^*)\nabla c_i(\boldsymbol{x}^*)=\boldsymbol{0}.$$

由题设, $\nabla c_i(\boldsymbol{x}^*), i\in\mathcal{E}$ 线性无关, 从而由上式得 $c_i(\boldsymbol{x}^*)=0, i\in\mathcal{E}$. 这说明 $\boldsymbol{x}^*$ 为原优化问题的可行点.

对 (10.1.5) 两边关于 $k\in\mathcal{N}_0$ 取极限, 并记 $\lambda_i=-2\lim\limits_{\substack{k\to\infty\\ k\in\mathcal{N}_0}}\pi_k c_i(\boldsymbol{x}_k), i\in\mathcal{E}$ 得

$$\nabla f(\boldsymbol{x}^*)+\sum_{i\in\mathcal{E}}\lambda_i\nabla c_i(\boldsymbol{x}^*)=\boldsymbol{0},$$

结合可行性得命题结论. 证毕

最后讨论罚因子的选取对算法数值效果的影响.

在算法 10.1.1 中, 如果罚因子 π_k 增长较快, 根据定理 10.1.1, 算法就有快的收敛速度. 但在实际计算时并不急于让罚因子增长太快, 原因是这会使罚函数序列的最小值点出现大的跳跃, 从而在优化罚函数 $P(\boldsymbol{x},\pi_k)$ 时, 初始点 $\boldsymbol{x}_{k-1}$ 的选取失去意义.

罚函数 (10.1.2) 可将约束优化问题化为无约束优化问题, 但罚因子较大时, 罚函数会出现病态. 这是外点罚函数的缺陷, 对此有如下分析.

对等式约束优化问题 (10.1.1), 容易计算罚函数 $P(\boldsymbol{x},\pi)$ 的 Hesse 阵为

$$\nabla_{\boldsymbol{xx}}P(\boldsymbol{x},\pi)=\nabla^2 f(\boldsymbol{x})+\sum_{i\in\mathcal{E}}2\pi c_i(\boldsymbol{x})\nabla^2 c_i(\boldsymbol{x})+2\pi\boldsymbol{N}(\boldsymbol{x})\boldsymbol{N}(\boldsymbol{x})^{\mathrm{T}},$$

这里,$\boldsymbol{N}(x)=[\nabla c_i(\boldsymbol{x})]_{i\in\mathcal{E}}$. 在 $\boldsymbol{x}$ 充分靠近罚函数的最小值点时, 若约束函数的梯度线性无关, 则由 (10.1.5) 得

$$\nabla_{\boldsymbol{xx}}P(\boldsymbol{x},\pi)\approx\nabla_{\boldsymbol{xx}}L(\boldsymbol{x},\boldsymbol{\lambda})+2\pi\boldsymbol{N}(\boldsymbol{x})\boldsymbol{N}(\boldsymbol{x})^{\mathrm{T}}.$$

在 $|\mathcal{E}|<n$ 时, 矩阵 $\boldsymbol{N}(\boldsymbol{x})\boldsymbol{N}(\boldsymbol{x})^{\mathrm{T}}$ 奇异. 根据上式, 当 $\pi>0$ 由小变得很大时, 罚函数对应的 Hesse 矩阵的一部分特征根变化较小, 而另一部分特征根增长很快, 从而引起子问题的病态. 这是外点罚函数的缺陷.

如果等式约束优化问题中的所有函数都连续可微, 则外点罚函数也连续可微, 从而可用现有的梯度型数值方法求解无约束优化子问题. 对含不等式约束的优化问题

$$\min\{f(\boldsymbol{x})\mid c_i(\boldsymbol{x})\geqslant 0, i\in\mathcal{I};\quad c_i(\boldsymbol{x})=0, i\in\mathcal{E}\},$$

可建立如下罚函数

$$P(\boldsymbol{x},\pi)=f(\boldsymbol{x})+\pi\sum_{i\in\mathcal{I}}[c_i^-(\boldsymbol{x})]^2+\pi\sum_{i\in\mathcal{E}}c_i^2(\boldsymbol{x}),$$

其中, $c_i^-(\boldsymbol{x})=\min\{0,c_i(\boldsymbol{x})\}$. 但该罚函数关于 $\boldsymbol{x}$ 至多一阶连续可微. 这可能给极小化罚函数带来困难. 对此可用下一节介绍的内点罚函数方法解决.

10.2 内点罚函数方法

外点罚函数法在每一迭代步得到的迭代点均在原问题可行域的外部, 因此, 算法最后得到的解只能近似地满足约束条件. 与此不同, 内点罚函数通过在约束区域的边界上设置障碍将迭代点限制在可行域内部. 其主要思想是: 当迭代点在可行域

内部时, 内点罚函数的惩罚项取很小的值, 而在迭代点靠近可行域边界时, 它的值迅速增大, 以至在迭代点充分靠近可行域的边界时惩罚项的值趋于无穷大. 这样, 可行域的边界如同一道不可预逾越的围墙, 将内点罚函数的极小值点限制在可行域的内部, 因此, 这种惩罚函数又称障碍函数.

考虑到一些优化问题的极小值点可能位于可行域的边界上, 为得到这样的极小值点, 内点罚函数需要在迭代过程中不断调整罚因子来逐步削弱障碍函数对最优值点的影响, 从而使算法产生的点列在可行域内部逐步逼近原规划问题的极小值点. 正因如此, 它只能处理不等式约束的情况, 而且特别适合求解最优解在可行域边界上但在靠近可行域边界时有次最优解的问题. 内点罚函数主要有对数罚函数 (Frisch, 1955) 和倒数罚函数 (Carroll,1961) 两种.

考虑只含有不等式约束的优化问题

$$\min\{f(\boldsymbol{x})\,|\,c_i(\boldsymbol{x})\geqslant 0, i\in\mathcal{I}\} \tag{10.2.1}$$

记可行域的内点集

$$\mathrm{int}(\Omega)=\{\boldsymbol{x}\in\mathbb{R}^n \mid c_i(\boldsymbol{x})>0, i\in\mathcal{I}\},$$

并设其非空. 建立罚函数

$$P(\boldsymbol{x},\pi)=f(\boldsymbol{x})+\frac{1}{\pi}B(\boldsymbol{x}), \tag{10.2.2}$$

其中, $B(\boldsymbol{x})$ 为定义在 $\mathrm{int}(\Omega)$ 上的非负函数且满足: 当 $\boldsymbol{x}$ 从 Ω 的内部趋于 Ω 的边界时, $B(\boldsymbol{x})$ 的值趋于无穷大.

该惩罚项反映了点 $\boldsymbol{x}$ 距离可行域边界的远近程度: 相距越近, 惩罚越大. 易知下述形式的 $B(\boldsymbol{x})$ 具有这样的性质:

$$B(\boldsymbol{x})=-\sum_{i\in\mathcal{I}}\log\min\{1,c_i(\boldsymbol{x})\},\quad B(\boldsymbol{x})=\sum_{i\in\mathcal{I}}\frac{1}{c_i(\boldsymbol{x})}.$$

显然, 前者在 $\mathrm{int}(\Omega)$ 上不连续可微. 因此, 把它直接放到罚函数里面会对极小化罚函数带来困难. 本节最后, 我们将把它替换成如下形式:

$$B(\boldsymbol{x})=-\sum_{i\in\mathcal{I}}\log c_i(\boldsymbol{x}). \tag{10.2.3}$$

下面的结论给出了原规划问题的最优值和罚函数的最优值之间的关系, 以及罚因子的变化给内点罚函数的最优值和惩罚项带来的影响.

引理 10.2.1　对不等式约束优化问题 (10.2.1), 设函数 f 和 $c_i, i\in\mathcal{I}$ 连续可微, $\mathrm{int}(\Omega)$ 非空, 并设对任意的 $\pi>0$, 罚函数 $P(\boldsymbol{x},\pi)$ 存在最优值点 $\boldsymbol{x}_\pi\in\mathrm{int}(\Omega)$. 记

$$\theta(\pi)=f(\boldsymbol{x}_\pi)+\frac{1}{\pi}B(\boldsymbol{x}_\pi)=\inf\{f(\boldsymbol{x})+\frac{1}{\pi}B(\boldsymbol{x})\mid c_i(\boldsymbol{x})>0, i\in\mathcal{I}\}.$$

则下述结论成立:

(1) $\inf\{f(\boldsymbol{x}) \mid c_i(\boldsymbol{x}) \geqslant 0, i \in \mathcal{I}\} \leqslant \inf\{\theta(\pi) \mid \pi > 0\}$,

(2) 对 $\pi > 0$, $f(\boldsymbol{x}_\pi)$ 和 $\theta(\pi)$ 关于 $\pi > 0$ 单调不增, $B(\boldsymbol{x}_\pi)$ 关于 $\pi > 0$ 单调不减.

证明 对任意的 $\pi > 0$,

$$\begin{aligned}\theta(\pi) &= \inf\{f(\boldsymbol{x}) + \frac{1}{\pi}B(\boldsymbol{x}) \mid c_i(\boldsymbol{x}) > 0, i \in \mathcal{I}\}\\ &\geqslant \inf\{f(\boldsymbol{x}) \mid c_i(\boldsymbol{x}) > 0, i \in \mathcal{I}\}\\ &\geqslant \inf\{f(\boldsymbol{x}) \mid c_i(\boldsymbol{x}) \geqslant 0, i \in \mathcal{I}\}.\end{aligned}$$

(1) 得证.

对 $\pi_1 > \pi_2 > 0$ 和任意的 $\boldsymbol{x} \in \mathrm{int}(\Omega)$, 由于

$$f(\boldsymbol{x}) + \frac{1}{\pi_1}B(\boldsymbol{x}) \leqslant f(\boldsymbol{x}) + \frac{1}{\pi_2}B(\boldsymbol{x}),$$

所以 $\theta(\pi_1) \leqslant \theta(\pi_2)$.

其次, 根据假设, 存在 $\boldsymbol{x}_{\pi_1}, \boldsymbol{x}_{\pi_2} \in \mathrm{int}(\Omega)$ 使得

$$\begin{cases} f(\boldsymbol{x}_{\pi_1}) + \dfrac{1}{\pi_1}B(\boldsymbol{x}_{\pi_1}) \leqslant f(\boldsymbol{x}_{\pi_2}) + \dfrac{1}{\pi_1}B(\boldsymbol{x}_{\pi_2}), \\ f(\boldsymbol{x}_{\pi_2}) + \dfrac{1}{\pi_2}B(\boldsymbol{x}_{\pi_2}) \leqslant f(\boldsymbol{x}_{\pi_1}) + \dfrac{1}{\pi_2}B(\boldsymbol{x}_{\pi_1}). \end{cases} \tag{10.2.4}$$

两式相加得

$$(\pi_2 - \pi_1)[B(\boldsymbol{x}_{\pi_1}) - B(\boldsymbol{x}_{\pi_2})] \leqslant 0.$$

再利用 $\pi_1 > \pi_2$ 得, $B(\boldsymbol{x}_{\pi_1}) \geqslant B(\boldsymbol{x}_{\pi_2})$. 将其代入 (10.2.4) 的第一式得

$$f(\boldsymbol{x}_{\pi_2}) \geqslant f(\boldsymbol{x}_{\pi_1}).$$

证毕

定理 10.2.1 设约束优化问题 (10.2.1) 的最优解 $\boldsymbol{x}^*$ 的任一邻域满足 $N(\boldsymbol{x}^*, \delta) \cap \mathrm{int}(\Omega) \neq \varnothing$. 并设对任意的 $\pi > 0$, 罚函数 $P(\boldsymbol{x}, \pi)$ 存在最优值点 $\boldsymbol{x}_\pi \in \mathrm{int}(\Omega)$. 则

$$\min\{f(\boldsymbol{x}) \,|\, \boldsymbol{x} \in \Omega\} = \lim_{\pi \to \infty} \theta(\pi) = \inf_{\pi > 0} \theta(\pi).$$

进一步, 设数列 $\pi_k \to \infty$, $\{\boldsymbol{x}_{\pi_k}\} \subset \mathrm{int}(\Omega)$, 则 $\{\boldsymbol{x}_{\pi_k}\}$ 的任一聚点为 (10.2.1) 的最优解, 并且 $\dfrac{1}{\pi_k}B(\boldsymbol{x}_{\pi_k}) \to 0$.

证明 由题设, 对任意的 $\varepsilon > 0$, 存在 $\hat{\boldsymbol{x}} \in \mathrm{int}(\Omega)$ 使得 $f(\boldsymbol{x}^*) + \varepsilon > f(\hat{\boldsymbol{x}})$. 所以对任意的 $\pi > 0$,

$$f(\boldsymbol{x}^*) + \varepsilon + \frac{1}{\pi}B(\hat{\boldsymbol{x}}) > f(\hat{\boldsymbol{x}}) + \frac{1}{\pi}B(\hat{\boldsymbol{x}}) \geqslant \theta(\pi).$$

令 $\pi \to \infty$ 得

$$f(\boldsymbol{x}^*) + \varepsilon \geqslant \lim_{\pi \to \infty} \theta(\pi).$$

由 ε 的任意性, 并结合引理 10.2.1 中 (2) 得第一个结论.

其次, 由于 $B(\boldsymbol{x}_{\pi_k}) \geqslant 0$ 和 $\boldsymbol{x}_{\pi_k} \in \mathrm{int}(\Omega)$, 所以

$$\theta(\pi_k) = f(\boldsymbol{x}_{\pi_k}) + \frac{1}{\pi_k} B(\boldsymbol{x}_{\pi_k}) \geqslant f(\boldsymbol{x}_{\pi_k}) \geqslant f(\boldsymbol{x}^*).$$

注意到 $\lim\limits_{k \to \infty} \theta(\pi_k) = f(\boldsymbol{x}^*)$, 对上式关于 k 取极限得

$$f(\boldsymbol{x}_{\pi_k}) \to f(\boldsymbol{x}^*), \quad \frac{1}{\pi_k} B(\boldsymbol{x}_{\pi_k}) \to 0.$$

从而, 如果 $\{\boldsymbol{x}_{\pi_k}\}$ 有聚点 $\tilde{\boldsymbol{x}}$, 则 $\tilde{\boldsymbol{x}} \in \Omega$ 且 $f(\tilde{\boldsymbol{x}}) = f(\boldsymbol{x}^*)$. 所以 $\tilde{\boldsymbol{x}}$ 是优化问题 (10.2.1) 的最优解.　　证毕

内点罚函数 $P_{\pi_k}(\boldsymbol{x})$ 的任一最小值点固然在可行域的内部, 但考虑到原问题的最优值有可能在可行域的边界上达到, 所以在极小化内点罚函数的过程中, 为减少惩罚项的影响以使内点罚函数的局部最小值点能更好地接近可行域的边界, 需增大惩罚因子 π 的值以减少惩罚项的值. 综合上述分析, 可建立如下内点罚函数方法.

算法 10.2.1

初始步　给定 $\pi_0 > 0, \gamma > 1$, 初始点 $\boldsymbol{x}_0 \in \mathrm{int}(\Omega)$ 和允许误差 $\varepsilon > 0$, $k = 1$.

迭代步　以 $\boldsymbol{x}_{k-1}$ 为初始点, 求罚函数 $P(\boldsymbol{x}, \pi_k)$ 的近似最优解 $\boldsymbol{x}_k$ 使满足 $\|\nabla_{\boldsymbol{x}} P\ (\boldsymbol{x}_k, \pi_k)\| \leqslant \varepsilon$. 如果 $\dfrac{1}{\pi_k} B(\boldsymbol{x}_k) \leqslant \varepsilon$, 算法终止, $\boldsymbol{x}_k$ 为原问题的近似最优解; 否则, $\pi_{k+1} = \gamma \pi_k$, $k = k + 1$, 进入下一次迭代.

对算法 10.2.1, 若采用倒数罚函数, 则在求 $P(\boldsymbol{x}, \pi_k)$ 的极小值点 $\boldsymbol{x}_k$ 时, 需要把 $\boldsymbol{x}_k$ 为可行域的内点考虑进去. 这相当于无形之中增加了非负约束. 而对于 (10.2.3) 定义的对数罚函数, 在求解 $P(\boldsymbol{x}, \pi_k)$ 的极小值点 $\boldsymbol{x}_k$ 时, 会出现 $B(\boldsymbol{x}_{\pi_k}) < 0$ 的情况, 而前面的结论均是在对任意的 $\boldsymbol{x} \in \Omega$, $B(\boldsymbol{x}) \geqslant 0$ 的假设下得到的. 对此, 有如下分析.

由引理 10.2.1 的证明过程知, 数列 $\{B(\boldsymbol{x}_{\pi_k})\}$ 关于 $\pi > 0$ 的单调性与 $B(\boldsymbol{x})$ 的符号无关. 因此, 对 (10.2.3) 定义的罚函数, 数列 $\{B(\boldsymbol{x}_\pi)\}$ 关于 $\pi > 0$ 单调不减. 若存在 $\pi^* > 0$, 使对任意的 $\pi \geqslant \pi^*$ 有 $B(\boldsymbol{x}_\pi) > 0$, 那么利用定理 10.2.1 的结论可以得到算法的收敛性.

下面考虑对任意的 $\pi > 0$, $B(\boldsymbol{x}_\pi) < 0$ 的情况.

对任意的 $\pi > 0$, 由于

$$\begin{aligned}
\theta(\pi) &= \inf\{f(\boldsymbol{x}) + \frac{1}{\pi} B(\boldsymbol{x}) \mid c_i(\boldsymbol{x}) > 0, i \in \mathcal{I}\} \\
&\leqslant \inf\{f(\boldsymbol{x}) \mid c_i(\boldsymbol{x}) > 0, i \in \mathcal{I}\} \\
&= \inf\{f(\boldsymbol{x}) \mid c_i(\boldsymbol{x}) \geqslant 0, i \in \mathcal{I}\},
\end{aligned}$$

所以对 (10.2.1) 的任一最优解 $\boldsymbol{x}^*$,

$$\theta(\pi) = f(\boldsymbol{x}_\pi) + \frac{1}{\pi}B(\boldsymbol{x}_\pi) \leqslant f(\boldsymbol{x}^*).$$

由于 $|B(\boldsymbol{x}_\pi)|$ 关于 $\pi > 0$ 单调不增, 令 $\pi \to \infty$ 得

$$\lim_{\pi\to\infty} f(\boldsymbol{x}_\pi) \leqslant f(\boldsymbol{x}^*).$$

这样, 对任意的 $\pi_k \to \infty$, $\{\boldsymbol{x}_{\pi_k}\}$ 的任一聚点为 (10.2.1) 的最优解.

根据以上分析, 内点算法通过调用 (10.2.3) 定义的对数罚函数求解原约束优化问题. 只是对于一般的不等式约束优化问题, 当内点集 $\mathrm{int}(\Omega)$ 无界时, 内点罚函数可能无下界, 从而导致在 $\pi_k \to \infty$ 时, 点列 $\{\boldsymbol{x}_{\pi_k}\}$ 趋于原问题的非最优解.

下面讨论 (10.2.3) 对应的罚函数的最优值点与原问题的 K-T 点之间的关系. 由一阶最优性条件,

$$\nabla_{\boldsymbol{x}} P(\boldsymbol{x}_\pi, \pi) = \nabla f(\boldsymbol{x}_\pi) - \sum_{i\in\mathcal{I}} \frac{1}{\pi c_i(\boldsymbol{x}_\pi)} \nabla c_i(\boldsymbol{x}_\pi) = \mathbf{0}.$$

令

$$\lambda_i(\pi) = \frac{1}{\pi c_i(\boldsymbol{x}_\pi)}, \quad i \in \mathcal{I},$$

便得到

$$\nabla f(\boldsymbol{x}_\pi) - \sum_{i\in\mathcal{I}} \lambda_i(\pi) \nabla c_i(\boldsymbol{x}_\pi) = \mathbf{0}.$$

这相当于 KKT 条件的第一式, 且对任意的 $i \in \mathcal{I}$, $c_i(\boldsymbol{x}_\pi) > 0, \lambda_i(\pi) > 0$. 进一步, 由 $\boldsymbol{\lambda}$ 的定义, 对任意的 $i \in \mathcal{I}$,

$$\lambda_i(\pi) c_i(\boldsymbol{x}_\pi) = \frac{1}{\pi}.$$

所以, 当 $\pi \to \infty$ 时, 互补松弛条件成立. 这样内点罚函数方法产生的点列的聚点是原问题的 K-T 点.

尽管内点罚函数方法有好的收敛性质, 但它在极小化过程中需要可行域中的内点作为初始点, 这在实际操作时是比较麻烦的. 另外, 在罚因子 $\pi \to \infty$ 时, 内点罚函数的条件数越来越大, 同样使罚函数病态. 对此, 我们做如下分析.

先看对数罚函数对应的梯度和 Hesse 矩阵

$$\nabla_{\boldsymbol{x}} P(\boldsymbol{x}, \pi) = \nabla f(\boldsymbol{x}) - \sum_{i\in\mathcal{I}} \frac{1}{\pi c_i(\boldsymbol{x})} \nabla c_i(\boldsymbol{x}),$$

$$\nabla_{\boldsymbol{xx}} P(\boldsymbol{x}, \pi) = \nabla^2 f(\boldsymbol{x}) - \sum_{i\in\mathcal{I}} \frac{1}{\pi c_i(\boldsymbol{x})} \nabla^2 c_i(\boldsymbol{x}) + \sum_{i\in\mathcal{I}} \frac{1}{\pi c_i^2(\boldsymbol{x})} \nabla c_i(\boldsymbol{x}) \nabla c_i^{\mathrm{T}}(\boldsymbol{x}).$$

设 $\boldsymbol{x}_\pi$ 为罚函数 $P(\boldsymbol{x},\pi)$ 的最优值点. 显然, 在 $\pi>0$ 充分大时, $\boldsymbol{x}_\pi$ 为原优化问题的近似最优解. 那么, 当 $\boldsymbol{x}$ 充分靠近 $\boldsymbol{x}_\pi$ 时, 由前面的讨论, $\boldsymbol{x}$ 点的最优 Lagrange 乘子满足

$$\lambda_i \approx \frac{1}{\pi c_i(\boldsymbol{x})}, \quad i\in\mathcal{I}.$$

与外点罚函数类似的讨论可以得到

$$\nabla_{\boldsymbol{xx}}P(\boldsymbol{x},\pi)\approx\nabla_{\boldsymbol{xx}}L(\boldsymbol{x},\boldsymbol{\lambda})+\sum_{i\in\mathcal{I}}\pi\lambda_i^2\nabla c_i(\boldsymbol{x})\nabla c_i^{\mathrm{T}}(\boldsymbol{x}).$$

从而在 $\pi>0$ 充分大时内点罚函数出现病态, 给极小化内点罚函数增加了难度.

内点罚函数方法只适用于不等式约束优化问题. 对一般形式的约束优化问题

$$\min\{f(\boldsymbol{x})\mid c_i(\boldsymbol{x})=0,\ i\in\mathcal{E};\ c_i(\boldsymbol{x})\geqslant 0,\ i\in\mathcal{I}\} \tag{10.2.5}$$

可使用混合罚函数

$$P(\boldsymbol{x},\pi)=f(\boldsymbol{x})-\frac{1}{\pi}\sum_{i\in\mathcal{I}}\log c_i(\boldsymbol{x})+\pi\sum_{i\in\mathcal{E}}c_i^2(\boldsymbol{x}). \tag{10.2.6}$$

10.3　乘子罚函数方法

由于内点罚函数和外点罚函数均要求罚因子 $\pi\to\infty$ 才能得到原问题的最优解, 而这样又会引起罚函数的病态, 从而带来计算上的困难. 为克服这一缺陷, Hestenes (1969) 和 Powell(1969) 分别独立地将 Lagrange 函数与外点罚函数结合起来而建立起等式约束优化问题的增广 Lagrange 罚函数, 又称乘子罚函数. 后来, Rockafeller(1973) 又将其推广到不等式约束优化问题中, 建立了约束优化问题的乘子罚函数方法.

设 $\boldsymbol{x}^*$ 为等式约束优化问题 (10.1.1) 的一个最优值点. 则外点罚函数 $P(\boldsymbol{x},\pi)$ 在该点关于 $\boldsymbol{x}$ 的梯度为

$$\nabla_{\boldsymbol{x}}P(\boldsymbol{x}^*,\pi)=\nabla f(\boldsymbol{x}^*)+2\pi\sum_{i\in\mathcal{E}}c_i(\boldsymbol{x}^*)\nabla c_i(\boldsymbol{x}^*).$$

通常意义下, $\nabla f(\boldsymbol{x}^*)\neq\mathbf{0}$. 所以, $\boldsymbol{x}^*$ 一般不是罚函数 $P(\boldsymbol{x},\pi)$ 的最优值点. 因此, 需要将罚因子逐步扩大才能通过罚函数 $P(\boldsymbol{x},\pi)$ 的最优值点得到原问题的 (近似) 最优解. 那么, 是否存在这样的罚函数, 无需让罚因子趋于无穷就能保证其最小值点为原问题的最优解?

对此, 考虑约束优化问题的最优性条件. 由于该问题的 Lagrange 函数在最优值点关于 $\boldsymbol{x}$ 的梯度为零, 其 Hesse 阵在最优值点的临界锥上 (半) 正定 (见定理 7.6.2),

所以为使罚函数的 Hesse 阵在最优值点正定, 应把该临界锥考虑进去, 强迫这个矩阵正定. 于是人们先将约束优化问题的目标函数用 Lagrange 函数替换, 然后再构造该函数在原约束条件下的极值问题的外点罚函数, 就得到增广 Lagrange 罚函数, 也就是乘子罚函数:

$$P(\boldsymbol{x},\boldsymbol{\lambda},\pi)=f(\boldsymbol{x})-\sum_{i\in\mathcal{E}}\lambda_i c_i(\boldsymbol{x})+\pi\sum_{i\in\mathcal{E}}c_i^2(\boldsymbol{x}). \tag{10.3.1}$$

下面的结论说明, 对上述乘子罚函数, 在适当条件下, 无须让罚因子 π 趋于无穷就可保证原问题的最优解是罚函数的最优解.

定理 10.3.1 设 $\boldsymbol{x}^*$ 是等式约束优化问题 (10.1.1) 的一个局部最优解, $\boldsymbol{\lambda}^*$ 是最优 Lagrange 乘子, 并且向量组 $\nabla c_i(\boldsymbol{x}^*), i\in\mathcal{E}$ 线性无关, 原规划问题在 $\boldsymbol{x}^*$ 点满足二阶充分条件. 则存在 $\pi^*>0$, 使对任意的 $\pi\geqslant\pi^*$, $\boldsymbol{x}^*$ 为由 (10.3.1) 定义的罚函数 $P(\boldsymbol{x},\boldsymbol{\lambda}^*,\pi)$ 关于 $\boldsymbol{x}$ 的严格局部极小值点. 特别地, 如果 $f(\boldsymbol{x})$ 为凸函数, $c_i(\boldsymbol{x}), i\in\mathcal{E}$ 为线性函数, 则对任意的 $\pi>0$, 约束优化问题 (10.1.1) 的最优解都是 (10.3.1) 定义的罚函数 $P(\boldsymbol{x},\boldsymbol{\lambda}^*,\pi)$ 关于 $\boldsymbol{x}$ 的最小值点.

证明 由于 $(\boldsymbol{x}^*,\boldsymbol{\lambda}^*)$ 是约束优化问题 (10.1.1) 的 K-T 对, 所以对任意的 $\pi>0$,

$$\begin{aligned}\nabla_{\boldsymbol{x}}P(\boldsymbol{x}^*,\boldsymbol{\lambda}^*,\pi)&=\nabla f(\boldsymbol{x}^*)-\sum_{i\in\mathcal{E}}[\lambda_i^*-2\pi c_i(\boldsymbol{x}^*)]\nabla c_i(\boldsymbol{x}^*)\\&=\nabla f(\boldsymbol{x}^*)-\sum_{i\in\mathcal{E}}\lambda_i^*\nabla c_i(\boldsymbol{x}^*)=0.\end{aligned}$$

下证 $\nabla_{\boldsymbol{xx}}P(\boldsymbol{x}^*,\boldsymbol{\lambda}^*,\pi)$ 在 $\pi>0$ 充分大时正定. 记 $\boldsymbol{N}=[\nabla c_i(\boldsymbol{x}^*)]_{i\in\mathcal{E}}$, 则

$$\nabla_{\boldsymbol{xx}}P(\boldsymbol{x}^*,\boldsymbol{\lambda}^*,\pi)=\nabla_{\boldsymbol{xx}}L(\boldsymbol{x}^*,\boldsymbol{\lambda}^*)+2\pi\boldsymbol{N}\boldsymbol{N}^{\mathrm{T}}.$$

由于 $\mathcal{R}(\boldsymbol{N})\oplus\mathcal{N}(\boldsymbol{N}^{\mathrm{T}})=\mathbb{R}^n$, 故对任意的 $\boldsymbol{0}\neq\boldsymbol{u}\in\mathbb{R}^n$, 存在 $\boldsymbol{w}\in\mathcal{N}(\boldsymbol{N}^{\mathrm{T}})$ 和向量 $\boldsymbol{v}$, 使得 $\boldsymbol{u}=\boldsymbol{w}+\boldsymbol{N}\boldsymbol{v}$. 所以

$$\begin{aligned}\boldsymbol{u}^{\mathrm{T}}\nabla_{\boldsymbol{xx}}P(\boldsymbol{x}^*,\boldsymbol{\lambda}^*,\pi)\boldsymbol{u}=&\,\boldsymbol{w}^{\mathrm{T}}\nabla_{\boldsymbol{xx}}L(\boldsymbol{x}^*,\boldsymbol{\lambda}^*)\boldsymbol{w}+2\boldsymbol{w}^{\mathrm{T}}\nabla_{\boldsymbol{xx}}L(\boldsymbol{x}^*,\boldsymbol{\lambda}^*)\boldsymbol{N}\boldsymbol{v}\\&+\boldsymbol{v}^{\mathrm{T}}\boldsymbol{N}^{\mathrm{T}}\nabla_{\boldsymbol{xx}}L(\boldsymbol{x}^*,\boldsymbol{\lambda}^*)\boldsymbol{N}\boldsymbol{v}+2\pi\boldsymbol{v}^{\mathrm{T}}\boldsymbol{N}^{\mathrm{T}}\boldsymbol{N}\boldsymbol{N}^{\mathrm{T}}\boldsymbol{N}\boldsymbol{v}.\end{aligned}$$

由二阶充分性条件, 存在 $\rho_1>0$, 使对任意的 $\boldsymbol{w}\in\mathcal{N}(\boldsymbol{N}^{\mathrm{T}})$,

$$\boldsymbol{w}^{\mathrm{T}}\nabla_{\boldsymbol{xx}}L(\boldsymbol{x}^*,\boldsymbol{\lambda}^*)\boldsymbol{w}\geqslant\rho_1\|\boldsymbol{w}\|^2.$$

令

$$\rho_2=\|\nabla_{\boldsymbol{xx}}L(\boldsymbol{x}^*,\boldsymbol{\lambda}^*)\boldsymbol{N}\|,\quad \rho_3=\|\boldsymbol{N}^{\mathrm{T}}\nabla_{\boldsymbol{xx}}L(\boldsymbol{x}^*,\boldsymbol{\lambda}^*)\boldsymbol{N}\|.$$

由题设, 矩阵 $\boldsymbol{N}^{\mathrm{T}}\boldsymbol{N}$ 正定. 因此, 矩阵 $(\boldsymbol{N}^{\mathrm{T}}\boldsymbol{N})^2$ 的最小特征根 $\rho_4>0$. 从而

$$\begin{aligned}
&\boldsymbol{w}^{\mathrm{T}}\nabla_{\boldsymbol{xx}}L(\boldsymbol{x}^*,\boldsymbol{\lambda}^*)\boldsymbol{N}\boldsymbol{v}\geqslant-\rho_2\|\boldsymbol{w}\|\|\boldsymbol{v}\|,\\
&\boldsymbol{v}^{\mathrm{T}}\boldsymbol{N}^{\mathrm{T}}\nabla_{\boldsymbol{xx}}L(\boldsymbol{x}^*,\boldsymbol{\lambda}^*)\boldsymbol{N}\boldsymbol{v}\geqslant-\rho_3\|\boldsymbol{v}\|^2,\\
&\boldsymbol{v}^{\mathrm{T}}\boldsymbol{N}^{\mathrm{T}}\boldsymbol{N}\boldsymbol{N}^{\mathrm{T}}\boldsymbol{N}\boldsymbol{v}\geqslant\rho_4\|\boldsymbol{v}\|^2.
\end{aligned}$$

所以

$$\begin{aligned}
\boldsymbol{u}^{\mathrm{T}}\nabla_{\boldsymbol{xx}}P(\boldsymbol{x}^*,\boldsymbol{\lambda}^*,\pi)\boldsymbol{u}&\geqslant\rho_1\|\boldsymbol{w}\|^2-2\rho_2\|\boldsymbol{w}\|\,\|\boldsymbol{v}\|+2\rho_4\pi\|\boldsymbol{v}\|^2-\rho_3\|\boldsymbol{v}\|^2\\
&=\rho_1\big(\|\boldsymbol{w}\|-\rho_2/\rho_1\|\boldsymbol{v}\|\big)^2+\left(2\rho_4\pi-\rho_3-\rho_2^2/\rho_1\right)\|\boldsymbol{v}\|^2.
\end{aligned}$$

显然, 第一项非负, 第二项在 $\pi>0$ 充分大时为正. 所以存在 $\pi^*>0$, 对任意的 $\pi\geqslant\pi^*$, $\nabla_{\boldsymbol{xx}}P(\boldsymbol{x}^*,\boldsymbol{\lambda}^*,\pi)$ 正定. 根据无约束优化问题的二阶充分条件, 对任意的 $\pi\geqslant\pi^*$, $\boldsymbol{x}^*$ 为罚函数 $P(\boldsymbol{x},\boldsymbol{\lambda}^*,\pi)$ 的严格局部极小值点.

若 $f(\boldsymbol{x})$ 为凸函数, $c_i(\boldsymbol{x}),i\in\mathcal{E}$ 为线性函数, 则 $\boldsymbol{x}^*$ 为约束优化问题 (10.1.1) 的 K-T 点. 从而对任意的 $\pi>0$,

$$\nabla_{\boldsymbol{x}}P(\boldsymbol{x}^*,\boldsymbol{\lambda}^*,\pi)=\nabla f(\boldsymbol{x}^*)-\sum_{i\in\mathcal{E}}\lambda_i^*\nabla c_i(\boldsymbol{x}^*)+2\pi\sum_{i\in\mathcal{E}}c_i(\boldsymbol{x}^*)\nabla c_i(\boldsymbol{x}^*)=0.$$

由罚函数 $P(\boldsymbol{x},\boldsymbol{\lambda}^*,\pi)$ 关于 $\boldsymbol{x}$ 为凸函数知 $\boldsymbol{x}^*$ 为其全局最小值点.　　证毕

根据上述结论, 似乎通过乘子罚函数的最小值点就可以得到原约束优化问题的最优值解. 遗憾的是, 虽然可把罚因子取得充分大, 但在得到最优解之前, 我们无法知道最优 Lagrange 乘子的值. 对此, 只能在计算过程中对其进行估计.

对于给定的 $\boldsymbol{\lambda}^k,\pi_k$, 设 $\boldsymbol{x}_k$ 为对应乘子罚函数的最优值点. 由无约束优化问题的最优性条件,

$$\nabla f(\boldsymbol{x}_k)-\sum_{i\in\mathcal{E}}\lambda_i^k\nabla c_i(\boldsymbol{x}_k)+2\pi_k\sum_{i\in\mathcal{E}}c_i(\boldsymbol{x}_k)\nabla c_i(\boldsymbol{x}_k)=\boldsymbol{0},$$

即

$$\nabla f(\boldsymbol{x}_k)=\sum_{i\in\mathcal{E}}\left(\lambda_i^k-2\pi_kc_i(\boldsymbol{x}_k)\right)\nabla c_i(\boldsymbol{x}_k).\tag{10.3.2}$$

将该式与原约束优化问题的 KKT 条件相比较, 可用如下公式校正 Lagrange 乘子:

$$\lambda_i^{k+1}=\lambda_i^k-2\pi_kc_i(\boldsymbol{x}_k).\tag{10.3.3}$$

再看算法的终止规则. 易证, 若 $\boldsymbol{x}_k$ 为乘子罚函数的最优值点, 且是约束优化问题 (10.1.1) 的可行点, 则 $\boldsymbol{x}_k$ 是约束优化问题 (10.1.1) 的最优值点和 K-T 点, 算法自然终止. 因此, 算法的终止准则设置为

$$\|\boldsymbol{c}(\boldsymbol{x}_k)\|_\infty\leqslant\varepsilon,$$

其中, $\varepsilon \geqslant 0$ 是给定的精度要求. 下面是具体的算法.

算法 10.3.1

步 1. 给定 $\pi_0 > 0$, $\boldsymbol{\lambda}^0 = \mathbf{0}$, 初始点 $\boldsymbol{x}_{-1} \in \mathbb{R}^n$, 增长因子 $\gamma > 1$ 和允许误差 $\varepsilon > 0$. 令 $k = 0$.

步 2. 以 $\boldsymbol{x}_{k-1}$ 为初始点, 用无约束优化方法计算函数 $P(\boldsymbol{x}, \boldsymbol{\lambda}^k, \pi_k)$ 的最小值点 $\boldsymbol{x}_k$.

步 3. 若 $\max\{|c_i(\boldsymbol{x}_k)| \mid i \in \mathcal{E}\} \leqslant \varepsilon$, 算法终止. 否则, 转下一步.

步 4. 若 $\|\boldsymbol{c}(\boldsymbol{x}_k)\|_\infty \geqslant \|\boldsymbol{c}(\boldsymbol{x}_{k-1})\|_\infty$, 令 $\pi_{k+1} = \gamma\pi_k$, $\boldsymbol{\lambda}^{k+1} = \boldsymbol{\lambda}^k$, 置 $k = k+1$, 转步 2. 否则, 转步 5.

步 5. 若 $\pi_k > \pi_{k-1}$ 或 $\|\boldsymbol{c}(\boldsymbol{x}_k)\|_\infty \leqslant \dfrac{1}{4}\|\boldsymbol{c}(\boldsymbol{x}_{k-1})\|_\infty$, 令 $\pi_{k+1} = \pi_k$, 根据 (10.3.3) 调整 $\boldsymbol{\lambda}^{k+1}$, 置 $k = k+1$, 转步 2. 否则, 令 $\pi_{k+1} = \gamma\pi_k$, $\boldsymbol{\lambda}^{k+1} = \boldsymbol{\lambda}^k$, 置 $k = k+1$, 转步 2.

该算法基于如下考虑修正罚因子 π_k 和 Lagrange 乘子:

若 $\|\boldsymbol{c}(\boldsymbol{x}_k)\|_\infty > \|\boldsymbol{c}(\boldsymbol{x}_{k-1})\|_\infty$, 说明迭代点列有远离约束曲面的趋势, 所以在下一次迭代时应加大惩罚项的作用.

若$\|\boldsymbol{c}(\boldsymbol{x}_{k-1})\|_\infty > \|\boldsymbol{c}(\boldsymbol{x}_k)\|_\infty \geqslant \dfrac{1}{4}\|\boldsymbol{c}(\boldsymbol{x}_{k-1})\|_\infty$ 而 $\pi_k = \pi_{k-1}$, 说明当前迭代点向约束曲面逼近不显著与未调整罚因子有关.

若$\|\boldsymbol{c}(\boldsymbol{x}_k)\|_\infty < \dfrac{1}{4}\|\boldsymbol{c}(\boldsymbol{x}_{k-1})\|_\infty$, 说明当前迭代点向约束曲面逼近显著, 下次迭代过程中不需要调整罚因子而仅需要调整 Lagrange 乘子.

若$\|\boldsymbol{c}(\boldsymbol{x}_{k-1})\|_\infty > \|\boldsymbol{c}(\boldsymbol{x}_k)\|_\infty \geqslant \dfrac{1}{4}\|\boldsymbol{c}(\boldsymbol{x}_{k-1})\|_\infty$ 而 $\pi_k > \pi_{k-1}$, 说明本次迭代中, 增大罚因子对当前迭代点向约束曲面逼近有效果但不十分显著. 下次迭代时, 只调整 Lagrange 乘子而不调整罚因子.

上述算法无需让罚因子趋于无穷大就可以通过计算罚函数的极小值点得到原问题的最优解. 因此, 在计算过程中不会出现外点罚函数方法和内点罚函数方法中遇到的病态现象.

下面将乘子罚函数推广到不等式约束优化问题 (10.2.1).

显然, 不等式约束 $c_i(\boldsymbol{x}) \geqslant 0$ 可以通过引入松弛变量化为如下形式:

$$c_i(\boldsymbol{x}) - y_i^2 = 0, \quad i \in \mathcal{I}.$$

这样, 不等式约束优化问题 (10.2.1) 转化为

$$\min\{f(\boldsymbol{x}) \mid c_i(\boldsymbol{x}) - y_i^2 = 0, i \in \mathcal{I}\}. \tag{10.3.4}$$

它对应的乘子罚函数为

$$P(\boldsymbol{x},\boldsymbol{y},\boldsymbol{\lambda},\pi)=f(\boldsymbol{x})-\sum_{i\in\mathcal{I}}\lambda_i(c_i(\boldsymbol{x})-y_i^2)+\pi\sum_{i\in\mathcal{I}}(c_i(\boldsymbol{x})-y_i^2)^2.$$

根据定理 10.3.1, (10.3.4) 的最优值点可以通过下面的无约束优化问题得到

$$\min_{\boldsymbol{x},\boldsymbol{y}}\ P(\boldsymbol{x},\boldsymbol{y},\boldsymbol{\lambda},\pi)=\min_{\boldsymbol{x}}\min_{\boldsymbol{y}}\ P(\boldsymbol{x},\boldsymbol{y},\boldsymbol{\lambda},\pi),$$

其中, $\pi>0$ 充分大, $\boldsymbol{\lambda}$ 为最优 Lagrange 乘子的一个近似. 令 $s_i=y_i^2,\ i\in\mathcal{I}$, 则上述无约束优化问题变为

$$\min_{\boldsymbol{x}}\min_{\boldsymbol{s}\geqslant\boldsymbol{0}}\ f(\boldsymbol{x})-\sum_{i\in\mathcal{I}}\lambda_i(c_i(\boldsymbol{x})-s_i)+\pi\sum_{i\in\mathcal{I}}(c_i(\boldsymbol{x})-s_i)^2,\tag{10.3.5}$$

显然, 内层关于 s 的优化问题是一非负约束凸二次规划问题, 其最优解为

$$s_i=\max\left\{0,c_i(\boldsymbol{x})-\frac{1}{2\pi}\lambda_i\right\}.$$

从而,

$$c_i(\boldsymbol{x})-s_i=\min\left\{c_i(\boldsymbol{x}),\frac{1}{2\pi}\lambda_i\right\}.$$

这样可将 (10.3.5) 的目标函数中的后两项简化为关于 $\boldsymbol{x}$ 的函数

$$\begin{aligned}&\min_{\boldsymbol{s}\geqslant\boldsymbol{0}}-\lambda_i(c_i(\boldsymbol{x})-s_i)+\pi(c_i(\boldsymbol{x})-s_i)^2\\&=\begin{cases}-\lambda_ic_i(\boldsymbol{x})+\pi c_i^2(\boldsymbol{x}), & \text{如果 } c_i(\boldsymbol{x})\leqslant\dfrac{1}{2\pi}\lambda_i,\\-\dfrac{1}{4\pi}\lambda_i^2, & \text{否则}.\end{cases}\end{aligned}$$

定义函数

$$\psi(t,\sigma,\pi)=\begin{cases}-\sigma t+\pi t^2, & \text{如果 } t\leqslant\dfrac{1}{2\pi}\sigma,\\-\dfrac{1}{4\pi}\sigma^2, & \text{否则}.\end{cases}$$

则可建立下述形式的乘子罚函数,

$$P(\boldsymbol{x},\boldsymbol{\lambda},\pi)=f(\boldsymbol{x})+\sum_{i\in\mathcal{I}}\psi(c_i(\boldsymbol{x}),\lambda_i,\pi).\tag{10.3.6}$$

从表面上看, 上述函数关于 $\boldsymbol{x}$ 为分段连续函数. 事实上, 如果目标函数 $f(\boldsymbol{x})$ 和约束函数 $c_i(\boldsymbol{x}),i\in\mathcal{I}$ 都连续可微, 则对任意固定的 $\boldsymbol{\lambda}$ 和 $\pi>0$, 上述乘子罚函数关于 $\boldsymbol{x}$ 连续可微, 因为罚函数 (10.3.6) 可写成

$$P(\boldsymbol{x},\boldsymbol{\lambda},\pi)=f(\boldsymbol{x})+\sum_{i\in\mathcal{I}}\left(\pi\min{}^2\left\{0,c_i(\boldsymbol{x})-\frac{\lambda_i}{2\pi}\right\}-\frac{(\lambda_i)^2}{4\pi}\right).$$

从而在连续可微假设下可利用梯度型方法极小化乘子罚函数.

那么在计算过程中, 如何校正 Lagrange 乘子 $\boldsymbol{\lambda}^k$? 根据 (10.3.6),

$$\nabla P(\boldsymbol{x}_k, \boldsymbol{\lambda}^k, \pi_k) = \nabla f(\boldsymbol{x}_k) - \sum_{c_i(\boldsymbol{x}_k) \leqslant \lambda_i^k/(2\pi_k)} [\lambda_i^k - 2\pi_k c_i(\boldsymbol{x}_k)] \nabla c_i(\boldsymbol{x}_k) = 0.$$

与 KKT 条件比较得

$$0 \leqslant \lambda_i \approx \lambda_i^k - 2\pi_k c_i(\boldsymbol{x}_k).$$

因而, 可采用如下的迭代公式:

$$\lambda_i^{k+1} = \max\{0, \lambda_i^k - 2\pi_k c_i(\boldsymbol{x}_k)\}.$$

将等式约束的乘子罚函数推广到不等式约束优化问题以后, 罚函数的二阶导数在满足 $2\pi_k c_i(\boldsymbol{x}) - \lambda_i^k = 0$ 的点不一定连续, 从而会对极小化罚函数带来困难. 当严格互补松弛条件成立的时候, 这种情况发生的几率很小: 若 $c_i(\boldsymbol{x}) \geqslant 0$ 在 $\boldsymbol{x}^*$ 点为有效约束, 则在 k 充分大时, $c_i(\boldsymbol{x}_k) \approx 0$, 而此时 λ_i^k 有正的下界, π_k 有正的上界; 当 $c_i(\boldsymbol{x}) \geqslant 0$ 在 $\boldsymbol{x}^*$ 点为非有效约束时, 则在 k 充分大时, $c_i(\boldsymbol{x}_k) > 0$, 而 $\lambda_i^k \approx 0$, π_k 有正的下界. 从而在这两种情况下, $2\pi_k c_i(\boldsymbol{x}_k) - \lambda_i^k = 0$ 的情况不会发生.

下面讨论不等式约束优化问题的乘子罚函数方法的停机准则. 根据等式约束优化问题的讨论, 自然选取

$$\max\{|c_i(\boldsymbol{x}_k) - s_i| \mid i \in \mathcal{I}\} \leqslant \varepsilon$$

作为停机准则. 结合 s_i 的表达式, 上述准则可写成

$$\max\{|\min\{c_i(\boldsymbol{x}), \frac{1}{2\pi_k}\lambda_i^k\}| \mid i \in \mathcal{I}\} \leqslant \varepsilon.$$

最后讨论由定理 10.3.1 引出的一个新概念——精确罚函数.

定义 10.3.1 若存在 $\pi^* > 0$, 使对任意的 $\pi \geqslant \pi^*$, 罚函数 $P(\boldsymbol{x}, \pi)$ 关于 $\boldsymbol{x} \in \mathbb{R}^n$ 的最优值点都是原规划问题 (10.2.5) 的最优值点, 则称 $P(\boldsymbol{x}, \pi)$ 为 (10.2.5) 的精确罚函数.

满足上述条件的精确罚函数很难找. 为此, 人们退而求其次, 给出如下定义.

定义 10.3.1′ 若存在 $\pi^* > 0$, 使对任意的 $\pi \geqslant \pi^*$, 约束优化问题 (10.2.5) 的最优值点为罚函数 $P(\boldsymbol{x}, \pi)$ 关于 $\boldsymbol{x} \in \mathbb{R}^n$ 的最优值点, 则称该罚函数为 (10.2.5) 的精确罚函数.

根据上述定义, 乘子罚函数为精确罚函数, 但它涉及 Lagrange 乘子, 所以使用起来很不方便. 那么, 有没有只含罚因子的精确罚函数? 答案是肯定的——绝对值罚函数:

$$P(\boldsymbol{x}, \pi) = f(\boldsymbol{x}) + \pi \sum_{i \in \mathcal{I}} |c_i^-(\boldsymbol{x})| + \pi \sum_{i \in \mathcal{E}} |c_i(\boldsymbol{x})|. \tag{10.3.7}$$

下面的结论告诉我们, 对于凸规划问题, 存在 $\pi^* > 0$ 使对任意的 $\pi \geqslant \pi^*$, 其最优解就是上述罚函数的极小值点.

定理 10.3.2 对约束优化问题 (10.2.5), 设 $f(\boldsymbol{x}), -c_i(\boldsymbol{x}), i \in \mathcal{I}$ 为凸函数, $c_i(\boldsymbol{x})$, $i \in \mathcal{E}$ 为线性的. 设 $(\boldsymbol{x}^*, \boldsymbol{\lambda}^*)$ 为其 K-T 对. 令

$$\pi^* = \max\{\lambda_i^*,\ i \in \mathcal{I}(\boldsymbol{x}^*); |\lambda_i^*|, i \in \mathcal{E}\}.$$

则对任意的 $\pi \geqslant \pi^*$, $\boldsymbol{x}^*$ 为 l_1 罚函数 (10.3.7) 的极小值点.

证明 由 KKT 条件, 存在乘子 $\boldsymbol{\lambda}^*$ 满足 $\lambda_i^* \geqslant 0, i \in \mathcal{I}(\boldsymbol{x}^*)$ 和

$$\nabla f(\boldsymbol{x}^*) - \sum_{i \in \mathcal{I}(\boldsymbol{x}^*)} \lambda_i^* \nabla c_i(\boldsymbol{x}^*) - \sum_{i \in \mathcal{E}} \lambda_i^* \nabla c_i(\boldsymbol{x}^*) = 0. \tag{10.3.8}$$

根据 §7.6 中的结论, $\boldsymbol{x}^*$ 是约束优化问题 (10.2.5) 的最优解.

另一方面, 对任意的 $\pi > 0$, 罚函数 (10.3.7) 的极小值点是下述凸规划问题的最优解

$$\begin{aligned} \min_{\boldsymbol{x},\boldsymbol{y}} \quad & f(\boldsymbol{x}) + \pi[\sum_{i \in \mathcal{I}} y_i + \sum_{i \in \mathcal{E}} y_i] \\ \text{s.t.} \quad & y_i \geqslant -c_i(\boldsymbol{x}),\ \ y_i \geqslant 0, \qquad i \in \mathcal{I}, \\ & y_i \geqslant -c_i(\boldsymbol{x}),\ \ y_i \geqslant c_i(\boldsymbol{x}), \quad i \in \mathcal{E}. \end{aligned} \tag{10.3.9}$$

取

$$y_i^* = \begin{cases} |\min\{0, c_i(\boldsymbol{x}^*)\}|, & \text{如果} \quad i \in \mathcal{I}, \\ |c_i(\boldsymbol{x}^*)|, & \text{如果} \quad i \in \mathcal{E}. \end{cases}$$

显然, $\boldsymbol{y}^* = \boldsymbol{0}$. 要使 $(\boldsymbol{x}^*, \boldsymbol{y}^*)$ 为凸规划问题 (10.3.9) 的 K-T 点, 应存在乘子 $\hat{\boldsymbol{u}}$ 满足

$$\begin{cases} \nabla f(\boldsymbol{x}^*) - \sum\limits_{i \in \mathcal{I}(\boldsymbol{x}^*)} \hat{u}_i^+ \nabla c_i(\boldsymbol{x}^*) - \sum\limits_{i \in \mathcal{E}} (\hat{u}_i^+ - \hat{u}_i^-) \nabla c_i(\boldsymbol{x}^*) = 0, \\ \pi - \hat{u}_i^+ - \hat{u}_i^- = 0, \quad i \in \mathcal{I}, \\ \pi - \hat{u}_i^+ - \hat{u}_i^- = 0, \quad i \in \mathcal{E}, \\ \hat{u}_i^+ \geqslant 0,\ \hat{u}_i^- \geqslant 0, \quad i \in \mathcal{I}, \\ \hat{u}_i^+ \geqslant 0,\ \hat{u}_i^- \geqslant 0, \quad i \in \mathcal{E}, \\ \hat{u}_i^+ = 0, \quad i \in \mathcal{I} \backslash \mathcal{I}(\boldsymbol{x}^*). \end{cases} \tag{10.3.10}$$

根据 (10.3.8), 对任意的 $\pi \geqslant \pi^*$, 取

$$\begin{cases} \hat{u}_i^+ = \lambda_i^*, & i \in \mathcal{I}(\boldsymbol{x}^*), \\ \hat{u}_i^+ = 0, & i \in \mathcal{I} \backslash \mathcal{I}(\boldsymbol{x}^*), \\ \hat{u}_i^+ = \dfrac{\pi + \lambda_i^*}{2}, & i \in \mathcal{E}. \end{cases} \qquad \begin{cases} \hat{u}_i^- = \pi - \hat{u}_i^+, & i \in \mathcal{I}, \\ \hat{u}_i^- = \dfrac{\pi - \lambda_i^*}{2}, & i \in \mathcal{E}. \end{cases}$$

则 (10.3.10) 成立, 即 $(\boldsymbol{x}^*,\boldsymbol{y}^*)$ 为凸规划问题 (10.3.9) 的 K-T 点和最优解. 故 $\boldsymbol{x}^*$ 是罚函数 (10.3.7) 的最小值点. 命题结论得证. 证毕

由于惩罚项中含有 1-范数, 故它不可微, 所以不能通过梯度下降算法极小化该函数. 但在 SQP 方法中, 可作为价值函数决定是否接受新的试探点.

绝对值罚函数不可微, 乘子罚函数需要对 Lagrange 乘子进行估计, 从而在数值求解时都有难度. 为此, Fletcher(1973) 提出了如下光滑精确罚函数:

$$P(\boldsymbol{x},\boldsymbol{\pi})=f(\boldsymbol{x})-\boldsymbol{\lambda}(\boldsymbol{x})^{\mathrm{T}}\boldsymbol{c}(\boldsymbol{x})+\frac{1}{2}\boldsymbol{c}(\boldsymbol{x})^{\mathrm{T}}\boldsymbol{D}\boldsymbol{c}(\boldsymbol{x}),$$

其中, $\boldsymbol{c}(\boldsymbol{x})$ 是约束函数 $c_i(\boldsymbol{x}), i\in\mathcal{E}$ 所构成的向量值函数, $\boldsymbol{D}=\mathrm{diag}(\pi_1,\pi_2,\cdots,\pi_m)$ 是正的对角阵, $\boldsymbol{\lambda}(\boldsymbol{x})$ 是最小二乘问题 $\min_{\boldsymbol{\lambda}}\|\boldsymbol{g}(\boldsymbol{x})-\boldsymbol{N}(\boldsymbol{x})\boldsymbol{\lambda}\|^2$ 的解, 而 $\boldsymbol{N}(\boldsymbol{x})=(\boldsymbol{D}_{\boldsymbol{x}}\boldsymbol{c}(\boldsymbol{x}))^{\mathrm{T}}$.

虽然光滑精确罚函数连续可微, 但在 $\boldsymbol{\lambda}(\boldsymbol{x})$ 的表达式中出现了约束函数和目标函数的梯度, 使罚函数值的计算量加大. 如果用梯度型算法求罚函数的极小点, 则需要计算目标函数和约束函数的 Hesse 阵, 计算量就更大了.

习　题

1. 对于不等式约束优化问题 $\min\{f(\boldsymbol{x})\mid c_i(\boldsymbol{x})\leqslant 0, i\in\mathcal{I}\}$, 试分析下述函数在通过外点罚函数方法求上述优化问题的最小值点时的优势和劣势

$$\begin{aligned}
P_\pi(\boldsymbol{x})&=f(\boldsymbol{x})+\pi\sum_{i\in\mathcal{I}}\max\{0,c_i(\boldsymbol{x})\},\\
P_\pi(\boldsymbol{x})&=f(\boldsymbol{x})+\pi\sum_{i\in\mathcal{I}}\overset{2}{\max}\{0,c_i(\boldsymbol{x})\},\\
P_\pi(\boldsymbol{x})&=f(\boldsymbol{x})+\pi\max\{0,c_1(\boldsymbol{x}),c_2(\boldsymbol{x}),\cdots,c_{|\mathcal{I}|}(\boldsymbol{x})\},\\
P_\pi(\boldsymbol{x})&=f(\boldsymbol{x})+\pi\max{}^2\{0,c_1(\boldsymbol{x}),c_2(\boldsymbol{x}),\cdots,c_{|\mathcal{I}|}(\boldsymbol{x})\}.
\end{aligned}$$

2. 以 (2;6) 为初始点, 用外点罚函数 (罚因子 $\pi=10$) 求下述规划问题的近似最小值点

$$\begin{aligned}
\min\quad & x_1^2+x_2^2\\
\text{s.t.}\quad & 2x_1+x_2-2\leqslant 0,\\
& -x_2+1\leqslant 0.
\end{aligned}$$

3. 根据定理 10.2.1, 优化问题 (10.2.5) 可以转化为

$$\sup_{\pi\geqslant 0}\inf_{\boldsymbol{x}\in\mathbb{R}^n}P(\boldsymbol{x},\pi),$$

其中, $P(\boldsymbol{x},\pi)$ 为外点罚函数. 证明优化问题 (10.2.5) 等价于

$$\inf_{\boldsymbol{x}\in\mathbb{R}^n}\sup_{\pi\geqslant 0}P(\boldsymbol{x},\pi).$$

4. 对约束优化问题 (10.2.5), 考虑 (10.2.6) 定义的混合罚函数, 试在适当条件下建立如下结论

$$\inf\{f(\boldsymbol{x}) \mid c_i(\boldsymbol{x}) \leqslant 0, i \in \mathcal{I}; c_i(\boldsymbol{x}) = 0, i \in \mathcal{E}\} = \lim_{\pi \to \infty} P(\boldsymbol{x}^\pi, \pi),$$

$$\lim_{\pi \to \infty} \pi B(\boldsymbol{x}^\pi) = 0, \quad \lim_{\pi \to \infty} \frac{1}{\pi} \theta_c(\boldsymbol{x}^\pi) \to 0.$$

第 11 章　序列二次规划方法

序列二次规划算法, 简称 SQP 方法, 它是 Han(韩世平,1976) 和 Powell(1977) 在 Wilson(1963) 提出的 Lagrange-Newton 方法的基础上, 借鉴无约束优化问题的拟牛顿算法发展起来的约束优化问题的一种求解方法. 因此, 该方法又称 Wilson-Han-Powell 方法. SQP 方法产生的迭代点未必是可行点, 所以该方法属于 “不可行” 算法. 但从数值效果和稳定性方面, 它是目前约束优化问题的一种最有效的方法. 本章主要介绍 SQP 方法的基本思想、迭代格式及若干改进, 并伴之收敛性分析.

11.1　SQP 方法的基本形式

SQP 方法是在求解等式约束优化问题的 K-T 点的 Lagrange-Newton 算法的基础上发展起来的. 其初衷是利用 (拟) 牛顿方法求原问题的 KKT 系统. 该方法不仅能计算原规划问题的最优解, 还能给出最优 Lagrange 乘子.

考虑等式约束优化问题

$$\begin{aligned} \min \quad & f(\boldsymbol{x}) \\ \text{s.t.} \quad & c_i(\boldsymbol{x}) = 0, \qquad i \in \mathcal{E}, \end{aligned} \tag{11.1.1}$$

其中, $f:\mathbb{R}^n \to \mathbb{R}$ 和 $c_i:\mathbb{R}^n \to \mathbb{R}$ $(i \in \mathcal{E})$ 二阶连续可微. 记 $\boldsymbol{c}(x)$ 为由 $c_i(\boldsymbol{x})$, $i \in \mathcal{E}$ 组成的向量值函数, $\boldsymbol{N}(\boldsymbol{x})$ 为由 $\nabla c_i(\boldsymbol{x})$, $i \in \mathcal{E}$ 为列组成的矩阵. 该问题的 KKT 条件为

$$\begin{cases} \nabla f(\boldsymbol{x}) - \sum\limits_{i \subset \mathcal{E}} \lambda_i \nabla c_i(\boldsymbol{x}) = \boldsymbol{0}, \\ \boldsymbol{c}(\boldsymbol{x}) = \boldsymbol{0}. \end{cases}$$

将上述方程组简记为 $\boldsymbol{W}(\boldsymbol{x}, \boldsymbol{\lambda}) = \boldsymbol{0}$, 并用牛顿方法求该方程组, 即通过求解下述方程组由 $(\boldsymbol{x}_k, \boldsymbol{\lambda}^k)$ 得到 $(\boldsymbol{x}_{k+1}, \boldsymbol{\lambda}^{k+1})$:

$$\boldsymbol{W}(\boldsymbol{x}_k, \boldsymbol{\lambda}^k) + D_{\boldsymbol{x},\boldsymbol{\lambda}} \boldsymbol{W}(\boldsymbol{x}_k, \boldsymbol{\lambda}^k) \begin{pmatrix} \boldsymbol{x} - \boldsymbol{x}_k \\ \boldsymbol{\lambda} - \boldsymbol{\lambda}^k \end{pmatrix} = \boldsymbol{0}, \tag{11.1.2}$$

其中,

$$D_{\boldsymbol{x},\boldsymbol{\lambda}} \boldsymbol{W}(\boldsymbol{x}_k, \boldsymbol{\lambda}^k) = \begin{pmatrix} \nabla_{\boldsymbol{x}\boldsymbol{x}} L(\boldsymbol{x}_k, \boldsymbol{\lambda}^k) & -\boldsymbol{N}(\boldsymbol{x}_k) \\ \boldsymbol{N}(\boldsymbol{x}_k)^{\mathrm{T}} & \boldsymbol{0} \end{pmatrix}.$$

为使该矩阵对称, 可将约束方程 $\boldsymbol{c}(\boldsymbol{x})=\boldsymbol{0}$ 写成 $-\boldsymbol{c}(\boldsymbol{x})=\boldsymbol{0}$.

将方程组 (11.1.2) 展开就是

$$\begin{cases} \nabla_{\boldsymbol{xx}}L(\boldsymbol{x}_k,\boldsymbol{\lambda}^k)(\boldsymbol{x}-\boldsymbol{x}_k)-\boldsymbol{N}(\boldsymbol{x}_k)(\boldsymbol{\lambda}-\boldsymbol{\lambda}^k)=-\nabla f(\boldsymbol{x}_k)+\boldsymbol{N}(\boldsymbol{x}_k)\boldsymbol{\lambda}^k, \\ \boldsymbol{N}(\boldsymbol{x}_k)^{\mathrm{T}}(\boldsymbol{x}-\boldsymbol{x}_k)=-\boldsymbol{c}(\boldsymbol{x}_k). \end{cases}$$

令 $\boldsymbol{d}=\boldsymbol{x}-\boldsymbol{x}_k$, 则上述系统可写成

$$\begin{cases} \nabla_{\boldsymbol{xx}}L(\boldsymbol{x}_k,\boldsymbol{\lambda}^k)\boldsymbol{d}-\boldsymbol{N}(\boldsymbol{x}_k)\boldsymbol{\lambda}=-\nabla f(\boldsymbol{x}_k), \\ \boldsymbol{N}(\boldsymbol{x}_k)^{\mathrm{T}}\boldsymbol{d}=-\boldsymbol{c}(\boldsymbol{x}_k). \end{cases} \tag{11.1.3}$$

其解记为 $(\boldsymbol{d}_k,\boldsymbol{\lambda}^{k+1})$. 令 $\boldsymbol{x}_{k+1}=\boldsymbol{x}_k+\boldsymbol{d}_k$ 便得到新的迭代点. 这就是等式约束优化问题的 Lagrange-Newton 算法. 由牛顿算法的有关理论, 在适当条件下, 该算法具有局部二阶超线性收敛性.

显然, (11.1.3) 为下述二次规划问题的 KKT 条件:

$$\begin{aligned} \min \quad & f(\boldsymbol{x}_k)+\nabla f(\boldsymbol{x}_k)^{\mathrm{T}}\boldsymbol{d}+\frac{1}{2}\boldsymbol{d}^{\mathrm{T}}\nabla_{\boldsymbol{xx}}L(\boldsymbol{x}_k,\boldsymbol{\lambda}^k)\boldsymbol{d} \\ \text{s.t.} \quad & c_i(\boldsymbol{x}_k)+\nabla c_i(\boldsymbol{x}_k)^{\mathrm{T}}\boldsymbol{d}=0, \quad i\in\mathcal{E}. \end{aligned} \tag{11.1.4}$$

利用 KKT 条件, 可将约束函数与 Lagrange 乘子 $\boldsymbol{\lambda}^k$ 做内积后放到目标函数里面, 从而将目标函数等价地写成

$$L(\boldsymbol{x}_k,\boldsymbol{\lambda}^k)+\boldsymbol{d}^{\mathrm{T}}\nabla_x L(\boldsymbol{x}_k,\boldsymbol{\lambda}^k)+\frac{1}{2}\boldsymbol{d}^{\mathrm{T}}\nabla_{\boldsymbol{xx}}L(\boldsymbol{x}_k,\boldsymbol{\lambda}^k)\boldsymbol{d}.$$

它恰好是 Lagrange 函数在 $\boldsymbol{x}_k$ 点的二阶 Taylor 展式.

子问题 (11.1.3) 的上述表示可将 Lagrange-Newton 方法推广到下述不等式约束优化问题

$$\begin{aligned} \min \quad & f(\boldsymbol{x}) \\ \text{s.t.} \quad & c_i(\boldsymbol{x})=0, \qquad i\in\mathcal{E}, \\ & c_i(\boldsymbol{x})\geqslant 0, \qquad i\in\mathcal{I}, \end{aligned} \tag{11.1.5}$$

其中, $f(\boldsymbol{x})$, $c_i(\boldsymbol{x})$, $i\in\mathcal{E}\cup\mathcal{I}$ 均二阶连续可微. 设 $\boldsymbol{x}_k$ 是其近似解, 向量 $\boldsymbol{u}_k$ 和非负向量 $\boldsymbol{v}_k$ 为该优化问题在 $\boldsymbol{x}_k$ 点的最优 Lagrange 乘子的一个估计. 基于 (11.1.4) 可建立不等式约束优化问题 (11.1.5) 的二次规划子问题:

$$\begin{aligned} \min \quad & f(\boldsymbol{x}_k)+\nabla f(\boldsymbol{x}_k)^{\mathrm{T}}\boldsymbol{d}+\frac{1}{2}\boldsymbol{d}^{\mathrm{T}}\nabla_{\boldsymbol{xx}}L(\boldsymbol{x}_k,\boldsymbol{u}_k,\boldsymbol{v}_k)\boldsymbol{d} \\ \text{s.t.} \quad & c_i(\boldsymbol{x}_k)+\nabla c_i(\boldsymbol{x}_k)^{\mathrm{T}}\boldsymbol{d}=0, \quad i\in\mathcal{E}, \\ & c_i(\boldsymbol{x}_k)+\nabla c_i(\boldsymbol{x}_k)^{\mathrm{T}}\boldsymbol{d}\geqslant 0, \quad i\in\mathcal{I}. \end{aligned} \tag{11.1.6}$$

记其解为 $\boldsymbol{d}_k$. 若 $\boldsymbol{d}_k=\boldsymbol{0}$, 则 $\boldsymbol{x}_k$ 为优化问题 (11.1.5) 的 K-T 点, 否则令 $\boldsymbol{x}_{k+1}=\boldsymbol{x}_k+\boldsymbol{d}_k$. 根据牛顿算法的性质, 可以期待上述算法有快的局部收敛性质.

对非线性最优化问题的一个有效算法, 它只具有局部超线性收敛性还是不够的, 还希望它具有全局收敛性和强的稳定性. 为此, 需要对上述迭代过程做些修正.

对二次规划子问题 (11.1.6), 它一方面需要计算 Lagrange 函数的 Hesse 阵 $\nabla_{\boldsymbol{xx}} L(\boldsymbol{x}_k, \boldsymbol{u}_k, \boldsymbol{v}_k)$, 同时, 其不正定性也会影响算法的稳定性. 基于无约束优化问题的拟牛顿算法的成功经验, 我们用 $\nabla_{\boldsymbol{xx}} L(\boldsymbol{x}_k, \boldsymbol{u}_k, \boldsymbol{v}_k)$ 的近似阵 $\boldsymbol{B}_k$ 来代替之, 而 $\boldsymbol{B}_{k+1}$ 用诸如 BFGS 公式校正, 并通过引入价值函数和线搜索来产生新的迭代点, 从而得到非线性约束优化问题的 SQP 方法. 下面是相应的算法框架.

算法 11.1.1

步 1. 给定初始点 $\boldsymbol{x}_0 \in \mathbb{R}^n$, 取正定矩阵 $\boldsymbol{B}_0$. 令 $k = 0$.

步 2. 求解下述子问题得 $\boldsymbol{d}_k$,

$$
Q(\boldsymbol{x}_k, \boldsymbol{B}_k) \qquad \begin{array}{ll} \min & f(\boldsymbol{x}_k) + \nabla f(\boldsymbol{x}_k)^{\mathrm{T}} \boldsymbol{d} + \dfrac{1}{2} \boldsymbol{d}^{\mathrm{T}} \boldsymbol{B}_k \boldsymbol{d} \\ \text{s.t.} & c_i(\boldsymbol{x}_k) + \nabla c_i(\boldsymbol{x}_k)^{\mathrm{T}} \boldsymbol{d} = 0, \quad i \in \mathcal{E}, \\ & c_i(\boldsymbol{x}_k) + \nabla c_i(\boldsymbol{x}_k)^{\mathrm{T}} \boldsymbol{d} \geqslant 0, \quad i \in \mathcal{I}. \end{array}
$$

步 3. 若 $\boldsymbol{d}_k = \boldsymbol{0}$, 算法终止, $\boldsymbol{x}_k$ 是原规划问题的 K-T 点; 否则, 令 $\boldsymbol{x}_{k+1} = \boldsymbol{x}_k + \alpha_k \boldsymbol{d}_k$, 其中, 步长 $\alpha_k \geqslant 0$ 通过某种线搜索获得.

步 4. 修正 $\boldsymbol{B}_k$ 使 $\boldsymbol{B}_{k+1}$ 正定, 令 $k = k + 1$, 返回步 2.

下面对上述算法框架进行细化. 首先, 对矩阵 $\boldsymbol{B}_k$, 一般来说, 若要求算法全局收敛, 矩阵 $\boldsymbol{B}_k$ 须正定. 若要求算法超线性收敛, 则 $\boldsymbol{B}_k$ 须为 $\nabla_{\boldsymbol{xx}} L(\boldsymbol{x}_k, \boldsymbol{\lambda}^k)$ 的某种近似, 包括使用无约束优化中的多种变尺度校正. 其次, 若 $\boldsymbol{x}_k$ 是原问题的可行点, 则子问题 $Q(\boldsymbol{x}_k, \boldsymbol{B}_k)$ 的可行域非空. 此时, 若 $\boldsymbol{B}_k$ 正定, 则子问题 $Q(\boldsymbol{x}_k, \boldsymbol{B}_k)$ 有唯一解. 但该方法不能保证迭代点总是原问题的可行点, 从而子问题 $Q(\boldsymbol{x}_k, \boldsymbol{B}_k)$ 并不总是可行的, 所以需要解决子问题的相容性. 再就是, 如何确定步长 α_k, 使算法具有好的收敛性. 下面对上述问题分别讨论.

(1) **矩阵 $\boldsymbol{B}_k$ 的修正** 令

$$
L(\boldsymbol{x}, \boldsymbol{\lambda}) = f(\boldsymbol{x}) - \sum_{i \in \mathcal{E} \cup \mathcal{I}} \boldsymbol{\lambda}_i c_i(\boldsymbol{x}),
$$

其中, $\lambda_i, i \in \mathcal{E} \cup \mathcal{I}$ 为子问题 $Q(\boldsymbol{x}, \boldsymbol{B})$ 的最优 Lagrange 乘子. 一般地, 用一种类似于无约束优化问题拟牛顿算法中的 BFGS 公式校正 $\boldsymbol{B}_k$:

$$
\boldsymbol{B}_{k+1} = \boldsymbol{B}_k + \frac{\gamma_k \gamma_k^{\mathrm{T}}}{\gamma_k^{\mathrm{T}} \boldsymbol{s}_k} - \frac{\boldsymbol{B}_k \boldsymbol{s}_k \boldsymbol{s}_k^{\mathrm{T}} \boldsymbol{B}_k^{\mathrm{T}}}{\boldsymbol{s}_k^{\mathrm{T}} \boldsymbol{B}_k \boldsymbol{s}_k},
$$

其中, $\boldsymbol{s}_k = \boldsymbol{x}_{k+1} - \boldsymbol{x}_k$, $\gamma_k = \nabla_{\boldsymbol{x}} L(\boldsymbol{x}_{k+1}, \boldsymbol{\lambda}^{k+1}) - \nabla_{\boldsymbol{x}} L(\boldsymbol{x}_k, \boldsymbol{\lambda}^{k+1})$.

根据上述公式更新矩阵 $\boldsymbol{B}_k$ 时, 一旦 $\boldsymbol{s}_k^{\mathrm{T}} \gamma_k > 0$ 不成立, $\boldsymbol{B}_{k+1}$ 的正定性无法保证. 虽然无约束优化问题的拟牛顿算法在最优步长规则和 Wolfe 步长规则下,

$\boldsymbol{s}_k^{\mathrm{T}}\boldsymbol{\gamma}_k > 0$ 成立, 但这里不能保证. 为此, Powell(1978) 建议用如下校正公式修正:

$$\boldsymbol{B}_{k+1} = \boldsymbol{B}_k + \frac{\boldsymbol{\eta}_k\boldsymbol{\eta}_k^{\mathrm{T}}}{\boldsymbol{s}_k^{\mathrm{T}}\boldsymbol{\eta}_k} - \frac{\boldsymbol{B}_k\boldsymbol{s}_k(\boldsymbol{B}_k\boldsymbol{s}_k)^{\mathrm{T}}}{\boldsymbol{s}_k^{\mathrm{T}}\boldsymbol{B}_k\boldsymbol{s}_k},$$

其中, $\boldsymbol{\eta}_k = \theta_k\boldsymbol{\gamma}_k + (1-\theta_k)\boldsymbol{B}_k\boldsymbol{s}_k$, 而

$$\theta_k = \begin{cases} 1, & \text{若 } \boldsymbol{s}_k^{\mathrm{T}}\boldsymbol{\gamma}_k \geqslant 0.2\boldsymbol{s}_k^{\mathrm{T}}\boldsymbol{B}_k\boldsymbol{s}_k, \\ \dfrac{0.8\boldsymbol{s}_k^{\mathrm{T}}\boldsymbol{B}_k\boldsymbol{s}_k}{\boldsymbol{s}_k^{\mathrm{T}}\boldsymbol{B}_k\boldsymbol{s}_k - \boldsymbol{s}_k^{\mathrm{T}}\boldsymbol{\gamma}_k}, & \text{否则}. \end{cases}$$

易知 $\boldsymbol{s}_k^{\mathrm{T}}\boldsymbol{\eta}_k \geqslant 0.2\boldsymbol{s}_k^{\mathrm{T}}\boldsymbol{B}_k\boldsymbol{s}_k$. 由定理 5.1.2, 当 $\boldsymbol{B}_k$ 正定时, $\boldsymbol{B}_{k+1}$ 正定.

(2) **子问题的相容性**　在 SQP 方法的每一迭代步, 需要求解子问题 $Q(\boldsymbol{x}_k, \boldsymbol{B}_k)$. 但若 $\boldsymbol{x}_k$ 不是原问题的可行点, 则该子问题 $Q(\boldsymbol{x}_k, \boldsymbol{B}_k)$ 的可行域可能是空集, 从而导致算法不能继续执行. 为此, Powell 建议在求解子问题前先求解下述线性规划问题

$$\begin{aligned} \max \quad & \xi \\ \text{s.t.} \quad & \xi c_i(\boldsymbol{x}_k) + \nabla c_i(\boldsymbol{x}_k)^{\mathrm{T}}\boldsymbol{d} = 0, \quad & i \in \mathcal{E}, \\ & \xi c_i(\boldsymbol{x}_k) + \nabla c_i(\boldsymbol{x}_k)^{\mathrm{T}}\boldsymbol{d} \geqslant 0, \quad & i \in \mathcal{I}_1(\boldsymbol{x}_k), \\ & c_i(\boldsymbol{x}_k) + \nabla c_i(\boldsymbol{x}_k)^{\mathrm{T}}\boldsymbol{d} \geqslant 0, \quad & i \in \mathcal{I}_2(\boldsymbol{x}_k), \\ & 0 \leqslant \xi \leqslant 1, \end{aligned} \tag{11.1.7}$$

其中,

$$\mathcal{I}_1(\boldsymbol{x}_k) = \{\, i \in \mathcal{I} \mid c_i(\boldsymbol{x}_k) < 0 \,\}, \qquad \mathcal{I}_2(\boldsymbol{x}_k) = \{\, i \in \mathcal{I} \mid c_i(\boldsymbol{x}_k) \geqslant 0 \,\}.$$

因为 $\xi = 0, \boldsymbol{d} = \boldsymbol{0}$ 总是 (11.1.7) 的可行解, 故它必存在最优解.

设上述二次规划问题的最优值为 $\bar{\xi}$. 显然, $\bar{\xi} \in [0,1]$.

若 $\bar{\xi} = 1$, 则子问题相容. 反之亦然. 若 $\bar{\xi} > 0$ 且靠近 1, 可以将子问题 $Q(\boldsymbol{x}_k, \boldsymbol{B}_k)$ 中的约束用子问题 (11.1.7) 中对应于 $\bar{\xi}$ 的约束代替, 然后求解修正后的二次规划子问题. 若 $\xi = 0$ 或 $\bar{\xi}$ 很小, 则需要改变初始点重新开始.

(3) **势函数与步长的确定**　对子问题 $Q(\boldsymbol{x}_k, \boldsymbol{B}_k)$ 产生的搜索方向 $\boldsymbol{d}_k$, 无论步长怎样选取, 都不能保证新的迭代点为原问题的可行点. 为此, 我们引进一个势函数来确定步长. 为使目标函数值下降, 同时又使迭代点接近可行, Han 建议用绝对值精确罚函数

$$P(\boldsymbol{x}, \boldsymbol{\pi}) = f(\boldsymbol{x}) + \sum_{i\in\mathcal{E}} \pi_i |c_i(\boldsymbol{x})| + \sum_{i\in\mathcal{I}} \pi_i \max\{0, -c_i(\boldsymbol{x})\}$$

作为势函数, 其中, $\pi_i > 0, i \in \mathcal{E} \cup \mathcal{I}$ 为罚因子. 由于 $\boldsymbol{\pi}$ 太大会使迭代步长变小而影响收敛速度, 为此, Powell 给出了一种自动调整罚因子的方法, 以保证 $P(\boldsymbol{x}, \boldsymbol{\pi})$ 沿

方向 $\boldsymbol{d}$ 局部下降: 对所有的 $i \in \mathcal{E} \cup \mathcal{I}$, 令

$$\pi_i^k = \begin{cases} |\lambda_i^0|, & 若\ k=0, \\ \max\{|\lambda_i^k|, \dfrac{1}{2}(\pi_i^{k-1}+|\lambda_i^k|)\}, & 若\ k \geqslant 1. \end{cases}$$

其中, $\boldsymbol{\lambda}^k$ 是子问题 $Q(\boldsymbol{x}_k, \boldsymbol{B}_k)$ 的最优 Lagrange 乘子. 易知 $|\lambda_i^k| \leqslant \pi_i^k$.

由下一节给出的定理 11.2.1, 子问题 $Q(\boldsymbol{x}_k, \boldsymbol{B}_k)$ 的最优解 $\boldsymbol{d}_k$ 为 $P(\boldsymbol{x}, \boldsymbol{\pi}^k)$ 在 $\boldsymbol{x}_k$ 点的下降方向, 因而存在 $\alpha_k > 0$ 使

$$P(\boldsymbol{x}_k + \alpha_k \boldsymbol{d}_k, \boldsymbol{\pi}^k) < P(\boldsymbol{x}_k, \boldsymbol{\pi}^k).$$

11.2 SQP 方法的收敛性质

为分析 SQP 方法的全局收敛性和局部收敛速度, 先给出一个引理.

引理 11.2.1 设 $h_i(\boldsymbol{x})$ $(i \in \mathcal{I})$ 为连续可微函数, 记 $\Phi(\boldsymbol{x}) = \max\limits_{i \in \mathcal{I}}\{h_i(\boldsymbol{x})\}$, 则对任意的 $\boldsymbol{d} \in \mathbb{R}^n$, 方向导数 $\Phi'(\boldsymbol{x}; \boldsymbol{d})$ 存在, 且

$$\Phi'(\boldsymbol{x}; \boldsymbol{d}) = \max_{i \in \mathcal{I}(\boldsymbol{x})}\{\nabla h_i(\boldsymbol{x})^{\mathrm{T}} \boldsymbol{d}\},$$

其中, $\mathcal{I}(\boldsymbol{x}) = \{i \mid h_i(\boldsymbol{x}) = \Phi(\boldsymbol{x}),\ i \in \mathcal{I}\}$.

证明 由函数定义, 对任意的 $\boldsymbol{x}, \boldsymbol{d} \in \mathbb{R}^n$ 和 $t > 0$,

$$\frac{\Phi(\boldsymbol{x}+t\boldsymbol{d}) - \Phi(\boldsymbol{x})}{t} = \max_{i \in \mathcal{I}} \frac{h_i(\boldsymbol{x}+t\boldsymbol{d}) - \Phi(\boldsymbol{x})}{t}.$$

故对任意的 $i \notin \mathcal{I}(\boldsymbol{x})$,

$$\lim_{t \to 0} \frac{h_i(\boldsymbol{x}+t\boldsymbol{d}) - \Phi(\boldsymbol{x})}{t} = -\infty,$$

对任意的 $i \in \mathcal{I}(\boldsymbol{x})$,

$$\lim_{t \to 0} \frac{h_i(\boldsymbol{x}+t\boldsymbol{d}) - \Phi(\boldsymbol{x})}{t} = \lim_{t \to 0} \frac{h_i(\boldsymbol{x}+t\boldsymbol{d}) - h_i(\boldsymbol{x})}{t} = \nabla h_i(\boldsymbol{x})^{\mathrm{T}} \boldsymbol{d}.$$

命题结论得证. 证毕

由该结论和 $|c_i(\boldsymbol{x})| = \max\{c_i(\boldsymbol{x}), -c_i(\boldsymbol{x})\}$, $P(\boldsymbol{x}, \pi)$ 沿每一方向均有方向导数. 特别地, 有如下结论.

定理 11.2.1 设 $f(\boldsymbol{x})$ 和 $c_i(\boldsymbol{x}), i \in \mathcal{E} \cup \mathcal{I}$ 连续可微, 矩阵 $\boldsymbol{B}$ 正定. 若 $(\boldsymbol{d}, \boldsymbol{\lambda})$ 为子问题 $Q(\boldsymbol{x}, \boldsymbol{B})$ 的 K-T 对, 且 $\boldsymbol{d} \neq \boldsymbol{0}$ 和 $|\lambda_i| \leqslant \pi_i, i \in \mathcal{E} \cup \mathcal{I}$, 则 $P'(\boldsymbol{x}, \boldsymbol{\pi}; \boldsymbol{d}) < 0$.

证明 定义指标集

$$\begin{aligned} &\mathcal{E}^{<} = \{i \in \mathcal{E} \mid c_i(\boldsymbol{x}) < 0\}, \qquad \mathcal{I}^{<} = \{i \in \mathcal{I} \mid c_i(\boldsymbol{x}) < 0\}, \\ &\mathcal{E}^{=} = \{i \in \mathcal{E} \mid c_i(\boldsymbol{x}) = 0\}, \qquad \mathcal{I}^{=} = \{i \in \mathcal{I} \mid c_i(\boldsymbol{x}) = 0\}, \\ &\mathcal{E}^{>} = \{i \in \mathcal{E} \mid c_i(\boldsymbol{x}) > 0\}, \qquad \mathcal{I}^{>} = \{i \in \mathcal{I} \mid c_i(\boldsymbol{x}) > 0\}. \end{aligned}$$

由引理 11.2.1 知

$$
\begin{aligned}
P'(\boldsymbol{x},\boldsymbol{\pi};\boldsymbol{d}) = & \nabla f(\boldsymbol{x})^{\mathrm{T}}\boldsymbol{d} - \sum_{i\in\mathcal{E}^{<}} \pi_i \nabla c_i(\boldsymbol{x})^{\mathrm{T}}\boldsymbol{d} + \sum_{i\in\mathcal{E}^{=}} \pi_i |\nabla c_i(\boldsymbol{x})^{\mathrm{T}}\boldsymbol{d}| \\
& + \sum_{i\in\mathcal{E}^{>}} \pi_i \nabla c_i(\boldsymbol{x})^{\mathrm{T}}\boldsymbol{d} - \sum_{i\in\mathcal{I}^{<}} \pi_i \nabla c_i(\boldsymbol{x})^{\mathrm{T}}\boldsymbol{d} \\
& + \sum_{i\in\mathcal{I}^{=}} \pi_i \max\{0, -\nabla c_i(\boldsymbol{x})^{\mathrm{T}}\boldsymbol{d}\}.
\end{aligned}
$$

利用子问题 $Q(\boldsymbol{x},\boldsymbol{B})$ 的最优性条件

$$
\nabla f(\boldsymbol{x}) + \boldsymbol{B}\boldsymbol{d} - \sum_{i\in\mathcal{E}\cup\mathcal{I}} \lambda_i \nabla c_i(\boldsymbol{x}) = \boldsymbol{0},
$$

得

$$
\begin{aligned}
P'(\boldsymbol{x},\boldsymbol{\pi};\boldsymbol{d}) = & -\boldsymbol{d}^{\mathrm{T}}\boldsymbol{B}\boldsymbol{d} + \sum_{i\in\mathcal{E}^{<}} (\lambda_i - \pi_i)\nabla c_i(\boldsymbol{x})^{\mathrm{T}}\boldsymbol{d} \\
& + \sum_{i\in\mathcal{E}^{=}} \left(\lambda_i \nabla c_i(\boldsymbol{x})^{\mathrm{T}}\boldsymbol{d} + \pi_i |\nabla c_i(\boldsymbol{x})^{\mathrm{T}}\boldsymbol{d}|\right) \\
& + \sum_{i\in\mathcal{E}^{>}} (\lambda_i + \pi_i)\nabla c_i(\boldsymbol{x})^{\mathrm{T}}\boldsymbol{d} + \sum_{i\in\mathcal{I}^{<}} (\lambda_i - \pi_i)\nabla c_i(\boldsymbol{x})^{\mathrm{T}}\boldsymbol{d} \\
& + \sum_{i\in\mathcal{I}^{=}} \left(\lambda_i \nabla c_i(\boldsymbol{x})^{\mathrm{T}}\boldsymbol{d} + \pi_i \max\{0, -\nabla c_i(\boldsymbol{x})^{\mathrm{T}}\boldsymbol{d}\}\right) \\
& + \sum_{i\in\mathcal{I}^{>}} \lambda_i \nabla c_i(\boldsymbol{x})^{\mathrm{T}}\boldsymbol{d}.
\end{aligned}
$$

由于 $\boldsymbol{d}$ 为子问题 $Q(\boldsymbol{x},\boldsymbol{B})$ 的解, 下面根据题设分析 $P'(\boldsymbol{x},\boldsymbol{\pi};\boldsymbol{d})$ 的右端诸项:

当 $i\in\mathcal{E}^{<}$ 时, $\nabla c_i(\boldsymbol{x})^{\mathrm{T}}\boldsymbol{d} = -c_i(\boldsymbol{x}) > 0$, 故 $(\lambda_i - \pi_i)\nabla c_i(\boldsymbol{x})^{\mathrm{T}}\boldsymbol{d} \leqslant 0$.

当 $i\in\mathcal{E}^{=}$ 时, $\nabla c_i(\boldsymbol{x})^{\mathrm{T}}\boldsymbol{d} = -c_i(\boldsymbol{x}) = 0$.

当 $i\in\mathcal{E}^{>}$ 时, $\nabla c_i(\boldsymbol{x})^{\mathrm{T}}\boldsymbol{d} = -c_i(\boldsymbol{x}) < 0$, 故 $(\lambda_i + \pi_i)\nabla c_i(\boldsymbol{x})^{\mathrm{T}}\boldsymbol{d} \leqslant 0$.

当 $i\in\mathcal{I}^{<}$ 时, $\nabla c_i(\boldsymbol{x})^{\mathrm{T}}\boldsymbol{d} \geqslant -c_i(\boldsymbol{x}) > 0$, 故 $(\lambda_i - \pi_i)\nabla c_i(\boldsymbol{x})^{\mathrm{T}}\boldsymbol{d} \leqslant 0$.

当 $i\in\mathcal{I}^{=}$ 时, $\nabla c_i(\boldsymbol{x})^{\mathrm{T}}\boldsymbol{d} \geqslant -c_i(\boldsymbol{x}) = 0$, 故 $\max\{0, -\nabla c_i(\boldsymbol{x})^{\mathrm{T}}\boldsymbol{d}\} = 0$. 此时, $\lambda_i (c_i(\boldsymbol{x}) + \nabla c_i(\boldsymbol{x})^{\mathrm{T}}\boldsymbol{d}) = 0$, 故 $\lambda_i \nabla c_i(\boldsymbol{x})^{\mathrm{T}}\boldsymbol{d} = -\lambda_i c_i(\boldsymbol{x}) = 0$.

当 $i\in\mathcal{I}^{>}$ 时, $\lambda_i \nabla c_i(\boldsymbol{x})^{\mathrm{T}}\boldsymbol{d} = -\lambda_i c_i(\boldsymbol{x}) \leqslant 0$.

综合上述各情况便有

$$
P'(\boldsymbol{x},\boldsymbol{\pi};\boldsymbol{d}) \leqslant -\boldsymbol{d}^{\mathrm{T}}\boldsymbol{B}\boldsymbol{d} < 0.
$$

证毕

上述结论说明, 只要罚因子 π 满足一定条件, 则子问题 $Q(\boldsymbol{x}_k,\boldsymbol{B}_k)$ 的解 $\boldsymbol{d}_k$ 为罚函数 $P(\boldsymbol{x},\boldsymbol{\pi})$ 在 $\boldsymbol{x}_k$ 点的下降方向, 线搜索过程自然可行. 对此, Powell 采用 Armijo 步长规则, 而 Han(1977) 采用如下非精确线搜索步长规则: 步长 α_k 满足

$$
P(\boldsymbol{x}_k + \alpha_k \boldsymbol{d}_k, \boldsymbol{\pi}^k) \leqslant \min_{0\leqslant\alpha\leqslant\delta} P(\boldsymbol{x}_k + \alpha\boldsymbol{d}_k, \boldsymbol{\pi}^k) + \varepsilon_k,
$$

其中, $\sum\limits_{k=1}^{\infty}\varepsilon_k<\infty$, δ 为给定的正数. 下面是对应算法的全局收敛性结果.

定理 11.2.2 设 $f(\boldsymbol{x})$ 与 $c_i(\boldsymbol{x})$ $(i\in\mathcal{E}\cup\mathcal{I})$ 连续可微, 存在正常数 m 与 M 使对任意的 $\boldsymbol{x}\in\mathbb{R}^n$, 有

$$m\|\boldsymbol{x}\|^2\leqslant\boldsymbol{x}^{\mathrm{T}}\boldsymbol{B}_k\boldsymbol{x}\leqslant M\|\boldsymbol{x}\|^2,\ \ \forall\, k\geqslant 1. \tag{11.2.1}$$

若存在 $\boldsymbol{\pi}>\mathbf{0}$ 使得

$$|\lambda_i^k|\leqslant\pi_i,\ \ i\in\mathcal{E}\cup\mathcal{I},\ \ \forall\, k\geqslant 1, \tag{11.2.2}$$

则在 Han 步长规则下, 算法 11.1.1 产生的点列或终止于问题 (11.1.1) 的 K-T 点, 或其聚点是 K-T 点.

证明 若存在指标 k 使 $\boldsymbol{d}_k=\mathbf{0}$, 则由子问题 $Q(\boldsymbol{x}_k,\boldsymbol{B}_k)$ 的 KKT 条件得

$$\begin{cases}\nabla f(\boldsymbol{x}_k)+\boldsymbol{B}_k\boldsymbol{d}_k-\sum\limits_{i\in\mathcal{E}\cup\mathcal{I}}\lambda_i^k\nabla c_i(\boldsymbol{x}_k)=\mathbf{0}, & \\ c_i(\boldsymbol{x}_k)+\nabla c_i(\boldsymbol{x}_k)^{\mathrm{T}}\boldsymbol{d}_k=0, & i\in\mathcal{E},\\ \lambda_i^k\geqslant 0,\ \ c_i(\boldsymbol{x}_k)+\nabla c_i(\boldsymbol{x}_k)^{\mathrm{T}}\boldsymbol{d}_k\geqslant 0, & i\in\mathcal{I},\\ \lambda_i^k(c_i(\boldsymbol{x}_k)+\nabla c_i(\boldsymbol{x}_k)^{\mathrm{T}}\boldsymbol{d}_k)=0, & i\in\mathcal{I}.\end{cases} \tag{11.2.3}$$

从而 $\boldsymbol{x}_k$ 为原问题 (11.1.5) 的 K-T 点, 算法终止.

若对任意的 k, 均有 $\boldsymbol{d}_k\neq\mathbf{0}$, 则算法产生无穷点列 $\{\boldsymbol{x}_k\}$. 设 $\boldsymbol{x}^*$ 为其一聚点. 由式 (11.2.1) 和 (11.2.2), 不妨设

$$\lim_{\substack{k\in\mathcal{N}_0\\k\to\infty}}\boldsymbol{x}_k=\boldsymbol{x}^*,\quad \lim_{\substack{k\in\mathcal{N}_0\\k\to\infty}}\boldsymbol{B}_k=\boldsymbol{B}^*,\quad \lim_{\substack{k\in\mathcal{N}_0\\k\to\infty}}\boldsymbol{\lambda}^k=\boldsymbol{\lambda}^*.$$

再由 (11.2.3), $\nabla f(\boldsymbol{x})$ 和 $\nabla c_i(\boldsymbol{x})$ 的连续性以及 $\boldsymbol{B}^*$ 的正定性, 可知 $\{\boldsymbol{d}_k\}_{k\in\mathcal{N}_0}$ 收敛, 记极限为 $\boldsymbol{d}^*$. 则 $(\boldsymbol{d}^*,\boldsymbol{\lambda}^*)$ 是子问题 $Q(\boldsymbol{x}^*,\boldsymbol{B}^*)$ 的 K-T 对.

下面用反证法证明 $\boldsymbol{d}^*=\mathbf{0}$. 若 $\boldsymbol{d}^*\neq\mathbf{0}$, 取

$$\bar{\alpha}=\arg\min_{\alpha\in[0,\delta]}P(\boldsymbol{x}^*+\alpha\boldsymbol{d}^*,\boldsymbol{\pi}).$$

则由定理 11.2.1,

$$P(\boldsymbol{x}^*+\bar{\alpha}\boldsymbol{d}^*,\boldsymbol{\pi})<P(\boldsymbol{x}^*,\boldsymbol{\pi}).$$

记 $\kappa=P(\boldsymbol{x}^*,\boldsymbol{\pi})-P(\boldsymbol{x}^*+\bar{\alpha}\boldsymbol{d}^*,\boldsymbol{\pi})$. 则

$$P(\boldsymbol{x}^*+\bar{\alpha}\boldsymbol{d}^*,\boldsymbol{\pi})=P(\boldsymbol{x}^*,\boldsymbol{\pi})-\kappa<P(\boldsymbol{x}^*,\boldsymbol{\pi})-\frac{\kappa}{2}.$$

由于在 $k\in\mathcal{N}_0$ 趋于无穷大时, $\boldsymbol{x}_k+\bar{\alpha}\boldsymbol{d}_k\to\boldsymbol{x}^*+\bar{\alpha}\boldsymbol{d}^*$, 所以, 当 $k\in\mathcal{N}_0$ 充分大时,

$$P(\boldsymbol{x}_k+\bar{\alpha}\boldsymbol{d}_k,\boldsymbol{\pi})+\frac{\kappa}{2}<P(\boldsymbol{x}^*,\boldsymbol{\pi}).$$

根据

$$P(\boldsymbol{x}_{k+2},\boldsymbol{\pi}) \leqslant P(\boldsymbol{x}_{k+1},\boldsymbol{\pi}) + \varepsilon_{k+1}, \quad \forall\ k$$

和对充分大的 $k \in \mathcal{N}_0$, $\sum\limits_{i=k}^{\infty} \varepsilon_i < \dfrac{\kappa}{2}$ 得

$$\begin{aligned} P(\boldsymbol{x}^*,\boldsymbol{\pi}) &\leqslant P(\boldsymbol{x}_{k+1},\boldsymbol{\pi}) + \sum_{i=k+1}^{\infty} \varepsilon_i \\ &\leqslant \min_{\alpha\in[0,\delta]} P(\boldsymbol{x}_k+\alpha\boldsymbol{d}_k,\boldsymbol{\pi}) + \varepsilon_k + \sum_{i=k+1}^{\infty} \varepsilon_i \\ &< P(\boldsymbol{x}_k+\bar{\alpha}\boldsymbol{d}_k,\boldsymbol{\pi}) + \frac{\kappa}{2} \\ &< P(\boldsymbol{x}^*,\boldsymbol{\pi}). \end{aligned}$$

此矛盾说明 $\boldsymbol{d}^* = \boldsymbol{0}$, 从而 $\boldsymbol{x}^*$ 为原问题的 K-T 点.　　证毕

上述定理的假设 (11.2.2) 要求精确罚函数的罚因子 π 为充分大的常数, 使算法在迭代过程中所得的 Lagrange 乘子模不超过它, 即 Lagrange 乘子是一致有界的, 实际执行起来有一定难度.

二次规划子问题 $Q(\boldsymbol{x}_k,\boldsymbol{B}_k)$ 是对 Lagrange-Newton 方法中的 Newton 步经过修正后得到的, 我们有理由相信这种算法应有快的局部收敛速度. 在一定条件下, 二次规划子问题的最优解 $\boldsymbol{d}_k$ 确实是一个超线性收敛步. 下面是需要的假设条件.

假设 11.2.1

(1) 所有的约束都是等式约束, 也就是形如优化问题 (11.1.1);

(2) 算法 11.1.1 在求解约束优化问题 (11.1.1) 时产生的点列 $\{\boldsymbol{x}_k\}$ 收敛到它的 K-T 点 $\boldsymbol{x}^*$, 且对充分大的 k, $\alpha_k \equiv 1$;

(3) 函数 f 和 c_i 二阶连续可微, 约束函数梯度构成的列向量组 $\nabla c_i(\boldsymbol{x}^*)$, $i \in \mathcal{E}$ 线性无关;

(4) 在 $\boldsymbol{x}^*$ 处二阶充分条件成立, 即对任何与线性无关组 $\nabla c_i(\boldsymbol{x}^*)$, $i \in \mathcal{E}$ 正交的非零向量 $\boldsymbol{d} \in \mathbb{R}^n$, 均有 $\boldsymbol{d}^{\mathrm{T}}\boldsymbol{G}^*\boldsymbol{d} > 0$. 这里, $\boldsymbol{G}^* = \nabla_{\boldsymbol{xx}}L(\boldsymbol{x}^*,\boldsymbol{\lambda}^*)$, $\boldsymbol{\lambda}^*$ 为问题 (11.1.1) 在 $\boldsymbol{x}^*$ 点的最优 Lagrange 乘子.

在上述假设下, 由于

$$\boldsymbol{G}^* = \nabla^2 f(\boldsymbol{x}^*) - \sum_{i\in\mathcal{E}} \lambda_i^* \nabla^2 c_i(\boldsymbol{x}^*),$$

参照定理 10.3.1 的证明知存在正数 τ 使矩阵 $\boldsymbol{G}^* + \tau \sum\limits_{i\in\mathcal{E}} \nabla c_i(\boldsymbol{x}^*)\nabla c_i(\boldsymbol{x}^*)^{\mathrm{T}}$ 正定, 而参照定理 8.3.3 的证明知矩阵

$$\boldsymbol{J}(\boldsymbol{x}^*) = \begin{pmatrix} \boldsymbol{G}^* & -\boldsymbol{N}(\boldsymbol{x}^*) \\ -\boldsymbol{N}(\boldsymbol{x}^*)^{\mathrm{T}} & \boldsymbol{0} \end{pmatrix}$$

非奇异, 其中, $\boldsymbol{N}(\boldsymbol{x})=[\nabla c_i(\boldsymbol{x})]_{i\in\mathcal{E}}$. 容易验证, $\boldsymbol{J}(\boldsymbol{x}^*)$ 是问题 (11.1.1) 的 KKT 系统

$$\begin{cases}\nabla f(\boldsymbol{x})-\sum\limits_{i\in\mathcal{E}}\lambda_i\nabla c_i(\boldsymbol{x})=\boldsymbol{0},\\ -\boldsymbol{c}(\boldsymbol{x})=\boldsymbol{0}\end{cases}\tag{11.2.4}$$

在点 $(\boldsymbol{x}^*,\boldsymbol{\lambda}^*)$ 处的 Jacobi 矩阵, 其中, $\boldsymbol{c}(\boldsymbol{x})$ 是由 $c_i(\boldsymbol{x}),i\in\mathcal{E}$ 构成的向量值函数. 由此导出算法 11.1.1 一步超线性收敛的充要条件.

定理 11.2.3 在假设 11.2.1 下, 子问题 $Q(\boldsymbol{x}_k,\boldsymbol{B}_k)$ 产生的搜索方向 $\boldsymbol{d}_k$ 是一个 Q- 超线性收敛步, 即

$$\lim_{k\to\infty}\frac{\|\boldsymbol{x}_k+\boldsymbol{d}_k-\boldsymbol{x}^*\|}{\|\boldsymbol{x}_k-\boldsymbol{x}^*\|}=0\tag{11.2.5}$$

的充分必要条件是

$$\lim_{k\to\infty}\frac{\|\boldsymbol{P}_k(\boldsymbol{B}_k-\boldsymbol{G}^*)\boldsymbol{d}_k\|}{\|\boldsymbol{d}_k\|}=0,\tag{11.2.6}$$

其中, $\boldsymbol{P}_k$ 是从 $\mathbb{R}^n$ 到 $\boldsymbol{N}(\boldsymbol{x}_k)^{\mathrm{T}}$ 的零空间上的投影算子, 即

$$\boldsymbol{P}_k=\boldsymbol{I}-N(\boldsymbol{x}_k)(\boldsymbol{N}(\boldsymbol{x}_k)^{\mathrm{T}}\boldsymbol{N}(\boldsymbol{x}_k))^{-1}\boldsymbol{N}(\boldsymbol{x}_k)^{\mathrm{T}}.$$

证明 *必要性* 对 Lagrange 函数

$$L(\boldsymbol{x},\boldsymbol{\lambda}^*)=f(\boldsymbol{x})-\sum_{i\in\mathcal{E}}\lambda_i^*c_i(\boldsymbol{x}),$$

由 $\boldsymbol{x}^*$ 为问题 (11.1.1) 的 K-T 点知, $\nabla_{\boldsymbol{x}}L(\boldsymbol{x}^*,\boldsymbol{\lambda}^*)=\boldsymbol{0}$. 从而对充分大的 k,

$$\begin{aligned}\nabla_{\boldsymbol{x}}L(\boldsymbol{x}_k+\boldsymbol{d}_k,\boldsymbol{\lambda}^*)&=\nabla_{\boldsymbol{x}}L(\boldsymbol{x}_k+\boldsymbol{d}_k,\boldsymbol{\lambda}^*)-\nabla_{\boldsymbol{x}}L(\boldsymbol{x}^*,\boldsymbol{\lambda}^*)\\&=\boldsymbol{G}^*(\boldsymbol{x}_k+\boldsymbol{d}_k-\boldsymbol{x}^*)+o(\|\boldsymbol{x}_k+\boldsymbol{d}_k-\boldsymbol{x}^*\|).\end{aligned}$$

而由 (11.2.5) 知

$$\lim_{k\to\infty}\frac{\|\boldsymbol{d}_k\|}{\|\boldsymbol{x}_k-\boldsymbol{x}^*\|}=1,$$

所以

$$\|\nabla_{\boldsymbol{x}}L(\boldsymbol{x}_k+\boldsymbol{d}_k,\boldsymbol{\lambda}^*)\|=o(\|\boldsymbol{x}_k-\boldsymbol{x}^*\|)=o(\|\boldsymbol{d}_k\|).\tag{11.2.7}$$

另一方面, 利用约束函数和目标函数的二阶连续可微性得

$$\nabla_{\boldsymbol{x}}L(\boldsymbol{x}_k+\boldsymbol{d}_k,\boldsymbol{\lambda}^*)-\nabla_{\boldsymbol{x}}L(\boldsymbol{x}_k,\boldsymbol{\lambda}^*)=\boldsymbol{G}^*\boldsymbol{d}_k+o(\|\boldsymbol{d}_k\|).$$

结合 $\nabla f(\boldsymbol{x}_k)+\boldsymbol{B}_k\boldsymbol{d}_k=\sum\limits_{i\in\mathcal{E}}\lambda_i^k\nabla c_i(\boldsymbol{x}_k)$ 和投影性质 $\|\boldsymbol{P}_k\boldsymbol{z}\|\leqslant\|\boldsymbol{z}\|$ 知

$$\begin{aligned}\|\nabla_{\boldsymbol{x}}L(\boldsymbol{x}_k+\boldsymbol{d}_k,\boldsymbol{\lambda}^*)\|&=\|\nabla_{\boldsymbol{x}}L(\boldsymbol{x}_k,\boldsymbol{\lambda}^*)+\boldsymbol{G}^*\boldsymbol{d}_k\|+o(\|\boldsymbol{d}_k\|)\\&=\|\nabla f(\boldsymbol{x}_k)-\sum_{i\in\mathcal{E}}\lambda_i^*\nabla c_i(\boldsymbol{x}_k)+\boldsymbol{G}^*\boldsymbol{d}_k\|+o(\|\boldsymbol{d}_k\|)\\&=\|(\boldsymbol{G}^*-\boldsymbol{B}_k)\boldsymbol{d}_k+\sum_{i\in\mathcal{E}}(\lambda_i^k-\lambda_i^*)\nabla c_i(\boldsymbol{x}_k)\|+o(\|\boldsymbol{d}_k\|)\\&\geqslant\|\boldsymbol{P}_k(\boldsymbol{G}^*-\boldsymbol{B}_k)\boldsymbol{d}_k\|+o(\|\boldsymbol{d}_k\|)\end{aligned}\tag{11.2.8}$$

其中, 最后一个不等式利用了结论 $\boldsymbol{P}_k\nabla c_i(\boldsymbol{x}_k)=\boldsymbol{0}$. 结合 (11.2.7) 和 (11.2.8) 得 (11.2.6).

充分性　因 $(\boldsymbol{d}_k,\boldsymbol{\lambda}^k)$ 是 $Q(\boldsymbol{x}_k,\boldsymbol{B}_k)$ 的 K-T 对, 则

$$\begin{pmatrix}\boldsymbol{B}_k & -\boldsymbol{N}(\boldsymbol{x}_k)\\-\boldsymbol{N}(\boldsymbol{x}_k)^{\mathrm{T}} & \boldsymbol{0}\end{pmatrix}\begin{pmatrix}\boldsymbol{d}_k\\\boldsymbol{\lambda}^k\end{pmatrix}=\begin{pmatrix}-\nabla f(\boldsymbol{x}_k)\\\boldsymbol{c}(\boldsymbol{x}_k)\end{pmatrix}.$$

利用 $\boldsymbol{J}(\boldsymbol{x}_k)$ 的定义将上式做近似变形得

$$\boldsymbol{J}(\boldsymbol{x}_k)\begin{pmatrix}\boldsymbol{d}_k\\\boldsymbol{\lambda}^k\end{pmatrix}=\begin{pmatrix}-\nabla f(\boldsymbol{x}_k)\\\boldsymbol{c}(\boldsymbol{x}_k)\end{pmatrix}-\begin{pmatrix}(\boldsymbol{B}_k-\boldsymbol{G}^*)\boldsymbol{d}_k\\\boldsymbol{0}\end{pmatrix}.\tag{11.2.9}$$

将非线性方程组 (11.2.4) 在 $(\boldsymbol{x}_k,\boldsymbol{\lambda}^*)$ 处的近似牛顿方程

$$\boldsymbol{J}(\boldsymbol{x}_k)\begin{pmatrix}\boldsymbol{\delta}^k\\\boldsymbol{\eta}^k\end{pmatrix}=\begin{pmatrix}-\nabla f(\boldsymbol{x}_k)+\boldsymbol{N}(\boldsymbol{x}_k)\boldsymbol{\lambda}^*\\\boldsymbol{c}(\boldsymbol{x}_k)\end{pmatrix}\tag{11.2.10}$$

变形得

$$\boldsymbol{J}(\boldsymbol{x}_k)\begin{pmatrix}\boldsymbol{\delta}^k\\\boldsymbol{\lambda}^*+\boldsymbol{\eta}^k\end{pmatrix}=\begin{pmatrix}-\nabla f(\boldsymbol{x}_k)\\\boldsymbol{c}(\boldsymbol{x}_k)\end{pmatrix}.\tag{11.2.10$'$}$$

(11.2.10)′ 减去 (11.2.9) 得

$$\boldsymbol{J}(\boldsymbol{x}_k)\begin{pmatrix}\boldsymbol{\delta}^k-\boldsymbol{d}_k\\\boldsymbol{\eta}^k+\boldsymbol{\lambda}^*-\boldsymbol{\lambda}^k\end{pmatrix}=\begin{pmatrix}(\boldsymbol{B}_k-\boldsymbol{G}^*)\boldsymbol{d}_k\\\boldsymbol{0}\end{pmatrix}.$$

令

$$\Phi^k=\arg\min_{\Phi}\|(\boldsymbol{B}_k-\boldsymbol{G}^*)\boldsymbol{d}_k-\boldsymbol{N}(\boldsymbol{x}_k)\Phi\|^2.$$

由最优性条件易知

$$\Phi^k=[\boldsymbol{N}(\boldsymbol{x}_k)^{\mathrm{T}}\boldsymbol{N}(\boldsymbol{x}_k)]^{-1}\boldsymbol{N}(\boldsymbol{x}_k)^{\mathrm{T}}(\boldsymbol{B}_k-\boldsymbol{G}^*)\boldsymbol{d}_k.$$

从而上式可写成

$$\boldsymbol{J}(\boldsymbol{x}_k)\begin{pmatrix}\boldsymbol{\delta}^k-\boldsymbol{d}_k\\ \boldsymbol{\eta}^k+\Phi^k+(\boldsymbol{\lambda}^*-\boldsymbol{\lambda}^k)\end{pmatrix}=\begin{pmatrix}(\boldsymbol{B}_k-\boldsymbol{G}^*)\boldsymbol{d}_k-\boldsymbol{N}(\boldsymbol{x}_k)\Phi^k\\ \boldsymbol{0}\end{pmatrix}.$$

由于 $\boldsymbol{J}(\boldsymbol{x}_k)$ 趋于非奇异矩阵 $\boldsymbol{J}(\boldsymbol{x}^*)$ (参见假设 11.2.1 后的说明), 根据上式及 (11. 2.6), 对充分大的 k,

$$\|\boldsymbol{\delta}^k-\boldsymbol{d}_k\|=O(\|\boldsymbol{P}_k(\boldsymbol{B}_k-\boldsymbol{G}^*)\boldsymbol{d}_k\|)=o(\|\boldsymbol{d}_k\|). \tag{11.2.11}$$

再由 (11.2.10), $(\boldsymbol{\delta}^k,\boldsymbol{\eta}^k)$ 是非线性方程 (11.2.4) 在点 $(\boldsymbol{x}_k,\boldsymbol{\lambda}^*)$ 附近的一个近似牛顿步. 因此, 它是超线性收敛步, 即

$$\|\boldsymbol{x}_k+\boldsymbol{\delta}^k-\boldsymbol{x}^*\|+\|\boldsymbol{\lambda}^*+\boldsymbol{\eta}^k-\boldsymbol{\lambda}^*\|=o(\|\boldsymbol{x}_k-\boldsymbol{x}^*\|+\|\boldsymbol{\lambda}^*-\boldsymbol{\lambda}^*\|),$$

从而

$$\|\boldsymbol{x}_k+\boldsymbol{\delta}^k-\boldsymbol{x}^*\|=o(\|\boldsymbol{x}_k-\boldsymbol{x}^*)\|. \tag{11.2.12}$$

结合 (11.2.11) 得

$$\begin{aligned}\|\boldsymbol{x}_k+\boldsymbol{d}_k-\boldsymbol{x}^*\|&\leqslant\|\boldsymbol{x}_k+\boldsymbol{\delta}^k-\boldsymbol{x}^*\|+\|\boldsymbol{\delta}^k-\boldsymbol{d}_k\|\\&=o(\|\boldsymbol{x}_k-\boldsymbol{x}^*\|)+o(\|\boldsymbol{d}_k\|)\\&=o(\|\boldsymbol{x}_k-\boldsymbol{x}^*\|)+o(\|\boldsymbol{x}_k-\boldsymbol{x}^*\|+\|\boldsymbol{x}_k+\boldsymbol{d}_k-\boldsymbol{x}^*\|).\end{aligned}$$

整理得

$$\|\boldsymbol{x}_k+\boldsymbol{d}_k-\boldsymbol{x}^*\|=o(\|\boldsymbol{x}_k-\boldsymbol{x}^*\|).$$

证毕

如果取

$$\boldsymbol{B}_k=\boldsymbol{G}^*+\tau\sum_{i\in\mathcal{E}}\nabla c_i(\boldsymbol{x}_k)\nabla c_i(\boldsymbol{x}_k)^{\mathrm{T}},$$

则由矩阵 $(\boldsymbol{G}^*+\tau\sum\limits_{i\in\mathcal{E}}\nabla c_i(\boldsymbol{x}^*)\nabla c_i(\boldsymbol{x}^*)^{\mathrm{T}})$ 的正定性知在 k 充分大时 $\boldsymbol{B}_k$ 正定, 从而

$$\boldsymbol{P}_k(\boldsymbol{B}_k-\boldsymbol{G}^*)\boldsymbol{d}^k=\boldsymbol{0}.$$

由定理 11.2.3 知 SQP 算法超线性收敛.

显然, 若问题 (11.1.1) 是无约束优化问题, 则超线性收敛条件 (11.2.6) 退化成

$$\lim_{k\to\infty}\frac{\|(\boldsymbol{B}_k-\nabla^2 f(\boldsymbol{x}^*))\boldsymbol{d}_k\|}{\|\boldsymbol{d}_k\|}=0,$$

这就是拟牛顿法中常见的超线性收敛条件; 其次, 若指标集 $\mathcal{E}$ 中有 n 个元素且约束梯度线性无关, 则对任意的 k, $\boldsymbol{P}_k(\boldsymbol{B}_k-\boldsymbol{G}^*)\boldsymbol{d}_k=\boldsymbol{0}$. 此时, $\{\boldsymbol{x}_k\}$ 的超线性收敛性不再依赖 $\boldsymbol{B}_k$ 的选取.

Boggs 等 (1982) 在下述假设下得到与定理 11.2.3 同样的结论.

(1) 矩阵 $\{\boldsymbol{B}_k\}$ 对称非奇异 (未必正定) 且一致有界, 又存在 $\beta>0$, 使对任意满足 $\boldsymbol{N}(\boldsymbol{x}^*)^{\mathrm{T}}\boldsymbol{y}=\boldsymbol{0}$ 的向量 $\boldsymbol{y}$ 和任意的 k,

$$\boldsymbol{y}^{\mathrm{T}}\boldsymbol{B}_k\boldsymbol{y}\geqslant\beta\|\boldsymbol{y}\|^2;$$

(2) $\{\boldsymbol{x}_k\}$ 线性收敛于 $\boldsymbol{x}^*$.

下面给出算法两步超线性收敛的一个充分条件.

定理 11.2.4　在假设 11.2.1 下, 若矩阵序列 $\{\boldsymbol{B}_k\}$ 有界且满足

$$\lim_{k\to\infty}\frac{\|\boldsymbol{P}_k(\boldsymbol{B}_k-\boldsymbol{G}^*)\boldsymbol{P}_k\boldsymbol{d}_k\|}{\|\boldsymbol{d}_k\|}=0, \tag{11.2.13}$$

则算法 11.1.1 具有两步超线性收敛速度, 即

$$\lim_{k\to\infty}\frac{\|\boldsymbol{x}_{k+1}-\boldsymbol{x}^*\|}{\|\boldsymbol{x}_{k-1}-\boldsymbol{x}^*\|}=0.$$

证明　首先证明存在常数 $M>0$, 使对充分大的 k,

$$\|\boldsymbol{d}_k\|\leqslant M\|\boldsymbol{x}_k-\boldsymbol{x}^*\|. \tag{11.2.14}$$

令 $\sigma_k=\|\boldsymbol{P}_k(\boldsymbol{B}_k-\boldsymbol{G}^*)\boldsymbol{d}_k\|$, 则由 P_k 的表达式和 (11.2.13) 得

$$\begin{aligned}\sigma_k&\leqslant\|\boldsymbol{P}_k(\boldsymbol{B}_k-\boldsymbol{G}^*)\boldsymbol{N}(\boldsymbol{x}_k)[\boldsymbol{N}(\boldsymbol{x}_k)^{\mathrm{T}}\boldsymbol{N}(\boldsymbol{x}_k)]^{-1}\boldsymbol{N}(\boldsymbol{x}_k)^{\mathrm{T}}\boldsymbol{d}_k\|+o(\|\boldsymbol{d}_k\|)\\&\leqslant\|\boldsymbol{P}_k(\boldsymbol{B}_k-\boldsymbol{G}^*)\boldsymbol{N}(\boldsymbol{x}_k)[\boldsymbol{N}(\boldsymbol{x}_k)^{\mathrm{T}}\boldsymbol{N}(\boldsymbol{x}_k)]^{-1}\|\|\boldsymbol{N}(\boldsymbol{x}_k)^{\mathrm{T}}\boldsymbol{d}_k\|+o(\|\boldsymbol{d}_k\|)\\&\leqslant M_1\|\boldsymbol{x}_k-\boldsymbol{x}^*\|+o(\|\boldsymbol{d}_k\|),\end{aligned} \tag{11.2.15}$$

这里, $M_1>0$ 是常数, 且最后一个不等式利用了式子

$$\begin{aligned}\boldsymbol{N}(\boldsymbol{x}_k)^{\mathrm{T}}\boldsymbol{d}_k=&-\boldsymbol{c}(\boldsymbol{x}_k)=\boldsymbol{c}(\boldsymbol{x}^*)-\boldsymbol{c}(\boldsymbol{x}_k)\\&-\boldsymbol{N}(\boldsymbol{x}_k)^{\mathrm{T}}(\boldsymbol{x}^*-\boldsymbol{x}_k)+o(\|\boldsymbol{x}^*-\boldsymbol{x}_k\|),\end{aligned} \tag{11.2.16}$$

由 (11.2.11) 中的第一个等式, (11.2.12) 和 (11.2.15) 知, 对充分大的 k,

$$\begin{aligned}\|\boldsymbol{d}_k\|&\leqslant\|\delta^k\|+\|\delta^k-\boldsymbol{d}_k\|\\&\leqslant\|\boldsymbol{x}_k-\boldsymbol{x}^*\|+\|\boldsymbol{x}_k+\delta^k-\boldsymbol{x}^*\|+O(\sigma_k)\\&\leqslant\|\boldsymbol{x}_k-\boldsymbol{x}^*\|+o(\|\boldsymbol{x}_k-\boldsymbol{x}^*\|)+O(\|\boldsymbol{x}_k-\boldsymbol{x}^*\|)+o(\|\boldsymbol{d}_k\|).\end{aligned}$$

故 (11.2.14) 成立.

另一方面, 由 (11.2.15) 中的第二个不等式和 (11.2.16) 中的第一个等式知

$$\sigma_k=O(\|\boldsymbol{c}(\boldsymbol{x}_k)\|)+o(\|\boldsymbol{d}_k\|).$$

再由

$$\begin{aligned}\boldsymbol{c}(\boldsymbol{x}_k) &= \boldsymbol{c}(\boldsymbol{x}_{k-1}+\boldsymbol{d}_{k-1})\\ &= \boldsymbol{c}(\boldsymbol{x}_{k-1})+\boldsymbol{N}(\boldsymbol{x}_{k-1})^{\mathrm{T}}\boldsymbol{d}_{k-1}+o(\|\boldsymbol{d}_{k-1}\|)=o(\|\boldsymbol{d}_{k-1}\|)\end{aligned}$$

得

$$\sigma_k = o(\|\boldsymbol{d}_{k-1}\|)+o(\|\boldsymbol{d}_k\|).$$

从而由 (11.2.11) 的第一个等式和 (11.2.14) 知

$$\|\delta^k-\boldsymbol{d}_k\| = O(\sigma_k) = o(\|\boldsymbol{x}_{k-1}-\boldsymbol{x}^*\|+\|\boldsymbol{x}_k-\boldsymbol{x}^*\|).$$

进而由 δ^k 是一超线性收敛步得

$$\begin{aligned}\|\boldsymbol{x}_k+\boldsymbol{d}_k-\boldsymbol{x}^*\| &\leqslant \|\boldsymbol{x}_k+\delta^k-\boldsymbol{x}^*\|+\|\delta^k-\boldsymbol{d}_k\|\\ &= o(\|\boldsymbol{x}_{k-1}-\boldsymbol{x}^*\|+\|\boldsymbol{x}_k-\boldsymbol{x}^*\|).\end{aligned} \tag{11.2.17}$$

而由 (11.2.14),

$$\begin{aligned}\|\boldsymbol{x}_k-\boldsymbol{x}^*\| &= \|\boldsymbol{x}_{k-1}+\boldsymbol{d}_{k-1}-\boldsymbol{x}^*\|\\ &\leqslant \|\boldsymbol{x}_{k-1}-\boldsymbol{x}^*\|+\|\boldsymbol{d}_{k-1}\|\\ &\leqslant (1+M)\|\boldsymbol{x}_{k-1}-\boldsymbol{x}^*\|.\end{aligned}$$

从而根据 (11.2.17) 得

$$\|\boldsymbol{x}_{k+1}-\boldsymbol{x}^*\| = o(\|\boldsymbol{x}_{k-1}-\boldsymbol{x}^*\|).$$

证毕

从上面两个结论可以看出, 为使 SQP 方法超线性收敛, 应使 $\boldsymbol{B}_k$ 满足 (11.2.6) 或 (11.2.13). 也就是说, $\boldsymbol{B}_k$ 应是 $\boldsymbol{G}^*$ 的一个好的近似.

根据前面的分析, 在适当条件下, 若初始点充分靠近最优值点, 单位步长下的原始 SQP 方法具有二阶收敛性. 带线搜索的 SQP 方法具有全局收敛性. 人们自然会认为, 在迭代点充分靠近最优值点时, 单位步长下的 SQP 方法会使势函数下降. 但 Maratos(1978) 通过一个实例观察到一种现象: 在 SQP 方法中, 即使 $\boldsymbol{d}_k$ 是超线性收敛步, 但由于线搜索过程要求势函数有 "充分" 的下降而可能导致步长很小, 从而使算法的收敛速度成线性. 这种现象称为 Maratos 效应. 下面是 Maratos 效应的一个算例 (Powell,1986).

$$\begin{aligned}\min \quad & f(\boldsymbol{x}) = -x_1+2(x_1^2+x_2^2-1)\\ \text{s.t.} \quad & c(\boldsymbol{x}) = x_1^2+x_2^2-1=0.\end{aligned}$$

显然, 该问题的最优解为 $\boldsymbol{x}^*=(1;0)$, 最优 Lagrange 乘子为 $\lambda^*=\dfrac{3}{2}$. 容易计算

$$\nabla_{\boldsymbol{xx}} L(\boldsymbol{x}^*, \boldsymbol{\lambda}^*) = \boldsymbol{I}.$$

在 SQP 算法中, 取 $\boldsymbol{B}_k \equiv \boldsymbol{I}$, $\boldsymbol{x}_k = (\cos\theta; \sin\theta)$, 其中, $|\theta|$ 充分小. 则相应的二次规划子问题可以整理为

$$\begin{aligned} \min \quad & f(\boldsymbol{x}_k) - d_1 + \frac{1}{2}(d_1^2 + d_2^2) \\ \text{s.t.} \quad & \cos\theta d_1 + \sin\theta d_2 = 0. \end{aligned}$$

利用 KKT 条件易得其最优解:$\boldsymbol{d}_k = (\sin^2\theta; -\sin\theta\cos\theta)$. 所以

$$\boldsymbol{x}_{k+1} = \boldsymbol{x}_k + \boldsymbol{d}_k = (\cos\theta + \sin^2\theta; \sin\theta - \sin\theta\cos\theta).$$

由

$$\|\boldsymbol{x}_k - \boldsymbol{x}^*\|^2 = \sqrt{2(1-\cos\theta)} \cong \theta, \quad \|\boldsymbol{x}_k + \boldsymbol{d}_k - \boldsymbol{x}^*\|^2 \cong \frac{\theta^2}{2}$$

知点列 $\{\boldsymbol{x}_k\}$ 二阶收敛.

另一方面, 由于

$$\begin{aligned} f(\boldsymbol{x}_k) &= -\cos\theta, & f(\boldsymbol{x}_k + \boldsymbol{d}_k) &= -\cos\theta + \sin^2\theta, \\ c(\boldsymbol{x}_k) &= 0, & c(\boldsymbol{x}_k + \boldsymbol{d}_k) &= 2\sin^2\theta, \end{aligned}$$

所以, 尽管 $\boldsymbol{x}_k + \boldsymbol{d}_k$ 比 $\boldsymbol{x}_k$ 到 $\boldsymbol{x}^*$ 点近好多, 可是对于 l_1 精确罚函数, 其值并不下降. 这就是 Maratos 效应.

目前, 人们已经诊断出 Maratos 效应是由于价值函数的非光滑性引起的. 近年来, 人们围绕如何克服 Maratos 效应做了很多工作, 得到以下结果:

一是放松接受试探步的条件. 粗略地说, 既然试探步 $\boldsymbol{d}_k$ 是超线性收敛步, 就应在保证收敛的前提下尽可能地接受步长 $\alpha_k = 1$. 对此, Chamberlain(1982) 等提出了一种称为 Watchdog 的检测技术. 该技术在一些迭代步中利用 Lagrange 函数作为价值函数, 从而放宽了接受 $\alpha_k = 1$ 的条件. 该技术可以保持原有算法的全局收敛性和超线性收敛性.

二是在算法中用其他性质好的罚函数作为势函数. 如 Powell 和 Yuan (1986) 用光滑精确罚函数作为价值函数, Gill, Murray 等 (1983) 用乘子罚函数作为价值函数. 这样, 只要 $\boldsymbol{d}_k$ 是超线性收敛步, 则它必被接受.

三是引进二阶校正步 $\hat{\boldsymbol{d}}_k$, 其中, $\hat{\boldsymbol{d}}_k$ 同时满足

$$\|\hat{\boldsymbol{d}}_k\| = O(\|\boldsymbol{d}_k\|^2), \qquad P(\boldsymbol{x}_k + \boldsymbol{d}_k + \hat{\boldsymbol{d}}_k, \pi) < P(\boldsymbol{x}_k, \pi).$$

这样, $\boldsymbol{d}_k+\hat{\boldsymbol{d}}_k$ 仍是超线性收敛步, 且它可被接受 (Mayne & Polak, 1982; Fukushima, 1986). 如可取 $\hat{\boldsymbol{d}}_k$ 为下述子问题的解:

$$\begin{aligned}\min\quad & \hat{\boldsymbol{g}}_k^{\mathrm{T}}\boldsymbol{d}+\frac{1}{2}\boldsymbol{d}^{\mathrm{T}}\boldsymbol{B}_k\boldsymbol{d}\\ \text{s.t.}\quad & c_i(\boldsymbol{x}_k)+\boldsymbol{d}^{\mathrm{T}}\nabla c_i(\boldsymbol{x}_k)=0,\quad i\in\mathcal{E},\\ & c_i(\boldsymbol{x}_k)+\boldsymbol{d}^{\mathrm{T}}\nabla c_i(\boldsymbol{x}_k)\geqslant 0,\quad i\in\mathcal{I},\end{aligned}$$

其中,

$$\hat{\boldsymbol{g}}_k=\boldsymbol{g}_k+\frac{1}{2}\sum_{i\in\mathcal{E}\cup\mathcal{I}}\lambda_i^k(\nabla c_i(\boldsymbol{x}_k)-\nabla c_i(\boldsymbol{x}_k+\boldsymbol{d}_k)).$$

为不增加校正步中约束函数梯度的计算量, Yuan 建议通过求解下面的子问题求得二阶校正步:

$$\begin{aligned}\min\quad & \boldsymbol{g}_k^{\mathrm{T}}\boldsymbol{d}+\frac{1}{2}\boldsymbol{d}^{\mathrm{T}}\boldsymbol{B}_k\boldsymbol{d}\\ \text{s.t.}\quad & c_i(\boldsymbol{x}_k+\boldsymbol{d}_k)+(\boldsymbol{d}-\boldsymbol{d}_k)^{\mathrm{T}}\nabla c_i(\boldsymbol{x}_k)=0,\quad i\in\mathcal{E},\\ & c_i(\boldsymbol{x}_k+\boldsymbol{d}_k)+(\boldsymbol{d}-\boldsymbol{d}_k)^{\mathrm{T}}\nabla c_i(\boldsymbol{x}_k)\geqslant 0,\quad i\in\mathcal{I}.\end{aligned}$$

11.3 既约 SQP 方法

考虑仅含等式约束的优化问题 (11.1.1), 并设 $|\mathcal{E}|=m$. 由 11.1 节的讨论知 SQP 方法是由该问题的 Lagrange-Newton 方法发展而来. 而由 11.2 节的分析知, SQP 方法的超线性收敛并不要求 $\boldsymbol{B}_k$ 与 $\boldsymbol{G}(\boldsymbol{x}^*,\boldsymbol{\lambda}^*)=\nabla_{\boldsymbol{xx}}L(\boldsymbol{x}^*,\boldsymbol{\lambda}^*)$ 十分接近, 而只依赖于二者投影的逼近程度. 为此, 我们给出一类既约 SQP 方法, 该方法考虑 $\boldsymbol{Z}(\boldsymbol{x})^{\mathrm{T}}\nabla_{\boldsymbol{xx}}L(\boldsymbol{x},\boldsymbol{\lambda})\boldsymbol{Z}(\boldsymbol{x})$ 的近似, 其中, $\boldsymbol{Z}(\boldsymbol{x})$ 中的列是由 $\boldsymbol{N}(\boldsymbol{x})^{\mathrm{T}}$ 的零空间的一组标准正交基构成, 该方法具有计算量小和存储量小的特点. 而且该方法在二阶充分条件下, 既约 Hesse 阵 $\boldsymbol{Z}(\boldsymbol{x})^{\mathrm{T}}\nabla_{\boldsymbol{xx}}L(\boldsymbol{x},\boldsymbol{\lambda})\boldsymbol{Z}(\boldsymbol{x})$ 在最优值点正定.

首先考虑约束函数的梯度向量所构成的矩阵 $\boldsymbol{N}(\boldsymbol{x})$. 当 $\boldsymbol{N}(\boldsymbol{x})$ 列满秩时, 用 QR 分解得

$$\boldsymbol{N}(\boldsymbol{x})=\begin{pmatrix}\boldsymbol{Y}(\boldsymbol{x}) & \boldsymbol{Z}(\boldsymbol{x})\end{pmatrix}\begin{pmatrix}\boldsymbol{R}(\boldsymbol{x})\\ \boldsymbol{0}\end{pmatrix}=\boldsymbol{Y}(\boldsymbol{x})\boldsymbol{R}(\boldsymbol{x}).$$

容易验证, $\boldsymbol{Y}(\boldsymbol{x})$ 中的 m 列构成 $\boldsymbol{N}(\boldsymbol{x})$ 的值空间的一组标准正交基, $\boldsymbol{Z}(\boldsymbol{x})$ 中的 $n-m$ 列构成 $\boldsymbol{N}(\boldsymbol{x})^{\mathrm{T}}$ 的零空间的一组标准正交基, $\boldsymbol{R}(\boldsymbol{x})$ 是 m 阶上三角非奇异矩阵.

一般地, $\boldsymbol{Z}(\boldsymbol{x})$ 不唯一. 设可采取某特定的 QR 分解技巧使 $\boldsymbol{Z}(\boldsymbol{x})$ 连续, 并在不混淆的情况下, 将 $\boldsymbol{R}(\boldsymbol{x})$ 写成 $\boldsymbol{R}$, $\boldsymbol{G}(\boldsymbol{x}_k,\boldsymbol{\lambda}^k)$ 写成 $\boldsymbol{G}$. 类似地, 仅写 $\boldsymbol{N},\boldsymbol{Y},\boldsymbol{Z},\boldsymbol{g}$, $\boldsymbol{c}$ 等.

令

$$\boldsymbol{Q}=\begin{pmatrix}\boldsymbol{Y} & \boldsymbol{Z} & \boldsymbol{0}\\ \boldsymbol{0} & \boldsymbol{0} & \boldsymbol{I}\end{pmatrix}$$

为 $(n+m)$ 阶正交阵, 则 (11.1.3) 对应的牛顿步可写成

$$\boldsymbol{Q}^{\mathrm{T}}\begin{pmatrix}\boldsymbol{G} & -\boldsymbol{N}\\ \boldsymbol{N}^{\mathrm{T}} & \boldsymbol{0}\end{pmatrix}\boldsymbol{Q}\boldsymbol{Q}^{\mathrm{T}}\begin{pmatrix}\boldsymbol{d}\\ \boldsymbol{\lambda}^{k+1}\end{pmatrix}=-\boldsymbol{Q}^{\mathrm{T}}\begin{pmatrix}\boldsymbol{g}\\ \boldsymbol{c}\end{pmatrix},$$

即

$$\begin{pmatrix}\boldsymbol{Y}^{\mathrm{T}}\boldsymbol{G}\boldsymbol{Y} & \boldsymbol{Y}^{\mathrm{T}}\boldsymbol{G}\boldsymbol{Z} & -\boldsymbol{R}\\ \boldsymbol{Z}^{\mathrm{T}}\boldsymbol{G}\boldsymbol{Y} & \boldsymbol{Z}^{\mathrm{T}}\boldsymbol{G}\boldsymbol{Z} & \boldsymbol{0}\\ \boldsymbol{R}^{\mathrm{T}} & \boldsymbol{0} & \boldsymbol{0}\end{pmatrix}\begin{pmatrix}\boldsymbol{d}_{\boldsymbol{Y}}\\ \boldsymbol{d}_{\boldsymbol{Z}}\\ \boldsymbol{\lambda}^{k+1}\end{pmatrix}=-\begin{pmatrix}\boldsymbol{Y}^{\mathrm{T}}\boldsymbol{g}\\ \boldsymbol{Z}^{\mathrm{T}}\boldsymbol{g}\\ \boldsymbol{c}\end{pmatrix},\tag{11.3.1}$$

其中, $\boldsymbol{d}_{\boldsymbol{Y}}=\boldsymbol{Y}^{\mathrm{T}}\boldsymbol{d}$, $\boldsymbol{d}_{\boldsymbol{Z}}=\boldsymbol{Z}^{\mathrm{T}}\boldsymbol{d}$. 于是

$$\begin{cases}\boldsymbol{R}^{\mathrm{T}}\boldsymbol{d}_{\boldsymbol{Y}}=-\boldsymbol{c},\\ (\boldsymbol{Z}^{\mathrm{T}}\boldsymbol{G}\boldsymbol{Z})\boldsymbol{d}_{\boldsymbol{Z}}=-\boldsymbol{Z}^{\mathrm{T}}\boldsymbol{g}-\boldsymbol{Z}^{\mathrm{T}}\boldsymbol{G}Y\boldsymbol{d}_{\boldsymbol{Y}},\\ \boldsymbol{d}=\boldsymbol{Y}\boldsymbol{d}_{\boldsymbol{Y}}+\boldsymbol{Z}\boldsymbol{d}_{\boldsymbol{Z}}\\ \boldsymbol{x}_{k+1}=\boldsymbol{x}_k+\boldsymbol{d},\\ \boldsymbol{R}\boldsymbol{\lambda}^{k+1}=\boldsymbol{Y}^{\mathrm{T}}\boldsymbol{g}+\boldsymbol{Y}^{\mathrm{T}}\boldsymbol{G}\boldsymbol{d}.\end{cases}\tag{11.3.2}$$

上面的迭代格式是 Murray 和 Wright(1978) 提出的. 后来, Goodman(1985) 对它做了一些变更: 如果把方程 (11.3.1) 的后两行 (分块意义下) 单独考虑, 则得到与 $\boldsymbol{\lambda}$ 无关的线性方程组

$$\begin{pmatrix}\boldsymbol{Z}^{\mathrm{T}}\boldsymbol{G}\boldsymbol{Y} & \boldsymbol{Z}^{\mathrm{T}}\boldsymbol{G}\boldsymbol{Z}\\ \boldsymbol{R}^{\mathrm{T}} & \boldsymbol{0}\end{pmatrix}\begin{pmatrix}\boldsymbol{d}_{\boldsymbol{Y}}\\ \boldsymbol{d}_{\boldsymbol{Z}}\end{pmatrix}=-\begin{pmatrix}\boldsymbol{Z}^{\mathrm{T}}\boldsymbol{g}\\ \boldsymbol{c}\end{pmatrix},$$

实质上就是

$$\begin{pmatrix}\boldsymbol{Z}^{\mathrm{T}}\boldsymbol{G}\\ \boldsymbol{N}^{\mathrm{T}}\end{pmatrix}\boldsymbol{d}=-\begin{pmatrix}\boldsymbol{Z}^{\mathrm{T}}\boldsymbol{g}\\ \boldsymbol{c}\end{pmatrix}.$$

取 $\boldsymbol{\lambda}^k$ 为优化问题 $\min\|\boldsymbol{N}(\boldsymbol{x}_k)\boldsymbol{\lambda}-\boldsymbol{g}(\boldsymbol{x}_k)\|^2$ 的最小二乘解, 即 $\boldsymbol{\lambda}^k$ 满足

$$\boldsymbol{R}(\boldsymbol{x}_k)\boldsymbol{\lambda}^k=\boldsymbol{Y}(\boldsymbol{x}_k)^{\mathrm{T}}\boldsymbol{g}(\boldsymbol{x}_k),$$

便得到 Goodman 的迭代公式:

$$\begin{cases}\boldsymbol{R}^{\mathrm{T}}\boldsymbol{d}_{\boldsymbol{Y}}=-\boldsymbol{c},\\ (\boldsymbol{Z}^{\mathrm{T}}\boldsymbol{G}\boldsymbol{Z})\boldsymbol{d}_{\boldsymbol{Z}}=-\boldsymbol{Z}^{\mathrm{T}}\boldsymbol{g}-\boldsymbol{Z}^{\mathrm{T}}\boldsymbol{G}\boldsymbol{Y}\boldsymbol{d}_{\boldsymbol{Y}},\\ \boldsymbol{d}=\boldsymbol{Y}\boldsymbol{d}_{\boldsymbol{Y}}+\boldsymbol{Z}\boldsymbol{d}_{\boldsymbol{Z}},\\ \boldsymbol{x}_{k+1}=\boldsymbol{x}_k+\boldsymbol{d},\\ \boldsymbol{R}\boldsymbol{\lambda}^k=\boldsymbol{Y}^{\mathrm{T}}\boldsymbol{g}.\end{cases}\tag{11.3.3}$$

与式 (11.3.2) 相比较, 仅 Lagrange 乘子求法不同.

Nocedal 和 Overton(1985) 在总结以上工作和其他人工作的基础上, 提出了两类既约 Hesse 阵校正法.

第一种方法是用 $(n-m)\times n$ 阶矩阵 $\boldsymbol{B}_k$ 代替 $\boldsymbol{Z}(\boldsymbol{x}_k)^{\mathrm{T}}\boldsymbol{G}(\boldsymbol{x}_k,\boldsymbol{\lambda}^k)$, 则由 (11.3.3) 可得到 $\boldsymbol{d}_k$(同样地, 用 $\boldsymbol{Z}_k,\boldsymbol{R}_k,\boldsymbol{Y}_k,\boldsymbol{g}_k,\boldsymbol{c}_k$ 等表示 $\boldsymbol{Z}(\boldsymbol{x}_k),\boldsymbol{R}(\boldsymbol{x}_k),\cdots$):

$$\begin{cases}\boldsymbol{R}_k^{\mathrm{T}}\boldsymbol{d}_{\boldsymbol{Y}}^k=-\boldsymbol{c}_k,\\(\boldsymbol{B}_k\boldsymbol{Z}_k)\boldsymbol{d}_{\boldsymbol{Z}}^k=-\boldsymbol{Z}_k^{\mathrm{T}}\boldsymbol{g}_k-\boldsymbol{B}_k\boldsymbol{Y}_k\boldsymbol{d}_{\boldsymbol{Y}}^k,\\\boldsymbol{d}_k=\boldsymbol{Y}_k\boldsymbol{d}_{\boldsymbol{Y}}^k+\boldsymbol{Z}_k\boldsymbol{d}_{\boldsymbol{Z}}^k.\end{cases}$$

其中, $\boldsymbol{B}_k$ 的校正公式为

$$\boldsymbol{B}_{k+1}=\boldsymbol{B}_k+\frac{(\boldsymbol{\gamma}^k-\boldsymbol{B}_k\boldsymbol{s}_k)\boldsymbol{s}_k^{\mathrm{T}}}{\boldsymbol{s}_k^{\mathrm{T}}\boldsymbol{s}_k}.$$

这里, $\boldsymbol{s}_k=\boldsymbol{x}_{k+1}-\boldsymbol{x}_k,\boldsymbol{\gamma}^k=\boldsymbol{Z}_{k+1}^{\mathrm{T}}\boldsymbol{g}_{k+1}-\boldsymbol{Z}_k^{\mathrm{T}}\boldsymbol{g}_k$.

该方法称为单边既约 Hesse 阵方法. 在一定条件下, Nocedal 与 Overton 证明上述迭代格式具有局部超线性收敛性.

第二种方法是用 $(n-m)\times(n-m)$ 阶矩阵 $\boldsymbol{B}_k$ 代替 $\boldsymbol{Z}_k^{\mathrm{T}}\boldsymbol{G}_k\boldsymbol{Z}_k$, 此时 (11.3.3) 的第二式右端项 $\boldsymbol{Z}^{\mathrm{T}}\boldsymbol{G}\boldsymbol{Y}$ 无法处理, 省略这一项, 便得到如下计算公式:

$$\begin{cases}\boldsymbol{R}_k^{\mathrm{T}}\boldsymbol{d}_{\boldsymbol{Y}}^k=-\boldsymbol{c}_k,\\\boldsymbol{B}_k\boldsymbol{d}_{\boldsymbol{Z}}^k=-\boldsymbol{Z}_k^{\mathrm{T}}\boldsymbol{g}_k,\\\boldsymbol{d}_k=\boldsymbol{Y}_k\boldsymbol{d}_{\boldsymbol{Y}}^k+\boldsymbol{Z}_k\boldsymbol{d}_{\boldsymbol{Z}}^k.\end{cases}\tag{11.3.4}$$

其中, $\boldsymbol{B}_k$ 用 DFP 公式或 BFGS 公式校正, $\boldsymbol{s}_k$ 和 $\boldsymbol{\gamma}^k$ 有多种选取方案, 例如:

$$\begin{cases}\boldsymbol{s}_k=\boldsymbol{Z}_{k+1}^{\mathrm{T}}(\boldsymbol{x}_{k+1}-\boldsymbol{x}_k),\\\boldsymbol{\gamma}^k=\boldsymbol{Z}_{k+1}^{\mathrm{T}}\boldsymbol{g}_{k+1}-\boldsymbol{Z}_k^{\mathrm{T}}\boldsymbol{g}_k.\end{cases}$$

由于矩阵 $\boldsymbol{B}_k$ 是一低维矩阵, 因而计算量较前几个公式小. 然而, 这种方法仅具有局部两步 Q- 超线性收敛性质.

定理 11.3.1 设 $\boldsymbol{d}_k$ 由 (11.3.4) 定义, $\boldsymbol{x}_{k+1}=\boldsymbol{x}_k+\boldsymbol{d}_k$, 点列 $\{\boldsymbol{x}_k\}$ 收敛于 $\boldsymbol{x}^*$, 优化问题 (11.1.1) 在 $\boldsymbol{x}^*$ 点满足二阶充分条件, $\boldsymbol{N}(\boldsymbol{x}^*)$ 列满秩, $\|\boldsymbol{B}_k^{-1}\|$ 一致有界并且

$$\lim_{k\to\infty}\frac{\left\|\left(\boldsymbol{B}_k-\boldsymbol{Z}(\boldsymbol{x}^*)^{\mathrm{T}}\boldsymbol{G}(\boldsymbol{x}^*,\boldsymbol{\lambda}^*)\boldsymbol{Z}(\boldsymbol{x}^*)\right)\boldsymbol{Z}_k^{\mathrm{T}}\boldsymbol{d}_k\right\|}{\|\boldsymbol{d}_k\|}=0.\tag{11.3.5}$$

则

$$\lim_{k\to\infty}\frac{\|\boldsymbol{x}_{k+1}-\boldsymbol{x}^*\|}{\|\boldsymbol{x}_{k-1}-\boldsymbol{x}^*\|}=0.$$

证明　由 (11.3.4) 的第二式和 Taylor 展式得

$$\begin{aligned}\boldsymbol{B}_k\boldsymbol{Z}_k^{\mathrm{T}}\boldsymbol{d}_k=\boldsymbol{B}_k\boldsymbol{d}_Z^k&=-\boldsymbol{Z}_k^{\mathrm{T}}\boldsymbol{g}_k=-\boldsymbol{Z}_k^{\mathrm{T}}(\boldsymbol{g}_k-\boldsymbol{N}_k\boldsymbol{\lambda}^*)\\&=-\boldsymbol{Z}_k^{\mathrm{T}}\boldsymbol{G}(\boldsymbol{x}^*,\boldsymbol{\lambda}^*)(\boldsymbol{x}_k-\boldsymbol{x}^*)+o(\|\boldsymbol{x}_k-\boldsymbol{x}^*\|).\end{aligned}$$

利用上式和 $\boldsymbol{Z}(\boldsymbol{x}^*)\boldsymbol{Z}(\boldsymbol{x}^*)^{\mathrm{T}}+\boldsymbol{Y}(\boldsymbol{x}^*)\boldsymbol{Y}(\boldsymbol{x}^*)^{\mathrm{T}}=\boldsymbol{I}$ 与 $\boldsymbol{Z}(\boldsymbol{x})$ 的连续性得

$$\begin{aligned}&\big(\boldsymbol{B}_k-\boldsymbol{Z}(\boldsymbol{x}^*)^{\mathrm{T}}\boldsymbol{G}(\boldsymbol{x}^*,\boldsymbol{\lambda}^*)\boldsymbol{Z}(\boldsymbol{x}^*)\big)\boldsymbol{Z}_k^{\mathrm{T}}\boldsymbol{d}_k\\=&-\boldsymbol{Z}_k^{\mathrm{T}}\boldsymbol{G}(\boldsymbol{x}^*,\boldsymbol{\lambda}^*)(\boldsymbol{x}_k-\boldsymbol{x}^*)+o(\|\boldsymbol{x}_k-\boldsymbol{x}^*\|)\\&-\boldsymbol{Z}(\boldsymbol{x}^*)^{\mathrm{T}}\boldsymbol{G}(\boldsymbol{x}^*,\boldsymbol{\lambda}^*)\boldsymbol{Z}(\boldsymbol{x}^*)\boldsymbol{Z}(\boldsymbol{x}^*)^{\mathrm{T}}\boldsymbol{d}_k\\&+\boldsymbol{Z}(\boldsymbol{x}^*)^{\mathrm{T}}\boldsymbol{G}(\boldsymbol{x}^*,\boldsymbol{\lambda}^*)\boldsymbol{Z}(\boldsymbol{x}^*)(\boldsymbol{Z}(\boldsymbol{x}^*)-\boldsymbol{Z}_k)^{\mathrm{T}}\boldsymbol{d}_k\\=&-\boldsymbol{Z}_k^{\mathrm{T}}\boldsymbol{G}(\boldsymbol{x}^*,\boldsymbol{\lambda}^*)(\boldsymbol{x}_k-\boldsymbol{x}^*)+o(\|\boldsymbol{x}_k-\boldsymbol{x}^*\|)\\&-\boldsymbol{Z}(\boldsymbol{x}^*)^{\mathrm{T}}\boldsymbol{G}(\boldsymbol{x}^*,\boldsymbol{\lambda}^*)\boldsymbol{d}_k+O(\|\boldsymbol{Y}(\boldsymbol{x}^*)^{\mathrm{T}}\boldsymbol{d}_k\|)+o(\|\boldsymbol{d}_k\|)\\=&-\boldsymbol{Z}_k^{\mathrm{T}}\boldsymbol{G}(\boldsymbol{x}^*,\boldsymbol{\lambda}^*)(\boldsymbol{x}_k+\boldsymbol{d}_k-\boldsymbol{x}^*)\\&+o(\|\boldsymbol{x}_k-\boldsymbol{x}^*\|)+O(\|\boldsymbol{Y}(\boldsymbol{x}^*)^{\mathrm{T}}\boldsymbol{d}_k\|)+o(\|\boldsymbol{d}_k\|).\end{aligned}$$

从而由 (11.3.5) 得

$$\begin{aligned}&\boldsymbol{Z}_k^{\mathrm{T}}\boldsymbol{G}(\boldsymbol{x}^*,\boldsymbol{\lambda}^*)(\boldsymbol{x}_k+\boldsymbol{d}_k-\boldsymbol{x}^*)\\=&o(\|\boldsymbol{x}_k-\boldsymbol{x}^*\|+\|\boldsymbol{d}_k\|)+O(\|\boldsymbol{Y}(\boldsymbol{x}^*)^{\mathrm{T}}\boldsymbol{d}_k\|.\end{aligned}\tag{11.3.6}$$

利用 $\boldsymbol{N}_k^{\mathrm{T}}\boldsymbol{d}_k=-\boldsymbol{c}_k$ 和 $\boldsymbol{0}=\boldsymbol{c}(\boldsymbol{x}^*)=\boldsymbol{c}(\boldsymbol{x}_k)+\boldsymbol{N}_k^{\mathrm{T}}(\boldsymbol{x}^*-\boldsymbol{x}_k)+O(\|\boldsymbol{x}_k-\boldsymbol{x}^*\|^2)$ 得

$$\boldsymbol{N}_k^{\mathrm{T}}(\boldsymbol{x}_k+\boldsymbol{d}_k-\boldsymbol{x}^*)=O(\|\boldsymbol{x}_k-\boldsymbol{x}^*\|^2).\tag{11.3.7}$$

由于 $\boldsymbol{N}(\boldsymbol{x}^*)=\boldsymbol{Y}(\boldsymbol{x}^*)\boldsymbol{R}(\boldsymbol{x}^*)$ 列满秩, 所以 $\boldsymbol{R}(\boldsymbol{x}^*)$ 是非奇异矩阵. 从而由 $\boldsymbol{N}_k^{\mathrm{T}}\boldsymbol{d}_k=-\boldsymbol{c}_k$ 及

$$\boldsymbol{c}_k=\boldsymbol{c}_{k-1}+\boldsymbol{N}_{k-1}^{\mathrm{T}}\boldsymbol{d}_{k-1}+O(\|\boldsymbol{d}_{k-1}\|^2)=O(\|\boldsymbol{d}_{k-1}\|^2)$$

得

$$\begin{aligned}\|\boldsymbol{Y}(\boldsymbol{x}^*)^{\mathrm{T}}\boldsymbol{d}_k\|=&\|\boldsymbol{R}^{-\mathrm{T}}(\boldsymbol{x}^*)\boldsymbol{N}(\boldsymbol{x}^*)^{\mathrm{T}}\boldsymbol{d}_k\|\\=&\|\boldsymbol{R}^{-\mathrm{T}}(\boldsymbol{x}^*)\boldsymbol{N}(\boldsymbol{x}_k)^{\mathrm{T}}\boldsymbol{d}_k\|+\|\boldsymbol{R}^{-\mathrm{T}}(\boldsymbol{x}^*)(\boldsymbol{N}(\boldsymbol{x}_k)-\boldsymbol{N}(\boldsymbol{x}^*))^{\mathrm{T}}\boldsymbol{d}_k\|\\=&O(\|\boldsymbol{c}(\boldsymbol{x}_k)\|)+o(\|\boldsymbol{d}_k\|)\\=&O(\|\boldsymbol{d}_{k-1}\|^2)+o(\|\boldsymbol{d}_k\|).\end{aligned}\tag{11.3.8}$$

这样, 由 (11.3.6)–(11.3.8),

$$\begin{pmatrix}\boldsymbol{Z}_k^{\mathrm{T}}\boldsymbol{G}(\boldsymbol{x}^*,\boldsymbol{\lambda}^*)\\\boldsymbol{N}_k^{\mathrm{T}}\end{pmatrix}(\boldsymbol{x}_k+\boldsymbol{d}_k-\boldsymbol{x}^*)=o(\|\boldsymbol{x}_k-\boldsymbol{x}^*\|+\|\boldsymbol{d}_k\|)+o(\|\boldsymbol{d}_{k-1}\|).$$

而由 $\{\boldsymbol{B}_k^{-1}\}$ 的有界性, 并利用 (11.3.4) 得

$$\|\boldsymbol{d}_k\| \leqslant \|\boldsymbol{d}_{\boldsymbol{Y}}^k\| + \|\boldsymbol{d}_{\boldsymbol{Z}}^k\| = O(\|\boldsymbol{c}_k\| + \|\boldsymbol{Z}_k^{\mathrm{T}}\boldsymbol{g}_k\|) = O(\|\boldsymbol{x}_k - \boldsymbol{x}^*\|).$$

从而,

$$\|\boldsymbol{x}_k - \boldsymbol{x}^*\| \leqslant \|\boldsymbol{x}_{k-1} - \boldsymbol{x}^*\| + \|\boldsymbol{d}_{k-1}\| = O(\|\boldsymbol{x}_{k-1} - \boldsymbol{x}^*\|),$$

并且

$$\begin{pmatrix} \boldsymbol{Z}_k^{\mathrm{T}}\boldsymbol{G}(\boldsymbol{x}^*, \boldsymbol{\lambda}^*) \\ \boldsymbol{N}_k^{\mathrm{T}} \end{pmatrix} (\boldsymbol{x}_k + \boldsymbol{d}_k - \boldsymbol{x}^*) = o(\|\boldsymbol{x}_{k-1} - \boldsymbol{x}^*\|). \tag{11.3.9}$$

可以证明矩阵 $\begin{pmatrix} \boldsymbol{Z}(\boldsymbol{x}^*)^{\mathrm{T}}\boldsymbol{G}(\boldsymbol{x}^*, \boldsymbol{\lambda}^*) \\ \boldsymbol{N}(\boldsymbol{x}^*)^{\mathrm{T}} \end{pmatrix}$ 非奇异. 从而由 (11.3.9) 得

$$\|\boldsymbol{x}_k + \boldsymbol{d}_k - \boldsymbol{x}^*\| = o(\|\boldsymbol{x}_{k-1} - \boldsymbol{x}^*\|),$$

即知命题结论为真. 证毕

Yuan(1985) 给出一个例子, 表明这种既约 Hesse 阵方法 (又称双边既约 Hesse 矩阵方法) 不具有一步 Q- 超线性收敛性, 甚至连线性收敛性也没有. 至于全局收敛性, 只要增加适当的线搜索程序即可.

11.4 信赖域 SQP 方法

由于即便 SQP 方法中的子问题 $Q(\boldsymbol{x},\boldsymbol{B})$ 满足相容性, 它也未必有解. 这个缺陷自然让我们想到用信赖域技术来弥补; 同时, 此技术也可代替线搜索. 于是, 便产生了信赖域 SQP 方法.

考虑不等式约束优化问题 (11.1.7). 易知带信赖域的 SQP 方法的子问题应是

$$\begin{aligned} \min \quad & \nabla f(\boldsymbol{x}_k)^{\mathrm{T}}\boldsymbol{d} + \frac{1}{2}\boldsymbol{d}^{\mathrm{T}}\boldsymbol{B}_k\boldsymbol{d} \\ \text{s.t.} \quad & c_i(\boldsymbol{x}_k) + \nabla c_i(\boldsymbol{x}_k)^{\mathrm{T}}\boldsymbol{d} = 0, \quad i \in \mathcal{E}, \\ & c_i(\boldsymbol{x}_k) + \nabla c_i(\boldsymbol{x}_k)^{\mathrm{T}}\boldsymbol{d} \geqslant 0, \quad i \in \mathcal{I}, \\ & \|\boldsymbol{d}\|_\infty \leqslant \Delta_k, \end{aligned} \tag{11.4.1}$$

这里, $\Delta_k > 0$ 为信赖域半径. 但这样做会使子问题 (11.4.1) 无可行解. 下面是几种常见的修正方案.

第一种修改方案是求解如下子问题:

$$\begin{aligned} \min \quad & \nabla f(\boldsymbol{x}_k)^{\mathrm{T}}\boldsymbol{d} + \frac{1}{2}\boldsymbol{d}^{\mathrm{T}}\boldsymbol{B}_k\boldsymbol{d} \\ \text{s.t.} \quad & \xi c_i(\boldsymbol{x}_k) + \nabla c_i(\boldsymbol{x}_k)^{\mathrm{T}}\boldsymbol{d} = 0, \quad i \in \mathcal{E}, \\ & \xi c_i(\boldsymbol{x}_k) + \nabla c_i(\boldsymbol{x}_k)^{\mathrm{T}}\boldsymbol{d} \geqslant 0, \quad i \in \mathcal{I}, \\ & \|\boldsymbol{d}\|_\infty \leqslant \Delta_k, \end{aligned} \tag{11.4.2}$$

其中, $\xi \in (0,1]$ 为一待定参数. 为使 ξ 尽可能靠近 1, 可视 ξ 为一变量, 且在目标函数中加上一正则项 $\pi_k(\xi-1)^2$. 这里,$\pi_k > 0$ 是罚因子.

第二种修改方案仅能处理等式约束优化问题 (11.1.1), 其建立的子问题是

$$\begin{aligned} \min \quad & \nabla f(\boldsymbol{x}_k)^{\mathrm{T}}\boldsymbol{d} + \frac{1}{2}\boldsymbol{d}^{\mathrm{T}}\boldsymbol{B}_k\boldsymbol{d} \\ \text{s.t.} \quad & \|\boldsymbol{c}_k + \boldsymbol{N}_k^{\mathrm{T}}\boldsymbol{d}\|^2 \leqslant \xi_k, \\ & \|\boldsymbol{d}\|^2 \leqslant \Delta_k, \end{aligned} \tag{11.4.3}$$

其中, ξ_k 由某种方式获得. 如在 Powell 与 Yuan(1991) 提出的算法中, ξ_k 满足

$$\min_{\|\boldsymbol{d}\| \leqslant b_1\Delta_k} \|\boldsymbol{c}_k + \boldsymbol{N}_k^{\mathrm{T}}\boldsymbol{d}\|^2 \leqslant \xi_k \leqslant \min_{\|\boldsymbol{d}\| \leqslant b_2\Delta_k} \|\boldsymbol{c}_k + \boldsymbol{N}_k^{\mathrm{T}}\boldsymbol{d}\|^2,$$

其中, $b_1 \geqslant b_2$ 是 $(0,1)$ 区间上的两个给定常数. 取光滑精确罚函数作为势函数:

$$\phi_k(\boldsymbol{x}) = f(\boldsymbol{x}) - \boldsymbol{\lambda}(\boldsymbol{x})^{\mathrm{T}}\boldsymbol{c}(\boldsymbol{x}) + \pi_k\|\boldsymbol{c}(\boldsymbol{x})\|^2,$$

其中, $\pi_k > 0$ 是当前罚因子, $\boldsymbol{\lambda}(\boldsymbol{x})$ 是最小二乘问题

$$\min_{\boldsymbol{\lambda} \in \mathbb{R}^m} \|\nabla f(\boldsymbol{x}) - \boldsymbol{N}(\boldsymbol{x})\boldsymbol{\lambda}\|^2$$

的最小范数解.

为了避免计算二阶导数, Powell 与 Yuan 取

$$\begin{aligned} D_k = & -(\nabla f(\boldsymbol{x}_k) - \boldsymbol{N}_k\boldsymbol{\lambda}^k)^{\mathrm{T}}\boldsymbol{d}_k - \frac{1}{2}\boldsymbol{d}_k^{\mathrm{T}}\boldsymbol{B}_k\hat{\boldsymbol{d}}_k \\ & - (\boldsymbol{\lambda}(\boldsymbol{x}_k + \boldsymbol{d}_k) - \boldsymbol{\lambda}(\boldsymbol{x}_k))^{\mathrm{T}}(\boldsymbol{c}_k + \frac{1}{2}\boldsymbol{N}_k^{\mathrm{T}}\boldsymbol{d}_k) \\ & - \pi_k(\|\boldsymbol{c}_k + \boldsymbol{N}_k^{\mathrm{T}}\boldsymbol{d}_k\|^2 - \|\boldsymbol{c}_k\|^2) \end{aligned} \tag{11.4.4}$$

作为势函数 $\phi_k(\boldsymbol{x})$ 的预估下降量, 其中, $\hat{\boldsymbol{d}}_k = (\boldsymbol{I} - \boldsymbol{N}_k\boldsymbol{N}_k^{+})\boldsymbol{d}_k$ 是 $\boldsymbol{d}_k$ 在 $\boldsymbol{N}_k^{\mathrm{T}}$ 的零空间上的投影向量. 然后, 通过 $\phi_k(\boldsymbol{x})$ 的实下降量与预下降量的比值

$$r_k \triangleq \frac{\phi_k(\boldsymbol{x}_k) - \phi_k(\boldsymbol{x}_k + \boldsymbol{d}_k)}{D_k}$$

确定下一迭代点 $\boldsymbol{x}_{k+1}$ 并调整信赖域半径. 具体算法如下:

算法 11.4.1

步 1. 取 $\boldsymbol{x}_0 \in \mathbb{R}^n, \boldsymbol{B}_0 \in \mathbb{R}^{n\times n}, \Delta_0 > 0, 0 < b_2 \leqslant b_1 < 1$, $\pi_0 > 0$, $\varepsilon \geqslant 0$. 令 $k = 0$.

步 2. 若 $\|\boldsymbol{c}_k\|^2 + \|\nabla f(\boldsymbol{x}_k) - \boldsymbol{N}_k\boldsymbol{\lambda}^k\|^2 \leqslant \varepsilon$, 则算法停止; 否则, 求解 (11.4.3) 得 $\boldsymbol{d}_k$.

步 3. 根据 (11.4.4) 计算 D_k. 若 $D_k \geqslant \frac{1}{2}\pi_k\left(\|\boldsymbol{c}_k\|^2 - \|\boldsymbol{c}_k + \boldsymbol{N}_k^{\mathrm{T}}\boldsymbol{d}_k\|^2\right)$, 转步 4; 否则, 取

$$\hat{\pi}_k = 2\pi_k + \max\left\{0, \frac{-2D_k}{\|\boldsymbol{c}_k\|^2 - \|\boldsymbol{c}_k + \boldsymbol{N}_k^{\mathrm{T}}\boldsymbol{d}_k\|^2}\right\},$$

并令 $D_k = D_k + (\hat{\pi}_k - \pi_k)\left(\|\boldsymbol{c}_k\|^2 - \|\boldsymbol{c}_k + \boldsymbol{N}_k^{\mathrm{T}}\boldsymbol{d}_k\|^2\right)$ 和 $\pi_k = \hat{\pi}_k$.

步 4. 计算比值 r_k, 并定义

$$\boldsymbol{x}_{k+1} = \begin{cases} \boldsymbol{x}_k + \boldsymbol{d}_k, & \text{若 } r_k > 0, \\ \boldsymbol{x}_k, & \text{否则}. \end{cases}$$

$$\Delta_{k+1} = \begin{cases} \max\{\Delta_k, 4\|\boldsymbol{d}_k\|\}, & \text{若 } r_k > 0.9, \\ \Delta^k, & \text{若 } 0.1 \leqslant r_k \leqslant 0.9, \\ \min\{\frac{\Delta^k}{4}, \frac{\|\boldsymbol{d}_k\|}{2}\}, & \text{若 } r_k < 0.1. \end{cases}$$

步 5. 计算 $\boldsymbol{B}_{k+1}$, $\pi_{k+1} = \pi_k$, $k = k+1$ 转步 2.

Powell 和 Yuan 证明了算法 11.4.1 的全局收敛和局部超线性收敛性.

定理 11.4.1 设 $\{\boldsymbol{x}_k\}, \{\boldsymbol{d}_k\}, \{\boldsymbol{B}_k\}$ 一致有界, $\boldsymbol{N}(\boldsymbol{x})$ 对所有 $\boldsymbol{x}$ 都是列满秩, 则

$$\liminf_{k\to\infty} \left(\|\boldsymbol{c}_k\| + \|\boldsymbol{P}_k\boldsymbol{g}_k\|\right) = 0.$$

从而迭代点列 $\{\boldsymbol{x}_k\}$ 中必存在一聚点为问题 (11.1.1) 的稳定点.

定理 11.4.2 在定理 11.4.1 的假设下, 如果 $\{\boldsymbol{x}_k\}$ 收敛于 $\boldsymbol{x}^*$, 在 $\boldsymbol{x}^*$ 处二阶充分条件成立, 且

$$\lim_{k\to\infty} \max_{\boldsymbol{N}_k^{\mathrm{T}}\boldsymbol{d}=\boldsymbol{0},\ \|\boldsymbol{d}\|\leqslant 1} \frac{|\boldsymbol{d}^{\mathrm{T}}(\boldsymbol{B}_k - \boldsymbol{G}(\boldsymbol{x}^*, \boldsymbol{\lambda}^*))\boldsymbol{d}|}{\|\boldsymbol{d}_k\|^2} = 0,$$

则

$$\lim_{k\to\infty} r_k = 1,$$

且 $\{\boldsymbol{x}_k\}$ Q- 超线性收敛于 $\boldsymbol{x}^*$.

子问题 (11.4.3) 是对带有两个凸二次约束的二次函数极小, 对于这个特殊问题的求解, 至今尚无很有效的求解方法.

第三种修改方案是把 (11.4.1) 中的线性化约束放到目标函数上, 构成 l_1- 惩罚项. 这样, (11.4.1) 可转化为仅有信赖域约束的子问题:

$$\begin{aligned} \min \quad & \nabla f(\boldsymbol{x}_k)^{\mathrm{T}}\boldsymbol{d} + \frac{1}{2}\boldsymbol{d}^{\mathrm{T}}\boldsymbol{B}_k\boldsymbol{d} + \pi_k \sum_{i\in\mathcal{E}} |c_i(\boldsymbol{x}_k) + \nabla c_i(\boldsymbol{x}_k)^{\mathrm{T}}\boldsymbol{d}| \\ & + \pi_k \sum_{i\in\mathcal{I}} [c_i(\boldsymbol{x}_k) + \nabla c_i(\boldsymbol{x}_k)^{\mathrm{T}}\boldsymbol{d}]_- \\ \text{s.t.} \quad & \|\boldsymbol{d}\|_\infty \leqslant \Delta_k, \end{aligned}$$

其中, $\pi_k > 0$ 为罚因子, $[x]_- = \max\{0, -x\}$. 设 $\boldsymbol{d}_k$ 是上述优化问题的解, 我们用 l_1 罚函数

$$P(\boldsymbol{x}, \pi) = f(\boldsymbol{x}) + \pi_k \sum_{i \in \mathcal{E}} |c_i(\boldsymbol{x})| + \pi_k \sum_{i \in \mathcal{I}} [c_i(\boldsymbol{x})]_-$$

决定是否接受 $\boldsymbol{d}_k$, 其执行原则同无约束优化信赖域情形. 这个方法有许多好的性质: 它不存在相容性问题, 不要求 $\boldsymbol{N}(\boldsymbol{x})$ 的正则性假设, 不需要 $\boldsymbol{B}_k$ 的正定性, 当 π_k 充分大时具有全局收敛性. 然而, 此法也存在不少缺点, 如 Maratos 效应.

习　　题

1. 以零点为初始点, 用 Lagrange-Newton 算法求解如下优化问题

$$\begin{aligned} &\min\ x_1 + x_2 \\ &\text{s.t. } x_2 \geqslant x_1^2, \end{aligned}$$

并考虑为什么在 Lagrange 乘子等零时算法会失败.

2. 设 $\boldsymbol{H} \in \mathbb{R}^{n \times n}$ 对称正定, 则 $(\boldsymbol{x}^*, \boldsymbol{\lambda}^*)$ 为下述优化问题的 K-T 对

$$\begin{aligned} &\min\ f(\boldsymbol{x}) \\ &\text{s.t. } c_i(\boldsymbol{x}) \leqslant 0, \quad i = 1, 2, \cdots, r, \end{aligned}$$

当且仅当 $(\boldsymbol{0}, \boldsymbol{\lambda}^*)$ 为下述严格凸二次规划问题的 K-T 对

$$\begin{aligned} \min \quad & \nabla f(\boldsymbol{x})^{\mathrm{T}} \boldsymbol{d} + \frac{1}{2} \boldsymbol{d}^{\mathrm{T}} \boldsymbol{H} \boldsymbol{d} \\ \text{s.t.} \quad & c_i(\boldsymbol{x}) + \nabla c_i(\boldsymbol{x})^{\mathrm{T}} \boldsymbol{d} \leqslant 0, \quad i = 1, 2, \cdots, r. \end{aligned}$$

参考文献

陈宝林. 1989. 最优化理论与方法. 北京: 清华大学出版社.

戴彧虹, 袁亚湘. 2000. 非线性共轭梯度法. 上海: 上海科学技术出版社.

邓乃扬. 1982. 无约束最优化计算方法. 北京: 科学出版社.

何旭初, 孙文瑜. 1990. 矩阵的广义逆引论. 南京: 江苏科技出版社.

黄红选, 韩继业. 2006. 数学规划, 北京：清华大学出版社.

黄正海, 苗新河. 2015. 最优化计算方法, 北京: 科学出版社.

简金宝. 2010. 光滑约束优化快速算法: 理论分析与数值试验, 北京: 科学出版社.

李董辉, 童小娇, 万中. 2010. 数值最优化算法与理论. 北京: 科学出版社.

倪勤. 2009. 最优化方法与程序设计. 北京: 科学出版社.

申培萍. 2007. 全局优化方法. 北京: 科学出版社.

席少霖. 1992. 非线性最优化方法. 北京: 高等教育出版社.

谢元富. 1989. 变分意义下最佳变尺度公式的研究——一个新变尺度公式的导出. 数学学报, 6: 721-7.026.

徐成贤, 陈志平, 李乃成. 2002. 近代优化方法. 北京: 科学出版社.

袁亚湘. 1993. 非线性最优化数值方法. 上海: 上海科学技术出版社.

袁亚湘, 孙文瑜. 1997. 最优化理论与方法. 北京: 科学出版社.

张立卫, 单锋. 2010. 最优化方法. 北京: 科学出版社.

赵瑞安, 吴方. 1992. 非线性最优化理论与方法. 杭州：浙江科学技术出版社.

Armijo L.1966. Minimization of functions having Lipschitz continuous first partial derivatives. *Pacific Journal of Mathematics*, 16:1-3.

Aubin JP, Cellina, A. 1984. Differential Inclusions. Berlin: Springer-Verlag.

Bazaraa MS, Sherali HD, Shetty CM. 1993. Nonlinear Programming Theory and Algorithms. New York: John Wiley and Sons.

Beck A, Teboulle M. 2009. A fast iterative shrinkage-thresholding algorithm for linear inverse problems. *SIAM Journal on Imaging Sciences*, 2: 183-202.

Bertsekas DP. 1982. Projected Newton method for optimization problems with simple constraints. *SIAM Journal on Control and Optimization*,20:221-246.

Bertsekas DP. 1999. Nonlinear Programming. Athena Scientific.

Boyd S, Vandenberghe L. 2004. Convex Optimization. Cambridge University Press.

Broyden CG. 1967. Quasi-Newton methods and their application to function minimization. *Mathematics of Computation*, 21:368-381.

Broyden CG. 1970. The convergence of a class of double rank minimization algorithms: the new algorithm. *Journal of Institute of Mathematics and its Applications,* 6:222-231.

Byrd RH, Nocedal J, Schnabel RB. 1994. Representations of quasi-Newton matrices and their use in limited-memory methods. *Mathematical Programming,* Series A, 63:129-156.

Byrd RH, Schnabel RB, Shultz GA. 1987. A trust region algorithm for nonlinearly constrained optimization. *SIAM Journal on Numerical Analysis,* 24:1152-1170.

Byrd RH, Nocedal J, Yuan YX. 1987. Global convergence of a class of quasi-Newton methods on convex problems. *SIAM Journal on Numerical Analysis*, 24:1171-1190.

Courant R. 1943. Variational methods for the solution of problems with equilibrium and vibration. *Bulletin of the American Mathematical Society*, 49:1-23.

Calamai PH, Moré JJ. 1987. Projected gradient methods for linearly constrained problems. *Mathematical Programming*, 39:93-116.

Chamberlain R, Lemarechal C, Pedersen HC, Powell MJD. 1982. The watchdog technique for forcing convergence in algorithms for constrained optimization. *Mathematical Programming,* 16:1-17.

Cohen A. 1972. Rate of convergence of several conjugate gradient algorithms. *SIAM Journal on Numerical Analysis*, 9:248-259.

Crowder HP, Wolfe P. 1972. Linear convergence of the conjugate gradient method. *IBM Journal of Research and Development*, 16:431-433.

Dai YH, Yuan YX. 1999. A nonlinear conjugate gradient method with a strong global convergence property. *SIAM Journal on Optimization*, 10:177-182.

Davidon WC. 1980. Conic approximation and collinear scaling for optimizers. *SIAM Journal on Numerical Analysis,* 17:268-281.

Davidon WC. 1991. Variable metric method for minimization. *SIAM Journal on Optimization*, 1:1-17.

Dennis JE, Schnabel RB. 1983. Numerical Methods for Unconstrained Optimization and Nonlinear Equations. Prentice-Hall, Englewood Cliffs, NJ.

Fletcher R, Powell M. 1963. A rapidly convergent descent method for minimization. *Computer Journal,* 6:163-168.

Fletcher R, Reeves CM. 1964. Function minimization by conjugate gradients. *Computer Journal*, 7:149-154.

Fletcher R. 1970. A new approach to variable metric algorithms. *Computer Journal,* 13:317-322.

Fletcher R. 1987. Practical Method of Optimization. 2nd ed., Viley, New York, NY.

Frank M, Wolfe P. 1956. An algorithm for quadratic programming. *Naval Research Logistics Quarterly,* 3:95-110.

Fukushima, 2011. 非线性最优化基础. 林贵华, 译. 北京: 科学出版社.

Ge RP, Powell MJD.1983. The convergence of variable metric matrices in unconstrained optimization. *Mathematical Programming*, 27:123-143.

Ge RP. 1990. A filled function method for finding a global minimizer of a function of several variables. *Mathematical Programming*, 46:191-204.

Gilbert J, Nocedal J. 1992. Global convergence properties of conjugate gradient methods for optimization. *SIAM Journal on Optimization*, 2:21-42.

Goldfarb D. 1970. A family of variable metric methods derived by variational means. *Mathematics of Computation*, 24:23-26.

Goldstein A. 1962. Cauchy's method on minimization. *Numerische Mathematik*, 4:146-150.

Goldstein A. 1964. Convex programming in Hilbert space. *Bulletin of the American Mathematical Society*, 70:709-7.010.

Grippo L, Lampariello F, Lucidi S. 1986. A nonmonotone line search technique for Newton's method. *SIAM Journal on Numerical Analysis*, 23:707-7.016.

Han SP. 1976. Superlinearly convergent variable metric algorithms for general nonlinear programming problems. *Mathematical Programming*, 11:263-282.

Han SP. 1977. A globally convergentmethod for nonlinear programming. *Journal of Optimization Theory and Applications*, 22:297-309.

Hestenes MR, Stiefel E. 1952. Methods of conjugate gradients for solving linear systems. *Journal of Research of the National Bureau of Standards*, 49:409-436.

Hestenes MR. 1969. Multiplier and gradient methods. *Journal of Optimization Theory and Applications*, 4:303-320.

John F. 1948. Exetremum problems with inequalities as side conditions//Studies and Essays: Courant Anniversary Volumn, K.O. Friedrichs, O.E. Neugebauer, J.J. Stoker. New York, NY: Wiley-Interscience.

Karush W. 1939. Minima of functions of several variables with inequalities as side conditions. M.S. Thesis. University of Chicago.

Kuhn HW, Tucker AW. 1951. Nonlinear programming//Neyman J. Proceedings of the Second Berkeley Symposium on Mathematical Statistics and Probability. Berkeley, CA: University of California Press: 481-492.

Levenberg K. 1944. A method for the solution of certain non-linear problems in least squares. *Quarterly of Applied Mathematics*, 2:164-168.

Levitin ES, Polyak BT. 1966. Constrained minimization problems. *USSR Computational Mathematics and Mathematical Physics*, 6:1-50.

Levy AV, Montalvo A. 1985. The tunneling algorithm for the global minimization of functions. *SIAM Journal on Scientific and Statistical Computing*, 6:16-29.

Mangsarian OL, Fromovitz S. 1967. The Fritz John necessary optimality conditions in the presence of equality and inequality constraints. *Journal of Mathematical Analysis and Applications*, 17:37-47.

Maratos N. 1978. Exact penalty function algorithms for finite dimensional and control optimization problems. PhD thesis, University of London.

Marquardt DW. 1963. An algorithm for least squares estimation of non-linear parameters. *SIAM Journal*, 11:431-441.

McCormick GP, Tapia R A. 1972. The gradient projection method under mild differentiability conditions, *SIAM Journal on Control,* 10:93-98.

McCormick GP. 1967. Second order conditions for constrained minima. *SIAM Journal on Applied Mathematics,* 15:641-652.

Nocedal J, Wright SJ. 1999. Numerical Optimization. Springer Press.

Ortega JM, Rheinboldt WC. 1970. Iterative solution of nonlinear equations in several variables. New York and London: Academic Press.

Polak E, Ribière G. 1969. Note sur la convergence de méthodes de directions conjuguées. *Revue Francaise d'Informatique et de Recherche Opèrationnelle*, 16:35-43.

Powell MJD. 1969. A method for nonlinear constraints in minimization problems//Fletcher R Optimization. New York, NY: Academic Press, 283-298.

Powell MJD. 1970. A new algorithm for unconstrained optimization//Rosen J B. Nonlinear Programming, Mangasarian O L, Ritter K. London and New York: Academic Press.

Powell MJD. 1971. On the convergence of the variable metric algorithm. *Journal of the Institute of mathematics and its Applications,* 7:21-36.

Powell MJD. 1973. On search directions for minimization algorithms. *Mathematical Programming*, 4:193-201.

Powell MJD. 1975. Convergence properties of a class of minimization algorithms//O.L. Mangasarian, R.R. Meyer, and S. M. Robinson, Nonlinear Programming 2, New York: Academic Press. 1-27.

Powell MJD. 1976. Some convergence properties of the conjugate gradient method. *Mathematical Programming*, 11:42-49.

Powell MJD. 1976. Some global convergence properties of a variable metric algorithm for minimization without exact line searches//Cottle R W, Lemke C E. Nonlinear Programming, SIAM-AMS Proceedings, Vol.IX. SIAM Publications: 53-7.02.

Powell MJD. 1977. Restart procedures for the conjugate gradient method. *Mathematical Programming*, 12:241-254.

Powell MJD. 1978. Algorithms for nonlinear constraints that use Lagrangian functions. *Mathematical Programming*, 14:224-248.

Powell MJD.1984. Nonconvex minimization calculations and the conjugate gradient method. *Lecture Notes in Mathematics*, 1066:122-141.

Ritter K.1980. On the rate of superlinear convergence of a class of variable metric methods. *Numerische Mathematik*, 35:293-313.

Rockafellar RT. 1973. The multipliermethod ofHestenes and Powell applied to convex programming. *Journal of Optimization Theory and Applications*, 12:555-562.

Rosen JB. 1960. The gradient projection method for nonlinear programming: linear constraints. *SIAM Journal of Applied Mathematics,* 8:181-217.

Rosenbrock HH. 1960. An automatic method for finding the greatest or least value of a function. *Computer Journal*, 3:175-184.

Schultz GA, Schnabel RB, Byrd RH. 1985. A family of trust-region-based algorithms for unconstrained minimization with strong global convergence properties. *SIAM Journal on Numerical Analysis*, 22:47-67.

Shanno DF. 1970. Conditioning of quasi-Newton methods for function minimizations. *Mathematics of Computation*, 24:641-656.

Topkis DM, Veinott AF. 1967. On the convergence of some feasible direction algorithms for nonlinear programming. *SIAM Journal on Control,* 5: 268-279.

Wang CY, Xiu NH. 2000. Convergence of the Gradient Projection Method for Generalized Convex Minimization. *Computational Optimization and Applications*, 16:111-120.

Wilson RB. 1963. A simplicial algorithm for concave programming. PhD Thesis, Harvard University.

Winfield D. 1969. Function and functional optimization by interpolation in data tables. PhD Thesis, Cambridge, USA: Harvard University.

Wolpert DH. Macteady WG. 1997. No free lunch theorems for optimization. *IEEE Transaction on Evolutionary Computation*, 1:67-82.

Yuan YX. 1985. Conditions for convergence of trust region algorithms for nonsmooth optimization. *Mathematical Programming*, 31:220-228.

Yuan YX. 1990. On a subproblem of trust region algorithms for constrained optimization. *Mathematical Programming*, 47:53-63

Yuan YX. 1995. On the convergence of a new trust region algorithm. *Numerische Mathematik*, 70: 515-539.

Zarantonello EH. 1971. Projections on convex sets in Hilbert space and spectral theory//Zarantonello E H, Contributions to Nonlinear Functional Analysis. New York: Academic Press.

Zoutendijk G. 1960. Method of feasible directions. Amsterdam, and D. Van Nostrand, Princeton, NJ: Elsevier.